北京市建筑设计研究院有限公司

纪念集 七十年纪事与述往

北京市建筑设计研究院有限公司 编

谨以本书

致敬为北京建院发展壮大做出贡献的同事与朋友

目 录

下篇 述往：新中国 70 年北京建院的“家国情怀”

历史人文

技术创新

建筑中国：见证共和国走过

今年是中华人民共和国成立 70 周年，听北京市建筑设计研究院有限公司的前辈们讲，我们是中华人民共和国第一家民用建筑设计院，前身是“公营永茂建筑公司设计部”。“永茂”二字为时任中共北京市委书记彭真同志所题，取其“永远茂盛”之意。1949 年 9 月，北京市人民政府开始筹备建立北京市公营永茂建筑公司。在 10 月 1 日开国大典当天，“北京市公营永茂建筑公司”在当时的办公地——金城大楼楼顶垂挂了两条庆祝中华人民共和国成立的条幅。同一天，4 名员工代表北京市公营永茂建筑公司参加了开国大典游行，这标志着北京市建筑设计研究院有限公司是与新中国同龄的设计院。今天，我们纪念北京市建筑设计研究院有限公司（以下简称“北京建院”）成立 70 周年。

与新中国同龄，不断发展、壮大的北京建院用丰富的设计作品与先进的创作理念照亮前进的征程，用设计思想作为新起点，我们的发展目标已指向百年，我们努力打造百年企业。

七十年前，北京建院迎着新中国的曙光诞生，我们在历史长河中寻觅中国建筑坚守的文化内核；七十年来，北京建院阅尽风雨、收获满满。新中国建筑在跋涉中创作出座座高峰，面对新征程，我们感到能力越强，责任越重。北京建院经历岁月洗磨，始终坚守使命、勇担责任，我们将继续为中国建筑书写事件，创造作品。

1999 年北京建院成立 50 周年编撰学术丛书时，老院长、原城乡建设部部长叶如棠写下“堪称当代华夏第一家”的评介语；2009 年北京建院成立 60 周年，我们不仅从 60 载时光中拣拾了 60 个“故事”，还串联起令北京建院人骄傲的 60 个“心灵地标”；从 2009 年的北京建院“品牌报告”到 2014 年的“文化报告”，都绘制出北京建院人爱院情怀下的宏大画卷。2019 年我们再编研《北京建院价值报告》，其含义在于，立足新时代，回顾历史，展望未来，笃定、真诚、包容、善意、理性。

2018 年 11 月 22 日，由北京市人民政府国有资产监督管理委员会主办、北京市建筑设计研究院有限公司联合主办，马国馨院士任总策划的“都 · 城 我们与这座

Building China: Witnessing the Growth of the People's Republic of China

This year marks the 70th founding anniversary of New China. According to the elder generation of BIAD people, it is the first institute of civil architecture in New China, with its predecessor being the Design Department of the Publicly Owned Yong Mao Building Company. The two Chinese Characters (Yong Mao, literally, forever prosperous) were inscribed by Peng Zhen, then Secretary of the CPC Beijing Municipal Committee. In September 1949, Li Gongxia, Deputy Secretary-general of Beijing Municipal People's Government, was sent to take charge of the preparations for building the Publicly Owned Yong Mao Building Company. On October 1, 1949, the founding day of New China, Beijing Publicly-owned Yong Mao Building Company hung two celebratory messages bearing the company's name from the top of the Jincheng Building which was home to the company's office at that time. That day, four staff members of the company, on behalf of Yong Mao Building Company, took part in the founding ceremony of New China and the night lantern parade, which marked the company and New China were founded on the same day. Many unforgettable highlights bear the evidence. Today, we commemorate the 70th founding anniversary of Beijing Institute of Architectural Design (BIAD).

At the same age as New China, BIAD has experienced all the major construction events of the capital and the city, and witnessed the magnificent scenes of building China by riding the tides of the times. The people of BIAD that keeps developing and grows mature illuminate the way ahead with the light of soul, and with numerous works and advanced creation concepts; they have identified the new starting point after the BIAD's 70th birthday with thoughts on design culture. Looking forward, the BIAD aims to be another century-old company in New China.

Seven decades ago, BIAD was born in the dawn of New China. It enables us to make out how Chinese architecture sticks to the culture through self-improvement with aplomb. Over the past seven decades, BIAD has gone through all the vicissitudes, carries wide-ranging connotations, and keeps a low profile about its achievements. We are duty-bound to review the past and answer the question about how New China can create one peak after another on its building road. With a new long journey lying ahead of us, we realize the more competent we become, the greater responsibility we shoulder. BIAD, through decades of development, has become what it is thanks to the generations of BIAD people's commitment to their missions, responsibilities and values; thanks to the BIAD events and works that combine to write the development course of Chinese architecture over the years; and thanks to the craftsmen's willingness to contribute.

I remember when BIAD was marking its 50th founding anniversary in 1999, Ye Rutang, former Head of BIAD and former Minister

城市”专题展览在中国国家博物馆举行，展厅中部的“首都大模型”在吸引观者目光时，也充分展现了北京建院在首都建设中的贡献。在那天的中外论坛上，北京建院还代表首都建筑设计师宣读了《建筑服务社会 设计创造价值 北京建院向首都建筑设计同行及社会各界的倡议》。如果说70年以来我们一直在用建筑设计见证历史，那么今天推出的“北京市建筑设计研究院有限公司成立七十周年（1949—2019）院庆系列丛书”就是北京建院人用字词书写巨变，用篇章展示建筑前辈留下的精神。一个设计研究单位，参与创造国家的当代建筑文明，北京建院的设计实践已经说明：作为新中国第一家民用建筑设计院，参与缔造新中国的建筑文化；它是有综合实力和学术气质的先进科技引领者、美好城市践行者、绿色建筑开创者和产业现代化示范者；几代设计师们的“精神风景”为北京建院留下文化远香。

“北京市建筑设计研究院有限公司成立七十周年（1949—2019）院庆系列丛书”主要分四个部分。

第一，《北京市建筑设计研究院有限公司纪念集——七十年纪事与述往》。该书以时间为轴，不是用作品，而是用典型事件与70篇文章描绘北京建院的发展演变史。北京建院何以成为新中国初创时期第一院，它从哪里来，它未来向何处去。不仅可以看到令人浮想联翩的建筑艺术作品，如“国庆十大工程”，也有善解人意的建筑环境构成；既有首都北京70年建筑“读思录”，更有一批批建筑师、工程师的成长启示。该纪念集力求通过展示北京建院70载大事，找到北京建院为行业、为社会的无数“第一”贡献点，告诉业界我们北京建院的奋斗之路。该书在编写方式上告别传统的纪念集模式，重在讲好北京建院故事，总结北京建院精神，探索北京建院打造百年品牌的道路。

第二，《北京市建筑设计研究院有限公司作品集 1949—2019》。从天安门广场建筑群到北京城市副中心，从海南博鳌到APEC（亚太经合组织）、G20（二十国集团）峰会；从亚运会到奥运会，从园博会到世园会；从绿色城市到智慧城市，从“中国制造”到“中国创造”，可以说北京建院的历史就是中国建筑事业发展的一个缩影，其技术实力、科研成果、运作经验、创新机制，对于整个中国设计行业的发展都起到了重要的推动作用。此外，1958年起，北京建院还先后承担了40多个国家（和地区）的100余项援外项目，在海外为中国建筑积累并传播巨大的影响力。

第三：《学术论文集》（涉及规划、建筑、结构、设备、电气5个分册）。它们分别围绕建筑与城市、建筑与结构、建筑与机电，从工程设计到理论实践，展现了北京建院建筑师、工程师对建筑艺术，对当今最新建筑科技（诸如超大空间结构与超高层建筑），对智能建筑与健康建筑等一系列新设计理念的思考，由此丰富业界对北京建院设计思想的新认知。

of Urban-Rural Development, wrote a commentary for the BIAD academic book series under compilation at that time which couldn't be more apt in contemporary China. In celebration of the 60th founding anniversary of BIAD in 2009, we collected 60 stories from the past six decades, linked up 60 "landmarks of the soul" which the BIAD people take pride in. Everything from the BIAD Brand Report in 2009 to the Cultural Report in 2014 manifested the BIAD people's love for the Institute. In 2019 the latest edition of BIAD Value Report has been released, which focuses on the new era, reviews the past and looks forward into the future, showing all the assurance, sincerity, inclusiveness, kindness and rationality.

On November 22, 2018, the eye-catching Big Model of the Capital at the "Capital & City - Beijing Be with Us" Exhibition co-hosted by the State-owned Assets Supervision and Administration Commission of People's Government of Beijing Municipality and BIAD, with the Academician Ma Guoxin being the mastermind of the exhibition, fully demonstrated BIAD's contributions to the capital's construction. At the Sino-foreign forum of that day, BIAD, on behalf of architectural designers of the capital, read aloud BIAD's Appeal to All on Making Architecture Serve Society and Design Deliver Value. If we have witnessed history over the past seven decades with architectural design, The Book Series Marking the 70th Founding Anniversary of BIAD (1949-2019) shows the BIAD people are writing about the huge changes in words and illustrating the essence left behind by the elder generations of architects with their steadfast belief. Contributing its part to the architectural culture of New China as the first civil architecture institute in New China, BIAD is an advanced technology leader, an entity endeavoring to make the city better, a pioneer of green architecture and an example of industrial modernization. The ethos of generation upon generation of designers sets the footnote for the BIAD's confidence and self-improvement.

Part I: BIAD Commemorative Album – Documentation and History. Following the timeline rather than the works, the book presents the BIAD development course with typical cases and 70 articles. How come BIAD became the first institute of architectural design in New China? How was it going and what will it become in the future? In this part, we will not only see gems of architectural art which sends our imagination flying, like the 10 Major Projects to Greet the Birthday of New China, but also considerate architectural environment; not only reflections on the 70-year architectural development in the capital, but also the records about the growth of the architects and engineers. The book, in presenting the BIAD major events over the past seven decades, highlights the contributions to the industry and to society of BIAD as a pioneer, demonstrating BIAD has been struggling hard all along the way. Distinct from a common commemorative album, this book makes a point of doing a good job in telling the BIAD tales, summing up the BIAD ethos and exploring the way for fostering a century-old brand.

Part II: BIAD Selected Works from 1949 to 2019. From Tian'anmen Square Complex to the sub-center of Beijing, from Hainan Bo'ao to APEC and G20 Summit, from Asian Games to Olympic Games, from international garden exposition to international horticultural exhibition, from Green City to Smart City, and from "Made in China" to "Designed in China", it can be said the BIAD evolution epitomizes the development of China's construction cause, with its technological strength, operation experience and innovation mechanism pushing forward the development of China's design industry. Moreover, starting from 1958, BIAD has undertaken 100-plus foreign aid projects in more than 40 countries, and has thus accumulated and promoted the huge impact of Chines buildings. Some of the BIAD projects have been part of the efforts to pursue the "Belt and Road" Initiative since a long time ago.

第四，《北京市建筑设计研究院有限公司五十年代的“八大总”》。主要讲述北京建院的沃土是如何滋养大师成长的，当代人如何感悟大师精神从而薪火相传。有识之士曾说，在信念不振和乐观消逝的时代，人们需要从故事中汲取力量。故事可打动心灵，留下难以磨灭的记忆，故事可勾勒一个个场景，生动地还原历史，其中蕴含的智慧，远胜于一个个理性的解读。据此，“生平 + 评述 + 作品”成为“八大总出场”的三段式结构。本书还将用令人信服的事例，展现永不褪色的北京建院老一辈大师的学风与品格。高扬其精神，传承其思想，挖掘“八大总”精神的当代价值。

“北京市建筑设计研究院有限公司成立七十周年（1949—2019）院庆系列丛书”是一套反映北京建院人为中国建筑事业发展不懈追求的读本，是集技术、文化、管理诸方面于一体的“新记”。体现挖掘整理之“新”，反映审视与思考之“新”，更体现北京建院百年品牌建设之“新”。所以，它是一套以北京建院人为根基服务全行业的图书；是一套可读性较强的，技术与文化兼具的图书；更是一套介绍新中国当代建筑史“简而有法”的图书。

捕捉精彩，记录历史，北京市建筑设计研究院有限公司能够成为有说服力的言者，要感谢伟大祖国给予的机会。城市过去、现在和未来的发展，使得我们不仅有70 载可追溯的记忆，更有对未来百年的期盼。向新而行的每一位北京建院人，是与新中国一起奔跑的时代创建者。我们坚信：未来建筑创作在唤起国家与城市记忆时，更要秉持“建筑服务社会、设计创造价值”的理念。我们憧憬未来，瞩目“百年北京建院”的愿景，全力打造“世界一流的建筑设计科创公司”，扎实奋进，永远在路上。

徐全胜
北京市建筑设计研究院有限公司党委书记、董事长
2019 年 10 月

Part III: A Collection of Academic Papers on the 70th Founding Anniversary of BIAD (in the five volumes of planning, architecture, structure, equipment and electricity). They respectively focus on architecture and city, architecture and structure, and architecture and mechatronics, showing from engineering design to theoretical practice the BIAD architects and engineers' reflections on a series of new design concepts about the latest building technology, like that related to the super spatial structure and super high-rise buildings, building intelligence and healthy buildings, so as to enrich the industry's understanding about the BIAD's design concepts.

Part IV: The BIAD Eight Chief Architects in the 1950s. How does the BIAD nourishes the career growth of the outstanding talents? From the masters' charm, we can feel the power of inheritance. People of insight have said that in the era of weak faith and fading optimism, we need to draw strength from stories which can move the mind and soul, leaving indelible memories, and which can sketch the scenes and restore occurrences of the past. The wisdom contained in the stories far outweighs so-called rational interpretations about them. Hence, the three-segment mode of "biography + commentary + representative works" is adopted to tell the stories about the eight chief architects. This book will also use convincing examples to show the scholarship and character of the elder generation of masters in BIAD, which will never be out of style. It is the contemporary value of inheriting the style of the "eight chief architects" to exalt their noble character and carry forward the fine tradition of voicing candid views.

The Book Series Marking the 70th Founding Anniversary of BIAD (1949-2019), a set of readers, reflects the pursuit of Chinese architectural technology and distinctive culture of the BIAD people, with its originality manifested in the new records combining technology, culture and management. It reflects the original endeavor of digging into and sorting through related materials as well as the original thoughts, and on top of all the new brand building of the BIAD striving to become a century-old establishment. Therefore, it is a set of books that serves the whole industry with the wisdom of the BIAD people; a set of books (on technology and architectural culture) with strong readability; and a set of books presenting the contemporary architectural history of New China in a concise and systematic way.

Capturing splendid moments of history, BIAD is a persuasive speaker. Thanks to the opportunity offered by the great motherland, we did, is and will do a part in the development of the city. We not only have a history of 70 years, but also the goal to build a century-old brand as well as the resolve to attain the goal through incessant efforts. As members of the BIAD family dedicated to innovation, we are running together with New China. We firmly believe when architectural creation evokes the memory of the country and of the city in the future, we should adhere to the concept of "making architecture serve society and design deliver value". Looking forward, we focus on the vision of "building a century-old BIAD" and go all out to build "a world-class architectural design and technological innovation company". All along the way we are making solid efforts.

Xu Quansheng

The Secretary of the Party Committee and Chairman of Beijing Institute of Architectural Design.

October 2019

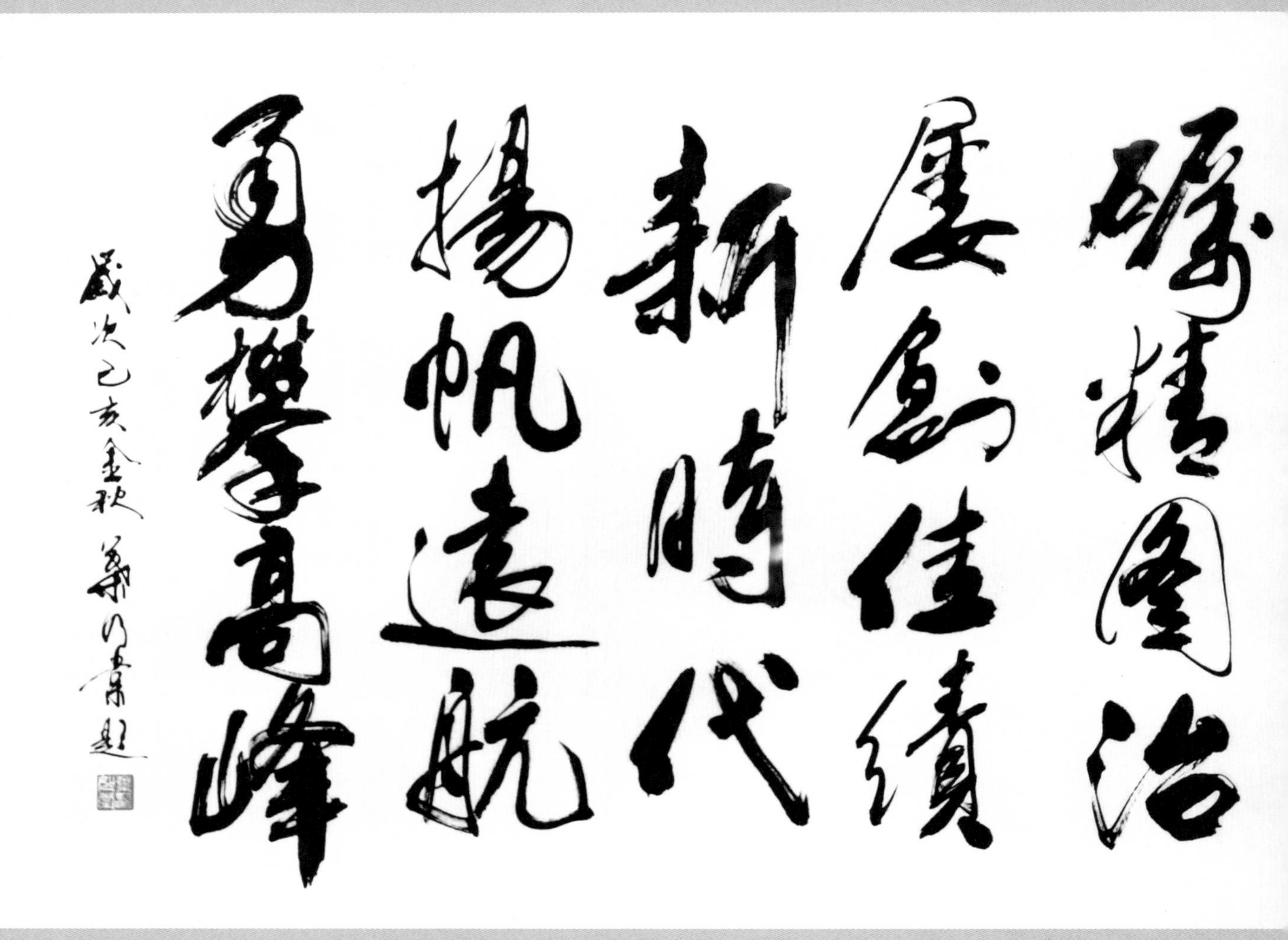

原建设部常务副部长叶如棠为北京市建筑设计研究院七十年华诞题词

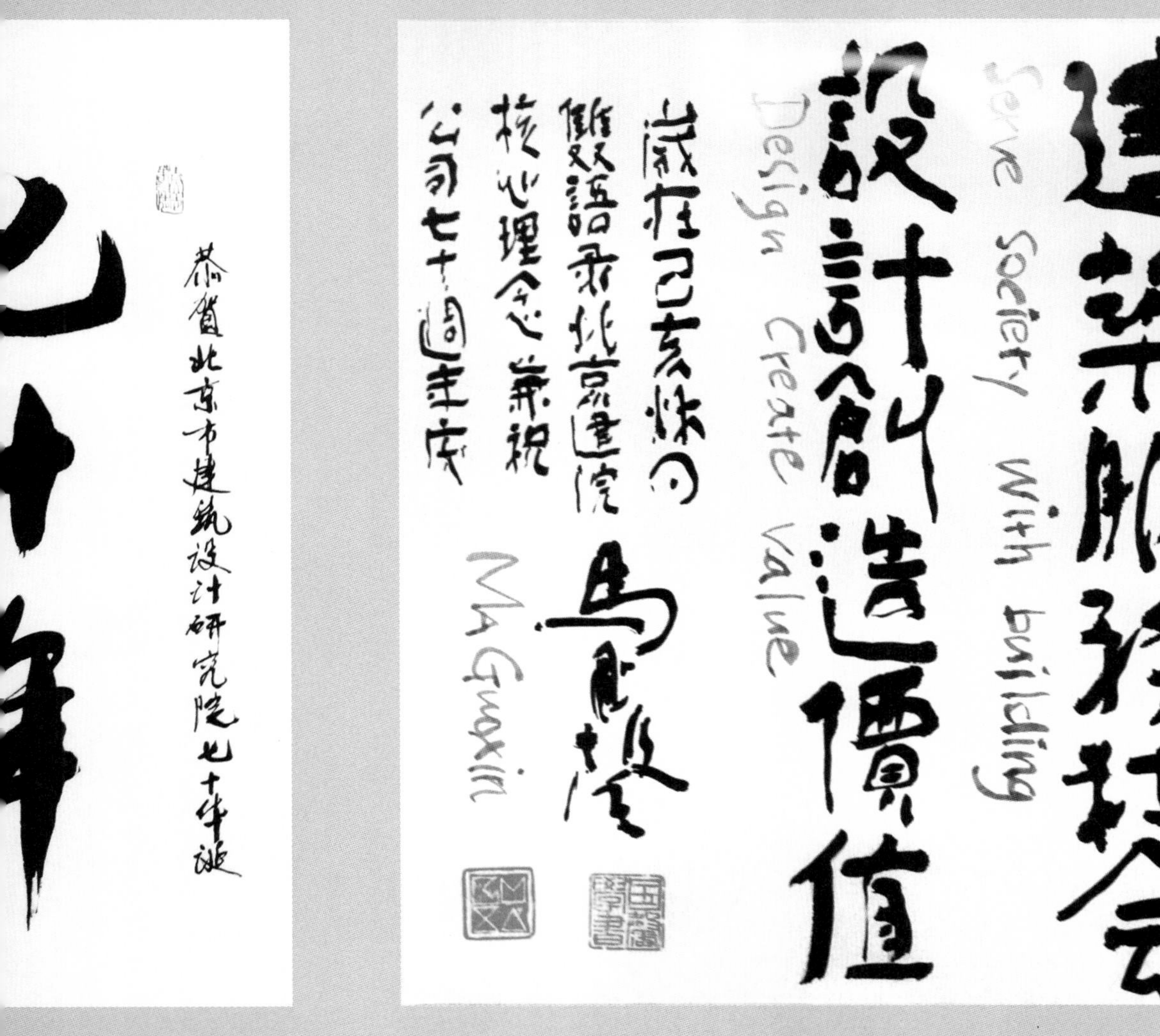

马国馨院士为院庆七十周年题写北京建院核心理念

上篇 | 纪事

1949—2019

新中国70年北京建院的“集体史”

一本书，对一个设计院的意义在于，它是设计院的公共记忆（或称“集体史”），其中有国家和城市的发展轨迹乃至历史丰碑。从人民大会堂的“奇迹”创生，到创造具有世界影响力的“新国门”——北京大兴国际机场，北京建院紧扣祖国前进脉搏，用建筑作品传承国家与城市的时代精神。记得 2009 年，北京建院在 60 周年庆典后，特将所有活动整合后推出《绽放》一书，它将院庆的情之所动、心之所想浓缩在一起。如今，反映北京建院 70 年成就的纪念集不仅有更厚重的内涵提炼，也有新历程的丰富画卷，这些元素不仅追忆峥嵘岁月，更留下精彩瞬间。他们有建筑师专注创作的耀眼成就，更有一个个执业者不懈奋斗、守得住寂寞的感动场景，这是一种需要致敬的质朴“绽放”。它告诉我们，北京建院的作品与大师“丰碑”中，有太多代表“新中国脊梁”的故事。

“院庆展”或北京建院墙上的照片，是 70 年历史的一段段写照，让照片与读者对话，而非简单地讲述 70 年来发生的故事，它们超越了一般历史照片之价值。本篇的核心是书写北京建院的共同记忆，它虽未必全面，但力求做到事件与人物对接，可让读者品读到这个设计院为什么可以基业长青。它用看上去并无联系的“事件”去见证：唯有精神强大者，才可创作出一批批里程碑似的建筑作品并使其闪烁精神之光。所有这些仿佛都在诉说：一个扎根沃土的设计机构，有超强的文化基因与持续发展之力。

一条中轴线，一段长安街；一个设计院，一座北京城。

历史演进

1949—2019

/ 新中国 70 年北京建院的“集体史” /

北京市建筑设计研究院有限公司（BIAD）

北京市建筑设计研究院有限公司（BIAD）是与新中国同龄的大型国有建筑设计研究咨询机构，是新中国第一家民用建筑设计院。

北京建院是中国建筑文化的传承者。70年来始终坚持以人民为中心的设计理念，始终坚持“建筑服务社会 设计创造价值”的核心价值，服务面向国家和地方各级党政机关和事业单位，中央和地方国有企业，民营企业，外资和合资企业等。作为品牌设计企业和高端的专业服务类公司，我们能够提供建筑设计、城市设计、城市规划以及相关专业咨询，提供超高层建筑、博览建筑、观演建筑、交通建筑、TOD交通一体化开发建筑、援外建筑、会展建筑、办公建筑、城市综合体、体育建筑、酒店建筑、景观园林设计、室内设计、教育建筑、外交建筑、司法建筑、医疗康养建筑、养老建筑、居住建筑、文化建筑、商业建筑、科研建筑、旅游规划、特色小镇、乡村振兴、旧城保护与建筑更新等设计产品的服务。北京建院作为提供城市与建筑高端咨询的科技服务类公司，提供智慧城市、BIM科技、数字建筑、绿色建筑、健康建筑、复杂结构、建筑抗震、装配式建筑、能源一体化策划规划、无障碍建筑、城市共构、海绵城市、建筑风貌研究等城市与建筑一体化的技术解决方案。我们的价值体现于客户项目的成功，我们的作品遍及全国和世界各地，许多作品成为国家和所在城市的标志性建筑。

北京建院是大国工匠精神的承载者。拥有中国工程院院士1名，全国工程勘察设计大师10名，国务院特殊津贴专家61名，北京市突出贡献专家12名，北京市百千万人才4名，国家级百千万人才1名。在3000多名设计和科研人员中，取得高级职称人员622名，具有国家相关执业注册资格人员630人次，拥有博士32名，硕士910名，留学归国人员165名。北京建院是国家高新技术企业、北京市设计创新中心、北京市建筑高能效与可再生能源利用工程技术研究中心、北京市信息化建筑设计与建造工程技术研究中心、国家级工程实践教育中心和国家装配式建筑产业基地。高端项目占有率始终全国领先。累计获得省部级以上奖项1700余项，获奖层次和数量牢牢位居行业第一。

北京建院是国家战略部署的践行者。始终坚持以国家的发展为使命，服务中央、服务首都、服务民生，持久助力美好城市建设。坚决落实中央关于“一带一路”倡议和京津冀协同发展、雄安新区、粤港澳大湾区、长江经济带、非首都功能疏解等国家重大发展战略，将社会责任融入生产经营与塑造城市文化中，通过天安门广场建筑群、博鳌亚洲论坛永久会址、北京雁栖湖国际会都（核心岛）会议中心、杭州国际博览中心(第11届G20峰会主会场)改造、厦门国际会议中心（第9届金砖会晤主会场）改造、2019北京世界园艺博览会国际馆和植物馆、国家速滑馆、北京大兴国际机场、北京城市副中心行政办公区等20世纪和21世纪最重要的建筑设计作品，实现从“中国制造”迈向“智造强国”，用建筑语言演绎中华文化自信。同时，坚决落实党中央治疆方略，助力精准扶贫攻坚，通过以人为本的精细化设计，发挥国企保障和改善民生的战略力量。

北京建院是行业创新发展的领航者。始终站在先进设计科技的国际前沿，以不断提升行业发展水平为己任。通过攻关新兴板块、高精尖课题、基础性研究，夯实科技创新基石，获国家科技进步奖等省部级以上科研奖383项。以数字科技为支撑，建立基于BIM的建筑全生命周期管理信息系统，以数字雄安规建管平台、数字冬奥，实现城市和建筑的设计、建造和管理智慧化。深耕建筑设计主业，构建了完整、系统的专项技术体系，包括绿色建筑、被动式低能耗建筑、海绵城市、地下空间一体化、装配式建筑、无障碍建筑、复杂结构等专项技术，累计获各种发明专利和软件著作权50项，完成世界最大射电望远镜结构工程（FAST）等，主编《无障碍设计规范》（GB 50763—2012）等数以百计的国家与行业标准，以科技支撑未来城市建筑发展，践行北京建院作为国家高新技术企业、中国最受尊敬的知识型组织的科技追求。

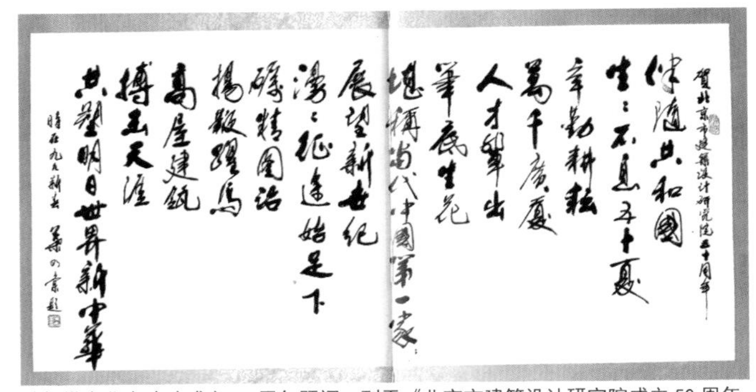

叶如棠为北京建院成立50周年题词。刊于《北京市建筑设计研究院成立50周年纪念集（1949-1999）》

北京建院是全球优质资源的整合者。始终坚持引进来与走出去相结合，深度融入全球产业生态链。与清华大学、中央美术学院等国内多家知名大学长年联合办学，形成产学研平台，致力于提升人才专业素养。与众多国际著名建筑设计机构和高校（包括SOM、RTKL、KPF、ARUP、Perkins Will、福斯特、安德鲁、贝聿铭、UCL巴尔莱特建筑学院等）保持着良好的合作关系，通过合作设计与研究，吸收国际先进经验，使北京建院的建筑设计逐步走向世界先进水平。对标国际一流企业，通过设立分支机构、收购境外优质公司，增强国际化发展的机构和业务布局，以中国驻英国使馆新馆舍改扩建工程、援白俄罗斯国际标准游泳馆、柬埔寨吴哥国际机场等，展现中国设计品质，实现国企“走出去”。

北京建院始终以行业引领者的担当，书写新时代的梦想。未来我们将秉持高端设计创意的竞争优势，充分挖掘建筑设计作为工程建设产业链前端的引领性作用，提升建筑作为新技术集成应用载体的潜在价值，加快业务转型升级，推动整体上市，成为国际一流的建筑科创公司，走出一条以文化、科技为特色的高精尖、高质量的设计发展道路。

院历届党、政领导人员名录

（按任职的时间顺序排列）

钟　森：1949年10月—1952年5月任永茂建筑公司经理兼设计部负责人。1951年7月—1953年3月任永茂建筑设计公司总工程师。

张若平：1950年9月—1952年5月任设计公司监理。

沈　勃：1952年5月—1953年3月任北京市建筑公司副经理兼设计公司经理；1953年3月—1955年2月任副院长；1955年2月—1957年10月任院长；1956年9月—1957年10月任分党组书记；1957年11月—1960年4月任党组副书记、副院长；1960年4月—1964年2月任院长。

李公侠：1953年3月—1955年2月任北京市政府副秘书长兼院长。

肖　萍：1956年12月—1960年4月任副院长；1960年4月—1962年5月任党委副书记。

冯佩之：1957年11月—1960年4月任规划局局长兼院党组书记、院长。

李正冠：1957年11月—1960年4月任党组副书记、副院长；1960年4月—1964年4月任党委书记、院长。

李德华：1957年11月—1958年7月任副院长。

陈立庭：1957年11月—1958年7月任副院长。

张一山:1960年9月—1966年4月任副院长;1970年12月—1982年12月任党委副书记1978年6月—1980年12月任副院长。

刘　云：1960年9月—1962年7月任副院长；1962年7月—1962年12月任党委副书记。

张培志：1962年7月—1965年6月，1973年5月—1982年12月任党委副书记；1983年1月—1984年4月任党委书记。

马里克：1964年4月—1966年6月，1973年9月—1975年9月任党委书记。

沈汝松：1964年4月—1966年1月任副院长；1966年1月—1966年6月任院长。

张　浩：1964年8月—1966年6月；1978年6月—1984年4月任副院长；1984年4月—1989年11月任副总工程师。

阎　萍：1964年9月—1966年6月任党委副书记。

司景波：1964年9月—1966年6月任党委副书记。

宋汝棼：1975年9月—1977年10月任党委书记。

于春和：1976年4月—1979年7月任党委副书记。

王子旗：1977年10月—1979年4月任党委书记。

范　铭：1979年4月—1982年12月任党委书记。

纪　民：1979年12月—1988年4月任副院长。

佟景鋆：1979年12月—1980年12月任副院长。

周治良：1979年12月—1984年4月任副院长；1984年4月—1989年11月任副总建筑师。

王玉玺：1980年4月—1984年4月任党委副书记；1980年4月—1984年12月兼任纪委书记；1984年4月—1990年5月任党委书记；1989年4月—1994年10月任副院长。

吴观张：1980年12月—1984年4月任院长；1984年4月—1994年任副总建筑师。

郭家治：1980年12月—1986年10月任副院长。

赵利民：1982年11月—1984年11月任党委副书记；1984年4月—1992年4月任副院长。

叶如棠：1984年4月—1985年11月任院长兼党委副书记。

王惠敏：1984年4月—1990年5月任党委副书记；1984年12月—1987年1月兼任纪委书记；1986年1月—1990年6月任院长；1990年7月—1998年12月任副总工程师。

赵景昭：1984年4月—1997年3月任副院长。

张学信：1987年3月—1997年5月任副院长。

王宗汉：1987年3月—1990年7月任党委副书记。

蔚根补：1989年8月—1995年12月任党委代书记、书记。

曲际水：1989年8月—1990年5月任代院长。

熊　明：1990年5月—1993年12月任院长兼党委副书记；1986年11月—1990年5月任总建筑师；1993年12月—1995年12月任总建筑师；1995年12月—1998年8月任顾问总建筑师。

姚焕华：1991年4月—1995年12月任党委副书记兼纪委书记。

朱宝新：1992年6月—2012年5月任副院长；2012年5月—2013年8月任副总经理。

吴德绳：1993年12月—1994年10月任副院长（代院长）兼党委副书记；1994年10月—1995年12月任院长兼党委副书记；1995年12月—2000年8月任院长兼党委书记；2000年8月—2002年4月任院长。

陈　杰：1994年8月—2012年5月任副院长；2012年5月任副总经理至退休。

白俊琪：1994年9月—2004年8月任党委副书记兼纪委书记；2004年8月—2012年5月任副院长；2012年5月—2013年6月任副总经理。

李铭陶：1994年10月—2000年5月任副院长。

魏国龙：1997年6月—2012年5月任副院长；2012年5月—2013年11月任副总经理。

闵　克：2000年8月—2003年7月任院党委书记。

朱小地：2000年10月—2003年6月任副院长；2002年3月—2007年1月任党委副书记；2003年6月—2007年1月任院长；2007年1月—2012年5月任院长兼党委书记；2012年5月—2017年12月任党委书记、董事长。现为总建筑师。

刘凤岐：2003年7月—2007年1月任院党委书记。

郭彦彬：2004年3月—2007年6月任院党委副书记、纪委书记。

张　青：2007年8月—2012年5月任党委副书记兼纪委书记；2012年5月任党委副书记、纪委书记、副总经理至退休。

苗润生：2014年5月至今任财务总监。

徐全胜：2010年12月—2012年5月任副院长；2012年5月—2017年12月任总经理；2017年12月任党委书记、董事长、总经理（兼），2019年6月至今任党委书记、董事长。

张 宇：2004年3月—2012年5月任副院长；2012年5月—2019年7月任副董事长、副总经理；2019年7月至今任党委副书记、副董事长、总经理。

刘凤荣：2017年6月至今任专职党委副书记。

郭少良：2015年5月至今任党委委员、纪委书记。

李中国：2019年2月至今任党委委员、副总经理。

郑 琪：2013年2月至今任副总经理。

郑 实：2014年6月至今任副总经理。

邵韦平：2004年3月—2012年5月任执行总建筑师；2012年5月至今任执行总建筑师。

院历届技术领导人员名录

顾鹏程：1950年1月—1964年5月，1966年—1986年10月任总工程师。

张开济：1950年1月—1964年5月，1966年—1995年12月任总建筑师。

张　镈：1951年4月—1964年5月，1966年—1995年12月任总建筑师。

杨锡镠：1953年4月—1964年5月，1966年—1978年任总建筑师。

朱兆雪：1953年4月—1964年5月任总工程师。

赵冬日：1954年12月—1957年10月，1973年—1995年12月任总建筑师。

杨宽麟：1954年12月—1964年5月，1966年—1971年7月任总工程师。

陈占祥：1954年12月—1957年12月任总建筑师。

华揽洪：1955年6月—1957年12月任总建筑师。

张家德：1957年11月—1964年5月，1966年—1978年任总建筑师。

蔡君锡：1953年4月—1955年6月任总建筑师。

刘元士：1953年6月—1955年6月任副院长。

过元熙：1957年11月—1958年任总建筑师。

郁　彦：1964年5月—1986年10月任副总工程师。

胡庆昌：1981年1月—1989年11月任副总工程师。

那景成：1981年1月—1989年11月任副总工程师。

杨伟成：1981年1月—1989年11月任副总工程师。

吕光大：1981年1月—1989年11月任副总工程师。

刘开济：1981年1月—1989年11月任副总建筑师。

傅义通：1981年1月—1989年11月任副总建筑师。

白德懋：1981年1月—1989年11月任副总建筑师。

宋　融：1986年11月—1994年任副总建筑师。

程懋堃：1986年11月—1998年任副总工程师。

郭惠琴：1986年11月—1992年9月任副总工程师。

王谦甫：1986年11月—1998年任副总工程师。

侯光瑜：1988年9月—1994年任副总工程师。

魏大中：1991年11月—1997年7月任副总建筑师。

王昌宁：1991年11月—1994年任副总建筑师。

朱嘉禄：1996年3月—1996年11月任副总建筑师。

何玉如：1992年5月—2002年4月任总建筑师。

刘　力：1991年1月—1999年2月任副总建筑师。

马国馨：1999年11月至今任总建筑师。

柯长华：1999年11月—2007年12月任总工程师。

洪元颐：1999年11月—2007年12月任总工程师。

柴裴义：1999年11月—2002年10月任总建筑师。

曹　越：2000年12月—2002年1月任总工程师。

孙敏生：2002年1月—2007年12月任总工程师。

胡　越：2002年12月至今任总建筑师。

刘晓钟：2002年12月至今任总建筑师。

齐五辉：2007年1月—2016年3月任总工程师。

叶依谦：2017年6月至今任总建筑师。

吴晨：2017年6月至今任总建筑师。

王　戈：2017年6月至今任总建筑师。

陈彬磊：2016年6月至今任总工程师。

束伟农：2016年6月至今任总工程师。

徐宏庆：2007年12月至今任总工程师。

孙成群：2007年12月至今任总工程师。

回顾辉煌征程 70 载，畅谈砥砺前行新时代
——迎国庆北京建院老院长座谈会

本书编委会

2019 年 9 月 17 日，北京市建筑设计研究院有限公司（以下简称“北京建院”）召开了“迎国庆北京建院老院长座谈会”，邀请退休老领导齐聚一堂，于新中国成立 70 周年前夕，回顾北京建院走过的 70 载辉煌征程，畅谈对新时代北京建院向建筑科创企业高质量发展的期许与展望。

北京建院党委书记、董事长徐全胜，北京建院党委副书记、总经理张宇代表北京建院公司领导班子出席了本次座谈会。熊明、吴观张、赵景昭、何玉如、李铭陶、刘凤岐、白俊琪、朱宝新、魏国龙、陈杰、张青等北京建院老领导、专家，受邀参加本次座谈会。他们从北京建院作为首都国企的光辉历史与文化底蕴、北京建院作为品牌设计院的责任担当与职业操守、一代代北京建院人的奉献精神与高尚品德、对新时代北京建院向建筑科创企业高质量发展的期许与展望等方面展开讨论，回顾了前辈们与北京建院的点滴故事。徐全胜董事长主持了本次座谈会。

迎国庆北京建院老院长座谈会合影留念

徐全胜

张宇

徐全胜：

今年是新中国 70 周年华诞，也是北京建院成立的第 70 个年头。作为新中国第一家民用建筑设计院和中国建筑文化的创新者、引领者，北京建院始终承担国企责任，在服务国家发展和首都建设中不断贡献自己的力量，贡献了众多无愧于时代的优秀作品，持续引领行业发展，创造了成绩斐然的 70 年辉煌，这些丰功伟绩离不开各位老领导的孜孜奉献和一代代建院人的辛勤奋斗。进入新时代，北京建院取得了一系列的重大成就，但也面临着许多困难和挑战，我们坚信通过不懈努力，一定能够将北京建院打造成为具备科技创新和文化创新属性的国家高新技术企业。

习总书记让我们“不忘初心，牢记使命”，就是强调对过去的回归。我们要回顾建院的辉煌历史，发掘建院的传承和精神，学习老一辈建院人的道德品质和奉献精神，回首过去、展望未来。所以，我们将此次座谈会的主题定为“回顾辉煌征程 70 载，畅谈砥砺前行新时代”，这是一次给祖国庆生、给建院庆生的重要活动，作为公司 70 周年庆系列活动的开篇，我们在今天也正式启动了“寻找 BIAD 人”行动。非常荣幸能够邀请到各位老领导到此欢聚一堂，重温对建院的点滴回忆，在座的各位是我们寻找到的第一批“BIAD 人”，以后我们还会继续寻找“BIAD 人”，聚集更多高素质人才，为国家的人才建设做出贡献。

张宇：

我是在北京建院成长起来的，老领导的言传身教对我有着非凡的意义和深远的影响。他们为祖国建设和首都发展迸发出的热情和奋斗精神以及对建院后辈人无微不至的关怀一直鞭策、激励我，时刻提醒我不辱使命、做好工作。

薪火相传，玉汝于成。老领导们的精神是北京建院宝贵的财富，作为建院的后辈人定当全力奋进，让北京建院的金字招牌在新一代领导班子手中更加闪亮。在今后的工作中，要积极调动公司各部门，对老领导们多关心、多爱护，主动向老领导汇报建院的新动态、新成就，多听取并汇总老领导的意见、建议，让老领导们“离岗不离心”，像北京建院一样基业长青！值此国庆佳节之际，也祝老领导们身体健康、节日快乐！

熊明

吴观张

熊明：

我个人的经历可以看作北京建院不断发展及其对首都、国家建设贡献的一个缩影。1950年我进入清华大学学习建筑设计，1957年工作后参与的第一个工程就是北京工人体育场，那时年仅26岁。

在向新中国献礼的“十大建筑”中，北京建院承担了包括人民大会堂、中国历史博物馆与中国革命博物馆、中国人民革命军事博物馆、民族文化宫、民族饭店、钓鱼台国宾馆、华侨大厦、北京工人体育场在内的8项工程。其中，最重要的是人民大会堂，从1958年动员到1959年施工完成，大会堂的设计、建设用时不到一年！大会堂的设计过程，有幸得到周恩来总理的亲自指导，建成后也得到了毛主席的高度认可，可谓是北京建院对祖国建设和首都发展的最大贡献。

今年是一个特殊的年份，既是北京建院成立70周年，也是我个人学习建筑设计的第70年，希望北京建院文化绵延传承、企业基业长青！

吴观张：

设计行业的产值和效益固然重要，但核心还是人才的竞争，应当以设计为本，以人才为重。北京建院始终秉承尊重知识、尊重人才、尊重创造的理念，将人才发展和企业未来紧密结合。对于人才的培养应当因材施教，知人善任，给人才创造条件，把握人才的发展方向，为员工争取福利。

我在任期间，帮助马国馨确定了专注技术的发展方向，后来他通过自己的努力成为中国工程院院士。此外，我们还与清华大学、天津大学、同济大学等多所知名高校建立合作关系，定向培养了一大批专业人才，这其中就包括了北京建院现任的很多专家、领导。我退休之后的十多年间仍然坚持开办专业技术培训班，希望能够继续为北京建院的发展服务！

何玉如：

我和吴观张是大学同班同学，不同于他毕业后就来到北京建院，我在外“漂”了十几年才来，在这里一干就是近40年。我能够到北京建院，首先要感谢张镈老师的引荐。当时我也想过回到清华大学甚至去上海发展，中间得到了很多贵人相助，但我一心想做设计工作，不愿意脱离技术岗位，希望把自己的能力发挥

何玉如

赵景昭

出来。当初院里对我非常重视，创造了很多可以让我快速进步的条件，令我感受到了北京建院大家庭的温暖和北京建院尊重人才的理念。

现在，虽然有些人已经离开了这里，但他们仍然心系建院，始终觉得自己还是北京建院人，特别怀念在这里学习、工作、生活的时光，关心着建院的发展。应当借着 70 周年院庆的契机，把这些曾经的建院人也邀请回来，在北京建院再聚首！

赵景昭：

北京建院作为与新中国同龄的设计院，有着丰厚的资源和强大的人才基础。放在整个社会上看，北京建院的人才队伍无论士气还是名气都是相当不错的，这一点我们非常自信。

北京建院老领导座谈会会议现场

李铭陶

刘凤岐

我从清华大学毕业后被分到规划局，由于专业不是十分对口，加之个人对设计工作的不舍，我带着对设计的强烈追求到了北京建院，并于 1984 年起任北京建院副院长，先后协助五任院长为公司建设谋发展。在与历任院长一起工作的日子里，我感触颇深、受益匪浅。虽然这些老领导个性不尽相同，但却有着共同的奉献精神和高尚品德，在他们的带领下，北京建院的每支队伍都秉承着团结一致、奋发图强的优良传统，希望未来一代又一代建院人能将其发扬光大！

李铭陶：

北京建院历来重视人才、尊重人才，格外关注人才培养的方式方法，是培养建筑师和工程师的摇篮。北京建院自成立以来，完成了两万五千多个工程项目，获得了超过一千五百个奖项，这些都离不开全体建院人的不懈努力。最近，我在北京电视台上看到了“人民大会堂展览”的报道，希望公司未来继续加强与公众媒体的联系，以举办重大文化活动为载体，让大家走近北京建院。

“首善标准，敬业精神”用来形容北京建院十分贴切，我们要时刻牢记立足之本是工程的“数量”和“质量”，要进一步发扬建院精神，更好地服务国家、服务社会！要把“老大哥”的位置拿住，做好、做稳，做出成绩来！

刘凤岐：

新中国成立 70 周年前夕召开这个座谈会，意义非常重大。北京建院不忘初心，贯彻落实习近平新时代中国特色社会主义思想，进一步将北京建院打造成国际一流的建筑科创公司！

从进院的角度来讲我是“晚辈”，虽然服务建院的时间只有十几年，但印象最深、收获最多、感情最深的地方还是这里。我要感谢这些老领导、老专家，是他们的辛勤付出，让北京建院取得了如此辉煌的成就，对公司后续的发展更是起着至关重要的作用。

70 年来，我们克服困难、集思广益、众志成城，取得了一系列可喜的成就，但我们不能躺在功劳簿上，要不断找差距，不断深化改革，在发扬优良传统和铭记光辉历程的基础上，不断发展前进。北京建院的未来发展，要抓住根本、不忘初心，坚持政治思想建设，加强党的建设，更要重视人才建设，提高人才的政治素质、爱国意识、团队意识和业务水平。未来属于建院的年轻人，我对建院的发展充满信心！

专业与责任的情怀

本书编委会

在纪念与新中国同龄的北京建院 70 周年时，本书编委会（以下简称编委会）一行专访了吴德绳老院长，话题自然从他这位跨世纪的院长经历，讲到他退休后继续服务行业与社会的感受。吴院长不愧为学识渊博的大家，在我们的多次交流与讨教中，他在谈笑风生中表现出睿智、有趣，每个问答均从史实与例证中来，将他所经历的北京建院发展史及他议到的人和事讲得通透。无论讲过往，还是说未来，他的话语开阔又纵深，飞扬且自如，见物见人见精神见观点，在历史对照与互释中不乏专业知识与社会掌故，自然地体现着老院长的谦逊和格局。相信读者尤其是青年工程师、建筑师会从本书阅读中，领略到吴院长的观点、妙赏与真情，更能体味到吴院长对北京建院发展有如砥石般坚定的信念和期望。

编委会：作为编辑我们常想，文化乃一座城市最好的底色，于是有了文化营城的概念，那么对于 70 年的北京建院，其在业界内外的影响力来自独有的文化底气。您主持建院领导工作时，举办了有多方影响的北京建院 50 周年活动（1999 年），出版了“北京市建筑设计研究院学术丛书”（十一卷本），此外还有哪些记忆与“故事”呢？

吴院长：那时我主持建院工作，为纪念建

1998 年院工作会议合影。左 4 吴德绳

院 50 年院庆并使其未来在业界产生更大的影响力，我们举办了典礼，还办了展览。领导班子决定，做一永久型纪念物留在建院的土地上。按当时的流行模式，选了一尊形态丰富的大石头，刻上铭文放在精选的位置上。此石头是特请当时的副总建筑师魏大中、副院长魏国龙到房山选定后运回的。

我对这个安排另有深深的情怀，因为魏大中总建筑师是全院尊重的剧院建筑专家，他不幸在“非典”时期，延误了癌症的诊断和及时治疗病逝。他出力过的北京建院 50 年纪念石中，含有对 50 多年我对亲密学兄的感情。那次活动的盛况和各位领导、同行及各界对我院的祝贺，使我深深地感激且难忘，当时在职的员工也由这些活动明显的增加了光荣感和工作的动力。这是一次爱院的教育。

北京建院 C 座科研楼，2019 年又做了装修改造，其 20 多年前“科学技术是第一生产力”的标识更加醒目。回想 20 多年前添设它的情形，的确有故事。其实这因一个感慨而来，也是一种“呐喊”。当年时常见到报道：“某一大型工程，今天召开了竣工典礼，它是 XX 单位投资 XX 亿元兴建的，由 XX 单位耗工 XX 耗时 XX 年施工建成的。”对此，我想设计是建筑物的灵魂，科技含量可谓最高的部分。设计后由谁施工、由谁投资完成的建筑物，应大体一样，社会乃至媒体反而都对设计院的工作疏忽了。直到邓小平先生提出了“科学技术是第一生产力”的指示，据此，我积极地领导院基建部门做成标识悬挂在院科研楼外立面上。虽 20 多年已过，“科学技术是第一生产力”的标识仍然是北京建院精神上的永恒激励。

科研楼前的北京建院 50 周年纪念石（1999 年摄）

编委会：在您主持工作期间为院修建了一批职工住房，您在关注设计院生产的同时，关注职工生活，每每听到老同事议此事，大家都很感慨，在其中有哪些背后的故事？

吴院长：职工住房是关系咱院员工生活的大事，当建筑设计行业大发展时期，虽大家收入提高不少，但居住条件成了瓶颈。我被任命为院长不久就努力寻找解决办法，学习政策，关注商机。我们了解到可以从一个有开发条件的集团“购买项目”，后来和赵景昭副院长、朱宝新副院长等一起实地考察，与对方商讨“购买项目”的事宜，就最终建成了咱院广安门职工住宅大院。

当时院内职工也有一些说法，嫌“太远”。我们调研并用小汽车行驶实测得知是 3.7 公里。我力主，现在说远，将来必感不远，现在说购

2001 年吴德绳为院获 20 世纪 90 年代北京十大建筑称号项目颁奖

买项目“贵”，将来必感不贵，领导班子就此确定下来。此外，我对这栋职工宿舍还做过多项努力。

当我审阅资料图纸时发现，院子周边道路很宽，建议给每户的面宽增加一米，既可少许扩大户内面积，也使单元更加好用，得到了支持和落实。

当有个新技术公司向我介绍上水管材最先进的产品 PB 管材，并愿免费提供一些“试用管材”时，我当即决定把它用在了南面一排单元中（只够一部分单元用料），至今这部分供水管从未出现漏水、水中带锈等现象，也防止了老式管材对人体健康产生的看不到的危害。

当分配这批住宅时，因为住房水平是当时院内职工住房标准最高的，有种呼声认为应让老同志居住。但我认为应让排名分房者依名次直接进驻，是老一辈的党委领导帮我宣讲，使老同志同意年轻人直接入驻，至今我认为这原则是对的，老书记的支持我念念不忘。

当时有人传言这院内有一单元最为优越，它能连通毗屋屋顶，有个额外的大露台使用，一定是吴德绳将入驻的单元。其实这次分房，我早就决定放弃机会，这也是应遵守的做领导的原则。

在这批职工住房分配后，有个内部装修的过程。我们院的各位职工多和建筑业的企业有工作关系，为避免各户的装修中有不廉洁的问题等，我决策“统一装修，客户自填菜单”。这样既自己花钱，又尽量满足个性要求，这一举措获得了全院上下的支持。

现在回想职工住房建设过程中的方方面面，我心中有点坚持了原则的心安和幸福感。

编委会：吴院长，您是清华大学暖通空调专业的业务型专家，被任命为与新中国同龄的北京建院正职领导，做院长、做党委书记，您也有很多的建树，请您从设计院管理方面谈点体会。

吴院长：我 1971 年刚调入北京建院，就被派去做援外工程，在国外陆续工作了九年。当时外事工作人员的业绩都直接反馈给派出单位，咱院的干部工作会上也执行通报这些信息的制度。王玉玺书记后来告诉我，他宣布了我的信息，给大家增加了好印象。马国馨院士是最智慧并能真心和我交流的好友，他曾说你回国、回院时就像是“空降”的。因咱们在院内与各方面矛盾不多，我才能糊里糊涂地当上了领导。

前任熊明院长、蔚根朴书记对我的接班起了很重要的作用，我作为接班人，后来还深深感激他们的不断提携。我接班后，在执业中对以前的制度方针虽会有一定的变革，但因有对前任深深的感激，所以总在更细微、认真地调研之后注意妥善处置，都和谐顺利地做到了。其中更老一代领导的帮助非常重要，我对此很

北京建院院庆 50 周年留影。左起：吴德绳、叶如棠、范铭

沈勃（左）与吴德绳

是怀念，比如范铭书记、张培志等老领导，都给了我具体的关爱和帮助，我怀念他们也学习他们的品德。对待接我班的下一代，特别是外院调来的领导干部，闵克、刘凤岐书记等，我尽量介绍建院的传统，让他们工作顺利，这是老一代领导对我的教诲，也是精神传承。

从我做院长的年代算起，国有建筑大设计院的院长，不是建筑学专业出身者也有多位，大胆的说：也有一定的合理性和优越性。

作为建院“一把手”，我是比较早期的党政“一肩挑”干部。我十分关注院风。在当时，北京建院的廉政建设是大事，全院有一种“爱财为耻”的风气。比如奖金按等级分配，每个人会投票谁应得一等，这些票都不会是满票，因为不会自己投自己。我对廉政也特别注意，既是觉悟使然，也有格外的谨慎。我当时没买自己的小汽车。一次我周日有事，需自驾车出去一天，我决不敢用我工作的专车，因为很怕舆论说“吴院长老把公车开回家用”，所以我坚决一次也没用过。我去找何西令工程师借了他的私车，开了一天。

为了提高工作的效率，我主张院领导在同一桌一起吃中午饭，方便交流，及时处理一些业务。院里在食堂专设了一间小餐厅，所有食品全为大餐厅的自助餐，由服务员取来摆上，真有过某职工冲进来看我们吃什么。所以我认为真心的廉政和工作的顺利开展是可以结合的，不必拘泥。这些都是我做院领导时的“片断式”的大事小情。

编委会：现在的北京建院办公老建筑群尚有南礼士路规委南侧的 D 座，但最为耀眼的是南礼士路 66 号的建威大厦，也有北京院内的设计楼。建威大厦等无疑是您在任为北京建院创造的财富，其中的历史请您讲一讲。

吴院长：这件事是我的前任院长书记的决策，我任领导后赶上建设建威大厦的实施过程，和比我先任院领导的朱宝新副院长合作推进完成而已，这就是现在颇有名气的“建威大厦 ”。

建威大厦建在我们院老设计楼的基址上。在当年，被称作“水晶宫”的老设计楼以及院内的一批平房，出现了较好的开发价值。于是我们决定和外商合作，建起我院新办公楼（现在的 B 楼）以及可供出租办公的建威大厦（与外商共有产权）。

我在任时推进了这项工程，也碰到了一些意想不到的困难，在一次次问题解决中我得到了锻炼，推动了北京建院的发展。我特别感谢几位永远的老友：耿长孚建筑师设计了北京建院自己的大楼，竟然让院内外人们都满意，多么难得；建设中科技处的孙家驹老处长任工程监督和协调，功不可没，可叹他在大楼真正竣工使用时，已因病去世；合作的港方合作者陈永辉、陶玫夫妇也成了我的老友。

还有个有趣的事情值得一谈，我们建威大厦选定的建筑设备、厂家、代理商都很高兴，因为有广告效应，比如空调、消防、自控等方面。企业的经营办公室愿意租用我们建威大厦的写字间。我力主优先租给他们，这是双赢的合作呀！这些系统有了故障或保养需求时，我们都不需要通知他们，他们甚至比我们发现问题更早，这多么省心、可靠。这种优势在之后好多年都得到了证实。

编委会：在与您的交流中，您一再提及是北京建院培养了您，有太多令您感恩不忘的事，同时您退职返聘后，仍为社会与行业发展贡献了力量。作为成功人士，请您谈谈您的成长历程。

吴院长：我从清华大学土建系 1963 年毕业之后，就在建筑系统的设计院工作。1971 年因机制变动，“援外”建筑设计任务主要转入咱们院，我随之调入咱院当时的援外室“七室”。书记王敏认为我知识面宽，学问扎实。在我们室接受了援建阿尔巴尼亚综合印刷厂的任务后，要派出设计代表，因要现场工作几年，他考虑让我去，因为这样最节约人力，可以代表多工种。经过申报外事局，还经过了不少周折后，这一决策才得以落实。这是我初次出国，是我和各个中方印刷厂的技师们长期合作学习

吴德绳院长获得两枚阿尔巴尼亚为中国援外专家颁发的勋章

的机会，使我接触到驻外使馆，接触到外事工作，我因而积累了经验，也开拓了职业生涯。虽然我并非成功的人士，但我快乐而高兴地从业，退休后发挥余热，这很多都是靠这过程中的沉淀，是建院给我机会，让我成长和领悟。我感谢建院，感谢王敏书记，也因而真诚地把心得回馈给建院、回馈专业。正是明知夕阳短，不用扬鞭自奋蹄的心态，促使我还在快乐地尽微薄之力。

我认为自己很幸运，退休后很多部门的学弟、学妹们还约我参加各类学术活动，让我得以高效率地学习新知识，所以我还能跟上科技的发展。当然，当年的学习扎实，内容丰富也是一个基础。近年我更体会有些事情真是靠时日的积累才可能领悟，所以我更深感回报社会要有内容。八十岁了，我参加活动真是以“此为最后一次”的心态进行的，有一种言语由衷、拜托志向的心情。

编委会：吴院长，北京建院是有历史传承的，听到天安门城楼咱们院负责进行过大修工程的主导工作，这是咱们院的光荣，您能讲讲这件事吗？

吴院长：这件事有很多可说的内容，是咱们院的光荣，也是当年咱们院地位所致。

中国首届建筑摄影论坛会场一角（正面前排右起：吴德绳、楼庆西、杨永生，摄于五台山佛光寺，2003 年）

吴德绳院长指导院研究所项目会议（1997 年）

大修天安门城楼是从 1969 年 12 月动工到 1970 年 4 月竣工的，那时我还没调入咱们院，很多故事都是老前辈告诉我的，有的是后来接触一些资料文献知道的。

中国大部分建筑物是砖木结构的，因此它的物理寿命必然只有七八百年。与一些石材为主的外国古建不同，有关问题我曾跟一些外国古建专家说明甚至辩论过。也就是说中国古建的保护必含“落架翻修”，原则是原图纸、原材料、原工法等。

当年，在国庆节等重要大型活动时，国家最高领导人全在天安门城楼，有时还有“鸣礼炮”的过程，如果有任何建筑部件掉落都是不允许的。周恩来总理批准了对天安门城楼的检查和维保任务。咱院检查结论是“必须大修”，并承担了大修方案的制定，其中：

大体有把古建的斗拱承重改为桁架承重，斗拱只做装饰；为适应“一号国徽制式”的合理设置，把一、二层挑檐之间高度增加一米；更换承重木柱等等。

其中一、二层挑檐间增加一米之事，周总理听后指示：请教梁思成老师的看法再定。当咱们汇报说梁老师不赞成增加一米后，周总理再次听设计师的理由后，最终拍板定案：按院设计师们的方案（增加一米）进行。这让咱们学到了总理的务实精神和深入研究的工作作风，我们要向传统致敬，也要与时代同行。

编委会：说到周恩来总理的务实精神，我们能顺此请问您，我们知晓您父亲吴阶平院士很受周总理的信任和重用，您可以和我们谈些这方面的情况吗？

吴院长：在周总理去世后，父亲与我们谈到，他一生能随周总理工作多年是最幸运的，因为他从这位做人做事顶级的榜样身边学习到了很多，使他的学养、品德得到很大的提升。当时因保密要求，我只有感觉，但没有具体了解。后来通过阅读文献，结合我自身的执业经历，对父亲的话有了更深的体会。无论是政治觉悟还是执业原则，很多都得益于父亲传递给我的周恩来总理的品德以及父亲的教导。

吴德绳院长获全国五一劳动奖章

中华全国总工会
决定授予吴德绳
同志全国五一劳动
奖章

第 号

中华全国总工会授予吴德绳院长五一劳动奖章的证书

编委会：您是将专业和责任视为情怀的人，同时您还很早就倡导并践行了工匠精神。2016 年中央提出各行各业都要发扬工匠精神的号召，请您谈谈这方面的情况。

吴院长：人的一生如果大体从事同一项专业的工作，那到年迈后常会有一定专业能力和知识的积累，这是时间的赐予，是年轻人没有的。后人胜前人，一代更比一代强的社会发展规律，也体现了传承。我热爱咱们的专业，更愿咱们的专业在社会上的地位不低于别的专业，那就要咱们专业对社会的贡献不低于别人，这就是我的情怀。专业对社会贡献之大是我深知的，但好像还不是社会的共识。我的情怀中还有另一个责任，就是利用一切机会和平台宣讲专业对全国、全球真正的伟大作用。

对匠人精神我略作展开。我本人从小喜欢看各种工匠工作，如修汽车的机器匠，修造建筑物的泥瓦匠，在大型机房中运行管理的工匠，商场中的修表匠等都是我的“最爱”。所以我自己有深深的匠人情怀。2012 年 6 月，我写了篇《匠人情怀》的随笔，2013 年 6 月做成了电子版，被《城市化》杂志的著名主编蔡义鸿先生看到，他鼓励我去做个论坛，我高兴但也没多想。他竟为我在很高规格的论坛“国际马奈草地娱乐部”中发言，还为我约请了一位当年中央电视台的重量级主持人张越女士作主持。台下人数不多，约 60 多人，但都是不凡的人士。两个多小时的匠人情怀的论坛竟获意外的认可。蔡总还在《城市化》中专门报道了此事。

就这样，我竟成为了较早提出工匠情怀的人。作为一介工程技术人员，深存匠人情怀，期盼中国领导者能引导社会对匠人的尊重，对匠人更关心。李克强总理的政府工作报告发布后，我受到了极大鼓舞，我的梦圆了，这更激起了我对匠人和工匠精神的学习和再挖掘，也促使我更与时俱进地学习。此后我又写了几十篇有关匠人主题的随笔，比如《大国工匠不是哪个大国，而是国家级大工匠》。工匠和艺术家的区别在于艺术家要看“作品”的创新性、个性和形而上的内涵，缺一不可。工匠的作品不允许含创新性、含个性，是物品建造，不存在形而上。工匠的个性是要看过程，看工具、效率、节材、质量等。我也努力纠正通俗说法中的偏差，如做紫砂壶的工匠，其实多数应称为艺术家；做外科手术的大医学教授，有的手术（正常的典型手术）应属工匠型作业等。

我分辨这些是因为建筑物是含艺术性的工匠作品，艺术是见仁见智的，科技是要严格辩证再“证伪”的。建筑师是建筑物作品创意的灵魂，而作品的科学性、技术性是不允许任何名义轻视或躲避的。近年来建筑物的绿色节能等重要内容，已经发展为建筑师的主导思想。我愿将所有悟到的内容，与同行分享和求得补充及斧正。

编委会：您近年来以贡献行业与社会的责任之心，应邀讲授专业、人生、治学的各种讲座，您的讲演文字也不断被媒体传播。尤其，前一段，您从自己撰写的 400 多篇文字中选出 100 多篇让我们阅读，其中的文字华敏，富于哲思，真期盼它们能尽早出版，普惠行业与社会。

吴院长：我至今仍不断地写出新的随笔，确实是为出版传播，是因为公开发表比请少数知己指教更让我受到鼓励；在做论坛时我会讲述一些随笔中写的想法，也常得到听者真诚的肯定，这些就是我还继续写作的动力。

我懂得作品永比作者长寿。我已 80 岁了，写随笔为了出版，但绝对没必要自己看到它的出版。最近中美关系的问题为我出版随笔集增加了一个缘由，纸书是有时间标志的证据。

我也想到中国人民读纸书的风气尚未形成，并相信读纸书的好风气必会逐渐提升，那时出书并不晚。

作品的写作和出版其实还有责任和道德的问题，因为作品如果占了读者的时间和精力，如使读者收益不多，我就对不起读者了。记得年轻时我读过一篇列宁写的读后感，他是从阅读竞争对手的作品这一角度写的，大意是“我读他这本书最大的收获就是这本书是不该读的”。我自嘲地想我写随笔可别落得这样的读后感。

对建筑界有所启发的随笔文字有《梁思成老师送我的独食》《和贝聿铭大师聊天学到的哲学》《聆听戴念慈部长指示学到的哲学》《吴良镛老师给我的教诲》等几篇，希望大家喜欢。

我自知不是“成功人士”，自信能算合格人士，这种自信也是我总想回报社会的动力。我热爱祖国，热爱工作，热爱专业，热爱生活，热爱后辈，这是我敢骄傲之点。

（本文系本书编委会对吴德绳院长的采访，也包括学习并参考了吴院长的随笔所整合的文字）

我们心中的建院史

院史组左东明采访

周治良

周治良：我院与共和国同年同月同日诞生，当时名为公营永茂建筑公司设计部。总经理由北京市政府副秘书长李公侠兼任。公司有四个部门，办公室由崔占平负责，下面有施玉洁负责人事，纪民负责计划；设计部由张准负责，下有高原、王敏之和我共四个人；工程部由刘礼华负责；材料部由崔彦彩负责。后来设计部发展成我院，工程部发展成建工局，材料部发展为北京市建筑材料公司。

付义通

付义通：我是受钟森的邀请从台湾回来的。初到永茂时，因祖国经历过连年战乱，经济遭受彻底的破坏，政府划头三年为“恢复期”，我们主动建议找市地政局副局长沈勃申请承揽该局的“敌逆房地产”等测绘任务。我们冒着风险，苦学苦干，认真完成了委托方要求的成果，也庆幸见识到许多难得一见的稀有古建遗产。转入“调整时期”后，我们突击完成一些市政府的小项目。1952 年，沈勃调入永茂建筑公司，北京的一些公司和技术人员并入，我院成为人才齐集、技术覆盖面广、权威性高的国内规模最大的民用建筑设计单位。

刘开济

刘开济：我是 1952 年公私合营时从华泰建筑师事务所合并来的，包括公营永茂设计公司、公营建筑公司设计处及其他私营事务所的技术骨干，合并组成北京市建筑公司设计部。沈勃同志从地政局调来任建筑公司副经理兼设计部经理，当时我在张开济的设计室任职，无论在事务所还是在设计院，我们都是好同事。

朱宗彦

朱宗彦：我从上海中专毕业后来到永茂工作，参加了军委测绘局的现场设计。1952 年又调干上大学，中央安排在北京工作的人员都上山西大学，四年毕业后又回来工作。

郭家治

郭家治：那时是两个设计部，张开济在一部，张镈在二部；总的负责人是钟森，下面有财务科、总务科、工会，保卫科由总务科科长兼任。我那时既是采购员又是保管员，摊子大了，工作量也比较大。后来沈勃从地政局调过来接这个摊，当时的监理是张若平，后来调到了建筑专科学校。

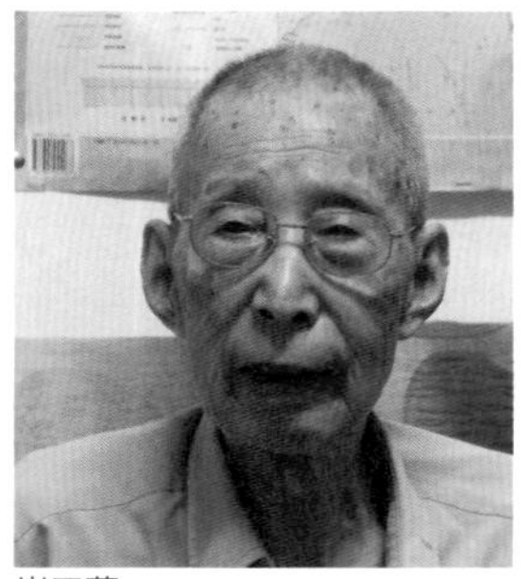
崔玉蕃

崔玉蕃：那时我在私人事务所画图，后来归入永茂设计公司。那时只有两个设计室，张开济领导一个、张镈领导一个，我在张开济的室里画图，那时都用铅笔画图。后来设计室发展了，人员增多了，就考虑搬到复兴门外去，那时复兴门外没有什么建筑，只有三栋办公的房子，我们就搬到那儿去了。

陆均宝

陆均宝：我 1951 年来院，那时设计院名叫公营永茂建筑公司。那时是两个设计室，我在第二设计室，就是由张开济领导的设计室，后来在 1952 年搬到复兴门外了，那时还很宽敞的。我一直在设计院工作了 33 年，到 1984 年退休。退休前在三室、研究室、五室做过计划工作。我的老伴虞家锡到院比较早，是 1949 年年底。他做结构设计，负责体育建筑设计工作，还有援外的工程。1981 年，他因病去世。

王学唐

王学唐：我 1950 年 10 月到当时的公司所在地东厂胡同 5 号报到，我做晒图的工作。那时有南北两栋二层楼，北楼一层是一室，是张镈总工程室，二楼是二室，是张开济总工程室。南楼一层是俱乐部，楼上是工程部。当时公司的经理是钟森，后来他在建工局当局长。公司总经理是李公侠，时任市委副秘书长。后来公司人越来越多，办公地方不够，我们就搬到了儿童医院对面的二层楼。

王淑敏

王淑敏：新中国成立初期，国家还没有培养自己的专业工程技术人员。我是 1951 年永茂公司第一批从上海和北京招收的 30 名练习生之一。我到东厂胡同报到之后就开始接受培训。首先是监理张若平、人事科科长施玉洁对我们进行政治思想教育；接着是钟森、张镈、张开济、刘宝玺、张国霞等老专家给我们讲各门专业技术课，包括怎么样练基本功、怎么样画图、我们身上的担子有多重……给我们传授了很多宝贵的经验。我们从内心里感谢他们。

李国胜

李国胜：我是 1951 年 9 月从上海到北京的。永茂设计公司第一批练习生招收了 30 人，上海有 12 人。我在军委测绘局工地实习，很多工程师热心地手把手教我，当时结构专业的前辈有郁彦、叶平子。11 月开始冬训。1952 年，公司组织结构有些变化，一些私营的和较小的公营设计单位合并到永茂。后来北京开始设计三大医院，我参加了同仁医院结构组的工作，在胡庆昌组长的带领下，我在努力工作的同时，努力补习文化知识，后来就一直干结构专业了。

辛志佩

辛志佩：我 1951 年 9 月我从上海到永茂报到，我们的宿舍在东华门，国庆节的集体活动在中山公园。后来搬到儿童医院对面，单位规模已经扩大到八十几人了。我先是被分到勘测专业，后来又调整做工检。我从一室到调标准室，专业是预算。

瞿钟庆

兰承夔

王淑清

刘秉琛

刘全礼

瞿钟庆：我是1952年到院工作的，那时公司在儿童医院对面小楼上，我是搞设备的，在技术室、四室工作过，还被派往湖北二汽、黄山石化工作过，1970年到三室做学校、医院等工程。

兰承夔：我从同济大学毕业，最初在永茂建筑公司设计部实习，后来在三室杨锡镠领导下，参与了许多体育工程，虞家锡是我的老组长。此外，我还做了些学校工程，如北医的结构、北航的风洞实验室等。

王淑清：我是1952年12月入院的，那时是北京市建筑公司设计部，我们室领导是杨锡镠。我还在四室做保密工程，在技术室的人防组工作过。

刘秉琛：我是1954年初中毕业到设计院的，后来人称的“108将”之一。当时是第一个五年计划的第二年。我们到公司后先在西郊的建筑职工学校培训了三个月，老师教给我们建筑的基本知识后，我选择了建筑专业，12月就到院工作。我被分配到第四设计室。当时四室主要做医院建筑，我到后第二年就有第九综合医院（朝阳医院）和第十综合医院（宣武医院）的设计任务。我参加了第十综合医院也就是宣武医院的设计。

刘全礼：北京市东城区东厂胡同5号，原来是公营永茂建筑公司所在地，当时公司有50多人。1953年公司迁出该址。1951年我17岁，到这里工作，最早是做烧茶炉和保卫工作，后来又做烧取暖锅炉工作，并负责所有的后勤工作。

汪熊祥

邵桂雯

盛秉礼

佟景鋆

汪熊祥：我 1951 年因体育馆工程来院，一直在三室搞体育建筑，参与过北京体育馆和工人体育馆项目，还有首都体育馆工程等等。

邵桂雯：我是 1954 年到院工作的，被分配到第一设计室，张一山任主任兼书记，我的组长是孙培尧，做的第一个工程是专家招待所。在设计室看到老工程师们有许多的资料，还有很多热烈讨论的方案。我的学历低，就积极报名参加夜大学的学习。后来我还经历“下放”，调到标准室、四室后参加北影洗印车间、大小放映室的建筑设计。

盛秉礼：我 1954 年来院，经过三个月培训，直接进入新建办公楼，我在第四设计室，朱兆雪、赵冬日是主任。院里的培训、夜大学习对我帮助很大。我后来在五室和七室工作，做援外工程。我 20 世纪 80 年代参加了设计新世纪饭店设计，20 世纪 90 年代参与设计青岛市委党校，到 1999 年退休，在院工作 45 年。

佟景鋆：我是 1950 年 3 月服从学校分配从市委派往建设局后来到永茂公司设计部的。我在校期间功课好是有名的，之前公司领导钟森在北京大学当教授，认识我，让我去参加设计毛主席纪念堂的新六所。我独立能力强，深得老师信任，屋檐、楼梯各零件都由我负责，我就没有参加大家的画图，自己设计画图交出去。因我是北京市派出的，参加工作后就回到北京，去了永茂。钟森那时是永茂公司经理，张若平是监理，设计部有张准（东北流亡来的学生），还有纪民等人。

不负韶华 重温荣光

北京市建筑设计研究院有限公司（1949—2019 年）简史研究初步

本书编委会

历史是一座让人不须穿越时空就可以了解过去的宝库，它道出了“设计机构史”的真实历史价值所在。

北京市建筑设计研究院有限公司（以下简称“北京建院”），是与新中国同龄的中国建筑民用设计第一院，听设计院前辈们讲，北京建院前身是“公营永茂建筑公司设计部”。“永茂”二字为时任北京市委书记彭真同志所题，取其“永远茂盛”之意，它寄托着党和人民的期望与重托。1949 年 9 月，北京市人民政府派时任政府副秘书长李公侠同志筹备建立公营永茂建筑公司。在 10 月 1 日开国大典当天，“北京市公营永茂建筑公司”在当时的办公地——金城大楼的楼顶垂挂了两条有公司落款的庆祝标语。同一天，4 名员工以永茂建筑公司的名义参加了开国大典和晚上的提灯大游行，标志着我们与新中国同年同月同日诞生。那永存的精彩瞬间，见证了我们是与新中国同龄的设计院。就在此时，新中国最早的一批精英建筑工程师从海内外汇聚而来，怀揣国家复兴的伟大抱负，展开新中国首都建筑设计的一个个新篇章。北京建院的历程有史有据、材料翔实且客观公允，老院长、原建设部常务副部长叶如棠在 1999 年为北京建院 50 周年纪念集题词时

2013 年 11 月，北京建院部分员工与领导在《建院和我》展览上合影

做出“堪称当代华夏第一家”的评价。

在历史的发生地感悟历史，可探寻到北京建院人的风骨、理想与追求。据不完全统计，北京建院先后于1989年、1999年、2004年、2009年、2018年举办过展示全院发展历程的不同规模的展览，同时出版过多本纪念集。在所有展览中，2018年11月22日在国家博物馆开幕的“都·城——我们与这座城市”展览从规模到内容，乃至对业界与社会的影响力都非同一般。如果说，文艺作品是城市与时代前进的号角，那么建筑作品则可代表一个时代的风貌，甚至见证并引领着城市的发展。北京建院人用设计作品为首都北京绘就了一幅幅催人奋进的宏阔画卷。编研北京建院“史”，实则是写就一部新中国建筑史，确需要实事求是，更要有再发现的精神。

一、北京建院：已有开端的史述历程追溯

从中国建筑的行业发展看，品味春秋很重要。北京建院有着70载历史，对它的记叙与回溯，不仅仅是对一个国企设计大院的总结，还呈现了一个行业的演变史。面对国家对新时期战略布局的要求，面对新局面新变革的发展愿景，回望历史显得意义重大。因为，北京建院人明白：历史写下曾经的对与错，它重在储存经验值；历史还是一列永不停息的列车，它无始无终，有始终的是选择上下列车的乘客的旅程。所以，历史不仅仅是时间铺叙的绝句，更具有过去与未来的贯通性，无论是建筑师个体还是设计机构，没有了历史认知就难有精彩的发展。基于此，伴随着北京建院的发展，已有一批拥有特殊经历的建院老领导、老总师及老专家们都先后在几十年间写下回忆录及相关文章，这里既有北京建院初创期的“事件”与“人”，也有北京建院在不同历史“节点”上的“故事”。此外还应看到，北京建院与新中国同龄的这一特质正越来越引起业界学者们的注意。如2012年以来，中央美术学院人文学院、清华大学建筑学院、天津大学建筑学院、中国城市规划设计研究院院士工作室等机构，都有师生与学者以20世纪五六十年代北京建院的创建史为命题，勾勒新中国建筑早期历史。

以下给出围绕北京建院演进历程院内外人士撰写的“北京建院史”一览表（如表一所示），需要说明的是，自2014年北京建院成立65周年之际推出“建院和我”征文且刊印《建院和我（第一辑）》至今已经5年。在院领导支持下，院离退休干部管理部及建院历史资料组已完成了共计10卷本近200万字的“建院和我”院史系列作品，其中梁永兴、张建平、魏嘉、刘锦标、左东明等人是默默奉献的。对于“建院与我”系列，5年来一直得到徐全胜董事长的关注与扶植。他曾在序言中说：“《建院和我》记录了建院的前辈们为首都的建设和发展迸发的似火激情和无私奉献的牺牲精神，以及不畏艰难、勇往直前、艰苦创业所取得的光辉业绩。充分体现了老一辈建院人身上“特别能吃苦、特别能战斗、特别能忍耐、特别能团结、特别能奉献”的建院精神。它的编写发行，不仅丰富了建院的企业文化、工作史料，而且对于开展建院传统教育和理想信念教育具有积极意义。”（选自《建院和我（1）》2015年4月）

表一　历年院庆典图书中关于“院史”的部分文章一览			
序号	标题	作者	出处
1	《回忆建筑设计院创建岁月》	沈勃	《北京市建筑设计研究院成立 50 周年纪念集（1949—1999）》，中国建筑工业出版社，1999 年
2	《在我院创作实践中的体会》	张镈	《北京市建筑设计研究院成立 50 周年纪念集（1949—1999）》，中国建筑工业出版社，1999 年
3	《回忆设计院成立的最初情况》	张锦文	《北京市建筑设计研究院纪念集 1949—2009》，天津大学出版社，2009 年
4	《我院三迁地址记》	周治良	《北京市建筑设计研究院纪念集 1949-2009》，天津大学出版社，2009 年
5	《众多家珍细数来——建院 55 周年有感》	马国馨	《南礼士路 62 号：半个世纪建院情》，生活·读书·新知三联书店，2018 年
6	《难忘的一九四九》	纪民	《建院和我（1）》北京建院内部出品
7	《筹建“永茂”二三事》	高原	《建院和我（1）》北京建院内部出品
8	《情系建院半甲子》	何玉如	《建院和我（1）》北京建院内部出品
9	《难忘的岁月》	李国胜	《建院和我（1）》北京建院内部出品
10	《岁月如歌 曲无声》	柴建民	《建院和我（1）》北京建院内部出品，2015 年 4 月
11	《时光倒流院往事》	梁永兴	《建院和我（2）》北京建院内部出品，2015 年 12 月
12	《永茂建筑公司若干史料》	刘亦师	《建院和我（6）》北京建院内部出品，2016 年 12 月
13	《工程设计小史》	李国胜	《建院和我（7）》北京建院内部出品，2018 年 12 月
14	《建筑世家的历史记忆》	欧阳蓓	《建院和我（9）》北京建院内部出品，2019 年 4 月
15	《舌尖上的建院》	郭家治	《建院和我（10）》北京建院内部出品，2019 年 7 月
16	《三十年变迁之建筑师换“笔”》	卜一秋	《北京建院 65 年 传承·创新纪念集 1949-2014》，北京建院内部出品，2014 年
17	《三十年环境变迁史》	纪民	《北京建院 65 年 传承·创新纪念集 1949-2014》，北京建院内部出品，2014 年
18	《回眸五十年 广厦千万间——住宅设计五十年回顾》	陈绮 赵景昭	《住宅设计 50 年——北京市建筑设计研究院住宅作品选》，中国建筑工业出版社，1999 年
19	《我院早期发展历程大事与人员加入概况》	左东明	《BIAD 生活》总第 127 期，2019 年 8 期，北京建院内部出品，2019 年
20	《我院早年设计的较大工程（部分）》	刘锦标 左东明	《BIAD 生活》总第 127 期，2019 年 8 期，北京建院内部出品，2019 年
21	《组织史》		
22	《第九篇　城市建设“第四章 建筑设计（1912—1949）”》	朱小地 金磊 李金芳 李沉	《北京科学技术志》（下卷），科学出版社，2002 年
23	《北京建筑志设计资料汇编（上、下册）》	北京市建筑设计志编纂委员会	北京建筑志设计资料汇编（上、下册），1994 年

“2019 年 10 月是建院成立 70 周年。《建院和我》编辑完成了第十辑‘与共和国同行——讲述建院的 70 个故事’。它从不同的角度生动地表述了每一位建院人，为首都的城市建设做出的贡献。它既平凡宁静，又跌宕起伏，是建院在北京城市建设中取得的成果，也是建院 70 年历史的延续，它是全体建院人在迎接自己的节日时编辑完成的。建院的 70 个故事，虽然仅仅是建院历史上千万个故事中极少的一部分，但它生动地表现出了与共和国同龄的北京建院的根深叶茂。相信浏览了本书的人都会感受到美好回忆。建院 70 个故事，见证了建院 70 年的奋斗历程，讲述了建院 70 年的巨大变化，承载着建院人新的发展梦想。一段段往事，一串串数字记下的不仅仅是沧桑巨变，更昭示着建院的精神风貌。建院文化的新标志是开放的社会心态，因为它可以使建院放眼世界，找准坚实脚步的新起点，传承老一代建院

人的优良传统。”（选自《建院和我（10）》2019 年 9 月 9 日）

二、北京建院：一部能书写新中国设计发展的“大书”

北京建院的历史，是承载着一代代北京建院人对祖国建设奋斗情怀的历史，无论它过去的称谓如何变化、院址怎样变更，北京建院的行业地位从未改变。北京建院的行业地位来自建筑大家的学术尊严，来自设计作品饱含精神魅力的永恒追求，更来自行业的认同。

说北京建院的发展史就是首都北京建筑的发展史，是有依据的。在 1985 年中共北京市委组织编写《当代中国的北京》一书的基础上，1987 年 6 月，北京市人民政府决定由北京建筑史书编委会组织编写《建国以来的北京城市建设资料（六卷本）》，《城市规划》是第一卷。该书记载，在制定的北京第一个五年计划中，5 年内要办与建筑设计相关的 5 件“大事”，从中可找到太多与北京建院 20 世纪 50 年代项目相关的内容。从此意义上推测，20 世纪 50 年代的北京建筑，北京建院是最多的设计承担者。以下对 1954 年《北京市第一期城市建设计划要点》的 5 件建筑“大事”做出简介，可对号入座找到属于北京建院的早期设计创造。

其一，有计划地建设工业区。5 年内北京新建 50 多个工厂，建筑面积 187 万平方米，重点建设东北郊工业区和东郊工业区。如自 1954 年开始在东北郊酒仙桥、大山子一带，先后建设电子管厂、无线电器材厂和有线电厂，这三个厂均由前苏联及民主德国帮助筹建。在东郊地区，建设了第一、第二、第三棉纺厂和合成纤维厂，同时新建第一机床厂、汽车辅件厂、人民机器厂、混凝土预制构件厂、光华木材厂等。此外，老企业如石景山钢铁厂、清河制呢厂、琉璃河水泥厂也相继扩建，在南郊也形成工业区，建成北京第一个大型冷藏库等。

其二，兴建高校及科研机构。5 年内北京高校从 1949 年的 15 所增至 31 所，学生数目也增加 4.7 倍，在靠近清华、北大的北太平庄至五道口地区，相继建设钢铁、地质、石油、矿业、农机、林业、航空、医学“八大学院”，

表二 北京建院名称变更与发展简表

时间	名称及隶属	在职人员数（人）	办公地点
1949 年 10 月	公营永茂建筑公司设计部	4	金城三层
1951 年 5 月	北京市公营永茂建筑设计公司	50	东厂胡同 5 号
1952 年 4 月	北京市建筑公司设计部	400	南礼士路三条北里
1953 年 3 月	北京市建筑工程局设计院	（1953 年底）423（534）	南礼士路三条北里
1954 年 11 月	北京市设计院	（1954 年底）726	南礼士路 62 号
1955 年 6 月	北京市城市规划管理局设计院	（1956 年）787	南礼士路 62 号
1960 年 4 月	北京市建筑设计院	1077	南礼士路 62 号
1989 年 4 月	北京市建筑设计研究院（7 月启用新公章）	1149	南礼士路 62 号
2012 年 6 月	北京市建筑设计研究院有限公司	1871	南礼士路 62 号

（本书编委会据《BIAD 生活》2019 年 8 期 左东明“我院历史发展及名称更换简表”整理）

形成了文教区。在文教区外，还新建农业大学、工业学院、政治学院、外交学院、体育学院等。同时，北京还建设了34万平方米的科研机构，如地球物理研究所、高能物理所等。

其三，建设办公楼与使馆区。在朝阳门至阜成门干线上，建设了文化部、冶金部、地质部及中央机关的若干下属单位；中组部、《人民日报》社、北京市委办公楼分别建在西单北大街、王府井、台基厂等地；国防部建在北海公园西侧的旃坛寺，西郊三里河建设“四部一会”办公楼等。

其四，建设成片住宅区。自1953年起，先按大街坊，后按小区的设计思想规划建设小区，如东郊棉纺工人住宅区及白家庄、呼家楼、永安里、垂杨柳等；东北郊的酒仙桥工人住宅区；北郊的北太平庄、和平里住宅区；西郊的真武庙、羊坊店、三里河、百万庄住宅区；城区内的虎坊桥、白纸坊、体育馆路及幸福大街等。

其五，完成了六类代表性公共建筑。①百货商场。5年内新建商业建筑48万平方米，其中有六层的北京百货大楼，甘家口、翠微路、木樨园、酒仙桥、五道口、六铺炕等中型商业楼。②剧院与影院。5年内建成11万平方米，如天桥剧场、首都剧场、人民剧场等，新建改建一批电影院。③展览馆。1954年建成北京展览馆，1956年在鲁迅故居旁建立鲁迅博物馆。④医院。扩建了同仁医院与北京医院，再建友谊医院、宣武医院、朝阳医院、积水潭医院、儿童医院、中医研究院等。⑤体育建筑。如北京体育馆、陶然亭游泳场、什刹海体育场等。⑥旅馆建筑。5年内建成31万平方米，如新侨饭店、西苑大旅社、专家招待所（即友谊宾馆）等。

王慧敏院长在北京建院全面质量管理研讨会（1988年）

三、北京建院：一部“新中国设计机构史”及其贡献“亮点”

在北京建院70年历程中，北京建院人创造了一个又一个经典的城市建筑事件。通过时间的推移，不少经典事件、建筑乃至人物故事已带上了“传奇”的色彩，仅以北京建院的“集体史”为例就有20世纪50年代“八大总”、建院总工的“十八棵青松”、建院历史上的“108将”等美誉，他们令今人记忆的是珍贵的情结，或许有些“故事”并不十分准确，但它们确实成为我们发展成长的一个个起点，甚至成为影响新中国建筑设计的关键词。无论是写“故事”还是筑“简史”，思忆创史诸先贤的动人篇章，一定是一曲曲缅述先辈的颂歌，一定是建筑时代的壮丽赞曲。因此，北京建院史确有成为新中国建筑设计机构史一部分的理由。有史有论，体现出传承当代新发展的逻辑；材料翔实且分析公允，重在信实而不误传；客观全面同时开拓创新是编就北京建院设计机构史应坚持的原则。

与众多机构史不同，北京建院的历史乃一部创作与技术发展史，其中少不了不同年代、不同专业、不同年龄段的奋斗者，他们将星光熠熠的激情岁月凝固在“都·城——我们与这座城市”展览中，创造了从20世纪50年代“国

北京市建筑设计研究院成立 40 周年庆祝大会

北京建院成立 40 周年获奖员工合影

北京建院成立 40 周年展览。左起：张学信、叶如棠、周治良

北京建院成立 40 周年展览一角

庆十大工程”到 21 世纪最初 10 年“北京大兴国际机场”新地标的一系列辉煌成就。北京建院人的每一项伟大成就来自艰苦奋斗，来自不驰于空想、不骛于虚声的智慧创作。以下按 8 个时间段扼要归纳我院建筑创作上的标志性成就。

20 世纪 50 年代 1954 年拥有 600 床位的儿童医院竣工，成为当年亚洲最大的儿童医院；1958 年福绥境大楼竣工，创造了北京最早的电梯居民住宅；1959 年“国庆十大工程”中完成了八项设计建造，为新中国建筑界创造了多项技术与风格上的“第一”。

20 世纪 60 年代 1960 年北京当时的“摩天大楼”、最早的“社区会所”安化大楼竣工；1961 年国内首次采用双层悬索结构的万人北京工人体育馆建成；1968 年建成的首都体育馆，除按周总理指示为北京举办第二届新兴力量运动会使用外，还创造性地获得了“新中国冰雪运动的摇篮”等一系列技术美誉。

20 世纪 70 年代 1976 年唐山大地震后的灾后调研与设计乃至重建，国家抗震规范的一次次修编，引领全国援建唐山灾区设计的技术措施的提出，都成为标志性大事件，而 1977 年毛主席纪念堂建成是令人瞩目的纪念标志。

20 世纪 80 年代 北京建院老一辈建筑师曾表述：我们前进的每一步都是行业的第一步，我们的“标准”就是行业的“标准”，一大批住宅标准图为改革开放的北京乃至华北地区提供了精良的住宅平面；中期中国国际展览中心 2#~5# 馆创出了多项国家、部、市级大奖，入选北京 20 世纪 80 年代十大建筑；1987 年完全由中国建筑师自主设计的国内第一家五星级酒店昆仑饭店建成。

庆祝北京市建筑设计研究院成立 50 周年大会

北京建院成立 50 周年展览“与共和国一同走来”

20 世纪 90 年代 1990 年第十一届亚运会成功举办，北京建院人花费 7 年，完成超过 80% 的场馆与配套设计服务，为北京、为中国争了荣光；我们探索并见证了两次“申奥”之路，完成了长达 308 页的“申奥”场馆全部方案设计的报告书，为成功申奥奠定了基础。

21 世纪初 除海南博鳌亚洲论坛永久会址，向世界展示中国已赢得建筑话语权外，第 29 届奥运会建筑设计我们也功不可没，除完成了 270 万平方米奥运场馆设计外，折扇造型的国家体育馆彰显了奥运会主建筑“三大件”的中国原创作品；继凤凰中心被评为 2011 年度世界十大文化建筑后，用建筑展现大国风度的项目在我们手中迭出不断——北京雁栖湖国际会议中心先后承接 2014 年第 22 届 APEC

北京市建筑设计研究院院庆 55 周年展览纪念手册

亚太峰会、2017 年与 2019 年两届“一带一路”国际合作高峰论坛及以北京国际电影节为代表的盛会（2015、2016、2018、2019 共四届）；还有杭州 G20 峰会会址以及标志着服务京津冀世界级城市群和“千年大计”雄安新区的项目。

21 世纪 20 年代：我们在为“双奥城市”的 2022 年冬奥会建设“国家速滑馆”等冰雪运动建筑，还将继续高质量地服务雄安新区建设，在服务北京、面向粤港澳大湾区、服务中国、瞩目世界上呈现更多的设计新品……

北京建院与中央美院合办建筑学院教学筹备会专家合影，2003 年 6 月

北京市建筑设计研究院成立 60 周年庆典在北京城市规划展览馆举行

北京建院成立 60 周年展览标识

BIAD 生活 65周年·现场

新老员工齐聚一堂 同庆BIAD成立65周年

2014年10月31日，北京市建筑设计研究院有限公司（BIAD）新老员工齐聚国家大剧院，庆祝BIAD成立65周年。

入场初始，通过《BIAD榜样》主题视频展示了百余位不同部门不同岗位的BIAD榜样人物的风采。

全体入席后，大家一起观赏了《BIAD 65周年庆宣传片》，全片以历史重要节点为主轴，对BIAD与共和国同呼吸共命运的65年进行了回顾，传递出浓浓的人文情怀，感人至深，让所有人对BIAD的过去充满自豪，对BIAD的未来充满希望。

伴随着主持人的介绍，BIAD领导班子集体登台亮相，BIAD总经理徐全胜发布了《北京市建筑设计研究院有限公司（BIAD）文化报告》，从“建筑服务社会，推动行业进步”、“专注设计主业，增强竞争实力”、“设计创造价值，实现产业升级”、“回归设计本原，引领未来发展”四个方面阐述了BIAD文化内涵。

BIAD近期重大项目展板及模型展示也同期举行，受到观众的关注与好评。

衷心感谢BIAD所有员工长期以来的努力和奉献！

衷心感谢社会各界长期以来对BIAD的关心和支持！

北京市建筑设计研究院有限公司成立 65 周年庆典在国家大剧院举行

四、北京建院：用成就书写的“品牌报告”“文化报告”“价值报告”

北京建院作为全国数万家设计企业的一员，持续用作品与理念点亮城市，在用建筑塑造国之精神与城市文化的同时，全力服务大众，诠释出时代发展轨迹。敬畏以致远，70 载时光流影与建筑征程中，北京建院管理者带领北京建院人在宣示自身价值时，正日益成为对企业自身发展、对行业与社会做出贡献的时代赋能者。

一代代北京建院人会自豪地说：“你的立足之地，就是你所从事之职业；你做到了什么，你的职业定位便是什么；你能创造光明，你的职业就不会黯淡。”本报告是对 70 载成就、贡献与经验的总结呈现，更有对未来发展的塑

中国勘察设计协会会长施设致辞

中国建筑学会理事长修龙致辞

北京建院董事长徐全胜致辞

北京建院总经理张宇主持 70 年院庆活动

北京建院副总经理郑实主持院庆图书首发

北京建院执行总建筑师邵韦平做主旨发言

北京市建筑设计研究院有限公司成立 70 周年院庆，徐全胜董事长致辞

北京市建筑设计研究院有限公司成立 70 周年院庆，张宇总经理主持

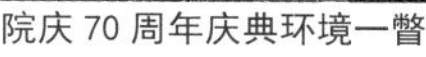
院庆 70 周年庆典环境一瞥

北京建院成立 70 周年青年建筑师论坛——倾听建筑的新锐力量与会专家合影

形、走向新阶段的探索与诠释。国外企业价值观的提升模式一再证明：顶级品牌往往受更高目标和使命感的驱使，他们没有理由不迎来高质量增长。

2009 年在北京建院成立 60 周年时，我们通过对过去设计与管理的经验总结，凝练成《北京市建筑设计研究院（BIAD）品牌报告》；2014 年北京建院成立 65 周年，为进一步梳理并挖掘国有设计大型企业基业长青的文化内涵，推出了《北京市建筑设计研究院有限公司（BIAD）文化报告》；2019 年，北京建院与新中国共同迎来 70 周年华诞。70 年辉煌历程，70 年使命担当，我们与新中国建设事业相生相随，面对新时代，北京建院要用怎样的姿态再出发，需要新的价值认定与提升。在注定要载入史册的 2019 年，冀图知悉来路，远谋“做中国建筑领域最具价值的设计企业”。述往旨在前行，因为 70 年我们有与建筑先贤共同营造的国家设计记忆，有城市成长中尊重建筑师、致敬时代的北京建院人弥足珍贵的情怀，更有设计院“品牌”与“文化”传承与保护的使命担当，所以再塑完整样貌、展示学术触角、释放人文精神的《北京市建筑研究院有限公司（BIAD）价值报告》正逢其时。

五、北京建院：设计机构史的编撰纲要

编写行业乃至机构的历史需要参与者共同的记忆。如果将与新中国同龄的北京建院发展历史作为编写对象，将是一部有深度的“大书”，它乃一项新中国建筑设计创始机构的基础性学术文化工程。研究它不仅仅是让历史走进青年建筑学子心中，更是因为北京建院历程中，确有太多跌宕起伏的故事，写就“正史”也需将严肃的题材和巧妙的叙事结合在一起。北京建院走出来太多的英才，其心灵成长，没有捷径。70 年沧桑变迁，70 载岁月峥嵘，在北京建院 70 年奋斗的壮丽画卷上，每一处都有设计作品的色彩，每一寸都留下建筑师、工程师们的笔迹。

设计机构史除设计院组织史、技术史外，还要有设计思想史，它旨在追寻一个个足迹，并树起一座座丰碑，这是北京建院应格外关注

徐全胜董事长陪同中国文物学会会长单霁翔参观礼士书房

的科技工作者学术成长的采集工程，这无疑是一个需要仔细构建的史料研究体系，这包括主题阐释问题和设计机构史研究的方向。但我坚信，任何意识和认知的形成，必然紧随时代前行而不断演进提升。建筑设计思潮与新技术如此，研究建筑师活动的设计机构史也该如此。为此我们设想构建北京建院的设计机构史有两大思路。

其一，要以时代的质感与爱院情怀编撰历史。饮水思源，感恩图报，有情感的编史是个创新之思，它并不等于不公正。有了怀旧心态，才可情有所系；有了文化情怀，才能以人为本，以时代的行业发展精神去弘扬中华文化，找到北京建院在各个时间“节点”的贡献；只有细心把握，才能刻画大历史、感悟历史印记、发现时代的问题、阐释时代的精神与美好，发现北京建院可以创作出时代经典的审美根源；只有从科技创意出发，才可在瞄准新时代的创新潮流中，把握头脑风暴，找到北京建院基业长青的路径。

其二，编撰设计机构史宜采用历史与哲学的同一观。在意大利哲学家、历史学家克罗齐看来，编年史的方法并不总有生命力，他认为“一切历史都是当代史”。他反对历史的写作仅仅采用死的材料编排和堆砌，强调真历史是活生生的历史。我们之所以认为应着力下功夫编就设计机构史，是因为过去恰恰活在现在之中，所谓的过去实际上是个“活着”的过去，这就是历史也是今天的当代遗产观。从“建筑服务社 设计创造价值”的理念看，赋予北京建院 70 年历史以当代性，是潜在于历史认知的实际需要。写历史要依赖史料，它指叙述和证据，前者是以前所记载和叙述的史实，后者指的是书信、档案、作品照片、图纸等第一手材料。没有证据，就无从构筑起真历史。作为一种创意式研究，真历史是普通编年史，不仅因为它要有证据作为凭证，要以现实生活中活生生的内容为契机，还要融入设计机构的人文故事与情怀，不仅有“乡愁”，也有当代的深度发展思考。也可以说，本书编出的是思想活动，而编年史写出的是时地人事。现实中，不少机构史（尚无设计机构史）都是编年史类型，这是北京建院设计机构史这部“大书”应着力改进的。历史并非外在于我们，而是内在于我们自身的，我们的目标是要以对北京建院的挚爱诚心去感受并理解历史，通过编研要展现出北京建院的设计精神与内在的生命力。

（执笔 / 金磊）

我院企业化试点历史回顾

梁永兴

大家都知道老年人很喜欢回忆历史，在即将庆祝我院建院 70 周年之际，我们的院史很自然地受到广泛关注，下面就说说我院企业化试点阶段有关历史情况。

在计划经济体制下，多年来我院作为建筑行业的龙头建筑设计单位，一直是作为事业单位从事设计工作的，实行的是机关式的行政管理方法。设计人员的工作干多干少一个样，由于不收设计费，在经费使用上只能是国家划拨。这种定额开给事业费的办法有可能造成设计单位完成的设计任务越多，经费反而越紧张，长期下去，这种事业单位的体制和管理方法显然不利于促进设计单位的发展和广大设计人员工作的积极性。另外由于建设单位和设计单位在工作之间没有明确有效的权利义务关系，特别是也没有经济责任，所以建设单位也不太珍惜设计人员的劳动，有的随意改变设计意图，或置之不用，从而造成人力、物力的浪费。总之这种体制存在很多问题，对于咨询服务、科技创造等专业性强的建筑设计单位来说，不利于其提高和发展。

20 世纪 70 年代末期，党中央国务院已察觉到这一问题，在 1979 年以中共中央国务院颁发［1979］33 号文件中批转了国家建委党组《关于改进当前基本建设工作的若干意见》的文件，文件明确传达了关于选择少数勘察设计单位进行企业化试点的精神，并指出“勘察设计单位现在绝大部分是由事业费开支，要逐步实行企业化，收取设计费”等。根据这一精神，国家计委、国家建委、财政部在 1979 年 6 月以［1979］建发设字 315 号文件下发了《关于勘察设计单位实行企业化取费试点的通知》，文件中除了说明一些做法外，还公布了全国第一批实行企业化取费试点的勘察设计单位名单，在全国第一批 18 个试点单位中北京市建筑设计院被排在第一位。按照组织的程序，我院立即就企业化试点之事，同北京市主管单位市规划局、市建委、市计委等有关部门领导研究并征得国家建委意见后，按照文件精神并结合我院具体情况于 1979 年 6 月正式向主管我院的市规划局提交《关于我院企业化试点实施方案》的请示报告，重点提出六方面的问题，概括如下。

①按照客观经济规律，管理设计工作，希望从 1979 年 7 月 1 日起开展我院企业化的试点工作，同时对外签订设计合同，明确甲乙双方的责任义务及收取设计费等。

②根据设计工程的性质、繁简程度及规

模大小等情况确定从基建总投资中收取设计费的标准。

③院内部加强计划管理、技术管理和经济管理等，逐步健全计划定额质量标准，从而更有效地提高技术水平、设计质量和设计工作效率。

④由于尚缺乏实践经验，我院将采取事业单位企业经营管理的办法进行院内企业化试点工作。

⑤有关奖金的形式及其发放办法。

⑥有关建设单位委托我院设计工作的程序条件及办法等。

接着市规划局又于1979年6月以［1979］城规发字第109号文件给北京市建委写了《关于我局建筑设计院实行企业化试点的请示报告》（见附件1）。

经市内有关单位共同研究，征得大家基本同意后，于1979年9月以北京市建委、计委、财政局［1979］建字195号、京计基字560号、财予字657号文件联合向北京市所属各区、县委局及建设银行等单位发出了《关于北京市建筑设计院实行企业化取费试点的通知》，内容简要如下。

一、北京市建筑设计院自1979年7月1日起实行设计收费，上半年已开始委托设计的，按7月1日以后实际完成的设计阶段收费。

二、北京市建筑设计院1979年已拨和未拨事业费和下半年收取设计费的关系和处理办法。

三、北京市规划局勘察处配合北京市建筑设计院勘察工作收费的处理意见。

四、勘察设计的收费标准。

五、委托勘察设计付款办法。

六、委托和承担勘察设计单位双方的经济责任。

七、北京市建筑设计院实行企业化收费试点后，从1979年7月1日起实行生产奖励制的有关问题。

八、北京市建筑设计院实行企业化收费试点后，仍按事业单位财务制度开支职工劳保福利，待遇仍按事业单位的办法执行，但要参照企业管理原则，加强经济核算实行定收定支，建立健全各项必要的规章制度，要不断提高设计质量，银行帐户由人民银行转到建设银行，接受该行的监督，并定期向该行报送财务经济活动情况。

九、北京市其他勘察设计单位未经批准一律不得自行收取勘察设计费。

这个通知文件在社会上的发布，对我院的改革企业化试点工作有着重要的历史意义。

①更加坚定了我院进行企业化试点工作的信心和决心，极大推动了我院企业化试点的各项工作，重要的是试点工作有章可循。

②在各个方面为我院开展企业化试点工作铺平了道路。

③社会上的同行们、各个设计单位都非常关注我院企业化试点的每一步行动及其效果，并对我院企业化试点工作产生了强烈的共鸣。

④按照市内通知文件精神，我院立即向委托我院设计建设的单位及其领导部门分别发出设计取费通知单，从此开始了我院设计收费的历程。

1979年为开展企业化试点工作，我院还集中精力做了如下的一些工作。

①对院内力量、任务和成本等进行测算，

制定出设计收费标准（共分 4 大类，依据设计概算百分比收取），同时也计算出院内年度收费计划。

②编制了设计合同文本，包括设计程序，甲乙双方的责任义务，具体费用拨款程序以及赔偿等各项合同内容，后来北京市的通用设计合同基本上采用我院的合同文本，只做了些简单的改动。

③对院内的 8 个设计室制订了实施指标和定额管理的办法。

④修订了岗位责任制，初步制定了设计文件深度的规定，设计质量评定办法，施工图三审记录和四个专业的统一技术措施等。

⑤确定设计工作奖励制度，如完成任务的基本奖、超额完成任务的超额奖、方案竞赛奖等，以及其具体发放办法。

⑥研讨开展内部经济核算及挖掘潜力增加收入的具体措施。

以上这些研究制订的规定办法、措施为我院当时的企业化试点工作的开展奠定了基础，并起到了很好的推动作用。

在中央政策的指导下，在北京市有关部门的帮助配合下，在全院职工的共同努力下，仅经过一年多的实践，我院历史上企业化试点工作的优越性就逐渐地显露出来，由国家固定拨给院事业费、大家干多干少都一样的情况得到改变，在工作上出现了多劳多得的情况。我院在经济上成为了一个自负盈亏的单位，在这种情况下，大家自然也就都关心起院内设计任务及院内设计费收入情况等，从而极大地调动了全院职工生产工作的积极性，并促使单位在完成设计任务的质量和速度上有了更明显的提高，同时院职工的工作和生活条件也得到一定程度的改善。

具体企业化试点工作取得的成效有以下几点。

①促进了设计任务的完成，提高了工作效率。

1980 年前三个季度完成设计任务 342 万平方米，比 1979 年同期增长 19%，完成建设投资 5.9 亿元，比去年同期增加 52%，并且提前一个季度完成 320 万平方米的生产计划，1979 年设计费收入 326 万元（半年）1980 年就达到 1109 万元，一些其他指标也达到我院最高水平。

②改进了计划管理和技术管理工作。

首先，大家外出主动承揽设计任务的情况开始出现，并根据不同类型设计任务情况认真计算设计费用和签订设计合同。从 1979 年下半年到 1980 年的下半年在这一年的时间里共签订设计合同 1062 份，有效改善了双方责任、义务不清所造成的随意改变设计意图，不断修改设计图纸带来的设计力量和图纸浪费的情况。同时院内对各设计室还实行了指标和定额管理，如 5 000 平方米 /（人·年）和 7 300 元 /（人·年）等，在当时的历史情况下起到很好的效果，大家都以完成或超额完成这些指标为荣，谁都不甘落后。

在技术管理上，除了加强岗位责任制及绘图三审制外，还实行了奖励制度，其中有优秀设计奖、优秀科研业务建设奖、优秀高产绘图奖、设计方案竞赛奖，而每一项又分一、二、三等。当时的奖金虽数量并不高，但是体现了对工作优秀的设计人员在精神和物质上的鼓励与肯定，使得设计人员的设计水平及绘图质量均有明显的提高。如当时院内有三项设计方案竞赛，即1980年北京市标准住宅、蛇口工业区综合办公楼及北京科技馆。由于详细公布了奖励的办法，在很短时间内员工就做出25个设计方案，经专家评审推荐很快就得到领导机关的批准，使各方面都得到满意的结果，同时我院也繁荣了建筑创作，发现并锻炼了人才。

③加强了财务管理和技术供应工作。

为了适应企业化试点的需要，单位成立了财务科，明确了职责范围，加强了财务管理，当时也主要做了三件事：一是初步制定了适合企业化试点的财会科目；二是进行了一次全院的清产核资，摸清家底并健全管理制度，堵塞漏洞；三是初步摸索了一些科研设计单位经济核算的办法，对设计工作的直接费用、间接费用、管理费用，分设计室逐月进行了统计分析，这样一方面促进各设计室树立增收节支的思想，另一方面也为今后科研设计单位的经济核算办法打下基础。

在技术供应工作上，首先是加强了自身的经济核算，对复印、胶印、摄影、洗印晒图等制定了收费标准。同时积极挖掘生产潜力，在保证本院技术供应的前提下，积极开展承接院外委托的各项业务，充分利用现有设备增加对外服务并增加收入，1979年下半年收入7万元，1980年上半年就收入到19万元。

④院内设计工作条件和职工的生活条件得到一定的改善。我院试行企业化试点后，由于设计任务还比较饱满，且按照国家规定的设计费率收取，设计院基本上可以做到自给自足，尚有盈余，这样就可以将国家、集体、个人的三者利益紧密结合起来，从而更加调动职工生产工作的积极性。

1980年，我院在设计工作上就增添了电子计算机的扩体装置，还购买了用于科研的试验设备如疲劳试验机，一大批小型计算器也已实现人手一个，并给设计室增加了空调装置，解决了夏天的防暑降温问题等。我院还计划利用企业利润留成，于1980年为职工建一幢8400平方米的住宅。在此期间还给职工发放了工作服，增添很多图书及技术资料……这一切在当时来说都是很难得的变化。

从企业化试点开始，我院多年来一直在不断研究企业有效管理的各种方式方法并从中体会到“管理是企业的生命”。

20世纪70年代末，我院开始实行设计收费企业化经营，重点研究如何走向市场，20世纪80年代执行技术经济责任制，研究如何把国家、集体和个人三者的关系紧密结合起来，更进一步调动广大设计人员的积极性，并要力求做到岗位清楚、责任分明、任务具体、指标明确、报酬合理。20世纪90年代推行技术经济承包责任制，这是以承包经营合同的形式确定国家与企业责任权利关系，使企业更好地做到自主经营、自负盈亏，增强企业活力、提高经营效益的一种经营管理体制。经研究，我院实施的是上交利润基数递增包干，实现了利润和设计创优与工资总额挂钩的模式。

在企业化试点期间的1985年，我院将9个设计室合并为5个设计所，到1990年增加到10个设计所，由于院内科研工作较多较重，1989年经北京市科委和首都规委批准我院院名由北京市建筑设计院改名为北京市建筑设计研究院，对外也开始接受相关科研业务。

1986年，我院被建设部确定为推行全面

质量管理 TQC 单位，把多年来我院行之有效的管理办法与 TQC 的理论有机结合起来。

1988 年我院经北京市工商行政管理部批准取得《企业法人营业执照》，注册资金为 6373 万元。在经营范围中体现了以建筑设计业务为主，并向两头延伸的业务范围。除了主要承接国内外的建筑设计外，还能承接国内外与建筑设计有关的 20 余项业务。在此之后，我院相继在深圳、厦门、海南等地成立了分院，还和日本、美国、菲律宾等一些国家联合成立了合资设计公司。

1992 年由建设部等机构评选首届“中国勘察设计单位综合实力百强”，我院名列民用建筑设计单位的第一名。在公布的 1996 年全国工程勘察设计单位综合指标前 100 名名单中，我院仍排在第一名（见附件 2）。

1993 年北京市政府授予我院“首都建筑设计突出贡献设计研究单位”的荣誉称号。

1997 年随着改革开放和市场经济的迅速发展，我院在管理上又引入了国际公认的 ISO9000 质量体系，经过一年多的试行，由长城质量保证中心对我院质量体系进行了全面严格的审核，认为符合标准，同意向认证

北京动物园爬虫馆

中心技委会推荐认证注册，并于 1998 年 12 月为我院颁发 ISO9000 质量体系认证书。

1999 年建设部颁发给我院“甲级”设计资质证书。

从 1995 年以后，我院连续多年获得北京市工商局授予的“重合同守信誉单位”的荣誉证书。我认为我们北京建院人能够“以实力打造设计精品，用诚信服务社会人民”，或者说，我们院就是以质量求生存，以信誉求发展的。

从 1979 年企业化试点开始到 20 世纪末这段时间，在中央各项改革政策的指引下，在市内各级部门及有关领导的积极协助下，在我院全体职工的共同努力下，初步取得如下成果。

完成建筑设计任务：8050 万平方米

收设计费：16 亿元

上交国家税费：2.1 亿元

设计成果获国家奖 19 项，部市级奖 306 项，在科研工作上获国家科技进步奖 44 项，部市级奖 191 项。

在我院的企业化试点工作开展 30 余年后，于 2012 年 1 月经院职工代表大会认真讨论并通过改企转制的决议，经上报北京市政府批准，在 2012 年 6 月 12 日我院企业化试点工作结束，正式建立完全企业化的北京市建筑设计研究院有限公司，并在市场经济的道路上不断前行，在机构和管理工作方面仍然在不断改革创新，从而争取我院更大的发展与辉煌。

最后还想说的是我院历史上所设计的大量个体工程和大量的住宅小区等工程，经过长期使用，现已到了提高使用标准和维修改建期。如果我们能够主动热情克服一些困难

上门服务，那也将是以设计为主向两头延伸的多种经营的最佳方式，也体现了我们在延续服务社会的敬业精神，希望我们能积极争取这一部分市场而不要放弃。

附件 1. 我院历史上的多种经营情况

多种经营是我院企业化试点后的一个重要课题。

记得在 1995 年 6 月召开的中国建筑设计协会三届三次常务理事会上，建设部叶如棠部长和吴奕良司长等领导同志在会上均指出，设计单位一定要在经营市场上下功夫。十几年的改革，使我们总结出一条宝贵的经验，那就是要贯彻“一业为主，两头延伸，多种经营”的方针，要努力改变设计院功能单一的弊端，这样就可能增强抗风险的能力。而建设历史上的几次政策调整，使建设工程的数量受到影响，都是通过采取这一方针克服影响的。在工作中我个人的感觉也是基本建设工程不是也不可能总是在直线上升，而是有时高有时低，种种原因都会使其受到影响，它是呈波浪式的前行。所以我院早在 1991 年 1 月就曾经制定了多种《经营技术市场的管理办法》，下达到各设计所及有关部门执行。这份管理办法就是根据几年来技术市场上的技术开发、技术转让、技术咨询、技术服务等工作的开展情况（简称“四技”），参考国家的有关方针政策规定制定的，简单来内容说分两大部分：

①接受业务的范围；

②接受业务项目的合同鉴定等管理办法。

这一管理办法执行数年后，在我院 1996 年的多种经营工作总结中记录了如下的一些情况。

1996 年全院除设计工作之外的多种经营收入共计 2780.1 万元，这其中包括两大部分：第一部分是院内各公司的收入共 1558.8 万元；第二部分是院内各分部除设计工作之外的部门收入共 1217.9 万元。

具体收入情况如下。

①院内各公司收入：计算机公司 766.7 万元，研究所公司 255.1 万元（不包括钢筋连接器及交院的收入）供应所公司 44.3 万元，机电公司 45.1 万元；院三产收入 447.6 万元。其他如院房地产公司等，黄骅房地产公司、绥芬河边贸公司都尚未有收入。

②除设计工作之外的院内各分部收入：估算部 129.4 万元，监理部 176.9 万元，装修部 41.5 万元，研究所上交院收入 298 万元，供应所上交院收入 572.1 万元，另有部分其他收入。

1996 年在外部竞争激烈的情况下，院内多种经营的有关单位部门经过不断地努力取得了一定的经济效果，但是也仍然存有一些不足之处需要改进。于是经过多次征求有关部门的意见和三次院办公会议的讨论，在 1996 年 3 月 16 日，正式下发了《院多种经营管理暂行规定》，这是我院自公司成立后正式下发的一个管理文件，也是规范各公司之间的权益与义务的一个文件。之后根据各公司的执行情况还制定了一个通知，希望各公司能配合院内经营处、财务处、后勤处等部门把工作落实做好。

1996 年底，院内在进行科技改革的过程中，还有意识地将原来的三个技术公司合并为一个“技术发展中心”，从规模上、体制上对这几个公司进行了调整，希望这个中心能够成为发挥我院科技优势，将我院发展为集科研成果、技术咨询、技术服务和经营实业为一体的龙头企业。供应所的技术服务公司以及院内的结算部、监理部、装修部等部门更是院内多种经营的重要力量，如果经营得好，会有更大的作为。

在对 1996 年多种经营工作总结的同时，还对 1997 年的工作提出设想，就是 1996 年全院总收入为 18409 万元，院多种经营收入为全院总设计收入的 15.1%。这个数据虽然比以前有所提高，但是同中央的一些兄弟设计院相比还是有相当大的差距，同建设部提出的多种经营的收入占总收入 30% 的要求也是具有相当大的差距。因此，为了我院继续发展的需要，院内各公司、各分部等有关单位还必须加强多种经营工作的力度。

积极开展多种经营工作对我院来说还是一项新的、具有长久性意义的事业。它涉及经营理念、市场观念，涉及各种人才的引进吸收和培养，也涉及体制、机制的适应和发展。同时它也是一项政策性较强、风险性较大的工作，需要有许多有敬业精神的同志去奋力开拓。相信在全院及各公司、各分部同志的共同努力下，我院定会在多种经营工作方面做出更大和更好的成绩。

附件 2. 规划局对我院企业化试点向市建委的请示报告

附件 3. 我院在 1996 年全面勘察设计单位综合指标前 100 名的第一名名单（略）

附件 4. 所获资质证书（略）

北京市城市规划管理局（ ）

关于我局建筑设计院
实行企业化试点的请示报告

(79)城规发字第１０９号

北京市基本建设委员会：

为了按照经济规律管理勘察设计工作，进一步调动和发挥勘察设计人员建设社会主义的积极性，以利于多、快、好、省地完成首都基本建设任务，加快实现四个现代化。根据中共中央、国务院批转国家建委党组《关于改进当前基本建设工作的若干意见》的通知（中发〔７９〕３３号）的精神，及国家计委、国家建委、财政下《关于勘察设计单位实行企业化取费试点的通知》，我局拟于今年下半年在建筑设计院实行企业化收取设计费的试点，同时勘察处试行工、民建工程地质勘察收费。具体实施办法如下：

一、实施方案：

1.建筑设计院的企业化试点，今年按事业单位，企业管理收

—1—

关于我院开展企业化试点的请示报告

北京建院培养人才的教育史

北京建院院史组 等

（一）从"业大"走来

20 世纪 70 年代初，各企事业单位，各科研设计单位开始出现人才断层的局面，影响了国家建设和发展。我们设计院也一样，人才缺乏影响到了建筑设计院的发展和首都建筑设计任务的完成。当时以马里克为党委书记的新一届党委意识到这一问题的严重性，决定采取自救措施：自己办培训班，培养自己所需要的建筑设计科技人才。

在学校开办前，先由周保时、王惠敏、张念增 3 人到上海第一机床厂、上海华山医院、北京清华大学等学习取经，确定了我们学校的学制、教学大纲、课程设置基本上按照清华大学学员班办学模式开展，并结合我院实际需要制定了相关原则。

当时我院隶属于北京市建工局，学校准备在建工局所属的各建筑公司、构件厂等建筑行业职工、转业军人中选拔一批有初中以上文化程度的优秀青年工人培训。经上级批准后，由北京市建委经建工局向各建筑公司发出选拔通知。由各建筑公司推荐，经建筑设计院政审、文化考核、面试，最后录取学员共 85 名。

党委要求学校学习抗大精神，自力更生、艰苦奋斗，学习解放军优良传统。1976 年，我国经历了唐山大地震，对学校师生有一些影响，但总体上还保持了安定和平稳。在此期间，学校师生们自搭抗震棚，自修校舍，每天早晨出操锻炼（由学员中的复员军人当教练）。

"业大"同学名录				
庞洪涛	孟秀芬	沈　玲	孙光星	金燕琴
李志红	彭代友	郑淑琴	叶　滋	郭乔勋
裘贵香	张翠芬	杨萍芬	王洲翔	高振仙
李建国	颜晓霞	高昕东	张国山	邓玉霞
瞿冠芳	赵永明	许卫华	张国庆	吴敏莉
刘凤芝	道德霞	王　茜	李子华	马文林
高建民	王爱民	侯忠德	姜毓麟	荣德府
吴亚君	郑　伟	崔云英	侯秀兰	刘振宗
魏亚平	焦兰芬	杨福山	原京生	宋文玉
韩永康	宋晓英	卢子涛	李海南	赵立侠
吕雪珍	董相立	王秀荣	刘庆文	程建廷
鲁馨宜	罗　萍	姜建中	常志文	刘谦武
边新从	孙大玲	崔俊荣	王嘉华	姚山华
张红英	李世国	刘爱武	周方鹏	赵惠英
张桂兰	付怀岗	赵俊山	金亚琴	陈太玲
赵福田	闵春辉	刘雪琪	王　茵	康跃琴
麻全义	马俊英	李国芳	王秀梅	刘　震

当时学校紧密联系实际。学校曾组织师生到西苑饭店、北京第四制药厂、二通用厂、首钢冷轧钢管厂、八宝山燕山石化巨型储水工程进行现场教学，组织参观了北京东方红炼油厂、北京重型电机厂、天津“三条石”纪念馆等，参加了民用炉厂设计、前三门工程现场设计、五级人防预制板标准图集设计。学校坚持了以课堂教学为主，以学习专业知识为主的方针，基本按照教学大纲和教学计划进行，保证了教学的质量。当时的学制是三年、大专水平。学员们于 1976 年 9 月正式毕业，后由北京市成人教育局、北京市建筑工程局职工大学正式颁发大学专科毕业证书。

培训班先分两个班学习公共基础课，一年以后分专业，最初设了四个专业班：建筑班、结构班、设备班、电气班，每班大约 20 人左右。后党委副书记张培志亲自召开动员会，说我院缺设备和电气专业人员，建筑班全体表态服从分配，改变专业，学员分到设备班和电气班。最终结构班 19 人、设备班 32 人、电气班 32 人、建筑班 2 人。学校从我院各设计室中抽调有丰富设计经验的高、中级工程师担任教员。教员有专职的，也有兼职的：建筑专业教师有阮志大、张念增、张维德、赵怡和，兼职教师有朱嘉禄、刘永梁；结构专业教师有何秉进、霍焕德、王惠敏，兼职的教师有王少豪、唐佩伟、郁彦、崔振亚、曾俊等；设备专业教师有陈大耆、黄峰；电气专业教师有劳安、李宏毅，兼职教师有穆怀琛、陈崇光；外语老师李莹、张春和；党政管理人员中，党支部书记是周保时，校长是浦克刚，总务后勤是王树田、赵志贤及工宣队的师傅。党委专管领导是党委副书记张培志、王玉玺，人事科专管领导是副院长兼人事科长赵利民。

开学第一年先上公共基础课，主要学习数学、物理、化学、外语等课程。分专业后的教学大纲、专业课程设置，是按照清华大学学员班的课程内容制订的。此外，为使学生毕业后能尽快进入角色，学校结合我院的优势增加了一些实用课程。

学员入学后，院领导、培训班领导和任课老师付出了很大的心血，在他们的精心培养下，同学们经过三年的刻苦学习和现场实践，初步掌握了专业设计知识，毕业后被分配到我院的各个设计室，为我院设计队伍补充了新生力量。

此后的几十年中，这些“人才”在北京建院工作实践中逐渐成长起来，从技术员成长为工程师、高级工程师、教授级高工，有多人通过国家一级注册考试或测评，成为国家一级注册建筑师、一级注册结构工程师、一级注册设备工程师及一级注册电气工程师，还有 5 位学员走上了中层领导岗位。他们参加了我院多项大型工程的设计，在建筑设计行业不同岗位为首都及全国的建设贡献力量。

培训班入学第一天

（二）也说建院史上的“业大”

金亚琴

20 世纪 70 年代，我院也经受了来自各方面的考验，由于多年没有技术人员的补充，此时全院技术人员的平均年龄已经达到了 40 多岁，面临着专业技术人员严重老化、后继无人的窘态。基于众所周知的原因，当时的院领导集体决定，按照中央的指示精神培养建筑设计院自己的“大学生”，以补充建院技术人员力量。

1973 年 10 月，建院成立了招生领导班子，从当时的上级单位建工局所属的建筑公司、构件厂等几万名建筑行业职工和转业军人中选拔优秀青年。经过个人报名、单位推荐、政审、文化考试等严格筛选，81 名幸运的年轻人在特定的时间，以特定的方式通过个人的努力圆了自己的“大学梦”，开始了人生道路上的追梦之旅。

为了培养好这些年轻人，建院配备了强有力的领导班子和具有丰富教学经验的工程技术骨干担任教师。浦克刚任培训班校长、周保时任党支部书记、王树田任后勤主任。开学的第一天，时任党委副书记的张培志给全体师生上了生动的第一课。

由于学员来自不同的单位、处于不同的年龄段（最小的 17 岁，最大的 27 岁）、拥有不同的文化背景和不同的学习基础，文化水平参差不齐，教学难度可想而知。但可贵的是这个集体的年轻同志有过在基层单位工作的经验，有为贡献祖国而发奋读书的愿望和精神，他们团结一致提出了“绝不让一名同学掉队”的口号，刻苦学习、互帮互学、共同提高的动人情景历历在目。经过 3 年的专业学习和现场实践，同学们的基础知识扎实，专业知识不断提高，全体同学无一掉队。1976 年 11 月，学员结束了三年的学习，被分配到了设计院的各个设计室，为设计队伍补充了新生力量。

此后的几十年中，他们在建院的设计工作实践中逐渐地成长起来，较好完成了角色转换，从技术员成长为工程师、高级工程师，有的走上了领导岗位，在建筑设计的不同岗位为首都的建设贡献力量。他们先后参加了毛主席纪念堂、中国国际展览中心、1990 年北京第十一届亚运会工程、2008 年奥运会等工程的设计工作。现在他们已经全部过了退休年龄，但他们中的很多人退而不休，还在以各种形式发挥余热，回报祖国、贡献首都的建设事业。

（三）“过客”：献给“培训班”

张维德

20 世纪 70 年代初，北京建院与中华人民共和国成立同龄的老院，面临后继无人的状态。面对这种状况，建院当时也采取了一些措施：委托北京市建工局第六建筑公司开办“北京市建工局六建技校三分校北沙滩绘图班”培养绘图员。但毕竟学生没有受过高教系统的教育，基础知识不够扎实。培养的人数也极为有限，只有区区 50 人，这对没有人员补充的建院，简直是“杯水车薪”。

为此，特从北京市各建筑公司、市政公司选招年轻骨干工人，另外在当年转业到设计院的年轻退伍军人中也进行了选拔，根据设计院

建筑班留影。
前排左起：焦兰芬、李国芳、赵怡和、张念增、阮志大、张维德、宋晓英、颜晓霞。
二排左起：庞洪涛、孙大玲、常志文、王嘉华、吴敏莉、张翠芬、张红英、罗平、王茜、王秀荣。
三排左起：杨福山、赵俊山、王爱民、李世国、张国山、原京生、李海南、卢子涛

自身的需要，成立建筑、结构、设备、电气四个专业班级，培养三年以解燃眉之急。

设计院人事科从各科室抽调一些同志组成培训班的老师班子，我有幸被人事处从二室抽到培训班建筑班当老师。我是 1971 年才从规划局干部中调到设计院二室的，虽然我是 1963 年毕业的建筑学本科生，但一直从事规划管理业务，对建筑设计没有经验，但我服从了分配。到培训班后才明白我只是负责担任建筑班的建筑绘画课程辅导老师，学校另聘请了建筑绘画功底好的朱嘉禄、刘永梁老师来讲课。当时我们建筑班老师有阮志大、张念增、赵怡和与我四人，建筑班学生有 22 位。

设计院房子紧张，除了教学楼还缺学生宿舍，所以开班前学校就自己建一栋平房。学生从建筑工地来，工种已齐全，劳动力、技术都没问题。我在老师中属年轻的，为了和学生打成一片，也参加了他们的劳动，解决了学生宿舍的问题。

正式开课前，院领导开会研究建筑班办不办？大家基本同意不办建筑班，理由是建筑专业是领头专业，对艺术和技术要求都比较高，设计院没有教学资质，别误人子弟。最后学校下决心撤掉建筑班，这个班的学员被分派到其他三个专业，老师也回到原科室。我这个老师只和同学们劳动了一个来月就要暂时离开，刚建立的这段友谊就要结束了，我只是“培训班”的一个“过客”。虽然他们现在都已到退休年龄，但只要见面还敬重地称我“张老师”，尤感亲切。虽然我已不记得有些人的名字，但我能记得他们是“培训班”的学员，这就足够了！

（四）八室的大板组

姜毓麟　马俊英

1977 年，北京建院在当时的第八设计室成立了大板设计组，也就是“住宅全装配设计小组”，设计组是综合组，有建筑、结构、设备、电气四个专业。设计组共有 12 人，其中就有“业

大”同学马俊英、刘震和姜毓麟。当时国内在预制装配式建筑方面设计几乎是空白。他们在在之后两年多的时间里，与各专业设计人员配合，就全装配大板住宅设计的问题与壁板厂进行了多次反复的实验，进入工地进行现场设计，攻克了抗震、保温、防水等难关。这项技术被运用到北京市比较早修建的团结湖住宅小区、劲松住宅小区和左家庄住宅小区，为住宅的工业化施工开创了先例。设计组先后出了两套标准图；一套是进深 4.8 米，层高 2.9 米的标准图，简称 4829 标准图。一套是进深 5.1 米，层高 2.7 米的标准图，简称 5127 标准图，并且制定了全装配住宅设计暂行规范，这些标准在之后相当长一段时间得到广泛推广。后来我们这个小组被北京市政府调出北京市建筑设计院，用了 5 年时间组建了 2 个北京市甲级建筑设计院，一个是北京市房屋建筑设计院，一个是北京市住宅设计研究院。

（五）当年的回忆

张国庆

我是 1976 年 10 月从北京建院“业大”毕业后分到第八设计室的，记得当时我院共有 8 个设计室。印象中当时的第一设计室以体育建筑设计为主，第二设计室以工业建筑设计为主，第三设计室以使馆建筑设计为主，第四设计室以保密工程设计为主，第五设计室以办公、宾馆建筑设计为主，第六设计室以医院建筑设计为主，第七设计室以援外建筑设计为主，第八设计室以住宅、标准图设计为主。我和姜毓麟、吴敏莉、马俊英、刘震分到了八室。当时八室的领导是书记张旭、室主任沈兆鹏。八室结构分两个组，一组组长是蒋炳水、吴诚梨，二组组长是杨昌寿、马启义，每组大约十一二个人。我被分到结构二组。

烟囱检查组

那时设计院上级单位是建工局，唐山大地震对北京影响比较大，北京很多烟囱被破坏，为了防止烟囱倒塌发生危险，建工局成立了烟囱检查组，由各个建筑公司出 1~2 人，我院由四室的烟囱专家李工（李家玖）带着即将毕业的孙光星和我加入了烟囱检查组，跟着李工在烟囱检查组，我学到了不少东西。那时北京采暖用锅炉房的烟囱基本都是砖的，高度从十几米到三四十米不等，唐山大地震后北京的烟囱破坏形式多种多样，没有一个固定形式。那时北京的房屋一般都不高，水塔高度一般也在 20 米左右。水塔也属于高耸建筑之列，也在我们检查范围内，水塔给人感觉头重脚轻，地震破坏应该严重，但在检查过程中我们发现，有的水塔破坏严重，有的水塔破坏较轻甚至保存完好，仔细了解发现，破坏严重的水塔，塔中没水，破坏较轻甚至完好的水塔，塔中有水。当时大家分析得出结论，有水的水塔破坏较轻是由于水在水平地震作用下的惯性产生反向作用力。后来我院老工程师朱幼麟还做了“高层建筑屋顶水箱的减震作用”研究，对这个问题进行了论证。1985 年院里送我去日本进修，当时日本也开始了这方面的研究。现在抗震设计采用的减震、隔震措施，就是受到这个原理的启发。

前三门现场设计

1976 年上半年，我院开始组建前三门现场设计组。记得当时北京建工局的一、二、

电气班留影。前排左起：常志文、王嘉华、王茵、刘雪琪、张红英、马俊英。二排左起：赵惠英、崔俊荣、张桂兰、沈玲、孙大玲、郑淑琴、王秀荣。三排左起：刘谦武、付怀岗、李世国、高晰东、姚山华、卢子涛、杨福山

结构班留影。前排左起：孙光星、张国山、李子华、叶滋、高建民、张国庆。后排左起：瞿冠芳、鲁馨宜、吕雪珍、侯秀兰、魏亚平、吴亚君、裘贵香

三、五、六建筑公司均成立了前三门设计组，各设计组都由我院派技术人员及建筑公司抽调技术人员、工人领导干部组成。在设计上，以我院设计人员为主。前三门工程住宅主要采用12~16层的内浇外挂板的剪力墙结构，“业大”的部分结构专业学员在老师的带领下参加了六建设计组。当时这种结构的设计理论还不是很成熟，设计组也是边学习、边研究、边设计。当时清华大学方鄂华老师是比较权威的学者，她早期出版的《高层建筑结构设计》就把六建设计组设计的603#楼作为例题，该书作者中也有“业大”的同学叶滋。

刚参加工作时大家还是手工画图，结构设计就是绘图板、直线尺、三角板、鸭嘴笔（后来有了针管绘图笔）、圆规、比例尺、计算尺（后来有了计算器）。

下撑式五角形屋架的试验

分到第八设计室后不到一个月，室里派我跟随吴工（吴诚榘）去烟台做下撑式五角形屋架的试验。吴工是个很敬业的人，理论水平也很高，下撑式五角形屋架就是他主持设计的一套标准图。那个年代，我院，尤其是当时的八室，出了大量的标准图，无偿提供给社会，为当时社会的建筑技术发展做出了巨大的贡献。为保证结构的安全性，我们要做屋架试验。试验由管理室（王广功等）组织，具体工作以研究室为主（王景高、武建邦、崔海洋等），八室配合提供技术支持（吴诚榘、张国庆），试验组组长是王景高、副组长是武建邦。因当时烟台港务局有一仓库采用了这种屋架，港口边又有场地，所以到烟台港做试验。做试验的仪器、设备是从我院研究室带去的。汽车拉上试验的仪器、设备从院里出发，当天到天津塘沽港，将仪器、设备装船，坐一宿轮船第二天到烟台港，后由当地港务局派车将仪器设备运到港口。

试验方案、结果分析都是吴工做的，现场检测、数据记录由研究室负责，场地协调由港口单位负责。做试验用的分配梁、拉杆等器材需要请港口现场的工人帮助制作。记得有几天现场焊接工人忙，没时间帮助我们。我是从建筑公司出来的，在建筑公司见过别人电焊，我到城里买了一本焊接方面的书，按书上讲的调

整了焊机的电流、电压，试着自己动手焊接，效果还不错，经使用没问题。最后试验任务圆满完成了。

回想起多年来我取得的一些成绩，都与我院原八室（后改名为住宅所、六所、六院）领导培养、帮助分不开，我心里充满感激。

（六）“业大”成材记

张翠芬

我曾在北京市建筑设计院“业大”学习，后一直在北京市建筑设计院（后改为北京市建筑设计研究院）从事暖通、给排水、消防等工程设计工作，先后考取了助理工程师、工程师、高级工程师、国家注册公用设备工程师执业资格证书。

1976 年 11 月，我从“业大”毕业分配时，正逢北京市建筑设计院急需年轻人才，所以院领导非常重视，委派各科室领导亲自去学校接人。当时的建制还是综合组，组长叶如棠（后担任院长、建设部部长）和副组长耿长孚亲自接我们进入北京市建筑设计院第四室保密室，从事建筑设计工作，一干就是近 40 年，直到退休。

在科室锻炼一年后，1977 年至 1978 年我被派往重点项目做现场设计，现场总指挥是建筑专业的徐荫培，设备专业负责人是郭联杰。我先后参加了其中的办公和居住项目的设计，从参加现场设计，到跟图施工，再到交管理方维护的各个环节中，我感受到的“一丝不苟、精益求精、责任心及对事业的敬畏心”精神让我受益终身，成为了引导我一生的座右铭。后来，我又担任专业负责人完成了 5 处冷却塔的改造任务。之后，我还分别完成左家庄住宅小区、友谊宾馆南配楼改造项目以及多个重点项目，其中某部委办公楼项目被评为院优秀设计一等奖。

后来根据设计院的发展，设计四室与设计一室合并成立了设计二所，我先后参加了很多民用设计项目，主要有：超高层的五星级宾馆，如山东济南齐鲁宾馆，在项目中担任专业第二负责人；参加了与加拿大合作设计的超高层五星级宾馆重庆市泛洋大酒店，并去加拿大汇报设计方案；应甲方要求去芬兰考察后参加了石家庄欧陆园住宅小区电热膜采暖示范区的设计；参加了青岛市体育中心、70 万平方米的北京世纪星城住宅小区及综合外线、海南省人民医院综合楼及人防、锅炉房、制冷机房等项目的设计，在项目中均担任专业第一负责人。

其中海南省人民医院建筑面积 6.8 万平方米、高 22 层、设 1260 张床位，是当时海南省最大的综合医院，因医院系统复杂，施工困难，应甲方要求，我于 2007 至 2009 年被派驻海南省海口市“海南省人民医院综合楼”现场工作两年，任暖通、给排水专业负责人。此项目为当时是海南省重点工程，竣工验收当天开了隆重的竣工验收庆祝大会，海南省领导、海口市医院领导都到场讲话，广东省军乐团到场演奏，当地的各大媒体都做了报道，成了当地新闻媒体及报纸当天的头条新闻。此项目被北京市建筑设计研究院评为优秀设计二等奖，被评为中国建筑工程鲁班奖，收获颇丰。回京后，我被香港帕克公司聘任，担任小瓦窑项目甲方顾问直到项目竣工。2010 年至 2013 年，被“北京建院约翰马丁国际建筑设计有限公司”

设备班留影。
前排左起：颜晓霞、高振仙、金亚琴、陈大耆、陈连仲、李国芳、金燕琴、宋晓英、郭乔勋。
二排左起：刘振宗、邓玉霞、刘震、道德霞、张翠芬、吴敏莉、马文林、罗萍、孟秀芬、程建亭。
三排左起：赵永明、董相立、原京生、张国山、刘庆文、李海南、荣德府、赵福田、彭代友

聘为设备专业设计顾问。

2000年建设部俞正声部长亲自颁布命令：在全国成立施工图审查机构，审查人员的配备要求是应具备相关专业和资历。其中北京成立了14家，任务是审查在京所有项目的施工图，执行工程建设标准、法律、法规、国家规范强制性条文及政府文件的情况。所有施工图只有通过审查合格盖章后，才能取得施工许可证。为政府把好最后一道设计图纸质量关。在14家审查机构中，其中6家有我们“业大”毕业的同学。

我于2013年12月至2018年7月进入“北京首建标工程技术开发中心审图公司”参加外审工作，后来担任暖通、给排水两个专业审查负责人。2018年3月为落实市规划国土《关于进一步优化营商环境深化建设项目行政审批流程的改革意见》的相关要求，取消了北京市公安局消防局、北京市民防局的审查机构，原来的14家审图机构合并为5家，形成房建、绿建、消防安全、人防安全、结构安全的“多审合一”审查机构。我于2018年7月进入合并后的“北京建院京城建标工程咨询有限公司”，参加北京数字化审图工作至今。

每每想到从毕业到退休，从豆蔻年华到暮年老人所经历的点点滴滴时，我就百感交集。是北京建院“业大”培育了我，为后来取得的成绩奠定了基础。

我们是幸运儿，因为在北京建院这个国际一流平台中工作、学习了近40年，取得了真经，有能力回馈社会，我在这里再次感恩北京建院。

（七）北沙滩

张建平

1973年4月16日，一群稚气未脱的初中生来到了位于北沙滩的北京市建筑工程局第六建筑公司技工学校绘图班。绘图班学制两年，采取集体住宿制管理。这个班是20世纪70年代为建院培养绘图员的基地，这个班由建院委派刘振兴担任班主任，赵怡和、魏志馨、华亦增、霍焕德等专家担任授课老师，讲授建筑设计专业课，并安排大量下现场实习机会，曾参加过北京石景山区珠窝电站、北京第二通用

毕业合影。前排左起：裘贵香、陈太玲、李宏毅、周保时、王树田、张会江、赵利民、代表一、浦克刚、 颜晓霞、郑淑琴 二排左起：高振仙、孙大玲、宋晓英、李志红、侯秀兰、郑 伟、焦兰芬、张红英、吴敏莉、马俊英、王秀荣、高昕东 三排左起：赵惠英、魏亚萍、张翠芬、罗 平、闵春辉、孟秀芬、金亚琴、孙大玲、边新从、王 茜、马文林、吕雪珍、吴亚君、邓玉霞、刘凤芝、崔云英、杨萍芬、高建民 四排左起：杨福山、李国芳、李海南、荣德府、李子华、姚山华、刘庆文、赵福田、王爱民、王洲翔、张国山、董相立、原京生、麻全义、彭代友、赵永明、孙光星、康跃琴、王嘉华、韩永康

机械厂、外交学院宿舍等工程的现场施工锻炼。这批学生经过两年的培训学习，积累了较多的设计绘图、现场设计、施工方面专业知识，为今后从事设计工作打下了良好的基础。

1975 年 7 月，这批学生（50 人，18 名男生 32 名女生）结束学业来到了建院，被分配到各设计室、研究室、档案组、模型组。他们的到来改善了北京建院多年没有补充技术人员的状态。随后这批学生在建院的设计工作实践中逐渐地成长起来。在 1977 年恢复高考以后，他们中的多数人在建院举办的“业大”等再学习中，达到了大专以上的学历，不断提高专业能力。他们承担过许多国家重点项目、奥运会等工程的设计。他们中的许多人成为建院或其他设计单位的技术骨干。他们在各个岗位上为建院和首都的建设发展做出了贡献。今天他们中的大多数还在为建院、为社会贡献着自己的光和热。

北沙滩绘图培训班是建院历史与建院文化的重要组成部分，也激励建院年轻的后来者了解和传承建院精神，为建院的发展做出更大贡献。

北沙滩同学录

邵京芳　姜丽萍　王书香　李　华　朱桂琴
冯　煜　梁瑞瑞　李催恒　景永平　霍柯娅
陈莉莉　冯瑞芬　毛　萍　郝　平　刘建敏
张　珑　夏　方　韩　露　刘　勤　侯　建
杜俊英　杨开田　崔树清　李风光　徐凤玲
李大英　张金玉　赵慧明　甘小荟　汪　唯
郭明华　郭志平　赵卫军　刘晓铂　曾　威
王如刚　李满京　曹广禄　满恒宽　赵永利
金少波　薛建章　李建文　郭成铭　范凤毅
高慧明　孙兆钚　张建平　魏登云　张广聚

传承贡献

/ 新中国70年北京建院的“集体史” /

1949 — 2019

第一座振动平台

王志民

1977 年初，我结束了在内蒙古草原近 10 年的知青生活，回到了北京，被分配到我院研究所结构试验室，当了一名试验工。这是一个全新的转变，我十分珍惜这个工作机会。

在结构试验室要做好工作，不仅要有不怕苦的精神，还要学习掌握许多专业知识。在试验工作中，倘若有不明白的问题，我就虚心地向老同志们请教，大家都向我伸出了帮助之手。业余时间我也从《电工原理》《理论力学》等书籍中学习新知识，很快我就融入新的工作环境中。

1978 年 4 月，我参加了胡庆昌总工和徐云扉工程师负责的《钢筋混凝土框架柱梁节点核心在反复荷载作用下的受力性能》的课题试验工作，并负责此项试验工作。在课题组里，胡总和徐工对我们年轻工人十分关心，他们用通俗的语言给我们讲明此项结构试验的研究目的，和试验中所测试的部位受力原理，并希望我们结合现有的试验条件能有所创新，将试验工作做得更好。那时主要的测试手段是在钢筋上贴电阻应变片，测量钢筋在受力后的应力变化，同时还要通过位移传感器测量试验构件的位移变化。当年我院的试验设备有限，位移传感器只有几个，不能满足多个部位测试工作的需要。由于明白了测试的目的，我们开动脑筋，结合试验的需要，自制了“悬臂梁式位移传感器”，用于测量框架节点核心区在受力时小位移的变化，同时自制了“电位器式位移传感器”，用于测量梁端挠度大位移的变化。通过几个框架节点试件的试验工作验证，我们自制的这两种位移传感器所测得的数据与课题组的理论计算值相吻合，测量精度和灵敏度均满足了试验工作的需要，使课题组的科研工作顺利进行。

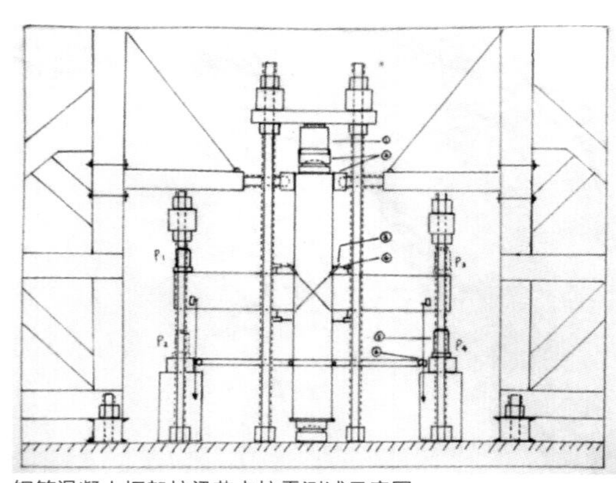

钢筋混凝土框架柱梁节点抗震测试示意图

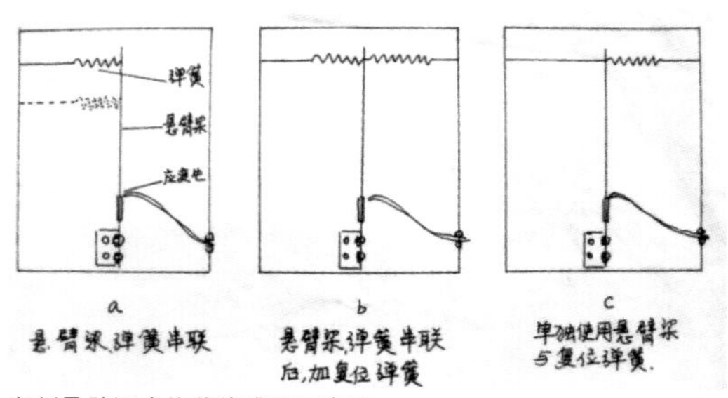

自制悬臂梁式位移传感器示意图

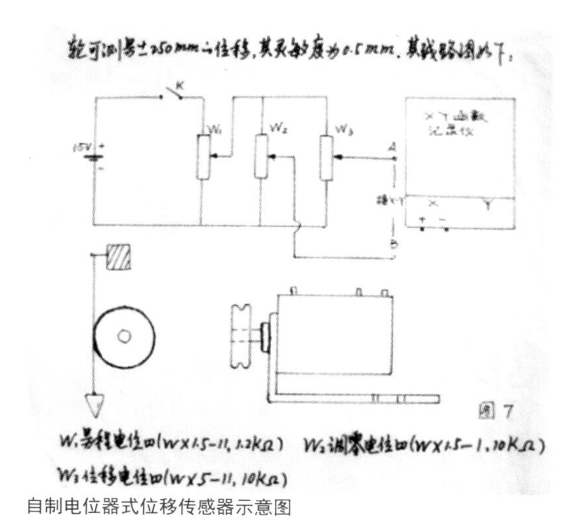

自制电位器式位移传感器示意图

课题组负责人胡总和徐工对我们的创新工作十分满意，表扬了我们，要求我们总结这一阶段的测试工作经验，继续做好工作。在胡总和徐工的鼓励下，我认真地总结了这一阶段的工作经验，并写了一篇《钢筋混凝土框架节点的抗震测试方法简介》，胡总和徐工看了总结以后十分高兴，并推荐我参加了 1978 年 10 月在西安召开的“全国框架节点抗震试验专题研讨会”。在那次会议上，我宣读了此文与大家交流，得到了与会代表们的好评。这些试验经验的交流，对推动我院和兄弟单位的结构试验向高水平发展起到了积极的促进作用。这些成绩的取得与所有老同志对我们年轻人的关心帮助是分不开的，这也是设计院“传、帮、带”好传统的又一体现。

1978 年 10 月，设计院为我们年轻人创造了新的学习机会，设计院的职工业余大学开班了。我积极报名参加了结构班的学习，并坚持了 5 年的攻读，顺利地完成了学业。那时候上业大学习，主要是利用业余时间，白天工作，晚上听课，回家后再读课本，完成规定的作业。业大的学习是辛苦的，但学到了结构专业的知识，的确是非常快乐的。这 5 年业大学习期间，随着所学知识的积累，做起结构试验工作更加得心应手，我渴望着将学到的知识更好地回报建院，回报社会，1985 年，回报的机会来了。

1985 年 4 月，为了解决住宅建筑抗震性能研究中的一些难点问题，研究所决定开展住宅建筑的模型抗震试验研究工作，而此项试验最为理想与科学的方法，就是利用振动台进行模型抗震试验研究。当年要建造大型振动台所需资金在千万元以上，（当年，同济大学引进美国 MTS 公司的电液伺服式振动台，水科院引进西德申克公司的电液伺服式振动台，都花费了 130 余万美元。）根据我院的实际情况，本着自力更生的精神，周炳章所长大胆地提出利用现有设备，以我院已有的 PME-50 液压疲劳试验机为动力源，自行设计制造振动台，来完成相关科研课题的研究工作。周所长亲自挂帅，组建了“改型振动台的研制”课题组，我和王增培工程师参与其中。课题组对液压疲劳试验机有关技术参数进行了分析研究，结合我院结构试验室的实际情况，一致认为，完成此项工作是可行的，并将具体设计振动台的工作交给了我。我十分高兴地接受了此项工作。我学习到的专业知识有了用武之地，可以更好地回报建院、回报社会了，但毕竟这是我做的第一项设计工作，而且是钢结构设计工作，当时我心中并无把握，但我有决心完成好这项工作。那时王增培工程师指导了我的工作，并同我一同走访了天津大学、建研院、冶研院、铁科研等有关单位，了解振动台进行建筑抗震试验的现状，请教有关技术问题。与此同时，我自己还查阅了不少相关的技术文献资料。很快，我把初步设计方案做了出来，在征得研究所领导的同意之后，我开始了正式的设计工作。

考虑到我院的实际情况，既要节约资金，又要缩短加工制作周期，我设计了由 8 根 28b 的槽钢与 2.5 m x3.5 m 的 1 cm 厚的整块钢板组合焊接的振动台台面，振动台的支撑与限位装置同样是槽钢、钢板与工业轴承的组合焊接件，这些都是我们自己可以焊接完成的。支撑的钢辊、辊板和振动台反推力弹簧为外加工件。在两个月的时间里，我完成了设计施工图，和详细的计算书，并送到所里审查。同时请我院的钢结构专家崔振亚工程师帮助把关设计施工图和计算书。很快，所里同意了我做的“振动台施工设计图”。

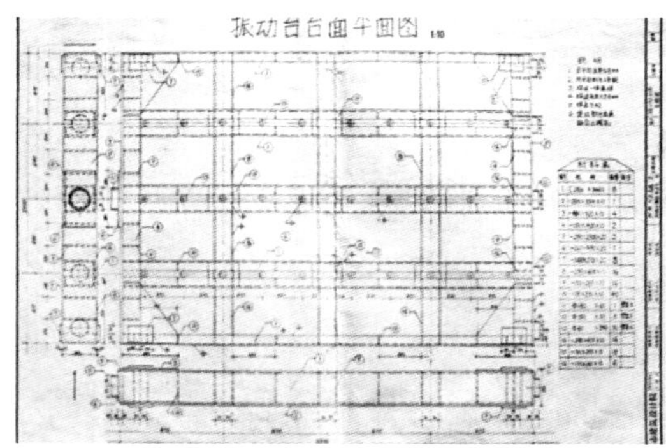

振动台台面平面图

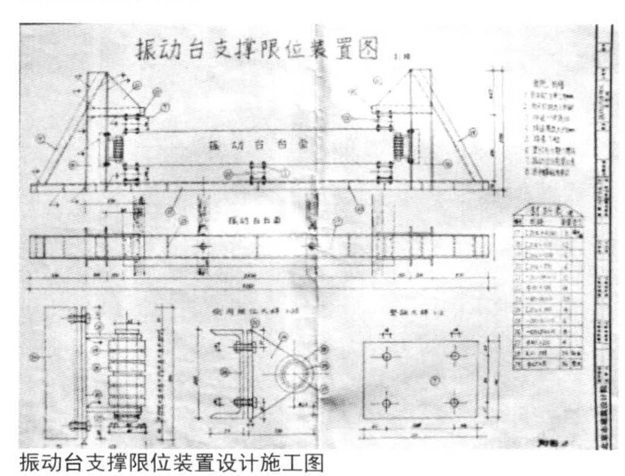

振动台支撑限位装置设计施工图

在炎热的 7 月和 8 月，将所需的材料备齐后，我又与几位工人一起放线、下料、焊接，苦战 60 天，终于将主要的部件振动台台面和支撑限位架焊接完成。当外加工的钢辊、辊板到货后，我们只用了很短的时间，便就将这 2.5 m x3.5 m 的振动台组装好了，此时就缺振动台反推力弹簧了。由于振动台反推力弹簧的技术指标有特殊要求，我们与北京弹簧厂多次协商后，于 1986 年 6 月，振动台反推力弹簧终于加工完成。在安装好振动台反推力弹簧后，振动台的使用性能的调试工作就可以正式开始了。

根据振动台模型试验的要求，模型的重量、模型模拟实际受力情况的配重以及振动台的自重，共计约 24 t。如此大的负重，振动台能正常运转吗？为了验证这些，我们从首钢借来了 21 t 钢锭，并将钢锭放置在振动台上固定好。正式测试开始，我亲自操作试验机，振动台顺利启动了，经过不同频率不同振幅的多次振动，各项指标均达到预期目标，振动台顺利通过了测试。振动台在满载 20 t 的情况下，最大加速度可达 5.08 m/s，在空台时最大加速度达 10.11 m/s。振动台运动方式为 X 方向的正弦波，工作频率 1.67 Hz~8.3 Hz，最大振幅正负 7.5 mm。我们自力更生，艰苦奋斗，终于建造出自行设计的振动台，为我院建筑抗震课

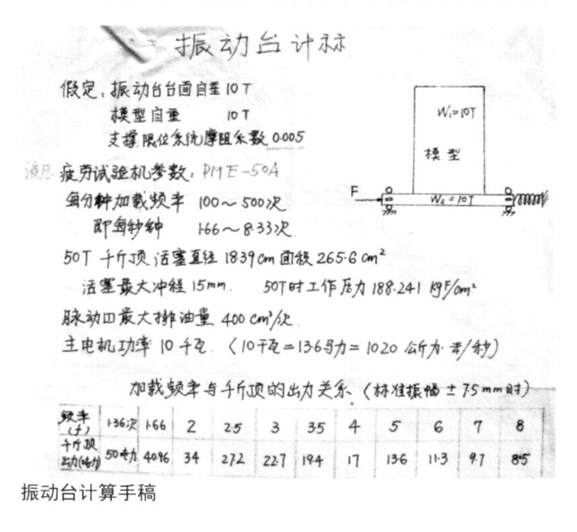
振动台计标

假定，振动台台面自重 10 T

模型自重 10 T

支撑限位系统摩阻系数 0.005

液压疲劳试验机参数：PME-50A

每分钟加载频率 100～500次

即每秒钟 1.66～8.33次

50T 千斤顶活塞直径 18.39 cm 面积 265.6 cm²

活塞最大冲程 15 mm. 50T时工作压力 188.241 kgF/cm²

脉动四最大排油量 400 cm³/次

主电机功率 10 千瓦（10千瓦＝13.6马力＝1020 公斤力·米/秒）

加载频率与千斤顶的出力关系（标准振幅 ±7.5 mm时）

频率 (f)	1.36次	1.66	2	2.5	3	3.5	4	5	6	7	8
千斤顶出力(吨力)	50吨力	40.96	34	27.2	22.7	19.4	17	13.6	11.3	9.7	8.5

振动台计算手稿

题研究提供了较为先进的抗震测试手段。而当时，我们只花费了 3 万元的经费，就改制完成了这个振动台，这在当时，也是前所未有的事情。

振动台上进行的抗震新体系六层模型试验

振动台调试成功后，振动台的大型模型试验就正式开始了。第一个试验是“水平配筋砖砌体抗震性能的试验研究”的六层砖混模型。试验分两部分进行，一部分是静力试验，一部分是振动台的振动试验。试验测试工作由我负责，经过多次试验，取得了许多宝贵的试验数据。在振动台进行最后的模型破坏试验时，现场有十多个单位上百人来参观，振动台使出了最大的振动力，参观者距振动台十米远都感觉到强烈的震感。由于模型设计的抗震措施得当，模型虽然破坏严重，但没有被振动台震倒。此课题获得了建设部1989 年科技进步奖三等奖。第二个、第三个试验是“多层住宅建筑节能抗震新体系——内浇外砌加气混凝土块模型试验研究”的两个六层模型，试验测试工作仍由我负责，此课题获得了 1989 年院优秀科研业务建设二等奖。第四个试验是“模数空心砖六层模型的抗震性能研究”的六层模型，我负责了部分试验工作，在进行模型的破坏试验时，振动台终于将这六层模型震塌了。这一方面说明模数空心砖的建筑抗震措施还需加强，另一方面也说明了，我设计的振动台是成功的。振动台的建成和成功的运行，为我院进行建筑抗震研究提供了有力的科学试验手段，建立了卓著的功勋，我感到由衷的骄傲与自豪。

在 2008 年 7 月，我参加北京市高级专业技术资格的答辩会，向三位主考老师汇报了我的专业工作经历，当讲到在 1985 年我负责设计了振动台，并进行了多个模型试验时，一位主考老师高兴地说：“是你设计的振动台呀，当年我们都去设计院参观过振动台的模型试验，真不错！”听到老师对我所做工作的肯定，心中不由地充满了自豪。接着主考老师给我提了两个答辩题，我都十分顺利地回答了出来。2008 年 12 月我接到通知，我取得了建筑结构专业高级工程师专业技术资格。

在研究所结构试验室我工作了 13 年，这是充实的 13 年。最值得我回忆的就是为设计振动台而付出努力的那段时光。13 年中，我参加过大型结构试验 18 项，其中 10 项专题的试验工作，都是由我负责完成的，这些课题，多项获得国家级、市级和院级的奖励。在文章的最后，我要特别感谢那些在工作中无私地帮助过我的老同志们，他们兢兢业业的工作态度，诲人不倦的传帮带精神，就是我院“建筑服务社会”核心理念的最好体现 。

北京建院对工业建筑的贡献

梁永兴

谨以此文纪念建院设计工业建筑的前辈们。

根据不完全统计，我院自 1953 年（国家开始经济建设计划的第一年）到 1998 年，共完成工业建筑项目 6 417 573 平方米，其完成数量之大，近似于我院完成的办公、住宅、教学等工程项目数量。我院是个民用建筑设计单位，为什么会有这样多的工业建筑设计任务呢？这就需要说明一下当时的历史背景。

北京这座文化古城，在中华人民共和国成立前经济上是非常落后的，人口仅有 200 多万，老百姓的生活非常贫困，大多数百姓住的都是简陋的小平房，市政基础设施更是简陋陈旧，脏乱不堪的公共环境也是随处可见（当时我家住在北京南城，就靠近有名的臭水沟——“龙须沟”）。为了改善这种情况，1949 年 4 月，北京市委根据党中央的精神，做出了《关于北平市目前中心工作的决定》，决定指出：恢复、改造与发展生产，是北平党、政、军、民目前的中心任务，即生产是压倒一切的中心。

中华人民共和国成立后，当时的北京市长聂荣臻同志在 1950 年《纪念北京解放一周年》的广播讲话中提出“要创造条件，使北京有可能从消费城市变成生产城市”的任务。当时人们都认为，只有工业化才能够改变中国贫穷落后的现状。当时，北京正倡导三个服务的方针，即为人民、为生产、为中央服务。在这种情况下，大量的工业建筑项目自然就转向我院。历史上，我院所设计的工业项目基本上覆盖了冶金、机械、轻工、化工、交通、电力、电子、纺织、食品、医药、建材等国家、社会和人民生活所急需的各个行业。我院承担的工业项目数量之大，涵盖的内容之多，设计工作之复杂，都是令人难以忘怀的。这也是北京建院对国家工业发展做出的重要贡献。同时，在当时的现场三结合设计工作中，设计人员由于参加了众多项目的工业设计，为工厂设计开拓了思路。

1981 年新成立的北京城市规划委员会调整了北京城市建设总体规划。经中央批准，明确提出北京城市的性质是全国的政治中心、文化中心和国际交流中心，要成为国际化大都市。主张大力发展商业、服务业、旅游业，繁荣市场，方便群众，并有利于国际交流和经济发展。在工业上要适应和服从城市性质的要求，要走高、精、尖路线，不再发展占地多、能耗高、对环境污染大的工厂，还要有计划地迁出、转产或停产那些污染严重、扰民、难以治理的上百个工厂。同时主张，三环以内不允许再新建、扩建这类厂房，从而保护好北京这座历史文化

北京食品厂

北京金属结构厂

北京电线厂

北京电池厂

牡丹电视机厂

北京北郊面粉厂

北京第一机床厂

名城。这样，20 世纪 80 年代以后，我院工业工程项目的设计任务便逐渐减少了。

分析大约 300 余项工业项目可以看出，历史上我院所设计的工业项目，涵盖面广，以至于我们设计的项目并未将配套设施列入其中。我院历史上所设计的部分工业建筑项目名单（略）大部分摘自我本人于建院早期未销毁的零星工作记录登记本中，时间跨度从 20 世纪 50 年代至 70 年代。当时参与设计的人员有：建院各个专业和各个级别、职称的设计人员，包括后来的院总、建筑师、工程师等。这期间，我院隶属于事业单位性质，是不收设计费的，也没有经济效益可言。

20 世纪 50 年代，建院明确第六设计室侧重工业建筑设计，20 世纪 70 年代，调整为第二设计室侧重工业建筑设计。但是，当工业建筑项目任务多时，全院 9 个设计室都分别承担了工业建筑设计工作，大到几万平米的厂房，小到几十平方米、几百平方米的工业项目。根据 40 多年来的不完全统计，我院打破常规，经过艰苦不懈的努力，共完成 640 多万平方米的工业建筑设计工作。

这在中国建筑设计行业历史和世界建筑设计历史上都是空前绝后的创举。然而，所有这一切都是设计人员完全靠手工作业，利用简单工具绘制设计图纸完成的，都出自南礼士路 62 号院那幢既无电梯也无空调的“水晶宫”。因为当年建院工作繁忙、紧张，设计师总是彻夜加班，建院大楼亮如白昼，因此社会上送我院一个“水晶宫”的雅号。大家都非常清楚，工业建筑设计，如果按时或提前完成设计图纸，建筑物按时或者能提前建成投入使用，就会产生人们所期盼的更好的经济效益和社会效益。因此，厂方委托我院设计后，没有一个单位不着急催要设计图纸。再加上院里为提高工作效率和保证设计图纸的质量所制定的一些管理办法，又在严格地考核着设计人员。可以想象，我院当年参与工业建筑设计人员工作的紧张情况。根据统计，仅仅 1958 年至 1960 年这三年间，北京建院人的加班时间就有 248339 小时，折合为 31042 个工作日，这其中包括做工业建筑设计人员的加班时间。千万张工业建筑设计图纸，也都是设计人员在这幢老楼中绘制出来的，这一历史功绩值得建院人永远自豪。建院这一大批默默无闻、克服各种困难、不图名利、一心一意做好工业建筑设计的老前辈们，更加值得我们永久地怀念。国家不会忘记他们，人民也不会忘记他们！如果说要简单地总结建院在历史上曾经打破常规，完成的具有工业性质建筑设计的工作，我认为：

①体现了建院人对国家、社会、人民的高度责任感、勇于担当精神和无私无畏的奉献精神；

②依靠建院的技术实力，建院人克服各种困难，努力满足各个厂家的需求，工业建筑设计建成投产后产生了巨大社会效益和经济效益，这是建院在国家工业化建设史上做出的重大贡献；

③在工业项目设计工作中，我们学习了不太熟悉的各种专业工艺流程设计，这些都应是工业建筑设计应掌握的知识和本领。

④大量承接工业建筑设计业务，使得北京建院在社会上的知名度提高，外界对北京建院的信任感不仅来自民用和公共建筑，也来自工业建筑设计。

“国庆十大工程”是丰碑

本书编委会

1959 年建成的“国庆十大工程”已迎来它的 60 周年诞辰。无论从建筑评论还是建筑文化的视角看，都有益于让社会理解建筑，让建筑审美普惠公众。好建筑留下好时光，这是建筑地标对城市文化的作用。2011 年 3 月，时任国家文物局局长单霁翔等 41 位全国政协委员，向全国政协第十一届四次会议提交了《关于“国庆十大工程”申报全国重点文物保护单位的提案》。他特别强调，按照周总理提出的“古今中外，皆为我用”的原则，全国建筑界采用超常规的“三边”工作法（边设计，边备材，边施工），在 10 个月内高质量完成了从设计到竣工的全过程，当时中国正处于西方的经济封锁之下，“国庆十大工程”成为中国建筑师在极端困难条件下，独立完成的一次现代建筑创作的探索。60 年来，作为北京城市形象乃至国家形象的标志，作为“活”态的文化遗产，其传承保护与创新发展的作用是不容动摇的，它们的确堪称中国建筑史上的丰碑。

20 世纪 50 年代的“国庆十大工程”可以说是政治与文化的产物。全国建筑大师张镈先生（1911—1999 年）曾回忆道：“当时中苏关系动荡，所以中共中央在北戴河会议时强调要搞经典工程，向世界证实中国的新面貌及实力。到 1959 年 9 月，人民大会堂、中国革命和中国历史博物馆、中国人民革命军事博物馆、北京火车站、北京工人体育场、全国农业展览馆、钓鱼台迎宾馆、民族文化宫、民族饭店、华侨大厦（1959 年 10 月完工，1988 年已重建）共 10 座建筑全部完工。1959 年 9 月 25 日，《人民日报》社论盛赞这些建筑“是我国建筑史上的创举”。尽管 20 世纪 50 年代十大建筑不一定代表建筑师创作的全部水平，但其意义至少表现在：①它是特殊时代的特殊产物；②建筑的集体创作，注定了建筑作品的折中性和先锋性；③在当时出现了多样化的创作手法，是极其可贵的；④在新技术上迎合国际

一万多名建設英雄創造我国建筑史上的惊人奇迹

宏伟的人民大会堂矗立天安門前

在短短十个多月中飞速完成建筑面积十七万多平方米，超过故宫的全部有效建筑面积

六亿人民的代表将在这里討論国家大事，全国人大常委会将在这里办公

《人民日报》1959 年 9 月 25 日头版报道人民大会堂落成消息，称之为“我国建筑史上的惊人奇迹”

潮流，做了诸多以新结构为切入点的中国建筑新探索。作为新中国十周年的建筑丰碑，预示了建筑多元化的先声。北京市建筑设计研究院有限公司（时称北京市建筑设计院）完成了其中的 8 个项目，它们是：人民大会堂、中国革命和中国历史博物馆、中国人民革命军事博物馆、北京工人体育场、民族文化宫、民族饭店、钓鱼台迎宾馆、华侨大厦。

人民大会堂

人民大会堂位于天安门广场西侧，占地 150 000 m^2，总建筑面积 171 800 m^2。建筑平面呈“山”字形，南北长 336 m，东西面宽 174 m（总宽 206 m）。项目由万人大会堂、宴会厅、全国人大常委会办公楼三部分组成，连接三者的交通枢纽为中央大厅。中央大厅宽 75 m，进深 48 m，面积达 3600 m^2，面向广场，地上 4 层高 40 m，是大会堂的主要入口，中央大厅西面通向万人大会堂会场，南北过厅分别直达人大常委会办公楼和宴会厅。

人民大会堂

中央大厅周围是双层休息廊，大厅选用桃红色大理石地面，厅中 20 根明柱和二层走马廊栏板采用汉白玉石镶砌。井字梁顶棚悬挂五组水晶玻璃吊灯。大会堂会场宽 76 m，深 60 m，平面呈椭圆形，屋顶高 46.5 m，顶棚净高 33 m，座席分上中下 3 层，底层设带桌座席 3 674 座。西面是主席台，台口宽 32 m，高 18 m，由 2 根高 45 m、2 m 见方的钢筋混凝土柱子和高 9 m 的钢筋混凝土大梁组成，台深 24 m，可容 300 人以上。台前有容 70 人乐队的乐池。2 层和 3 层楼座分别设 3 468 席和 2 628 席。墙面与顶棚圆角相连，采用“水天一色，浑然一体”的处理手法，顶棚成水波状，层层外扩。中央穹顶镶着一颗巨大的五角星红灯，环以金色葵花光束。

大会堂的建筑造型平面对称，高低结合，台基柱廊屋檐采用中国传统的建筑风格。台基分两段，下部为高 2 m 的台明，上部为高 3 m 的须弥座，以花台车道、大台阶连接。上部墙身周围为柱底形式，柱头柱础饰莲瓣、束腰和卷草花纹，屋顶檐头、枭混、挑檐及女儿墙饰琉璃砖，四面主要入口柱廊按传统做法分明，次、梢不等开间。廊柱分别采用青灰色大理石和米黄色剁斧假石。建筑物东面临广场，中部高 40 m，两翼及西部门头高 31.2 m，南北两面中部高 387 m。人民大会堂的建筑艺术造型与建筑材料的选用，使天安门城楼和广场取得了协调一致而又有所创新的效果。

大会堂工程主要采用钢筋混凝土框架结构，刚性基础和钢屋架，大会堂会场挑台的钢梁悬臂伸出达 16 m，屋顶钢屋架短跨度 60 m，宴会厅上部的钢屋架最重达 142 t。整个建筑物内共有100多个大厅和会议室，采暖、空调采用遥控设施，热源有高压热水、高压蒸汽、煤气和制冷设备，电信、机电设备有照明、广播、电视传真电声及译意风等。

建筑方案：赵冬日、沈其

建筑工程设计：张镈、朱兆雪、姚丽生、阮志大、郁彦、张浩、李国胜、刘振宗、那景成、戚家祥、王时煦、单永寿

中国革命和中国历史博物馆

中国革命和中国历史博物馆位于天安门广场东侧，面对人民大会堂，总建筑面积65 152 m^2, 西面面宽313 m, 南北面面宽149 m, 建筑高为26.5 m, 正立面中央部分高33 m。展览馆为3层，第2、3层主要为展览厅堂，共有展览面积23 472 m^2, 可供约1万人同时参观。

为适应展览路线布置的需要，同时反映中国建筑的特色，设计采用院落式的建筑布局。革命、历史两个博物馆分别在南北两个院落，中间前部的院子有空廊通向广场，同时与南北两个院子相连贯。后部为中央大门厅，是全楼的交通枢纽，门厅后部是一个1 390 m^2 中央大厅，净高15 m, 供集会使用，底层有一个可容700人的礼堂。博物馆西立面中间是11开间的空廊，廊上饰五角红星和一组旗徽，是两个博物馆共用的大门。空廊的造型取意于中国古代的石牌坊，既宏伟壮观又挺拔空透。廊柱为带海棠角的方柱，不仅富有民族形式，而且与对面人民大会堂的圆柱实廊相比，一虚一实，一方一圆，交相辉映。

中国革命和中国历史博物馆

中国人民革命军事博物馆

主要设计人：张开济、叶祖贵、黄乔鸿、邱圣瑜、曹骥、张云舫

中国人民革命军事博物馆

中华人民革命军事博物馆位于海淀区复兴路北侧，占地80 000 m^2, 建筑面积60 557 m^2。主体建筑平面呈“山”字形。东西总长214.4 m, 南北总长144.4 m。地下1层，地上中央大厅7层，上部塔座2层，塔顶上为军徽，总高97.47 m，东西两侧地上4层，两翼地上3层，设有大小陈列室10个。中央大厅的后部是3层的连接厅和1层带走马廊大跨度拱顶的兵器馆。

中央大厅贯穿两翼陈列室、序幕厅、交通厅、兵器馆及上层的中心，是博物馆主要入口，大厅为30 m×30 m的方形厅，两层高，中间为18 m×18 m的回廊空间，绿色实心大理石栏板。中间12根浅绿色大理石柱子，配以嵌有金星的汉白玉柱头。大厅两侧为交通厅，设有楼梯及电梯。

中央大厅两侧及两翼陈列室基本布局为桶

形，开间 8 m，进深 24 m。展览路线以每一个翼一层为一个段落，采用“大口袋”的布置办法，顺序循环展览路线，博物馆的外立面采取渐次升高的体形，外墙勒脚为花岗石蘑菇石，假石墙面，所有入口均为花岗石，嵌有石刻旗帜花纹和带有勋章图案的柱头门罩，屋顶檐头饰黄色琉璃砖，建筑造型雄伟稳重。竖立在中央塔顶上的军徽是军事博物馆的主题标志。

主要设计人：欧阳骖、吴国桢、阮绍先、黄守训

北京工人体育场

北京工人体育场

北京工人体育场位于朝阳门外，占地东西长 520 m，南北长 693 m，全部用地 354 000 m^2，总建筑面积 87 080 m^2，其中竞赛场主体建筑 72 300 m^2。

竞赛场为椭圆形，运动场内轴距为 2 012 m×120 m，场内设置有 400 m 跑道，足球场，跳远及助跑道以及跳高，铅球、链球、标抢等各项比赛及训练场地。看台为椭圆形，水平外轴距为 282 m×200.8 m，看台水平宽度为 40.4 m，分上台及下台，共分 24 个单元，每单元可容 3 412 人，除入口、记分牌、主席台外，实际可容观众 7 800 多人（不包括主席台座位）。

体育场建成后成功地举办过多次大型体育运动会和比赛。但经长期日晒雨淋，看台出现了空鼓、裂缝现象，加上原设计没有考虑抗震地区的设计要求，为承接第十一届亚运会任务，对体育场进行了加固改建，主要是对主体结构进行加固，增设永久性的背景台，提高挑棚高度，并按照国际照明标准每面布置了 174 盏金属卤化灯，并在北面看台顶端设置了火炬台，南面看台设置长 44 m，高 10 m 的彩色大屏幕，强化了赛场的壮丽气氛。

主要设计人：欧阳骖、孙有明、杨伟成、黄守训

民族文化宫

民族文化宫

民族文化宫位于复兴门大街，是一座用来介绍、展出各民族历史、文物、生产、生活和进行各项政治文化娱乐活动的场所，建筑面积 30 770 m^2，平面呈山字形，东西宽 185.78 m，南北宽 105 m，楼前辟有宽阔的绿化广场。全部建筑由四个部分组成，包括一座有 2 000 平

方米展出面积的博物馆，一座可藏书60万册的图书馆，一座1 150座席的会场和一个可承接多种演出功能的舞台及设施。

建筑东西两翼2~3层，中部塔楼地下2层，地上13层，地面以上高67 m，挺拔高耸。全部墙面用白色面砖饰面，翠绿色琉璃瓦屋顶，方整石墙脚，融现代建筑与传统民族风格于一体，造型优美。

主要设计人：张镈、孙培尧、肖济元、苏纹、胡庆昌、张浩、那景成、王时煦

民族饭店

民族饭店

民族饭店位于西城区复兴门大街，占地9 900m^2，建筑面积34 146m^2，地下1层，地上大部分为10层，中央局部12层，高48.4 m。建筑平面呈F形，东西面长为111.74 m，西翼南北长53.39 m，楼房进深为17 m。首层为公共用房，以大门厅、交通厅为中心，设置有衣帽、办公室，有容纳700~800人的中餐厅，350~400人的西餐厅，以及贵宾室、文娱室、厨房等，在2层设有清真餐厅。在交通厅与大楼梯相邻的电梯间设有3座客梯和1座客货两用电梯。2至10层为客房层，共有客房597间，客房分单间、双套间和三套间等3种类型。中间局部11层设有茶室、球房、男女理发室等公共活动用房。

建筑立面造型丰富，具有新的民族风格，外墙贴黄色面砖，首层为花岗石饰面，上部有粗壮的束腰线。2层设有通长望柱栏杆式挑阳台，门廊两侧各有一幅镂空花饰的花隔扇窗，其中有八组题材反映工农各业的蓬勃发展。

民族饭店是北京市第一座采用预制装配式钢筋混凝土框架结构的高层建筑，构件有各种楼板、大小梁、内外柱、抗震墙、楼梯、阳台及屋檐，构件连接采用焊接和混凝土浇筑。首层以下及11、12层采用现浇钢筋混凝土结构。

楼内采用热力管网供热，并预留有空调装置管道。

主要设计人：张镈、曹学文、沈清源、胡庆昌、那景成、王时煦

钓鱼台国宾馆

钓鱼台国宾馆

钓鱼台国宾馆位于北京西郊古钓鱼台风景区。该宾馆是为招待出席建国十周年庆典活动的外国党、政代表团使用的。工程用地面积约420 000 m^2，共建15栋独立的贵宾楼、2栋服务楼和警卫楼等附属建筑，总建筑面积约48 000 m^2，同时还开挖了人工湖，建造了小桥、亭台。庭园内还精心布置了花坛草坪、灌丛和树木，东门不远处建立了一组假山石，山石正中刻有“钓鱼台”三个金字，将园林与宾馆建筑有机融合在一起，使宾馆处在一座大园林中。

15 栋贵宾楼均匀地布置在园林区内，各栋楼在建筑形式与功能上基本相同，只是在规模上略有差别。每幢楼内设有总统套房，主要随员卧室、办公室、会客室，并配有专用的厨房、浴室、厕所等。贵宾楼一般设计为 2 层，大门口多设在建筑的侧面，门前草坪上立有旗杆。大门口前方设有大门廊，并以带花纹透空花砖装修。

自 1979 年起，陆续对各栋贵宾楼室内进行装修设备更新，并重点对原 12 号楼、18 号楼及养源斋进行了较大规模的装修和扩建，将 18 号楼门厅及外立面改建成中国宫殿式建筑形式，楼内扩建了四季厅。

主要设计人：张开济、陈蔚、刘有铣、胡邦定、朱幼麟、虞家锡、曾骥、潘家声等

原华侨大厦

华侨大厦

华侨大厦位于王府井大街与五四大街交叉路口东南角，建筑体型采用切角形设计。建筑用地 5 500m^2，建筑面积 13 000m^2，后增至 15 000m^2。建筑总高度 34.8m。中部 8 层，两翼 7 层。共有 186 间客房。1988 年拆除原华侨大厦。1992 年在原址上建成华侨大厦新楼。

主要设计人：沈文瑛、叶平子

20 世纪 50 年代"国庆十大工程"是个充满希望的序幕，它体现了现代建筑的蓬勃，宫殿式、民族式、地方式、外来式等现代建筑丰富形态都得到体现。"国庆十大工程"的建成对全国影响深远，后人竞相效仿，被视为楷模。但必须看到，以新结构为切入点的建筑探索，如北京火车站、全国农业展览馆、北京民族饭店在当时具有一定的科技先锋性，如薄壳结构与悬索结构的早期应用，再如装配式结构是新中国建筑的第一。民族饭店结构设计者胡庆昌在 1959 年第 9 期《建筑学报》中发表《民族饭店高层装配式框架结构的设计》文章，他忆道：

民族饭店是迎接国庆十周年的主要工程之一，由于工期紧迫，施工场地狭小，因此决定采取装配式框架结构。为了简化构造及利于抗震要求，基础、地下室、一层及部分二层采用现浇钢筋混凝土结构，部分十一层及十二层因限于塔式起重能力，亦用现制，其余各层均为标准层，一律采用装配式结构。

民族饭店是我国第一次采用高层装配式框架结构的建筑，要求考虑七级抗震，我们设计这样的工程是缺乏经验的，当然也会存在着一定的缺点。但是通过这个工程的修建，我们体会到了装配式结构的优越性，同时在一定的条件之下它是我们建筑发展的方向。首先是施工速度快，质量好。这个工程全部装配式结构的吊装仅用了 31 个工作日，平均三天半安装一层。全部装配的构件都在构件厂制作的，经过检验都符合设计要求，这充分说明高层建筑采用了装配式结构，不但可以加快施工速度，而且也确保了工程质量。其次是节约了大量的劳动力并减少了笨重的体力劳动。由于采用装配式结构，工地只需进行起吊和安装工作，用很少的工人就能完成很大的工作量。

与现制比较可以节约劳动力约十几倍，提高了劳动生产率。同时由于利用机械安装，所以也减少了工人的笨重体力劳动。第三是节约木材。民族饭店工程因工期紧迫，构建类型较多，用了些模板，但与现制作比较起来还是节省很多。如正常施工，构件类型减少，则更可节约大量的模板和脚手架。第四是节约施工现场用地，这对于在市区临街施工的高层建筑，像民族饭店的这样工程特别有利。例如这个工程的地下室和底层结构，虽仅二层，由于采用了现制，却除了占用工地附近的空地以外，还占用了其他地方 2 万多平方米，等于 2~11 层框架吊装用地的二倍多。如果全部采用现制，则施工期间就必须拆除工地周围大批房屋，这样不仅施工困难，同时也增加了城市的负担。

读当年胡庆昌大师的文章，发现他在文章中提到民族饭店工程结构设计存在着一些需要改进的地方，他认为吸取这些结构设计的经验，就能使我们在今后设计装配式结构时加以改进。

地标建筑是城市生活，也是城市记忆，人类学家艾戈 · 科皮托夫认为，地标是潜在的“说书人”，承载着传说和故事，在阐明地域的时代演进中，见证了地标建筑的技术与艺术发展。“国庆十大工程”正成为某种文化内涵的符号，对首都北京说来更有感染力，它真实地定格着城市文化，成为当代北京建筑文化面向世界的明证。如果说，中国当代建筑思想史凝固在长安街上，就是因为在其中可以找到不同时代且不同风格的建筑，从此种意义上讲，1959 年“国庆十大工程”正是新中国走向“现代化”的符号。在“国庆十大工程”面前，长安街这条东西轴线的象征意义与仪式功能就显得十分重要，这既是对建筑历史

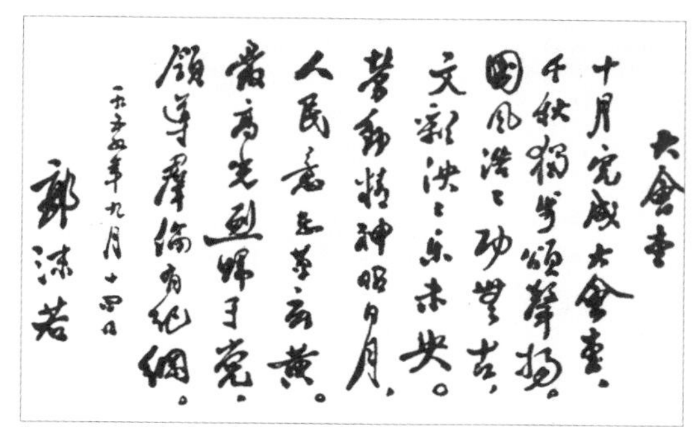
郭沫若为人民大会堂提写的诗句

的一种解读，也是建筑新空间对城市影响的解读。具体讲，“国庆十大工程”将建筑荣耀写在新中国发展的旗帜上，使在艰难中跋涉的中国建筑，有了扬眉吐气的经典作品。

正如天安门广场改造规划及人民大会堂方案设计者赵冬日大师在 1997 年 4 月“中日建筑师北京交流会”上所说：“新中国成立后，对天安门广场逐步进行改造，建起了人民英雄纪念碑，拆除了千步廊红墙，但远远不能满足百万人集会的需要，1958 年 8 月中央和北京市政府规定彻底改造天安门广场，并兴建广场周围的新建筑，没有建筑物，就形成不了广场，二者不可分……总平面布置上主要将人民大会堂与中国革命和中国历史博物馆的东西轴线向北错开位置，使两建筑物面向广场主入口之间无遮挡，视野开阔。1959 年国庆节前天安门广场和人民大会堂落成，周总理评价说，‘北京人大会堂这样伟大的建筑，只用了十个多月就建成了，它的精美程度，不但远远超过我国原有同类建筑的水平，在世界上也是属于第一流的。’”对中国乃至世界而言，“国庆十大工程”项目无疑是北京的当代地标，是北京建院人引以为豪的经典。

（本文系本书编委会根据相关资料整理，执笔 / 金磊 苗淼）

中国第一个室内冰球场体育馆

本书编委会

周治良先生“首都体育馆工程总结报告”节选

一、设计之初

首都体育馆自1966年3月开始设计，同年5月动工，1968年3月竣工。

首都体育馆曾被命名为溜冰馆、综合体育馆、人民体育馆，最后定名为首都体育馆。

在设计之初，我们收集分析了国内外几十个大型体育馆的资料，调查参考了国内几个有代表性的体育馆。虚心向广大工人、运动员、教练员、管理人员学习，先后做了28个方案，经过充分讨论比较，最后综合成现在的方案。我们曾先后做了几十个不同项目的实验，如在屋盖设计上，我们做了网架1/50模拟实验；在比赛场地设计上，我们做了活动地板的构造以及冰场地面结构等试验，终于在较短的时间内解决了工程上一系列关键性的技术问题。

二、设计中考虑问题的几项原则

根据“适用、经济、在可能条件下注意美观”和“发展体育运动，增强人民体质”的指导方针，我们拟定了几项原则作为设计中考虑问题的根据：

（1）为体育比赛（以水球、乒乓球、体操为主）创造良好的条件，为国内外运动员和群众提供一个发展友谊、交流经验的良好环境；

（2）注意比赛与训练使用相结合，体育活动与多种用途相结合，当前要求和远期发展相结合，便利施工与便利维修相结合；

（3）为提高观众的视觉和听觉质量创造条件，并致力于把体育馆建成为一个推动群众体育运动的良好基地；

（4）精打细算，最大限度地发挥投资效果。

三、规划建筑用地

首都体育馆用地选在北京动物园的西侧，面积为7公顷，我们对本馆选址用地考虑如下：

（1）北京体育建筑的分布：南城有北京体育馆，东郊有工人体育馆，本馆位于城区西北角，布点合理；

（2）用地在城区边缘，交通方便，利于

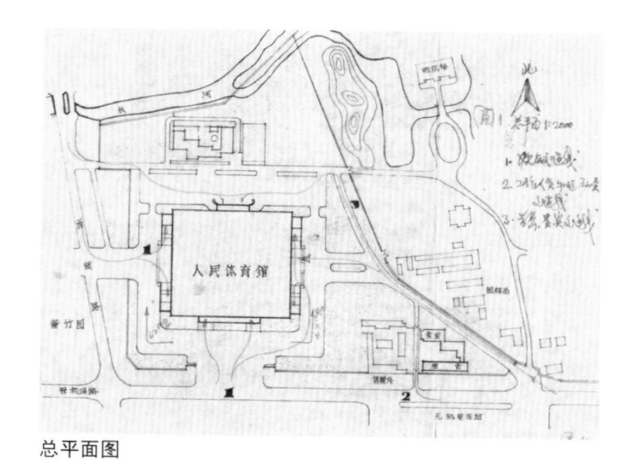

总平面图

组织人流；

（3）东临动物园，西望紫竹院，北倚长河，绿茵环保，空间开阔，环境优美；

（4）基地原为洼地、水塘，选作建房用地，既不拆民房，又不占农田，经济合理。

四、主体建筑的平面布局

首都体育馆主体建筑体型，为更有效地利用看台下空间，最后确定为矩形平面，建筑物东西长122m，南北宽107m，高28.5m，建筑面积40000m^2。比赛大厅可容纳观众18000人。比赛场地最大尺寸为40m×88m，在比赛场地活动地板下附设有30m×61m的冰球场地。

根据国际比赛的需要，比赛场地四周，设有各国运动员赛前练习场地和大量休息更衣用房，大会组织办公用房以及新闻、广播等内场用房。为解决内场与外场相互干扰的问题，在主体建筑分层分工布置上，我们将观众休息厅布置在二层以上，观众从室外大台阶直达二层，经由休息厅进入比赛大厅观众席。地面层则布置比赛场地以及大量内场用房，因此运动员及内场工作人员入口布置在主体建筑首层东西两侧，这样内外有别，分隔明确。

比赛大厅平面内净99m×112m，吊顶高度为20.3～20.8m，屋盖结构为平板网架，比赛大厅设有空调系统，并装有扩声转播、电视、传真、录音等设备，在大厅南侧还设有采访记者专用房间。

为能充分利用建筑空间，采用了东西两侧与南北两侧错层的布置形式，南北两侧采用6m层高，东西两侧为4m层高，南北两侧自二层起布置了三层观众休息厅廊，东西两侧除二层部分为观众休息廊外，其他各层空间均留作运动员宿舍、灯光控制、计时记分，以及广播等内部用房。

五、比赛大厅

（一）比赛场地的平面设计

比赛场地是体育馆的核心部位，首都体育馆比赛场地的平面尺寸，主要是根据冰球、体操以及乒乓球比赛决定的。冰球场地尺寸为30m×61m，场地四周要设有运动员和工作人员的席位并留出交通过道，为此比赛场地尺寸为40m×71m，即可满足要求。在此面积内仅

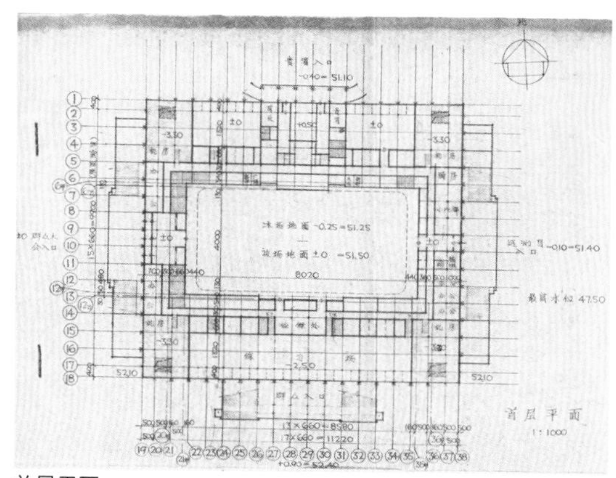

首层平面

可安排18个乒乓球台同时进行比赛（每个乒乓球台场地要求尺寸为13.5m×7m，双排18台布置比赛场地大小为27m×63m）；但如按体委要求，安排20个乒乓球台同时比赛，且考虑到乒乓球场尺寸今后发生变化的可能性，比赛场地能扩大到31m×80m，使场地宽度可以在31~40m之间，长度可在71~80m之间，按需要调整，以争取多安排观众座位。在此尺度范围内亦可以满足多种规模体操比赛的要求。另外在场地两端还设计了部分装配式看台，拆卸后场地最大尺寸可扩大到40m×88m，为远期发展留有余地。至于其他球类比赛以及群众集会，则可根据需要在场地上酌加座位。

（二）冰球场地的设计

（1）冰球场制冷系统采用低温氨液通过场地排管直接蒸发制冷系统，氨压机选用8AS40/17型氨压机三台，总产冷量为132kcal/h。直接制冷系统不借助间接冷媒，因此设备投资及经营费用较低。直接制冷设备管送的冷损耗少，而且其蒸发温度比间接制冷系统高，因此压缩机的单位容积产冷量亦相应较高；采用直接制冷系统的另一优点是冰面温度均匀，容易保持冰面质量。此外氨对铜材腐蚀性较小，可延长设备寿命。

场地蒸发排管沿冰场61m长向排列，蒸发排管为Φ38、Φ32的无缝钢管，管距89mm，供液及回气干管和调节阀门集中布置在冰场两端，地下调节站内的冷冻管沟与压缩机房联通，调节站设有专用的事故排风系统。

（2）冰场地面采用架空滑动层的做法分层构造。

冰场设计中几个问题的考虑。

①场地回填。由于地处水塘，塘底到设计

制冷设备安装施工中

地面高差5~6m，为确保回填土不会沉陷，下层回填我们采用了水中抛沙的施工方法（即水夯法），待砂石回填高出水面后，即改为黏土回填，涂料塑性指数控制在8以上，碾压密实度要求>98%。

②冰场地面耐冻混凝土的设计。其一，提高地面混凝土标号，我们采用了300#耐冻混凝土；其二，降低水灰比。由于砼中超过混凝土水化作用的用水量，将在硬化水泥中形成空隙，因此降低用水量可减少混凝土中的孔隙，而且降低水灰比可增加混凝土强度，减少混凝土收缩，为此我们控制混凝土水灰比不大于0.4；其三，混凝土中加气。技术处试验，混凝土中含气量按体积比超过2%~3%则混凝土耐冻性能会大大提高，但如超过6%，则会有下降趋势而且影响混凝土强度。因此我们在浇筑冰场混凝土时采用加气剂时，控制混凝土含气量在3%~5%左右，以提高混凝土抗冻性能。

（3）冰场地面面层处理。面层我们采用了钢丝网耐冻水泥砂浆面层，在面层捣制过程中一般采用钢抹压光，比较密实，破坏了砂浆内毛细管。在冻冰过程中容易形成水分集结在硬壳下面造成冻融机械破坏，即表皮剥落，为此我们采用磨石机将抹面表层硬壳打磨掉的办法，以提高其耐冻性能。但面层与地面混凝土不是整体一次性浇筑的，因此不够理想。

（4）比赛场地的照明。比赛场地选用1000W的碘钨灯，这种灯比惯用的普通白炽灯寿命长，效率高，光色好。灯罩为耐高温工业搪瓷灯罩，其造型经过实验比较，确定为开口尺寸500mm×500mm，加15mm波形滤光格片，抛物线反光罩曲面方程为$x^2=\pm150y^2$。在场地上空20m高的顶棚上按3.3m方格网均匀布置264盏碘钨灯，另加侧光灯24盏，全负荷下实测平均照度为700Lux，场中心达1000Lux，可满足各种运动和拍摄电视电影的需要。

考虑到碘钨灯在起燃时的冲击电流较大，以及观众对照明的适应，选用继电器进行扫描开灯的控制方案，按各种活动的需要设计不同的照明方案。

（5）计时记分牌布置在比赛场两端大厅的墙面上，其内容包括比赛队名、计分、计时钟、冰球犯规罚时、场次等，可供冰球、篮球、排球、羽毛球等比赛时使用。多台乒乓球赛和体操比赛时另有活动式计时记分牌。

记分计时牌

（6）观众席的布置。为了尽可能提高视觉质量，并为大跨度屋盖结构提供有利条件，在比赛场两侧观众席各布置了37排，两端各为18排，加上前面5排活动看台，总共有18000座（除主席台座位外）。

（7）观众席的疏散。按每股人流宽度为0.55m，每分钟每股人流可通过人数为40人，考虑四分半钟全部观众离开比赛厅，则总疏散口宽度应为55m。为此在平面布置上，我们在观众席下部设置了3.3m宽的出入口12个，观众席上部设置了1.1m宽的出入口6个，另有四个2.2m宽的疏散楼梯，全部实际疏散口总宽度为55m，满足了疏散要求。

当进行文艺演出或群众集会时，场内加座椅可达4000人，供需疏散出入口宽度为12.1m。为此，比赛场两端又各设有6m宽的出入口一个，共12m，能满足场地观众疏散的要求。

（8）观众厅视线设计。设计视点定在冰球场争球圈中心点，距冰球界场3.4m，此点与冰球界墙上端连成一直线，延长与通过的垂直线焦点即为第一排观众眼睛位置，此点至设计视点的高差h_1=320cm，h_1−110=210cm，即第一排地面标高。前十排的排距d_1=80cm，后面各排排距d_2=75cm。视线升高差C值初次采用每排6cm。试算，根据计算结果并结合看台下空间的合理利用，调整C值为7cm。这样的视觉条件经实践证明良好。

（9）观众厅的音质设计。声学质量取决于：

① 扩声系统的设计；

② 混响时间的控制和防止回声；

③ 抑制馆内工程设备的噪声。

本馆扩声系统采用半分散的布置方式，在大厅顶棚上均匀配置39组高低音双通道组合式声柱，每组声柱由八个低音纸盆扬声器和一个高音扬声器组成，额定功率为20W，但通过音频变压器的不同抽头改编为12W、16W和20W，使各频带都能获得均匀的直达声能和保真度。

为了调高声级，抑制声反馈，还在半导体前级增音机中设置了插入式移频器，根据实测可提高声级4~6分贝。同样目的，在设计加入了R—C切除低频的滤波器。使用证明，这一网络性能良好。

大厅最大声级及相应输出功率实测数据如表1所示。

以上数据表明完全达到了良好听觉质量所必需的声级（一般为70dB）。

首都体育馆大厅的有效容积为168000m^3，日容纳观众16700—18000—22000人，平均最多10.1m^3/人。大厅总面积28100m^2，根据以往体育馆多功能大厅声学设计的实践经验，选定中频混响时间不大于1.9秒，低频可略高，高频保持平直。群众集会要求语言清晰度更高，但人数相应增加到22000人，混响时间相应缩短。为控制混响时间和防止回声，在大厅11000m^{2}顶棚上配置了由钢板网承托、玻璃丝布包装的脲醛泡沫塑料吸音板。比赛场上空板厚为7.5cm，观众席上空板厚为5cm。在东面墙上选用了1.5cm厚穿孔甘蔗纤维吸音板。建成后实测结果除低频偏短外，中频、高频与计算值基本吻合。

影响大厅声学质量的噪声主要由空调系统的风机和水泵的机械振动产生。控制这两类噪声的措施是：采用加重混凝土的基座和金属弹簧拼成的减震器；在送风机和回风道内设计了“声流式阻性消声器”，在新鲜空气输入通道内则为抗性消声器。经过试验和调整，最后实测，噪声级在 NC40 标准曲线范围内。

各种活动的实际结果表明大厅内声学质量良好，语言清晰，音乐丰满。

（10）比赛大厅吊顶设计。比赛大厅不但要达到较好的室内艺术效果，更重要的是全面安排好照明、扩声等系统，同时灯具、扩声器以及机械起吊、动力机械均设置在吊顶空间内；因此吊顶构造设计不仅要考虑到吊顶维修更换的方便条件，而且还要考虑到吊顶空间内设备管理操作的安全防护。再则，吊顶内照明动力导线纵横交错，这又使吊顶空间成为建筑物的重要防火部位。为综合解决以上这些矛盾并力求符合使用经济的原则，我们做了单元活动钢吊顶。其分层构造为：自桁架下吊挂30cm高薄壁槽钢大龙骨，中距330cm，大龙骨下每82.5cm架设12cm高中龙骨，中龙骨分段卡板角钢小龙骨，中小龙骨下翼板外露部分饰以压条；在中小龙骨翼板上

表1 大厅最大声级及相应输出功率实测数据

类别	频率					
	125Hz	250Hz	500Hz	1000Hz	2000Hz	4000Hz
平均声级（dB）	93.6	91.5	88.0	86.3	84.7	84.7
不均度（dB）	5.0	5.0	4.5	7.0	7.0	7.0
相应输出功率（W）	350	350	350	360	400	400

放置四周围以Φ8钢筋的钢板钢吊顶单元，分82.5cm×82.5cm及82.5cm×165cm两种规格，以镀锌铁丝与中龙骨联系，易检撤换，玻璃丝布袋装的脲醛泡沫塑料吸音板直接放在钢板网吊顶单元上。

在吊顶内部为解决经常管理维修的问题，布置了金属的交通马道和设备操作平台。

比赛大厅空调系统根据过去的经验采用喷口送风系统，对于大厅内进行体操表演、冰球比赛或群众集会均能取得良好的效果；唯有进行乒乓球比赛时，比赛场地气流速度要求不超过0.2m/s，当采用喷口送风时，实际比赛场地气流速度难以全面地满足以上要求。为此我们考虑和采用了顶棚条缝送风的方式，在乒乓球比赛时代替侧口送风。

比赛大厅顶棚以上空间高达6m，下边的预制吊顶有均匀分布的缝隙，为顶棚条缝送风；我们在四个竖向主送风道的顶端各增加一道三通控制活门，就可以使全部风量送向屋架空间并经由吊顶缝隙送入大厅，以解决气流速度问题。这就形成以侧口送风为主，条缝送风为辅的系统。建成后经过实测，采用后者吊顶条缝处的风速一般在0.2~0.4m/s，场地气流速度全部小于0.12m/s，效果良好。

空调系统对冰场消雾效果亦较好，夏季气候湿热，冰面以上相当范围内由于温度下降而结雾，影响视线。在驱雾方面，我们根据不同情况采用两种通风形式：在空场练习时，采用内部空气循环由顶棚条缝送风的方法，冲破冰场上空空气的自然分层（由于冷源在下面而形成的相对稳定的温度梯度大的空气分层），把大厅上部的热空气吹下去与冰面上的冷空气搅合，提高下层空气温度借以消雾。在有大量观众时，人体散发大量水分，提高室内湿度则采取将经过空调器降温减湿的空气由侧送风口或顶棚条缝送至比赛场地的方法，也有明显消雾效果。

空调参数：夏季室内温度28℃，相对湿度60%，以深井水为冷源，送风量760000m^3/h。

六、比赛场屋盖

（一）屋盖结构

大厅屋盖结构形式经过多方案比较，最后选用平板型空调网架，本方案生产工艺简单，构件规格化，整体刚度好，用钢量少，

屋盖施工中

钢指标为65kg/m^2。整个屋盖由6000多个杆件组成37种类型，544榀斜向正交的单联、双联及三联的小单元桁架用高强度螺栓连结。99m×112.2m整体屋盖支撑在四周64个柱顶支座上。

为便于屋面排水，网架中央起拱2.1m形成四坡屋面。

（二）屋面构造

由于屋盖跨度大，因此在屋面构造设计上尽量选用轻质材料，以减轻屋面荷载，同时屋面面积大，坡度小，所以不仅要求选用耐蚀性质的材料，而且要求屋面构造设计能保证排水顺畅，符合公共原则，便于施工维修。屋面构造为：薄壁槽钢檩条上铺设龙骨及木望板，屋面敷铝镁合金（FL2）屋面板，木龙骨之间以镀锌铁丝吊挂保温板，望板与保温板之间留有2~3cm孔隙，以形成“通风层面”。

铝合金板的选用与加工：铝镁合金板耐蚀性与纯铅（A1—）相近，但比硬铝（LY—）或其他铝合金高，其延伸率及可塑性较其他金属板大，故易于加工；暴雨时产生噪声较小，而且其强度较纯铝板高，易于保持加工后的外观。在安装上可以用原材料制作屋面板交接支架以取代铁件，避免铝合金屋面的接触腐蚀。

施工现场

为便于加工维修，屋面板不是全面咬口连接，而是预制成单元屋面板，然后整体吊装。单元板宽度为板材宽度，长度在10m左右。

合金板防锈采用锌黄底漆，因为一般红丹防锈漆内含铅质，其与铝合金产生电化学作用，而锌黄防锈漆内锌铬黄能产生水溶性铬盐，使金属表面惰化，适用于铝金属或其他轻金属表面防锈。

首都体育馆在短短的两年时间内建设完成，许多方面达到了相当高的水平，并创造了多项建设纪录，从而表现出我国广大工程技术人员的水平、实力和努力奋斗的精神。

注：此文是《建筑评论》编辑部根据周治良老院长于几十年前撰写完成的《首都体育馆设计介绍》原稿整理，感谢周治良夫人金多文、女儿周婷提供的宝贵文献及图片。整理、采编者：李沉、苗森、金磊。

附：《周治良工作笔记》摘录

●1966年3月23日

上午向佟铮汇报，佟意见：

1.盖房子如同要考虑全盘棋。

2.考虑爆炸安全，地震安全。

3.顶子形式要考虑，在一定条件下美观很突出，要讲究建筑艺术，做几种模型去选，切实可行；

4.不要突出地域差异；

5.不要否定个人才华，个人才华为谁。两条道路，目前集体创作可以，不要否定个人，要突出政治；

6.不要框框约束，大胆设想，只有无产阶级调动大家智慧，两条道路，资产阶级用物资刺激，我们讲政治挂帅，奴隶社会棍棒纪律，资本主义饭碗纪律，无产阶级自觉纪律。

7.通过方案，搞革命化，改造客观，改造主观，用革命化态度方法处理建筑物是很重要的事。用毛泽东思想做这个方案，两轮设计，政治突出。方圆不要受框框约束，充分讨论，矛盾论把各个矛盾摆出来通盘分析，抓主要矛盾，这样很费劲。工作需要不受任何领导一句话影响，毛泽东思想是最高指示，打开思想才能搞出好的设计。

8.要数量、质量比较细致分析。

9.集中力量搞大馆。

10.设计师政治水平要高，顽强坚持政策，毛主席思想，要贯彻下去，节约方面不一样，节约基本原则一样，精神一样。建筑三条方针，经济、适用、美观。我们从实际出发，能节约就节约，不能节约就不节约。两万人不太合适，布置合理舒适三万人也成，我赞成人数少一些，跨度小一些，视线好一些，比乒乓球馆大一些就可以。按一万六千人做，没大错误，比一万六千人小不好，不能片面节约，要一万八千人再说，按一万六千人做。

11.练习服从结构需要，可以练习，舒适看结构需要，分析矛盾有把握可以做。

12.设计一丝不苟，要严谨，不马虎，严肃认真，要各方面看都满意，处处有明堂处，有道理，有分析，有看法。世界水平大大小小处有思想性，每一线条有名堂，为社会主义竖立纪念碑。设计图纸上写字要慎重，和设计无关可不写。

13.提问题从政策上提，小馆放西郊方便群众，放太阳宫，方便训练，不要从技术上提问题。

14.现在情况不全，生产线没有，工人没有，设计方案从实际出发。

15.花多少钱起多少效果，要看效果，花钱和效果比较。盖这个馆有政治效果。电器200多万不成，向各种不正确思想斗争，要注意从个人出发。

16.方案1放在那里，方案3规模一万六，看法明确，提得清楚，不隐晦矛盾，分析后搞出方案，尽快，意见要明确，不要形而上学。4内部具体问题，矛盾很多，要经过研究。

17.本周提出拆房情况。

1966年4月5日设计院地址拆房

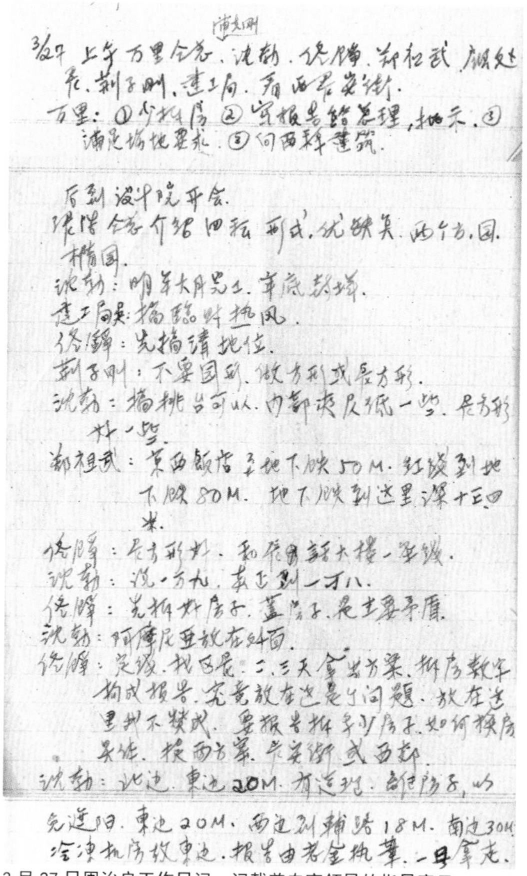

3月27日周治良工作日记，记载着专家领导的指导意见

郊区供电局74间 1360㎡ 140人左右办公

设计院宿舍16间 240㎡ 9户41人

三间宿舍15间 210㎡ 14户75人

居民9间 108㎡ 6户32人

道路拆房

西城区煤场285㎡ 14间（房） 家属23人

1289㎡ 51间（棚）

市政二公司仓库216.5㎡11间

市政公司（南）120㎡ 9.5间 5户

● 1966年5月11日工作小结

1.群众路线

①在太阳宫召开大型座谈会42单位86人（一次26单位56人，一次16单位30人）。②一般座谈会41次，274人（建

27、结4、设5、电5共41次。建200人、结20人、设31人、电23人共274人）

2.调查

本地共28单位（建5、结3、设9、电11）

并到外埠（哈尔滨、天津、南宁、唐山、鞍山）

3.和工人结合共技协14单位（建4、结2、设2、电6）

4.一切通过试验

①冰场（氨及盐水平统试验）。②钢屋架（模拟试验、高强□□、节点耐力试验、实物组拼试验、喷砂面防锈试验。③预制看台板荷载试验。④打桩试验。⑤活动看台。⑥钢吊顶。⑦观众座椅。⑧空心钢门窗。⑨活动地板升降台及活动地板。⑩灯具。⑪广播。⑫记分装置。⑬消音器

5.做了29个方案

①4个②3个③10个④3个⑤3个⑥3个⑦3个

6.四个有所

①钢屋架日本40m~50m　美国70m（70公斤/㎡）91m（73.23公斤/㎡）奥地利65m（95公斤/㎡钢桁架）。②抗震缝　人大132m　工人体育馆109m　规范50m。③空心钢门窗。④活动看台。⑤观众座椅。⑥活动地板。⑦钢吊项。⑧建筑处理（空间利用、色彩材料、须弥座）。⑨广播方式。⑩大面积碘钨灯照明（亮度高40%，提高光效率、体积小、寿命长、一般1000小时，这个1700~1800小时）取消调光变压器，用扫描控制方式。⑪记分牌。⑫氨冷冻系统。⑬顶板送风。

7.学习

①“为人民服务”树立更好地为人民服务思想，团结反帝。②“自力更生”“奋发自强”。③勤俭建国方针

● 1966年12月24日经济分析意见

四部分

（一）技术经济指标

1.用地面积；2.道路面积；3.停车场面积；4.绿化面积；5.建筑占地面积；6.建筑总面积（主馆建筑面积，附属房建筑面积）；7.比赛场面积8.固定看台面积；9.活动看台面积；10.练习场面积；11.观众休息厅面积；12.首长休息厅面积；13.运动员休息厅面积；14.小吃部面积（柜台尺度）；15.厕所淋浴面积；16.容纳总人数；17.每人平均占

二.66.2.13. 各室十一个方案情况：

方案数	形状	设计人	尺寸	结构	排数
一室 2个	長方、長方	李宗泽 黄彦澍	100×120 100×150	钢板两铰拱 拱架吊悬索	51排 39排
二室 2个	方形 海棠 (✚形)	熊明 熊明 熊明	100×100 130 70×70	双向钢管网架 悬索	
三室 2个	椭圆 方形 (長方)	许振畅 〃 〃	80长轴 114×114 126×102	鞍形悬索 予应力钢桁架	43排
四室 2个	椭圆 長方	刘克蕴 曾繁智	150×110 130×105	悬索 予应力钢桁架	50排 45排
五室 1个	長方抹角	欧阳骖	130×94 (120×98)	钢架	
六室 1个	椭圆	顾天骥		悬索	50排
标准室 1个	圆	何成森	130直径	悬索	50排
生产办公室	(十字形) (椭圆) (長方)	张揽洪 〃 〃	100		
11个方案					

周治良日记中记载着在方案论证阶段，北京建院各设计室提交的11个方案

建筑面积；18.设备（暖气、卫生、通风、冷冻）；19.电气（照明、动力、变电、配电自动装置等）。

（二）造价经济指标

1.总结价；2.主馆造价（其中：土建、暖气、卫生、热水、通风、冷冻、照明、新影、动力、扩声、电话、电钟、信号记分、传播、传译）；3.附属房造价（其冷冻机房、变电所、锅炉房、售票房、单宿食堂）；4.附属工程造价（其中：围墙、道路、打井、绿化、土方、地下管线、场外照明、供电电缆）；5.其它造价（其中：试验费、拆迁费、冬季施工费、施工设施费）。

（三）分部分项造价

1.基础工程（分打桩及砼承台地梁）；2.砼框架；3.砼看台；4.钢屋架；5.铝板屋盖；6.大厅吊顶；7.活动地板（包括升降台）；8.金属看台；9.体操台；10.冰场地；

综合体育馆设计初步计划

为了更好地完成综合体育馆设计任务，初步拟定本计划，预计进行五个战役，基本完成综合体育馆的设计任务。

一、第一个战役：主要抓规划及设计方案。共分三个阶段进行。

阶段	日期	主要工作内容
第一阶段	2月21日 至 2月28日	1.拟定设计指导思想草稿。 2.调查研究资料，拟定设计任务书。 3.试作方案草图。
第二阶段	3月1日 至 3月20日	1.做出第一次规划草图。 2.发动群众，搞第一次设计方案。 3.结构专业提出结构方案，各专业提出过关项目及试验项目。
第三阶段	3月21日 至 3月31日	1.进一步补充调查资料。 2.确定设计指导思想。 3.提出第二次规划及设计方案。 4.确定结构方案。 5.各专业开始进行过关项目及试验项目。 6.提出设计说明书及主要材料概数。 7.向有关领导送审方案，以确定用地、规划及设计方案。

—1—

二、第二个战役：主要抓扩大初步设计。共分三个阶段进行。

阶段	日期	主要工作内容
第一阶段	4月1日 至 4月10日	1.继续深入调查研究。 2.根据批准方案，建筑专业完成扩大初步设计平、立、剖面等主要图纸。 3.各专业方案落实。 4.定过关项目及试验项目，定人、定进度。
第二阶段	4月11日 至 4月20日	1.各专业完成扩大初步设计图纸及做法说明书初稿。 2.做出概算。 3.各协作单位（如广播事业局、园林局、市政设计院等）开始分工进行设计。 4.向有关领导送审扩大初步设计
第三阶段	4月21日 至 4月30日	1.各专业完成关键部位的技术设计图。 2.做出主要材料指标。

—2—

三、第三个战役：主要抓开工图纸及加工订货，共分两个阶段进行。

阶段	日期	主要工作内容
第一阶段	5月1日 至 5月10日	1.各专业完成主要的技术设计图。 2.完成结构挖槽图。 3.继续进行过关项目及试验项目。
第二阶段	5月11日 至 5月31日	1.完成结构基础图及主要构件图。 2.各专业完成技术设计图和部分施工图。 3.提供主要的加工订货图纸。 4.进一步落实材料及造价。

四、第四个战役：主要抓施工图，共分两个阶段进行。

阶段	日期	主要工作内容
第一阶段	6月1日 至 6月15日	1.工地正式开工，部分设计人下现场三结合。 2.各专业完成主要施工图纸。 3.重点项目继续试验。
第二阶段	6月16日 至 6月30日	1.完成各专业大样图。 2.过关项目基本完成。 3.一般试验项目完成，重点试验项目（如冷冻、结构试验）继续进行。

—3—

五、第五个战役：主要抓扫尾设计，共分两个阶段进行。

阶段	日期	主要工作内容
第一阶段	7月1日 至 7月20日	1.基本完成各专业补充图纸。 2.完成施工预算，最后落实加工订货及材料数量。 3.重点试验项目继续进行。 4.下工地检查质量。
第二阶段	7月21日 至 7月31日	1.进行图纸大检查。 2.完成各项施工图纸。 3.总结设计经验。

1966年4月5日

—4—

1966 年 4 月 5 日制定的工作计划

11.钢窗；12.钢门；13.木门；14.观众座椅；15.首长贵宾座椅；16.休息厅观众座椅；17.沙发；18.地毯；19.家具（小吃部）；20.窗帘；21.五夹板吊顶；22.木屑板；23.钢板抹灰吊顶；24.木地板；25.美术水磨石地面；29.隔断水磨石；30.缸砖地面；31.马赛克地面；32.瓷砖护墙；33.水刷石；34.水磨石；35.刷假石；36.花岗石；37.砖墙；38.挑檐；39.雨罩；40.门廊；41.台阶；42.平台；43.坡道；44.排水；45.设备部分；46.电气部分。

（四）主要材料经济指标

1.钢筋；2.型钢；3.钢板；4.木材（分横板、木地板、龙骨及装修木材等）；5.水泥；6.砖；7.水磨石；8.钢板；9.木屑板；10.五夹板；11.铝板；12.设备部分；13.电气部分。

● 1967年3月8日

打乒乓球，开一半风机，场地风速0.2m/s以下，开全部时场地风速不均匀，西部0.5—0.6—1.0m向南偏，温度早上12℃，下午开一半风一小时上升1.5℃，开全部风机温度不升，下午温度由14~17℃。

进场时8℃，中午12℃，场上部16.5~17℃，送风温度9~10.5℃，出风口风速6~4m，有风吹头，观众席向上看有烟。

● 1967年12月7日体委意见

一、建馆方针：1.冰场不群众化，解决不了速滑，新运会无此项，花钱多，不利搞群众活动；2.不能解决多项运动队训练，只能解决2~3个项目队的运动，为少数几个队服务；3.造价高，花钱多，不符备战、备荒为人民的精神；4.看台，如搞两层的可省四万元。

二、设计上：1.练习房球类项目不能解决；2.主席台上屏幕太小；3.东西头都填了土方浪费；4.水不能利用；5.地下室及群众用厕所用马赛克浪费；6.油漆做磨□□太高级；7.小卖部、书店设计太高级；8.暖气罩是高级的；9.门地龙太多；10.雨漏管使用暗管不好修理；11.活动地板搞正块的浪费很大，能否适用还不知道；12.电缆反潮、镁钨灯太贵，路灯用荧光灯太贵、特别项目多，花钱多，以形式为主；13.水的消毒箱不适用，做铁皮的多漏，达不到紫外线消毒的目的；14.东西加铁栏杆浪费；15.地笼太多。

● 1966年8月12日对测试的意见

一、测试的目的

1. 满场地板

①满场时温升情况。

②满场广播音响情况。

③校验第一次试运行后修复效果和继续发现问题。

④操作管理规程。

2. 满场滑冰

①冰场直接供氨，冰质，广播音响情况，满场观众对冰面影响，热油系统，热氨化冰。

②温度场及湿度情况，特别前几排温度（上次试验为16℃）。

③冰上照明测定，冰面对光度反射和对观众眩光影响。

④广播音响情况。

⑤冷冻对电负荷，最高时的全面观察。

⑥继续校验第一次试运转后修复效果和继续发现问题。

⑦操作管理规程。

二、试验方法和步骤

1. 满场地板

①观众人数约二万人，最好二次、一次侧送通风，一次乒乓球用顶棚送风。②满场扩声情况

2. 满场冻冰

①先直接供氨。②用扫冰车泼软化水冻冰。③试验扫冰车性能（七天到五天）试验。

刨刀阻力（1~2mm）

刨刀深度

牵引力

打滑系数

阀门二十几个开多大

输出量与立绞龙，横绞龙关系

洗冰真空度

压力泼冰和车速关系

浇水量和一次泼冰面积（1.8m³水）

冰面上光

负荷后汽车发动机性能

倾翻功能和最倾翻重量

不同冰质和扫冰机运行规律

单功能和综合功能情况

驾驶员管理熟悉过程

④满场观众对考核人、对温度、湿度、冰面影响，冰上照明，广播测定、最高电负荷情况。⑤热油系统情况。⑥热氨化冰。⑦制定操作管理规程。

三、组织人员

1.空调组 建研院空调所 11人

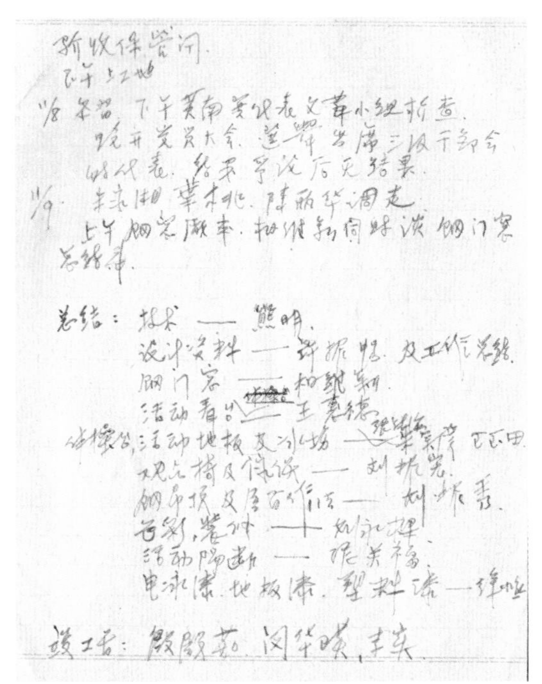

总结：技术——熊明

设计资料——[illegible] 及工作总结

钢门窗——[illegible]

活动看台——王[illegible]

活动地板及冰场——[illegible]

观众椅及伸缩——刘[illegible]

钢吊顶及[illegible]——刘[illegible]

电冰漆、地板漆、塑料漆——[illegible]

周治良记录的工程总结，列出各部分负责人

2.冷冻组 设计院 4人

3.冰车组 设计院天河厂 10人

4.照明测量 建研院 50人

5.声音测量 广播事业局、建研院、工业院、设计院 35人

6.系统测量 供电局、公安局 20人

7.厂家 80人

小计 210人

四、存在问题

1.领导系统，设计院统一对口，机电指挥口统一明确。

2.操作人员，冷冻谁操作，冰车驾驶员。

3.施工进度，应全部布置完再试。

不合格设备不能用，如冷冻电气起动装置，深井泵起动装置，通风起动电组，冰球装置，彩色灯泡，防雷塑料管安装公司应完成。

4.水的供应，上次冰质问题是：

①冰刀起白霜；②脆裂；③冰色不好，这次用软化水。

离子变换器72t水2000多元1.03m 迎宾馆，电力学校，西颐宾馆有水车，每次4t，环卫局有水。

小区规划要适应形势的发展
——北京龙泽园小区规划方案

白德懋

小区规划的基本原则是以人为主。一切从居民的需求出发，联系实际、密切结合国情、民情和地情，始终是规划设计的主要依据。社会在进步，人民生活水平在提高，面对不断变化的形势，小区规划不能停留在以往被认为是行之有效的模式上，要不断研究新问题，提出新对策。

研究新问题。过去，在人们生活水平不高、居住条件较差的情况下，只要住房朝向不错、宽敞够用，居民就满足了。现在的情况大大不同了，对于居民来说，居住环境质量已显得十分重要，有些购房者往往将优良的小区环境质量作为首要条件，开发商也反映环境好能提高房屋售价的品位。对于小区的环境质量，当前人们比较关心的主要有两件事，即居住安全和小汽车停放。具体讲：对小区实行封闭管理是一项必要的对策。这里所说的封闭管理是指整个小区的封闭，一般占地 100 000 m^2 左右的小区往往为城市街道所包围，向街一侧用空透的围墙与外界隔开，通过轻巧的金属栏杆使空间景观内外沟通，经过精心设计还可为街景生色。有了物质手段的封闭，还要实行专人管理。除小区入口设置门卫和住宅单元入口安装对讲机等措施外，要有保安人员 24 小时值班巡逻，或安装集中电视监控器防止外来人员和车辆无故入内，不让坏人有可乘之机。因此，规划中要尽量减少小区的出入口，只保留方便居民出行和需要的必要通道。同时，也要将小区内部空间都利用起来，不留无人使用的消极空间。

规划的探索。龙泽园小区位于北京市区以北的回龙观镇，基地西邻京昌高速公路，南邻京包铁路，分别有 140m 和 100m 宽的隔离带，北边是已建单位。小区总用地 286 800 m^2, 中间有一条宽 25m 的城镇道路穿过，将小区分成东、西两园，西园用地面积为 168 600 m^2, 东园用地面积为 118 200 m^2,

白德懋著作《漫步北京城》书影

龙泽园小区规划总平面

基本上是两个独立小区的组合。小区规划总建筑面积约 400 000 m^2, 其中住宅建筑面积约 360 000 m^2, 容纳 360 多户 ,11 600 多人住宅以多层为主，占 71%, 由 4 层、5 层和层组合高层住宅分布在三处，其中东部为 24 层的塔楼群，中部是 14 层的板楼，西部小区入口处布置一幢造型独特，从 6 层逐步升高到 28 层的住宅楼，作为整个小区的标志。

龙泽园小区配套公建面积约 40 000 m^2, 在规划布局上，小学、幼儿园、托儿所和文化活动站沿小区主路布置近中心绿地；中学校舍位于小区东北角，可同时为附近小区居民服务，考虑到中学生大都骑自行车上学，因此中学大门以开向城镇街道；物业管理、社区服务等部门和超市安排在小区西边主入口处；在西园和东园之间居民经常经过的路段，安排了沿街商店和农贸市场；小区中心位置设有一座临时锅炉房，待解决集中供暖后拆除增建住宅。

实行封闭管理。整个龙泽园小区用空透的围墙封闭起来并有专人管理，这就要求尽量减少小区的出口，但其数量和位置须符合居民日常出行的路线，满足消防疏散的需要。龙泽园小区西园地形窄长，东西长约 600 m, 南北宽约 200 300 m，北边是相邻单位边界，没有通道，因此留出三个出入口。其中，考虑到居民日常出行的主要方向是通过京高速公路向南，西端应是主要出入口，东边通向城镇街道也需要一个出人口，以解决居民上班、上学和购物等需要；南边出入口利用现有的一条斜向土路，并保留原有树木，作为南向通道；东、西出入口之间，用一条与北边不规则地形取得一致的、蜿蜒曲折的主路贯通起来。东园面积较小，地形较为方整，因此只在西侧与北侧各留出一个出入口，并用一条环形主路与出入口连接，从而形成有一定特色的小区整体结构骨架。

就近停放车辆。为了避免汽车停放在住宅

前面影响居民休息和户外活动，需要设置集中停车场或停车楼，但到远离住所处停放车辆又会造成使用不便。一般来说，规模较小的集中停车楼或地下车库往往造价高，交通面积比重大，不经济；而规模大的集中停车楼或地下车库只能设在小区一角或中心绿地的地下，必然远离大部分住所。为此，规划布局中应认真解决这个矛盾，让居民既能就近停放车辆，又不干扰他人。

龙泽园小区北邻已建单位的边界，规划要求建筑退离红线15m。按照以往的设计，沿建筑线的住宅入口开向内部庭院时，红线与建筑线之间的用地往往无法得到有效利用。我们通过分析，采取了将停车位与绿化相结合的设计，15m宽的地带正好放一辆车，前面可留出7m宽的车行道和回车道，靠住宅一边还可有2m宽的隔离带，使这部分空间能得到充分有效的利用，达到既就近停放车辆、又不干扰他人的目的。我们认为，小区内交通要以人为主，应当车让人而不是人让车。道路设计应有意识地使车辆进入小区后自动减速，而不是畅行无阻，这样才可能做到人车共处，不对小区内居民活动造成人身威胁。为此，我们采取的对策是将车道设计得弯曲些、窄些。考虑到龙泽园小区实行封闭管理后不让无关车辆进入，更不允许有穿过交通，私人小汽车多是上班出去下班回来，很少有两车对开的情况，因此将小区北边环路的车行道做成3米宽，足够车辆单向行驶，当错车时可以借用边上4米宽的回车道，车行道与回车道在一个平面上，但采用两种地面铺装材料和颜色。回车道和停车位用“植草砖”铺砌，车可压上去，空隙可以长草。每隔4到5个车位种一棵树，夏天用来遮阴，不停车时这部分空间也能起到绿化的作用

方案的完善。上述规划方案已通过规划主管部门审批，但我们感到还有必要进一步加以完善。因此在总体布局不变的基础上又做出了更为合理的道路系统设计。修改方案利用小区东，西，南三边退离红线的空间适当加宽，从10m增加至15m，使环路与北部环路连接起来。这样，四园和东园各自形成完整的外环车行道和道边停车位，所有通向住宅组团的车行道都由外环路进出，将原来小区中间曲折的主路改为步行道，真正做到车在外围行，外边停，人在里面走，无忧无虑地活动、各得其所。同时，排除了车行和停车深入到住宅端部或北边的干扰，达到了比较合理的境界。小区内步行道的宽度一般为1.2~1.5m，小区主路改为步行道后，由于人流交通量较大，将保持2.5m的宽度，主路和通向组团的步行道的地面铺装可承受车辆临时通行，在紧急情况下可允许消防车通过。

（白德懋 北京市建筑设计研究院原副总建筑师，现为院顾问总建筑师）

本文选自《建筑学报》（1995年第12期）

组织生活 创造环境

宋融

建筑师的职责与追求可以有很多方面，创作不朽名作，立个纪碑，创意的处理，发表新的观点等等，但是，我认为最主要的是：组织生活，创造环境。虽然，组织生活，创造环境的需求，贯穿在不同性质的规划与设计中，但我认为，住宅区规划与住宅设计，最能表达组织生活，创造境的内容。

一、组织生活

组织生活的内容，既包括室内又包括室外，而且既包括日常生活也包括工作与休闲。同时，无论生活起居还是工作与休闲的要求都是不断发展的。与此同时，人们的生活本身，又与家庭构成、生活习惯、地区习俗、气候地理以及经济水平和发展速度等等因素相关。由此可见，生活需求的内容有极大丰富的内涵，呈现出多样、变化和较大限度的适应性要求。

（一）室内

住宅最基本的是要解决人们的生活起居，撇开家庭的各种特别要求不谈，仅就吃、睡，上卫生间，看电视，会客学习等日常起居而言，都是共同的。因此，首先是安排这些要求所需要的空间大小和位置关系，大家应该都是很清楚的，这里，我只提及两点：(1) 只谈方便合理还是不够的，因为设计中还要考虑其他的情况如结构因素，采暖因素、管线走向，抗震，隔声，防潮，采光，通风等诸多技术问题，此外还有节约用地，节约能源等问题，这些因素都将给设计者很大的制约，既综合了这些因素又满足了一定的条件，这样的组合才会是成功的。这其中，特别是有关节地与节能的因素，对住宅平面及空间的设计有着较大的制约，可能影响全局，所以决不能忽视，住宅平面与空间设计如果不综合考虑技术和政策，则是没有深度、不成熟的设计。(2) 住宅设计是一种数量大，要求变化大的设计，说它简单的人，可能并不懂住宅设计，或者至少是不深入的设计者。因此，第一点，便是综合统筹的要求。其次，是要从实际出发，既反对脱离实际，又反对教条。道理非常明显，住宅设计就是为人们日常生活服务的，是最实际的，其理论是从生活实际中产生而并非从书本中产生。更主要的是，人们生活的需求是很不一样的，用简单的公式组难以满足要求，此外，对于不同地区，不同的国情，省情、市情，也是要充分考虑的。

（二）室外

上班、购物、出行、休闲、社交送小孩子

宋融（右）在院工作会议上

上学入托、进幼儿园，以及娱乐健身活动等等，都是组织生活中室外部分的内容。其中，既包括居住区配套设施的布置，也包括室外场地的安排，还有非常重要的道路交通组织，当然还包括一些市政设施的处理与安排。近年来由于人们生活水平不断提高，配套设施的内容也相应发生了变化，例如粮油店、副食店甚至农贸市场，逐步被超市、仓储市场代替了居住区内物业管理加强；小汽车大量增加使道路功能与停车问题十分突出。这正是我们在居住区规划中要反复探讨，加深研究解决的新问题。重点讲一下配套建筑，首先是要有地方、有面积，然后要定适当的规模，之后是位置，一般来讲要考虑服务半径，居民不要走得太远就能到达。但是，实践证明，只考虑服务半径还不够，还要使这些服务配套项目发挥更大效能，有相当的营业额，因此，要考虑它们服务的范围更广，更大。所以在布局上，要考虑交通方便。另外，最好是功能相对集中，例如，购物、修理、服务，都能在一处，不要让居民跑完这里又去另一处，很不方便。同时，综合设计要还有适应变化的功能，可以及时根据需要调剂。有些部分扩充，有些部分减少，或增添新服务项目。

综上所述，我认为在组织生活这个方面，一是紧密结合我国实情，用我们自己的方法去研究解决，国外经验要参考，但不能照搬照抄。二是我们的目标要适应我们的现代化生活。概括而言就是舒适、方便、安全。

二、创造环境

近年来，对于环境的重视，已成为所有居民的共识。现在的住户搬入新居，几乎百分之百都要通过装修来创造舒适的环境。买房、挑选房屋，也都不仅仅只注意房屋本身，还要挑选环境，以此作为重要条件之一，这就说明环境对于人们居住的重要性。创造环境，也分室内室外两部分。

（一）室内环境

室内环境追求的目标是创造适合自己家庭生活，方便而又舒适的空间效果，有自己喜爱的情趣和符合自身个性的家庭环境，通俗地说，是温馨的家庭气氛。因此，在处理上要研究合理的尺度，要注意色彩的运用，要能反映家庭文化修养和格调，这里最重要的有两条：一是要考虑功能即方便使用；二是追求符合家庭生活的气氛而不是其他。

我来讲个实例，在 20 世纪 50 年代初期，我造访一对 80 岁高龄的老人，他们住在王府井附近一个小四合院里，有朝南、朝东的四五间居室，也有自己的卫生间，我当时觉得他们条件不错，只觉得老人家精神不太好。过了几年他们搬到复兴门外路北的高层去了，我再去拜访，他们已年近 90 岁，但精神非常好，言语间，我发现就是环境的改变，使这对老夫妇精神焕发。其实，这也只是两套二居室的单元楼，装修得非常朴实，这使我感到环境改变的精神

前排左起杨伟成、胡庆昌、宋融。后排左起刘开济、林寿

芳城园“二龙戏珠”庭院环境

作用是多么大。

（二）室外环境

生态环境。这里包括自然环境，如空气质量，动植物，小气候，排污，垃圾的处理，噪声、光污染的防治等等，其他诸如节约能源，自然与人工的结合都已经提上日程。大家越来越认识到，要使我们的生活能永远协调的发展下去，必须处理好生态与人之间的平衡。

人文环境。居民日常的活动休闲、交往、散步、购物等等，都应有适宜的空间与环境。在居民区要注意创造宁静的环境，有些地方把大量公共活动引入小区，是不合适的。这里特别要谈谈绿化问题，居住区的绿化不但可以改善空气质量和小气候，同时，也是创造人们户外活动的好条件。但是，目前很多地方的绿化设计与公园手法相似，只能观赏不顾享用，这是不对的。

景观环境。居住区小区的景观，影响城市面貌。比较起来，居住建筑更重要的是群体景观和街景，太多居住建筑的个体处理，不仅费钱的，而且不需要。群体建筑的景观，要靠变化得体的群体空间处理和舒畅的轮廓线而非故意做作的多余装饰，更反对牺牲室内使用条件的立面处理。

最后要强调一点，由于居住区居住建筑数量大，成片的建筑有着较广范围的天际线影响，直接影响城市面貌及人们对城市的印象，因此在规划设计中要十分重视建筑轮廓线和景观的处理。

（宋融　任北京市建筑设计研究院原常务副总建筑师）

北京住宅工业化发展

张锦文　邱圣瑜

北京市民用建筑的标准化工作，从 20 世纪 50 年代后期开始，从工程定型，构件定型到体系定型经历了三个阶段。现在几种主要结构，混合结构、大模板及高层框架等都有一套比较完整的定型设计与通用构件。

1. 混合结构共 15 套图集，239 种构件规格。

2. 大模体系共 5 套图集，110 种构件规格，用于住宅。

3. 高层框架共 3 套图集，261 种构件规格。

混合结构的通用构件，自 1964 年开始北京市建委颁发执行，至今已 17 年。全套通用构件规格约 200 种，构件厂按构件图集进行工艺定型，设备定型，持续稳定地大批量生产，基本上实现了商品化、工厂化，满足了大规模建设的需要。回顾二十多年来北京市民用建筑标准化方面的实践经历，有以下几点认识。

一、标准化是随着建筑业生产力的发展和对工业化的要求而不断向前发展的

北京市标准化的发展可分三个阶段，不同发展阶段有着不同的标准化定型方式。

（一）20 世纪 50 年代工程定型

20 世纪 50 年代初期。建筑工程中，墙是现砌，楼盖为现浇，全部手工业操作，谈不上工业化，以后，逐渐出现了板等现场预制构件。工业化水平很低，对标准化的要求也不高。在这个时期标准化工作也就是将住宅中小学的整个工程设计定型起来做成标准设计或通用设计。在这种“工程定型”方式中，构件是专为某一个标准设计而设计的，另一个标准设计的构件又有另外一套构件设计。当标准设计改变，构件也随之改变，构件规格既无限制又不稳定，实质上是一种重复使用的个体工程设计，它对节省设计力量和快速提供设计图纸起了一定作用，但对工业化所起的作用并不是很大。

（二）20 世纪 60 年代构件定型

20 世纪 60 年代初期，工程中钢筋混凝土构件采用预制装配的愈来愈多，各建筑公司的露天预制场逐渐发展成为独立于各公司的构件厂，构件生产的规模愈来愈大，向着工厂化方向发展着，可是构件还是随个体工程自行设计，规格品种五花八门、多不胜数，构件生产上的高度集中与构件设计上的分散进行，构成了尖锐矛盾。构件厂规模虽大，还是要来图加工，不能按大工业方式进行大批量的商品生产，

也就是不能真正实现工厂化。因此在 1963 年各构件厂强烈要求把一般构件统一定型，为大批量的商品生产、为工厂化创造必要条件。实践说明建筑生产力的发展，对标准化提出了更高要求，原来的工程定型方式已不能满足工业化的要求，必须提高为构件定型方式，使构件标准化，而不是停留在整个工程设计标准化。1964 年将构配件统一定型编出通用构配件图集后，所有北京市的混合结构工程基本都采用这套图集，使工厂工业化前进了一大步。我们深深体会到构配件标准化是标准化的核心，从工程定型到构件定型，实现了建筑行业的一个飞跃。

（三）20 世纪 70 年代体系定型

在 20 世纪 60 年代，绝大部分工程是砖混结构。水平构件经过统一定型后，这方面虽在工业化方面前进了一步，但墙体（承重与非承重）还是现砌。就整个工程来说，工业化还很不完善。此后在墙体方面进行了一系列改革，如轻质隔墙出现了加气条板、石膏板及碳化板等；外墙体也有了单一材料的预制板，复合材料的预制板等；承重墙体则有预制大板、大模现浇等。到此，建筑业在墙体方面的生产力又有了发展，并形成了各种建筑体系例如大模体系，大板体系框架体系等。这些体系随着工程的发展，又向标准化提出了新的要求。为了使这些建筑体系成为工业化体系，使一个建筑物从平面到空间，比较完整地成为一个大工业生产的产品，我们开始对这些建筑体系进行了体系定型。所谓体系定型的具体内容主要包括 :1. 定出一套统一的建筑参数 ,2. 定型一套通用构配件（水平与垂直构配件，也包括现浇模具）,3. 定型一套统一的节点构造。这样个体工程采用

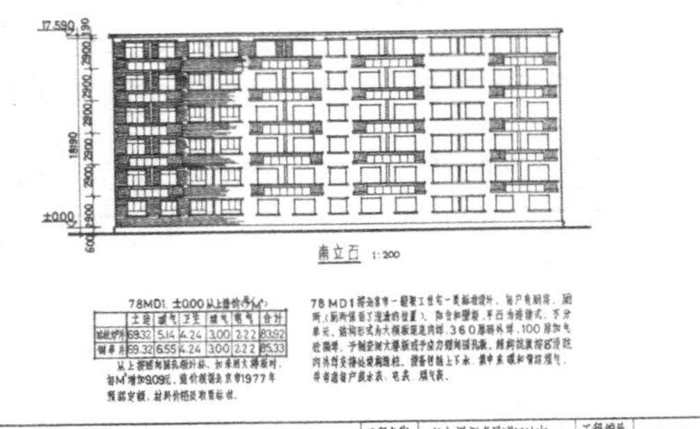

1978 年大模板多层试用住宅（一）南立面

这些统一通用的建筑参数构配件（包括现浇模具）和节点构造，可以组合成不同平面、不同体型。而工厂生产的构配件则是统一定型的。由于构配件及节点构造是通用的，这也就是所谓“开放体系”或“通用体系”（当然开放是相对的，在某种程度上还受着一定限制）。它比 20 世纪 60 年代仅将水平构件定型的标准化方式更进一步，在提高工业化方面，向着完整配套的方向前进了一步。

二、在标准化中统一工业化与多样化的矛盾

标准化工作归结起来，中心是确定建筑参数和构配件规格（包括现浇工艺的模具规格）。为了满足工业化要求对这些参数和规格加以精简并有所限制。而采用这些参数与构件所组合建成的建筑物应满足在使用上、立面体型上多种多样的要求，它们必然会受到参数、规格的约束和限制。这就集中反映出工业化与多样化的矛盾。面对这一对矛盾，常常容易产生二种倾向。一种倾向是强调工业化要求，忽视建筑功能方面多种多样的要求，认为参数、规格越

少越好，不顾实际需要，“生砍硬削”，以为减少参数、规格就得牺牲建筑功能要求，把标准化看得过于简单，认为标准化就是“简单化”。一种倾向是强调多样化要求，忽视工业化要求，认为只要实行了标准化，把参数、规格定型下来，就是否定了多样化。这两种倾向都是片面的，而且把工业化与多样化的矛盾对立绝对化，没有看到两者虽然存在矛盾，但也存在着矛盾统一的可能性。当然统一这对矛盾是一个很大难题，但又是一个必须解决的问题。一些国家，在这方面的努力已取得了一定成效。标准化工作的根本任务就是要统一工业化与多样化的矛盾。而要统一工业化与多样化的矛盾，做好标准化工作，必须突破“工程定型”的标准化方式，采用“构件定型”或“体系定型”（以构件通用为基础的“开放式”体系定型）的标准化方式，使构件规格（预制）或模具规格（现浇）是通用的，成系列的。而采用这些规格组合成的建筑工程则是不固定的，是可以变化的，以满足工业化要求和多样化的要求。

三、标准化工作方法

（一）标准化工作应有预见，要早做准备

当一个富有生命力的工业化体系发展到一定阶段，一定会提出标准化的要求。必须有预见，必须早做准备，不能临渴掘井。

高层框架定型的任务是1978年提出来的。但早在1973年，我们就开始对高层框架的定型，从结构布置、构件截面到节点构造做了一系列研究准备工作，除了考虑建筑、抗震和施工等方面的要求外，还着重考虑了标准化方面的精简规格问题。准备工作好比“十月怀胎”，确定规格完成图集好比“一朝分娩”，没有“十月怀胎”是不能“一朝分娩”的。

（二）要进行标准化专题研究

标准化专题研究是为了给解决各种专业要求与精简规格的矛盾创造前提条件。工程中建筑、结构、设备、电气都有着各自的专业要求，它们随工程的不同而变化，这些变化常常是很复杂的。不把这些要求和它们的变化摸清楚，在定型工作中很难以有限的构件规格满足这些多种多样的专业要求。这就需要对这些复杂要求进行专题研究。如为高层框架梁柱构件定型，要提供充分的理论依据并创造有利条件，取得较好的精简构件规格效果。

（三）专业协作

众所周知，在个体设计中，各专业之间必须配合协作，在标准化工作中，随着工业化程度的提高，各专业之间的关系越来越密切，也越来越复杂，配合协作就更为重要。专业协作的好与不好在很大程度上决定着标准化效果。从外部说则还必须与生产施工密切结合联为一体，才能适应工业化的高度发展。

北京市在标准化方面虽取得了一些进展，但还是赶不上形势的需要，特别是现浇工业化体系，过去研究较少，随着建设规模越来越大，对建筑物的多样化要求也更突出。因此，今后标准化工作任务更为艰巨，我们要为提高工业化程度创造条件；同时，在较大程度上满足建筑多样化的要求，把标准化工作推向更高水平。

张锦文：北京市建筑设计研究院住宅设计室原主任

邱圣瑜：北京市建筑设计研究院住宅设计室原高级工程师

本文摘自北京建院科研论文（1983年）

特色的北京 80、81 住宅系列编制工作

赵景昭

在北京住宅建设中，除砖混结构外，还有大模板(内模外板，内模外砌)、全装配大板、框架轻板全现浇大模等，但是北京 80、81 系列住宅的编制采用的是砖混和大模两种体系。

北京 80、81 住宅系列中的砖混结构包括板式、点式、转角单元和底层带商店的住宅，其中最具特色的是 80 住 2。80 住 2 来源于方案竞赛中获奖的“多空间”方案，方案因平面布局中单元合理、紧凑、拼接灵活户型适当、空间有变化、通风好、面宽小、节约用地，被市建委批准为北京市通用住宅设计，在北京市大面积推广，深受建设单位欢迎。

大模体系在北京 80、81 住宅系列中占有重要地位，1978 年国家建委下达了“大模板建造住宅建筑的成套技术”专题科研任务。由市建委组织市建工局、建筑工业公司和北京院组成研究小组。大模住宅体系包括多层板式和塔式；高层板式和塔式九个品种、20 套组合体。1979 年 12 月，《大模住宅建筑体系标准化设计》文件编制完成，《北京市大模板建筑成套技术》通过鉴定。1980 年 6 月市建委发布关于执行《大模住宅体系标准化图纸》的通知。大模体系的住宅设计作为北京市 80、81 住宅系列组成部分被广泛采用，其中高层 81MG3 和塔式 81MG4 以及传统五开间改进的 80MD1 更受欢迎。

在编制 80、81 住宅系列过程中，困难是不少的，受当时计划经济体制的约束和住房福利分配制度造价的限制，涉及住宅面积、设备标准提高的问题都不易解决。比如厕所的蹲便器要改为坐便器，今天看来是理所当然的事，当时却受到很大阻力，福利分房制度下，建设单位不愿增加投资，生产厂家受计划经济的限制没有坐便器的生产指标，再加上一些人因生活上的习惯不接受坐便器，甚至有的建设单位要求我们修改图纸还原蹲便器。市建委领导坚定地支持我们不能倒退，就是要以改进的设计促进坐便器的生产。仅此一例可见改善居住条件的难度。为了落实改进住宅设计的措施，设计研究人员奔波于规划、建设、施工、建材、设备生产单位，多方协作为了推动住宅科技进步，哪怕是点滴革新，也要尽最大努力。

北京 80、81 住宅系列住宅设计的研究成果得之不易，在 1983 年全国建筑工作会议上作为典型介绍，引起与会代表的兴趣和关注，并被安排在北京举办的全国室内设计与装修产品展览会上制作一套 80 住 2、三室一厅户的足尺样间，我院住宅设计人员与北京木材研究

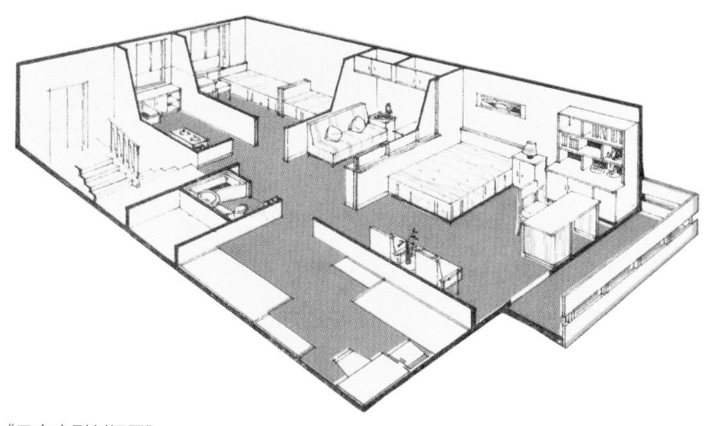

《三室户型剖视图》

所的科研人员密切合作，结合住宅平面配套设计了沙发茶几、橱柜，首次推出组合柜家具。样子间室内设计新颖别致，尺度宜人，色彩和谐，一改过去家居中仅有一种式样的大立柜、小衣柜的单调感，使人耳目为之一新。这一室内设计的尝试对推进家居现代化产生了积极的影响。

当时的城乡建设环境保护部十分重视北京 80、81 系列住宅的综合研究和实践，为此专门在 1983 年第 10 期的《情况反映》上以《北京市住宅设计正在更新换代》为标题，详细向国务院、人大常委、各省市人民政府报告了北京 80、81 系列住宅的编制情况和特色，其中写道："北京市建筑设计研究院遵照邓小平同志指示，勇于改革，大胆创新，打破呆板单调，为住户提供了舒适、方便、经济实惠的住宅。"对我们工作给予了肯定和鼓励。北京 80、81 系列住宅设计研究成果得到广泛应用，获 1985 年国家科技进步二等奖。

在推行 80、81 住宅系列过程中，我们发现高层住宅的品种、体形及平面设计还不够丰富，且多为小开间，设备设施的安排也有缺憾。为适应住宅建设发展和多样化需求，我院于 1982 年举办了一次高层住宅方案竞赛，规定方案设计原则为：创新与技术上的现实性相结合，既要较过去设计有明显的不同，又要有现实可行的措施。建筑布置（包括平面和立面处理）应避免与现有通用图、试用图雷同；每户平均面积定额：板式 62 ㎡，塔式 64 ㎡；层高 :2.7 m(框架结构为 3 m); 厨房面积不小于 4 ㎡，卫生间要留出浴盆或淋浴位置；安排好放洗衣机、电冰箱的地方；抗震按 8 度设防；防火按高层建筑防火规范（报批稿）设计等。从各设计室报送的 92 个方案中，评选出优秀奖 6 个，鼓励奖 9 个，其中获优秀奖的 4 个塔式和 2 个板式住宅方案，编制出施工图供试点采用。这次竞赛方案中，高层塔式住宅的平面形状有：三叉形、收放形、万字形、十字形、矩形，短板形、Y 形、雪花形、连方体、凹形、双方块形多种，层数从 16 层到 22 层。结构有滑升、大模、现浇、框架、框剪、内模外挂等多种形式。这些高层塔式住宅的形式，1983 年以后，大都得以实现。

在 80 年代初住宅设计的新旧交替中建设了成片的小区，如文慧园、刘家窑、魏公村、蒲黄榆、天坛南、青年湖、西三旗、樱花园、黄庄南、五路居、西坝河东里、富强西里、复兴门外大街等。

（赵景昭北京市建筑设计研究院原副院长、现顾问总建筑师）

回顾我院在装配式建筑发展中的地位

李国胜

一、类型构件

1. 预应力空心板。1953、1954 年时，我国开始向苏联学习装配式方面的先进经验。那时候的装配式多是空心预应力楼板，主要用在住宅、公寓等砖墙承重的建筑上。位于中关村南大街的友谊宾馆（原称“专家招待所”）就是采用的这一技术。最初我们对装配式的技术了解不足，也缺乏实践，导致效果欠佳，出现过很多问题。直到后来经过一段时间的研究改良，才能应用推广。预应力空心板成为 20 世纪 50 年代一种典型的建筑构件，三里河住宅区就采用了该种技术。

2. 预制大型屋面板。工业建筑多需要大型屋面板，机械工业部下属的大量厂房就采用了这种技术，这些厂房屋架有钢架，也有钢筋混凝土梁。民用建筑中，礼堂或体育馆也常采用这种技术，例如人民大会堂的宴会厅、大礼堂等。

3. 加气混凝土板。20 世纪 60 年代末至 70 年代初，我们从瑞典引进了加气混凝土板的技术。这种板材的特点是重量轻、保温好，我国在北京首先使用，而后推广到全国，住宅的屋顶大量采用了这种技术。这种构件本身由透气的混凝土制成，基本上没有钢筋锈蚀的风险，但随着时间推移，屋顶会出现漏水问题。加气混凝土板也可以作为外墙板用，一些仓库、厂房用这作外墙，保温性能较好，在北方适用面很广。除此之外，加气混凝土板也会被用做内外填充墙使用。

4. 薄板上现浇混凝土叠合板。预制薄板生产出来的厚度是 5~6cm，到施工现场铺好后上面再现浇混凝土的技术，被称做“叠合板”。这种方式施工方便、速度快，也能保证质量。我们引进了法国的技术，又自己反复试验，最早在 20 世纪 80 年代初的西苑饭店建设中大范围应用。起初板材尺度较窄，仅 1.5 m 宽，一个房间进深方向要铺 3—4 块，上面再浇混凝土，整体性非常好。西苑饭店以此获得了全国结构优秀设计一等奖，后来的昆仑饭店也采用这种技术，由胡庆昌总工指导完成。

5. 外墙轻质混凝土板。外墙轻质混凝土板是预制外墙板的一种类型，属于单一材料。北京前三门高层住宅，采用大模剪力墙结构，其中大模用现浇完成，外面就是轻质板。轻质混凝土板也分两种，一种是陶粒混凝土外墙板，一种是加气混凝土砌块。陶粒混凝土板有现浇的，也有预制的。国家气象局办公楼（1978—1979 年）采用的是现浇的轻质混凝土。

6. 外墙复合板。外墙复合板是预制外墙板的另一种类型，做法为混凝土里面夹保温材料。

7. 预制柱、预制梁、预制梁上现浇混凝土迭合梁。预制柱、预制梁在民用建筑、工业建筑中都有采用，梁和柱连接的方式也有很多种。其中较为特殊的一种为半预制方式，梁的底部为预制，上部则是现浇，称为“叠合梁”。这种技术最早在北京市设计院研究室做试验，然后应用在具体工程中。

二、结构类型

1. 砖墙砌体 + 预制楼板、预制梁（部分装配结构）。20 世纪 50 年代时，食堂、厂房类建筑采用的多为砖墙，内墙、外墙均用砖，砖墙上面有预制梁，楼板用预制圆孔板，上面盖大型屋面板。

2. 柱、墙、梁、板全预制（全装配结构，如民族饭店）。全装配的典型代表是 1959 年的民族饭店，梁、柱、墙、板全装配，是我国首个全装配工程，属高层建筑。全装配还有另外一种结构形式：全部预制的混凝土内外墙、楼板，相互间用焊接连接，这种形式曾运用在住宅上。在北京的不少高层住宅如劲松小区等，就是采用这种形式，由北京市建筑设计研究院住宅室中的“大板组”设计。1983 年左右，“大板组”转到住宅总公司去了。但是由于这种形式的整体性不如现浇的好，抗震方面性能不及其他形式，所以逐渐退出了历史舞台。

3. 现浇混凝土内剪力墙预制楼板、外墙（前三门住宅）。现浇混凝土剪力墙结构主要用在高层住宅，其中板是预应力圆孔板，外墙是单一材料预制混凝土。这种技术典型的项目是 20 世纪 70 年代中期的北京前三门住宅，共计几十万平方米。利用来自前三门住宅的经验，大面积使用此形式的有劲松小区等。

4. 现浇混凝土内剪力墙、预制外墙、预制薄板上浇混凝土叠合楼板。1981 年 3 月西苑饭店工程开工，采用了预制预应力叠合楼板，此种楼板，既有预制板不需要支模、施工快捷的优点，又有现浇楼板整体性好、抗震性能强的优点。由于采用低碳冷拔钢丝，强度高，价格低，可节省钢材及造价。

5. 预制柱、梁的装配整体式。还有一种装配整体式结构类型：预制柱子、预制梁，外墙可用预制件，也可用填充墙。我院试验室进行试验后，将其应用到工程中。我院孙金墀高工参编的《混凝土结构构造手册》专有论述。中科院感光研究所、三里屯外交大楼便采用了此种形式。

6. 盒子结构。中建一局研究所与北京建院研究所在盒子结构方面的合作较多，产生了一些科研成果。20 世纪 80 年代中期，北京建院完成的一片住宅区采用了盒子结构。现场基础完成后，将盒子预制件排列好，吊装后即可完成。

7. 升板结构。预制无梁楼盖升板结构是一种装配式的典型，属于当年的南斯拉夫体系，主要应用在工厂、仓库、商场中。柱子可以预制后先进行安装，也可以用现浇。这种结构类型的层数不能太多，一般六层以下建筑可使用，施工时一层一层地搭。北京比较典型的应用是王府井北京饭店东楼北侧的大楼，属于比较早期的升板结构。

三、发展阶段

1. 总体发展情况。20 世纪 50 年代我国学习苏联技术，主要就是楼板、梁体系。20

世纪 60 年代我国进行了大量试验研究。20 世纪 80 年代我国引进法国预制薄板叠合板技术和南斯拉夫预制升板技术，另外还有一种无梁装配也是南斯拉夫体系，但它不是升板。80 年代中期，北京市建筑设计院 C 座办公楼就是用的这种预应力无梁楼板装配体系。它不是提升的，而是组装的，把板一块一块弄好了，柱子有了，吊装上去以后，通过预应力挤压它。这在当年是新鲜事物。80 年代中以后预制装配逐渐减少，以现浇为主。

2. 住宅的发展。住宅可以按年代分，早期的都是砖墙、预制圆孔楼板。到 70 年代中期以后，出现了外边是砖、里边是大模混凝土墙的住宅，最早用在劲松小区所谓的“内大模外小砖”，楼板还是预制板。80 年代开始，少数住宅用多层砖，大部分是多层现浇大模。楼板还用预制圆孔楼板，因为它方便。80 年代中以后住宅就是全现浇了。住宅大模板指的是墙体，其实墙体还是现浇的，模板是大模，楼板一般都是圆孔板。我们院住宅室成立了专门的大板组，包括结构体系，1983 年时都转到住宅总公司了。

80 年代的西便门住宅有很多轻板框架，是预制框架，外墙板，上面有的是剪力墙，底下有转换层。

50 年代国家强调节省三材：钢材、木材、水泥。当时钢材价格比较高，后来虽然有了国产的水泥和钢材，但还是偏向于采用一些就地取材比较方便的建材，比如砖。北京建国门外、东郊分布着有很多砖厂，所以当时大量的住宅还是采用砖结构。当然也有现浇楼板，但是现浇楼板有个问题，模板比较浪费，推行一度受阻。

大模板是现浇墙，外墙可能是装配的。为满足节能绿色要求，就要改外墙板为复合板，也算有一部分是工业化。外墙保温的工艺，一般来说工厂制作更精细一些，直到 80 年代中期以后，因为工人的工资低，造价便宜，现场制作又成为了主流。

现在的趋势是提倡工业化、装配化，从保证质量的角度上，工厂预制有它的优势。现在的现场工人费用很高。在节能要求下，也是工厂制作复合材料更好，更省钱。规章制度方面出台了新的规程《装配式混凝土结构技术规程》JGJ1-2014。

3. 外挂墙板在公共建筑上的应用。现在公共建筑高层很多用的都是外墙挂板，除了挂板现在还有很多幕墙。如儿童医院北边金融街月坛中心，亚运村那边还有多幢高层办公楼，都是金属构件配玻璃幕墙。幕墙是典型的装配式，实际上预制外墙板也算幕墙。它最大的特点是在工厂里整片的制作，根据大小和需要与房屋主体结构直接进行连接，以挂为主，幕墙一般都是挂的，因为钢的特点是受拉强度好。幕墙除了混凝土的、还有金属的、玻璃的、面砖的、马赛克（小面砖）的。金属也有分类：铝、不锈钢。不锈钢的耐久性好，铝的应用比较多。

现在有很多外立面改造，主要是外观上有更新需求，还有保温隔热的功能要求，都是在外面干挂，如北京市建筑设计研究院的建威大厦，里面是填充墙，外面是幕墙，中间是保温材料。

外墙板的例子有很多。在国家图书馆对面的奥林匹克饭店，是 80 年代末专门给亚运会配套的，是一个全日本设计的建筑，包括机电、结构、建筑设计，我是结构顾问。内部全现浇，外部是预制外墙板。还有几个工程，就在复兴门外，如复兴商业城西边的光大大厦，它的外墙板就是预制外墙板，在 80 年代也是比较典型的，属于标志性建筑。它跟奥林匹克饭店一样，保温饰面都做完了，往上一吊就可以。这套技术北京用的很多。

四、发展趋势

1. 装配整体式。现在主张装配整体式。构件如墙、柱、楼板是预制的，连接的地方是现浇的，这样抗震性能会比较好。装配整体式建筑外地也有一些，但是不多，因为工厂没有了。北京的大的构件厂原来有四五个，现在没有了，都变成私人的了。

2. 钢结构高层公共建筑。装配整体式建筑从材料上分类有两种，一种是混凝土的，另一种是钢结构的。钢结构也是在工厂里加工，现在钢结构工厂也不少。钢结构存在两个问题，一是防火，要有防火涂料，导致造价高一点。假如 200、300 米高的建筑物，核心筒如果采用的滑模是钢和混凝土混合的，防火性能就比较好。全用混凝土肯定不行。混凝土与钢混合的和全钢相比，全钢的更贵，主要贵在防火涂料这一大块。不过再大型的建筑物，假如 500 米超高层，就只能选择钢结构。当然如果属于政府投资项目，就无所谓贵不贵。另外一点是缺少技术工人。现在全国有名的钢结构构件加工厂人数有限，如果大面积采用钢结构，人手不够用。

钢结构主要用在公共建筑上，主要是快。金融街月坛中心，5 栋超高层，超过 150 米高，核心筒是钢与混凝土混合，外边是钢结构。奥林匹克中心有一大片超高层写字楼也是同样处理的。中国尊及东二环、东三环的高层写字楼，都是装配整体式的。

对于大空间的体育建筑，构件基本都是装配式的，像屋面板、桁架，但是都不这么强调。早期的工人体育馆就算是装配式，是钢结构的。鸟巢体育场是典型的工厂预制钢结构、现场拼装。鸟巢看台的板也是预制吊装的，但是架子是现浇的。水立方体育馆的里面相当一部分是现浇的，像预应力大梁，但是屋面、墙体都是预制拼装的。对于大空间的剧院，屋顶这部分一般都是预制的。预制的屋顶隔声问题比较突出，但是可以解决，一般都采用金属复合的轻屋面。现在有好多火车站也都是装配化的，但是底下的站台一般都是现浇混凝土。

3. 钢结构住宅。现在的高层住宅都是现浇的。现在建筑跨度都比较大，就不用预制圆孔楼板了，圆孔板主要是用在小跨度上。下一步住宅要是工业化，圆孔板可能还是会有的。对于住宅，北京市建筑设计院结构所那时候已经成立了研究钢结构，想要推广在住宅上。我认为研究可以，推广很难，问题还在造价上，住宅单价贵了不行，另外住宅还要求多样化。对于下一步住宅采用钢结构的可能性，我还没信心。政府在呼吁推广工业化，目前实现还是有困难的。

建筑结构抗震设计理念的更新与发展
——北京建院几代人对社会的贡献

孙金墀

2019 年，建院成立 70 周年，回忆过去有太多令人难以忘怀的事，北京市建筑设计研究院在国内已成为技术实力最强的大院，取得今日的辉煌成就，我们不能忘记历史、不能忘记为我院做出杰出贡献的那些人和事。

北京建院这 70 年为社会所做的贡献是人所共知的，是几代北京建院人共同拼搏和不懈努力的成果。先进和正确的设计思维理念是北京建院设计水平不断提高的源泉，永远不应忘记结构专业以胡庆昌大师为代表的专家和技术人员为我院在结构抗震设计理念的不断更新与发展中做出的巨大贡献，他们收集了大量的国内外资料，和自己的科研成果，提供给我院和国内各设计单位，这种无私奉献精神就是北京建院传统的价值观。

一、结构抗震设计理念的更新

1. 抗震概念设计

北京建院在国内较早提出“抗震概念设计”理念。抗震设计并不是“规范+计算机程序计算”，抗震设计应是一项综合判断技术，结构设计人员应分析结构体系的受力机制，其中包括：

▲建筑的特异性要求

▲结构整体受力和变形特征

▲结构薄弱层和薄弱部位的分析判断

▲不规则建筑结构的设计对策等

综合考虑这些问题是“抗震概念设计”的基本准则，我院较早从国外引进这一设计理念用于设计，在胡庆昌大师和建院多位专家参与编制的《建筑抗震设计规范》有关章节条款中得到了体现。

胡庆昌大师在《建筑结构抗震设计与研究》一书中写给青年工程师的序言里，特别提出“结构工程师要不断掌握新的抗震概念设计，规范要求仅是抗震结构设计的最低要求”。

2. 建筑结构延性性能

抗震设计中“结构延性性能”是重要的设计理念之一，延性是强震发生时结构非线性反应的一个基本特性，当一个结构或结构构件超越弹性极限后，在没有明显的承载力或刚度退化情况下的变形能力。

抗震设计应力求结构体系的承载力、刚度、耗能能力和体系变形性能达到最佳组合，结构的整体延性通常取决于关键部位的配筋构造（如钢筋、混凝土、框架结构、塑性铰所在部位），抗震结构体系延性变形能力的提升将有利于多道防御体系的形成。

北京建院许多科研项目中，如“框架结构和节点抗震性能”“装配式框架节点试验研究”“剪力墙结构的承载力和变形性能”“巨型结构节点的试验研究” 等科研项目中均对结构、构件的延性，节点的整体性能做了大量的研究，积累了丰富的资料，给工程设计和抗震规范提供了科学理论依据。

震害调查表明，一些建筑物倒塌的主要原因之一在于结构的薄弱环节部位，设计时没有对这些部位的配筋构造给予充分的重视，由此可见满足合理构造要求的重要性。

3. 建筑结构连续倒塌控制

抗震设计最重要的一个目标就是大震不倒，不同结构体系有不同的倒塌机制，特别是当部分构件遭受严重破坏时如何避免引起连续倒塌，是建筑结构设计中至关重要的问题。2007 年胡总等编著的《建筑结构抗震减震与连续倒塌控制》一书，对这一抗震设计理念有详尽的阐述，并提出了防止结构连续倒塌的一些技术措施。2010 年相关设计规范，也有了防止结构连续倒塌的相关规定。

4. 建筑结构抗震性能设计

“抗震性能设计”是近年来在国际上得到重视的一种抗震设计系统工程，“抗震性能设计”要求在设计之前先规定性能目标，以实现结构具有更高的抗震设防目标。在 2007 年出版的《建筑结构抗震减震与连续倒塌控制》一书中对“抗震性能设计”概念和设计方法有详尽的论述。2010 年出版的《建筑抗震设计规范》也有了相关规定的条文。

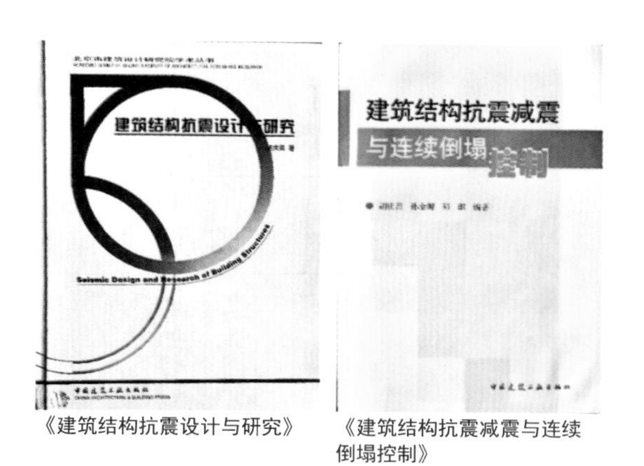

《建筑结构抗震设计与研究》　《建筑结构抗震减震与连续倒塌控制》

二. 装配式结构受力机理和变形性能的特异性

装配式结构用于高层建筑是北京建院 50 年代的重大建树。1959 年建造的民族饭店是我院在国内最早采用装配式结构的高层建筑，此后结合工程设计对装配式结构受力机制和性能进行了十多年系统性的研究和试验，在研究试验中取得了可供设计依据的科研成果。北京建院 1978 年“装配式钢筋混凝土节点”专题获得全国科技大会奖。

北京建院设计的装配式框架结构代表性工程有民族饭店、中国民航总局办公楼、建国门外外交公寓、协和医院原门诊楼、光明日报社办公楼等高层建筑，为我国装配式结构的推广和使用起到了显著的引导作用，唐山地震后对装配式结构的抗震性能开始了新的探讨。

依据装配式框架结构的科研成果和工程设计经验的不断积累，国内一些设计单位、高校和科研单位共同组成了以北京建院为首的全国混凝土标准技术委员会节点与连接学组，并于 1992 年由北京市建筑设计研究院为主编、东南大学为副主编及国内有关高校和建筑设计单位参与共同编制了 CECS 43 ：92 中国工程建设标准化协会标准《钢筋混凝土装配整体式框架节点与连接设计规程》(以下简称《规程》)，

《规程》中对装配式结构与现浇混凝土结构受力机理的差异有了相应的论述和相关规定，自此以后装配式混凝土结构有了设计依据。

北京建院主编的《钢筋混凝土装配式结构设计规程》

1. 装配式结构与现浇混凝土结构的整体受力机理和变形性能有着显著的特异性，且装配式框架结构采用不同类型的节点，连接构造其节点的整体性也会有明显的差异，这一概念已经在系统性的装配式框架节点与现浇混凝土框架节点抗震性能低周反复荷载对比试验中得到验证，这些科研试验成果已在国内学术专著和专业刊物发表，并在《规程》中有了相关规定。《规程》2.3.1 条着重表明“理想的刚性节点是指梁柱能共同承受弯矩且变形一致，但试验表明由于节点构造及塑性内力重分布的影响，在竖向荷载作用下梁端弯矩较弹性计算有一定降低。”因此装配整体式框架依据不同的节点连接构造梁端弯矩，应乘以不同的调幅系数，调整梁端弯矩。

装配式框架结构抗震设计应遵循的原则仍然是“强柱弱梁”。延性框架梁中的塑性铰一般应控制在靠近柱边的位置，装配式框架不合理的梁端连接构造，将会明显影响梁端塑性铰形成的最佳位置，从而影响结构延性耗能机制的形成。

钢筋混凝土框架整浇装配式梁柱节点的试验研究，着重研讨节点受压、受弯、抗震性能。此外，还对接缝的密实性、钢筋焊接与搭接接头的共同工作性能、柱头局部受压强度、梁端受剪承载力等进行了研究。研究论文发表在1980年国家建委建筑科学研究院主编的《钢筋混凝土结构研究报告集》。

2. 装配式结构从施工和试验中发现施工过程中节点连接部位混凝土浇筑的整体性、钢筋连接锚固的可靠度，人为因素造成的随机性难以避免。

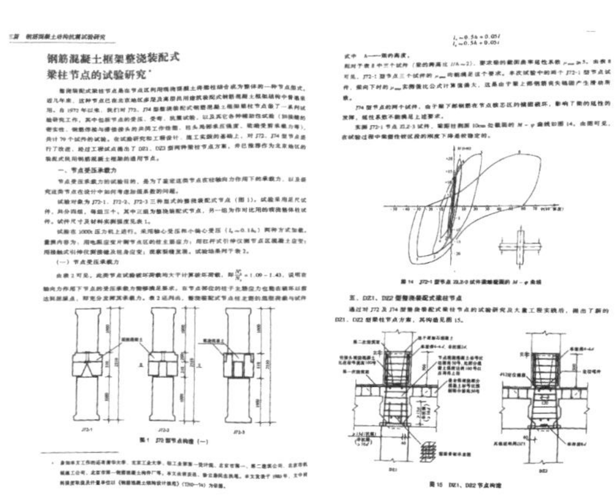
钢筋混凝土框架整浇装配式梁柱节点的试验研究*

一、节点受压承载力

装配式框架节点试验研究论文

当前装配式结构的钢筋连接大量使用浆锚连接，许多问题值得探讨。北京建院对钢筋浆锚连接曾做过深入的试验研究工作，在《规程》中对钢筋浆锚连接的使用范围和构造措施都做了明确的规定。

装配式结构预制构件钢筋浆锚连接的机理是个很复杂的问题，如果钢筋锚固长度不足，地震作用时锚固区内钢筋的径向缩变将导致浆锚钢筋粘结退化锚固失效。发表在《建筑结构》（2002 年第 1 期）《混凝土结构植筋锚固刍议》

一文中，对相关问题有详尽的论述。

3. 较早的多层装配式剪力墙结构水平缝采用键槽连接显然存在薄弱环节，结构的整体性和连续性较差。在试验室曾做过装配式剪力墙水平接缝水平力加载试验，在构件加工现场还做过两层大型实体结构水平力加载试验，试验研究论文见《建筑技术》（1975 年第 Z1 期）。

第22卷第1期 建筑结构 2002年1月

混凝土结构植筋锚固刍议

孙金墀

（北京市建筑设计研究院 北京 100045）

《混凝土结构植筋锚固刍议》

试验表明水平接缝采用键槽连接配筋构造无法实现与现浇混凝土剪力墙等同的破坏机制，装配式剪力墙水平接缝的配筋构造必须采取加强措施，加强结构的关键部位和薄弱环节是保证结构整体性的关键。

1968 年英国伦敦 Ronan Point 一幢 22 层装配式剪力墙结构公寓建筑，18 层角部一住户因燃气泄漏引发爆炸，导致该建筑角部连续倒塌，其主要原因是结构的整体性较差。因此预制构件间的连接构造必须能够保证结构的整体性和连续性，是防止结构发生连续倒塌的关键。

1986 年建设部与罗马尼亚、南斯拉夫两国签订了有关装配式剪力墙结构技术交流协议，北京建院研究所为主体参与了该项目的技术交流，并进行了互访。

北京建院 1989 年在试验室做了 6 层 1/4 模型装配式剪力墙结构低周反复荷载试验，模型按 18 层底层的竖向荷载和水平剪力，施加在六层模型上模拟地震作用。试验结果表明，采用本次试验研究提出的新型装配式剪力墙水平接缝配筋构造，使装配式剪力墙结构有了可靠的整体性。装配式剪力墙结构体系的水平接缝是关键部位，水平接缝具有可靠的受剪承载力可防止地震作用时水平接缝的剪切滑移破坏，并提高了装配式剪力墙结构抗连续倒塌的能力，此次试验取得了可用于工程设计的研究成果。

试验研究论文《装配整体式剪力墙体系的连接构造和抗震性能》发表在中国建筑工业出版社《混凝土结构节点连接及抗震构造研究与应用论文集》、论文摘要发表在《建筑结构》（1990 年第 6 期）。

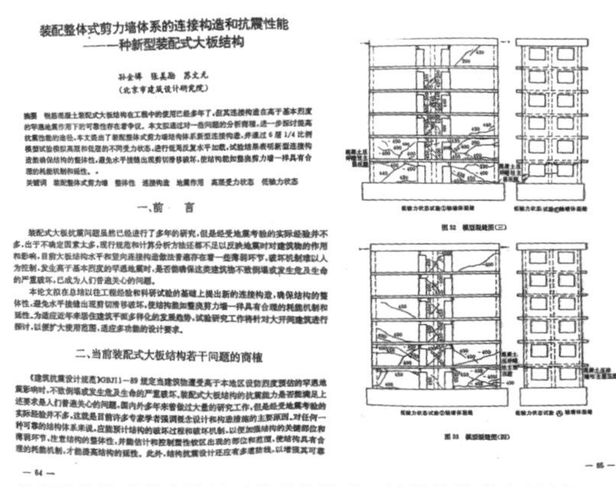
装配整体式剪力墙体系的连接构造和抗震性能

——一种新型装配式大板结构

孙金墀 张美励 苏文元

（北京市建筑设计研究院）

摘要 钢筋混凝土装配式大板结构在工程中的使用已经多年了，但其连接构造在高于基本烈度的罕遇地震作用下的可靠性存在着争议。本文拟通过对一些问题的分析梳理，进一步探讨提高抗震性能的途径。本文提出了装配整体式剪力墙结构体系新型连接构造，并通过 6 层 1/4 比例模型试验模拟高层和低层的不同受力状态，进行低周反复水平加载，试验结果表明新型连接构造能确保结构的整体性，避免水平接缝出现剪切滑移破坏，使结构能如整浇剪力墙一样具有合理的耗能机制和延性。

关键词 装配整体式剪力墙 整体性 连接构造 地震作用 高层受力状态 低轴力状态

一、前 言

装配式大板抗震问题虽然已经进行了多年的研究，但是经受地震考验的实际经验并不多，由于不确定因素太多，现行规范和计算分析方法还都不足以反映地震时对建筑物的作用和影响，目前大板结构水平和竖向连接构造做法普遍存在着一些薄弱环节，破坏机制难以人为控制，发生高于基本烈度的罕遇地震时，是否能确保这类建筑物不致倒塌或发生危及生命的严重破坏，已成为人们普遍关心的问题。

《装配整体式剪力墙体系的连接构造和抗震性能试验研究》

三、试验研究与工程设计相结合是北京建院设计理念和技术先进性的保证

多年来北京建院对于重点工程和具有广泛意义的技术问题，从领导到技术人员都是慎之

又慎地进行探讨，因此试验研究与工程设计相结合就成了北京建院的传统。1959 年建造的民族饭店是我院在国内最早采用装配式结构的高层建筑，且是“国庆十大工程”之一，也就成了我院第一个试验研究与工程设计相结合的范例。记得接到任务的第一件事是找资料，此后就是装配式框架节点试验和单层整体结构试验，遗憾的是那些资料现在都无法找到了。

国家奥林匹克体育中心综合体育馆采用斜拉网壳结构，这种结构既具有民族形式的外观，又具有先进性的结构技术内涵，为了探讨斜拉索结构的受力和变形性能，试验研究着重于钢筋混凝土塔筒位移、斜拉索内力变化、斜拉索松索和换索的影响。试验研究采用实体结构 1/20 的模型试验进行了静力和动力试验。此外，还进行了斜拉索与钢桁架连接节点试验。此项研究获得了北京市科学技术进步一等奖。试验研究论文《国家奥林匹克体育中心综合体育馆斜拉网壳结构试验研究》发表在《建筑结构学报》（1991 年第 1 期）。

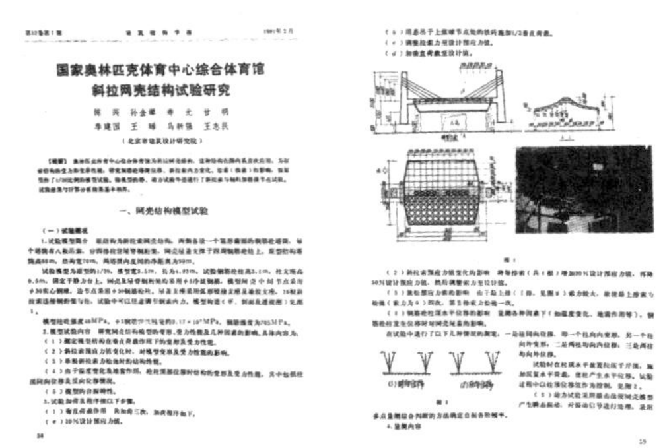
国家奥林匹克体育中心综合体育馆
斜拉网壳结构试验研究

（北京市建筑设计研究院）

一、网壳结构模型试验

（一）试验概况

《国家奥林匹克体育中心综合体育馆斜拉网壳结构试验研究》发表在《建筑结构学报》（1991 年第 1 期）

低周反复荷载作用下钢筋混凝土框架梁柱节点核心区受剪承载力的试验研究，着重于研讨框架梁柱节点核心区配筋构造对框架结构抗震性能的影响，研究论文发表在 1978 年国家建委建筑科学研究院主编的《钢筋混凝土结构研究报告集》。

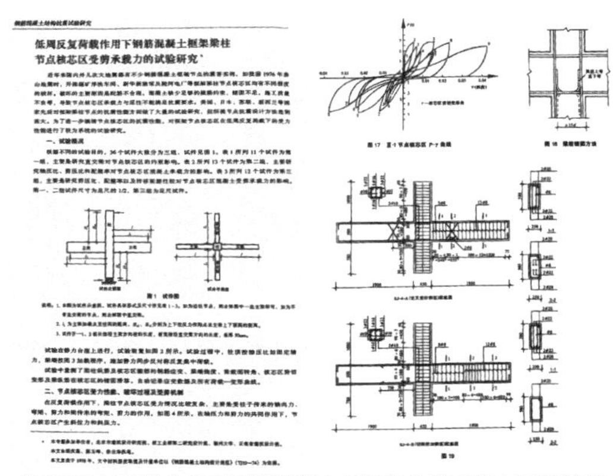
低周反复荷载作用下钢筋混凝土框架梁柱
节点核心区受剪承载力的试验研究*

一、试验概况

《低周反复荷载作用下钢筋混凝土框架梁柱节点核心区受剪承载力的试验研究》

四. 地震后震害调查分析是结构专业最重要的事，也是北京建院的传统

邢台地震、唐山地震、汶川地震后，北京建院都组织了结构专业人员去地震区进行考察收集资料，唐山地震后更是派人多次去唐山进行震后调查。唐山地震是人类文明史上的一大灾难，唐山地震也为工程抗震研究提供了一次千载难逢的机会，由于地震的种种不确定性，至今无完整的规律可循，因此震害给后人留下的经验和教训就成为工程抗震研究的一个重要途径，需要我们下大功夫去探讨去研究，只有通过震害调查和分析，才能不断充实抗震知识，设计并完善抗震结构构造措施。

唐山地震发生后，北京建院组成一个四人调查组，于当年 11 月到唐山专门考察几栋未倒塌的建筑，历时 11 天。从震害调查中发现这几栋砖混结构建筑在砖墙纵横交接的关键部位增设了钢筋混凝土构造柱，这几栋建筑震后都有严重的破坏但未倒塌。这些构造柱设置的初衷仅仅是为了提高结构的整体性和承载力，

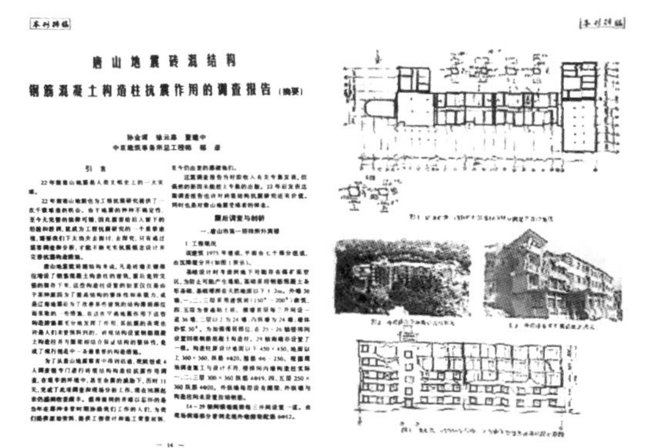

《唐山地震砖混结构钢筋混凝土构造柱抗震作用的调查报告》

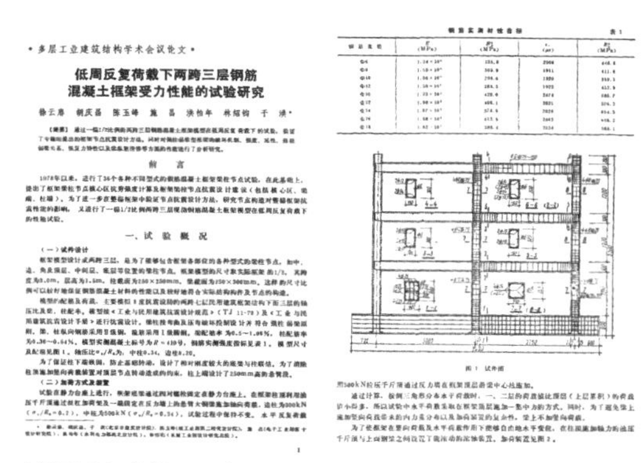

《低周反复荷载下两跨三层钢筋混凝土框架受力性能试验研究》

或是因辽南地震后为了改善某些尚未施工建筑的结构薄弱部位而采取的一些措施，在这次罕遇的地震作用下，这些构造措施都充分地发挥了作用，其抗震表现也许是人们未曾预料到的。砖混结构设置钢筋混凝土构造柱，并与圈梁相结合保证结构的整体性，竟成了现行规范中一条最重要的构造措施。

五．抗震结构体系的研究与扩展

北京建院 1985 年对钢筋混凝土框架结构的受力机制问题进行了深入的研究。通过两跨三层钢筋混凝土框架 1/2 比例模型低周反复荷载试验，验证钢筋混凝土框架节点抗震设计中有关框架的破坏机制、承载力、延性、强柱弱梁关系、恢复力特性、梁纵筋滑移等方面的问题进行分析研究。试验研究结果表明，梁铰和框架结构底层柱底塑性铰的转动是造成框架侧移的主要因素，而其中底层柱底塑性铰的延性性能对框架延性起控制作用，为了保证和提高框架的延性，应当重视底层柱底塑性铰的配筋构造措施。

《低周反复荷载下两跨三层钢筋混凝土框架受力性能试验研究》一文发表在《建筑结构》（1986 年第 2 期）。

1997 年北京建院开展了高层住宅混凝土巨型框架节点抗震性能试验研究。巨型结构体系是在一栋建筑中由若干大型构件所组成的主结构与其他结构构件组成的次结构共同工作，从而获得更大灵活性和更高的效能。巨型结构体系可以有各种不同的变化和组合，主结构和次结构可以采用不同材料和体系，由于巨型结构是一种大体系，它可以在不规则的建筑中选用适当的结构单元组成规则的巨型结构，有利于抗震。

试验研究分析了巨型框架梁柱节点的破坏机制，并提出了设计建议。高层住宅混凝土巨

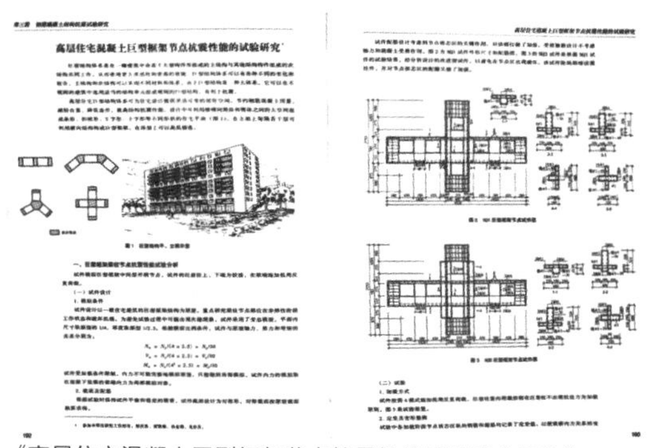

《高层住宅混凝土巨型框架节点抗震性能试验研究报告》

全国第三届优秀工程
标准设计获奖项目名单

金　　奖

序号	图集号	项目名称	主编单位
1	93SJ007(1-8)	道路	北京有色冶金设计研究总院
2	94G329（1）	建筑物抗震构造详图	北京市建筑设计研究院
3	91SB1-9	建筑设备施工安装通用图集	华北地区建筑设计标准化办公室
4	专桥 0153	铁路桥梁抢修通用图集	铁道部专业设计院
5	通号 6566	微机-组匣式集中联锁原理电路图册	中国铁路通信信号总公司
	通号 6567	微机-组匣式集中联锁匣内部电路图册	中国铁路通信信号总公司

银　　奖

序号	图集号	项目名称	主编单位
1	京 94SJ19	框架结构填充空心砌块构造图集	北京建筑设计标准化办公室
2	94BS-05	北京市一九九四年住宅试用图	机械部设计研究院
3	浙 G21-93	夯扩桩标准图	杭州市城建设计院
4	91R329	ZKC 型重型框链除渣机	铁道部专业设计院
5	93SD168	电力电缆终端头及接头	北京市设备安装工程公司
6	94S844(1-6)	钢筋混凝土倒锥壳水塔	冶金部长沙冶金设计研究院
7	(90)YK01 —(90)YK14	冶金工业自动化仪表与控制装置安装通用图册	北京钢铁设计研究总院
8	SYJT2003	正压燃烧火筒式加热炉系列	江汉石油管理局设计研究院
9	专线 4164 专线 4174	60kg/m 钢轨 12 号可动心轨辙叉单开道叉	铁道部专业设计院
10	专桥 1034	双线钢筋混凝土连续刚架桥	铁道部专业设计院
11	叁站 8081	50kg/m 钢轨道岔组合布置图集	铁道部第三勘测设计院
12	壹线 1035	盐渍土地区铁路路基	铁道部第一勘测设计院

全国第三届优秀工程建设标准设计获奖项目名单中，《建筑物抗震构造详图》获金奖，《框架结构填充空心砌块构造图集》获银奖

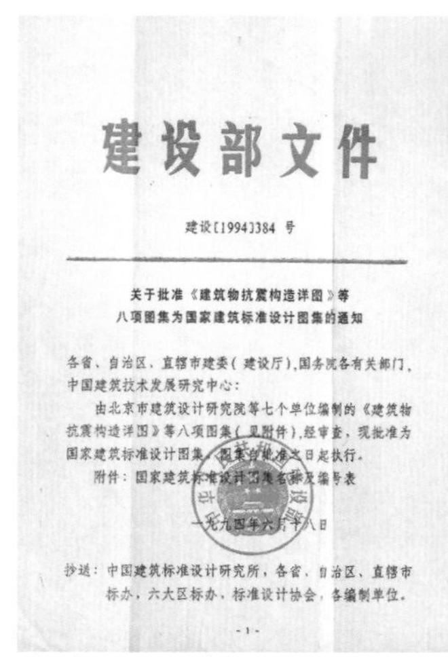

建设部文件

建设[1994]384 号

关于批准《建筑物抗震构造详图》等
八项图集为国家建筑标准设计图集的通知

各省、自治区、直辖市建委（建设厅），国务院各有关部门，中国建筑技术发展研究中心：

由北京市建筑设计研究院等七个单位编制的《建筑物抗震构造详图》等八项图集（见附件），经审查，现批准为国家建筑标准设计图集，图集自批准之日起执行。

附件：国家建筑标准设计图集名称及编号表

一九九四年六月十八日

抄送：中国建筑标准设计研究所，各省、自治区、直辖市标办，六大区标办，标准设计协会，各编制单位。

- 1 -

建设部文件批准《建筑物抗震构造详图》为国家建筑标准设计图集

奖状

0007225

为表扬在我国科学技术工作中作出重大贡献者，特颁发此奖状，以资鼓励。

全国科学大会
一九七八年

1978 年全国科学大会表彰北京建院的研究成果

型框架节点抗震性能的试验研究发表在《建筑结构》（1998 年第 10 期）。

六．结构抗震试验研究获奖项目

1. 国标 94G329(1)《建筑物抗震构造详图》获全国第三届优秀工程建设标准设计金奖

2.《装配式钢筋混凝土节点》获 1987 年全国科技大会奖

3.《国家奥林匹克体育中心综合体育馆斜拉网壳结构试验研究》获 1989 年北京市科学技术进步一等奖

4.《国家奥林匹克体育中心综合体育馆斜拉网壳结构试验研究》论文获 1990 年空间结构优秀论文奖

5. 《低周反复荷载下两跨三层钢筋混凝土框架受力性能试验研究》获 1985 年北京市科学技术进步三等奖

6.《钢筋混凝土框筒结构试验研究》获 1991 年北京市科学技术进步三等奖

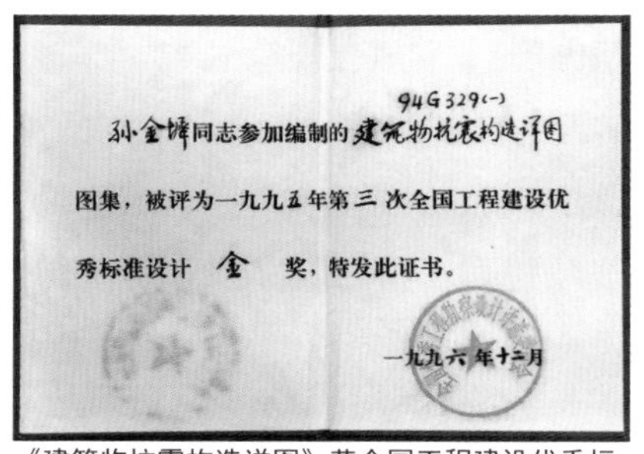

94G329(一)

孙金墀同志参加编制的建筑物抗震构造详图图集，被评为一九九五年第三次全国工程建设优秀标准设计金奖，特发此证书。

一九九六年十二月

《建筑物抗震构造详图》获全国工程建设优秀标准设计金奖

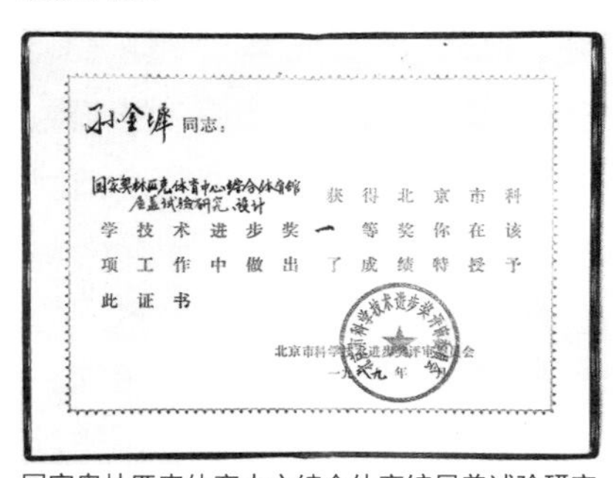

孙金墀同志：

国家奥林匹克体育中心综合体育馆屋盖试验研究、设计 获得北京市科学技术进步奖一等奖你在该项工作中做出了成绩特授予此证书

北京市科学技术进步奖评审委员会
一九八九年

国家奥林匹克体育中心综合体育馆屋盖试验研究设计获 1989 年北京市科学技术进步奖一等奖

7. 参编《混凝土结构构造手册》获 1996 年建设部第三届全国优秀建筑科技图书部级二等奖

研究建筑顶部设计的“帽子组”

本书编委会

一、“帽子组”由来

1991 年 8 月，首规委办公室下达了关于古都风貌研究的几个课题。要求北京市建筑设计研究院承担其中关于建筑顶部“帽子”的设计研究课题。由于当时赵景昭副院长是分管技术的，所以院长委派她担任课题组长。“建筑顶部设计研究”课题小组的别称就是“帽子组”。

二、大师的信和领导批示

1991 年 7 月 11 日，张开济大师给北京市领导写了封信。张老总的信是就北京新建大楼出现许多“小亭子”现象的进言：“人们普遍认为‘小亭子’是市长的‘爱好’，有‘小亭子’的设计方案就比较容易得到市领导的赞赏，于是有些设计人员往往不是把精力用在如何贯彻党的建筑方针上，而是把脑筋用在如何迎合领导的‘爱好’上。”张老总阐述了自己对“小亭子”的看法，特别提出“‘小亭子’用得太多了，就会造成一种新的‘千篇一律’，令人望而生厌。还会使人产生一个错误的印象，好像中国建筑师的创作手法十分贫乏，离开‘小亭子’，就做不出文章了，中国建筑的发展前途只能停止在亭子上了！”

张开济老总的直言引起了市领导的重视，明确批示要求首规委领导“找有关专家认真研究”。在批语中也道出了自己的想法和希望，望设计师要下点功夫改变北京千篇一律的“豆腐块”。如此，首都城市风貌幸甚，民族风格幸甚！在张老总信中提及“小亭子”处，市领导写道：“其实也并非都是小亭子，也有吓人的帽子。也有很好的非亭子的帽子”。

而后，北京建院“帽子组”开始了调查与研讨活动。

三、“帽子组”行动

当时，“帽子组”的具体工作由院科技处和信息处配合进行，还有院里的几位老建筑专家指导。还是科技处陈绮处长的主意高明，他建议可以从自己院的建筑创作实践入手，编制一份北京城市风貌变化和不同建筑风格的资料，整理分析北京城市风貌的演变情况。赵景昭副院长认为，这是一个很客观也切实可行的做法，而且信息处录像和照相技术水平比较高，从调查研究入手也是最踏实的。于是，各位专家明确了工作方向：调查研究可以把设计院做过的作品展示出来，供大家讨论，资料整理能够梳理我们做过的实实在在的成果，使工作有据可查。

由此，他们推出了“帽子组”工作计划。为了避免“帽子组”有戏说之嫌，还是写上了课题的正式名称“建筑顶部设计效果研究”。其要点是：“为了保护古都风貌，促进建筑风格的研讨，计划对首都新老建筑的外部造型，进行一次现状调查。重点是屋顶形式，以市区为主，用录像的形式，剪辑时加以整理分类，配音简介。”

“帽子组”打了个速决战，从1991年9月10日开始录像，11月剪辑配音完成。把复杂问题简单化，用很短时间交上了一份答卷。

四、纪录片梳理城市风貌

经过全组同志的紧张工作，完成了一部长30分钟的纪录片，内容包括北京古建筑、新建筑（公共建筑和住宅），还拍摄了160多栋建筑外景，并配有解说词。

拍摄的古建筑包括故宫、中轴线上的建筑群、王府、四合院等。对古建筑和文物保护单位实行“定点、划圈、限高”方针，是保护好

第十一届亚运会游泳馆

全国农业展览馆顶部

古都风貌的重要方面。

新的公共建筑中，以20世纪50年代“国庆十大工程”为代表，还有20世纪80年代以第十一届亚运会工程作为代表。北京新的公共建筑数量和门类很多，建筑形式也比较多样。

住宅方面，新中国成立初期，以三、四层以下坡屋顶住宅为主，住宅组群、规划布局都让人感到尺度宜人、形式活泼。20世纪60年代，住宅面积标准起伏多变，但标准图基本是“一梯三户五开间”的格局，形式单调，形成六层平顶的一统天下。改革开放后，住宅设计突破了旧的框架，出现了较多样的住宅品种，但随着高层住宅的崛起，标准设计的类型满足不了多样化的需求。20世纪80年代中期以后，提出了维护古都风貌的要求，高层住宅的顶部注意做一些艺术化处理，多层住宅也注意了细部设计，还出现了坡屋顶，或是平坡结合的屋顶，住宅的建筑形式和平面布局出现了多样化的局面。但是由于建设量大，出现了又一次的“千篇一律”。

通过录像片，展现了老北京的特点，新建公共建筑按年代分类介绍个体，群体，环境及不同屋顶形式的景观效果；被公认的不好的顶部处理实例了对一些住宅顶部的改造和设想（用计算机制图后纳入录像）等，这部录像片

是北京建筑风貌的客观反映，它说明建筑最能体现出一个城市的风貌和民族文化。

拍摄纪录片的时候，“帽子组”还发现有的建筑自身设计不错，但是与左邻右舍的建筑格格不入，由于没有做整体规划，出现了“帽子”扎堆、杂乱无序的现象。当然，有很多优秀建筑，如民族文化宫是1959年建成的老建筑，在它的周边又站立了许多新建筑，但它典雅大度的风貌仍是亮点，特别是当年张大师精心推敲设计的主塔及塔顶的亭台造型、轮廓、色彩、比例，仍然那么耐看，独放光华。

五、长富宫“加冕”风波

“帽子组”仅仅是对北京的建筑风貌变化进行了历史性的回顾和梳理，提供了一份生动的资料，便于领导和同行们研究和思考。赵景昭副院长在课题研究过程中常常在想：“要充分发挥建筑师的聪明才智，创作好的作品。作为领导应该鼓励创新，不能以自己的好恶来评审建筑方案，更不要进行行政干预。作为建筑师应善于学习，勇于创新，不能揣摩领导的爱好去做方案。繁荣创作，需要健康宽松的学术氛围；需要实事求是的科学态度；需要有对建筑创作的执着追求和民主评议。”她之所以这样想，不是空泛的，是从实践经历中得来的体会。

20世纪90年代初，建国门立交桥东南的长富宫已经建成使用几年了，可能市领导觉得该建筑的主楼没有“帽子”，看着不顺眼，因此提出要研究给主楼加“帽子”。这下可难坏了设计师。记得当时甲方约赵景昭和主持人魏大中等专家一起到主楼顶研究加“帽子”的利

长富宫

弊与可能性。还组织专家研究加“帽子”的效果，即在长富宫主楼屋顶（约80米高）上方放一个定点的气球，模拟“帽子”的高度，然后请专家们在建国门附近的长安街上观测想象加帽效果。

设计人和专家们都不赞成加“帽子”。作为以长城、富士山字头组合命名的长富宫，是中日合资兴建项目。在研究建筑风格时，双方建筑师都下了很大功夫，特别是对立交桥西南的古观象台十分重视。虽然观象台不高，但它上面的浑天仪造型独特，又是国家重点文物保护单位，理应突出。因此，确定了长富宫的建筑造型取简洁手法，以衬托隔桥相望的古观象台，构成整体和谐又富有变化的审美效果。魏大中作为工程统辖方的主持人，十分着急，他说：“加‘帽子’，费工费钱，又不好看，再说还得通过董事会研究呀！”由于建筑师的坚持和合理解释，后来没人再提长富宫加“帽子”一事了。

六、不能以“帽子”论风貌

1978年进入改革开放新时期，建筑创作

四川大厦屋顶局部

出现了不少具有特色的作品，但也出现了某些破坏环境、有损古都风貌的败笔。特别是高层建筑一座座拔地而起，不加修饰地突出屋顶的电梯机房和水箱间，方头方脑，比比皆是，引来“像‘麻将牌’‘骰子’，呆板、千篇一律”的非议。这些教训值得注意，虽说有的建筑难以周全，但有的教训是完全可以避免的。“保护古都风貌、创建首都新风貌”是城市建设者面临的重大课题，“帽子组”制作的录像片对首都建设风貌的研讨，确实起到了推动作用。1992年1月，我院建筑创作委员会就张开济的信和市领导的批示进行了热烈讨论，讨论情况由陈绮处长作了归纳：“绝大多数专家同意保护古都风貌的提法，认为城市设计和环境设计是首位的，个体是第二位的。维护古都风貌不等于固化古都风貌，建筑风格要不断创新。还有的专家认为保护古都风貌的提法不妥，应是保护古代建筑文物。”

对于民族形式大屋顶的手法，不少专家认为可以用，但要少用，不要滥用，仅用于一些标志性建筑，对于小亭子，张镈大师的看法是：“亭子必须有内容、功能、技术的需要；可以简化原有的做法，不能搞成粗眉、大眼、厚嘴唇，失去秀丽的味道；由传统轮廓造型的‘小巧亭子’，总比‘豆腐块’和‘骰子’好一些。”

赵景昭副院长认为做一些调查研究和整理，在当时来说是很必要的。风貌里有“帽子”问题，用“帽子”论风貌很局限。不可能只看“帽子”，要看比例收及与周围环境的关系。“帽子组”承担的题目，从设计院建筑实践入手，编制了一份北京城市风貌变化和不同建筑风格的资料，弄清城市风貌的演变情况。一个城市不同时期留下的痕迹是抹不掉的。随着时代的进步，建筑物是不一样的。

赵景昭副院长最后强调：“‘帽子组’的工作让我们有机会对北京建筑风貌进行系统的回望和思考，收益是良多的。”

（本书编委会根据崔健采访北京市建筑设计研究院原副院长赵景昭的内容做了必要整理）

刘开济为 1999 年北京 UIA 大会做出贡献

本书编委会

编者按：北京市建筑设计研究院顾问总建筑师刘开济，是业界公认的与张钦楠等共同为 1999 年北京世界建筑师大会做出学术贡献且在国际上有影响力的人物。1997 年北京建院《建筑技术交流》（内刊）曾就他主要参与北京世界建筑师大会的学术筹备等问题对他做了专访，该访谈文章后来发表在《科研成果学术交流会论文集（1997 年度）》（北京市建筑设计研究院研究所编）中。2019 年 3 月 24 日，刘开济顾问总建筑师辞世。本书特收录此文，表达对这位享誉业界的建筑师前辈的崇敬之情。

一、北京将于 1999 年主办国际建协大会

问：刘总，您是国内外著名的建筑理论家、评论家，今天《建筑技术交流》杂志能请到您，我们感到非常荣幸。这次您做为我国建筑界的代表去印度参加国际建筑师协会的理事会，请您谈谈这次会议的情况。

答：国际建筑师协会 (International Union of Architects) 学术大会每三年举行一次，交流专题学术经验、举办建筑展览、建筑竞赛，通过会议、讨论和组织参观加强各国建筑师之间的广泛联系。国际建协是一个国际组织，以国家的名义参加，中国建筑学会于 1953 年加入国际建协。建协的理事由选举产生。国际建协分为五个大区，亚太区、北美区、南美区、欧洲区和非洲区，每一个区产生一名副理事长，我国的杨廷宝和吴良镛先生曾担任过副理事长。目前我国的叶如棠先生为理事。国际建协的理事会每年召开两次，因为叶部长有事，我代表他去参加了本届理事会。大家都知道，北京将于 1999 年主办国际建筑师协会第 20 届大会。当时与北京一起申办的城市还有柏林、伊斯坦布尔、马尼拉等五六个城市，经过理事投票，北京获压倒性多数票。这次我去印度参加本届理事会，主要就是向理事会汇报北京 1999 年大会的准备情况。国际建协大会是第一次在亚洲召开，包括日本都没有主办过，有许多国家对我国是否有能力办好大会存在疑虑。我这次的任务很重，在会下还要和五大区的副理事长协调，做工作，让他们了解、支持我们。

为迎接 1999 年世界建筑师大会，准备出版一套十册丛书，名为 20 世纪世界建筑精品集锦。该丛书在国际建协的赞同下由中国出版。领导把此任务交给建筑学会及中国建筑

工出版社，作为向北京1999年建协大会的献礼。该丛书全部用英文编号，北美分册由美国著名的理论家、《建筑评论》杂志主编R.英格索尔担任主编，我做中方编辑；拉丁美洲分册由阿根廷国家美术馆馆长J.格鲁斯堡担任主编，我做中方编辑；欧洲分册由法兰克福建筑博物馆的华裔馆长W.王任主编，罗小未为中方编辑；非洲分册由非洲学者做主编；地中海分册由地中海国家学者任主编；俄罗斯建筑家同盟主席负责主编独联体国家分册。所以这十册精品集非常具有权威性，世界各大图书馆都会争先收藏此书。1999年在北京召开的大会主题为21世纪的建筑学。一是总结20世纪的成就，再就是展望21世纪建筑的发展方向。这套丛书是献给20世纪的建筑师的。每一分册均有重点文章全面介绍该地区的建筑创作成就，并以每20年为一阶段，每一阶段选录10个具有代表意义的建筑，每册是100个建筑，十册共选录1000个建筑。编委会动员了当前国际上著名的建筑学者作为提名人参加收录的建筑项目的评选工作。每册有5~10个提名人，他们都是该地区的著名建筑理论家和评论家。

二、国际建筑界认为，建筑除了要解决功能、结构施工这些因素外，最主要的是要体现人类的理想

问：请您评论一下您所见到的印度建筑。

答：本届理事会在印度旁遮普邦首府昌迪加尔召开。该城市的规划由国际著名建筑大师柯布西耶主持，非常成功，他亲自设计的最高法院、议会大厦等建筑组群在世界获得盛誉。国际建筑界认为，建筑除了要解决功能、结构、施工等因素外，最主要的是要体现人类的理想，即建筑的精神功能。对于政府大楼或博物馆这一类文化和政府建筑来说纪念性是十分重要的，我认为故宫、天坛、圣彼得大教堂和凡尔赛宫等就非常具有纪念性。建筑界通过几十年的实践，认为现代主义建筑没有能找到一种语言创造出真正让人振奋、让现代人类向往的理想的建筑形象。而柯布西耶在他的晚年创作中做到了。我在印度看到他的作品，建筑粗犷，材料极为朴实简单，用的就是清水混凝土钢窗。议会大厦内部装修十分普通，常见的铁板穿孔后放些吸音材料，但效果非凡。柯布西耶没有用高级的材料，而是通过色彩、光影创作感人的建筑形象，体现出建筑的内在文化。他的设计结合印度的经济、现实、气候等条件，吸收印度传统建筑的内涵，在建筑上做到了升华。

会后组织了参观。我们参观了喜马拉雅山脚下的英国总督夏宫。回到德里后，又去阿格拉参观了著名的泰姬陵。泰吉玛哈尔陵是印度莫卧儿王朝皇帝沙杰汗为爱妃泰吉玛哈尔建造的墓。沙杰汗死后也葬于此。它位于印度北方邦阿格拉城外，建于1630—1653年，被称为印度古建筑的明珠，是伊斯兰建筑的精品。该时期的印度艺术特点是民族传统与中亚及波斯艺术相结合，泰姬陵可作为代表。该陵由印度、波斯、土耳其等国建筑师和工匠协作而成，殿堂、钟楼、尖塔、庭园等配合和谐，内外都有雕刻和镶嵌，全部建筑采用白色大理石，与澄清的池水上下辉映。它是莫卧儿时期建筑、雕刻和园林艺术的结晶。

三、我认为中国古建筑的传统是非常值得发扬的，最重要的是如何吸取传统建筑的精神而不是去模仿

问：那么您认为中国建筑师如何才能既保持中国特色，又符合时代的要求呢？

答:20 世纪的建筑应该反映我们的时代，我主张利用现代的技术，吸取传统建筑的内涵，而不是单一模仿。这恐怕是一个需要专门探讨的问题。

问：目前国际建筑界对中国的现代建筑了解多少？

答：我认为国际建筑界对我们的了解太少了，我每次出国都要介绍中国的现代建筑，他们特别感兴趣。建筑事业是十分复杂的，制约的因素太多。全世界都承认创造一个精品要取决于众多因素和有利条件。建筑师在创作中受到太多干扰是很难发挥其才干的。我曾向国外建筑界介绍我院的建筑设计，如炎黄艺术馆、动物园熊猫馆、国际展览中心、建材中心亚运体育场馆等，国外的建筑师都非常感兴趣，满意，认为我国建筑师是很有水平的。我认为我们正处在探索创造中国的现代建筑的阶段，多方面、多种路子去探索是非常有益的。我把当代中国建筑在创作上分为三种途径：一类是比较接近传统的，比如一些仿古建筑；第二类是完全现代的，如国际展览中心；第三类是既现代又保持中国传统精神的。我们的对外交流太少了。比较多的是对外介绍中国古建筑，如苏州园林等。这些古建筑确实好，但对当代建筑介绍得太少了。20 年代现代建筑流行时，从理论上排斥历史、传统、民族，过于片面，而现在大家越来越认识到历史、传统、民族的重要性。出现了后现代、解构主义等思潮。现在世界建筑界比较强调多元化的创作思想。我认为现代主义建筑强调运用现代技术，重视功能、材料两方面，至今还值得我们去重视和学习。现代主义建筑以后的演变反映了当今世界建筑的变化。我们应取其长避其短，兼收并蓄，博取众长，繁荣我国的建筑创作。

四、我认为当代青年建筑师正处在一个非常幸福的时代

问：我们现在已经了解了中国建筑师及中国建筑在国际上的地位，现在请问您对当代青年建筑师有什么忠告？

答：根据我与国外建筑师的接触，包括一些著名建筑师，好象他们的设计机会都不如我们那么多，但我认为我们现在最大的弱点是“精品”意识不够，设计作品太粗，往往构思是很好的，但把构思真正发展为一个成熟的设计，需要多下功夫；把你的设计再转变成一个真正的建筑物，还要进一步的发展，再创作工作量是很大的。我看到的国外好的建筑都非常精细，每个细部都研究得很透彻，例如澳大利亚堪培拉新建的议会大厦，它所有室内设计都做了模

刘开济（左一）

型。我出国除了看建筑外，还拍了大量的细部处理照片，以备有机会在院内进行交流。我们有时一个很好的构思，做成之后显得很粗糙，所以我希望青年建筑师在这方面要多下功夫。

问：建筑是一门综合学科，要看的书非常繁杂，您认为除了一些必需的专业书籍外，还应该看一些什么书？

答：青年人应多看书。我认为建筑师是比较苦的，一辈子都要学习才能跟上时代。我在上学时，柯布西耶已在全世界得到肯定，我为什么特别佩服他，因为他本身总在发展，他能跟上时代。大家知道，20世尼20年代到现在，建筑理论已经有了很大发展，我希望青年建筑师多看些书，多研究研究会有好处。因为你的笔是受你的思想指导。表面的技巧不难学，仅此是不可能出“精品”的。建筑的书特别难读，因为建筑与许多学科都有关，包罗万象，如果有条件还是应该读原版书，语言可能是一个问题。由汪坦先生主编，罗小未先生和我任副主编的一套“建筑理论译丛”向青年读者介绍了十本值得认真阅读的建筑理论著作。这些书现在都翻译出版了，即使是中文也是很费解的。读书是辛苦的事，但是这些书值得去认真阅读，确有值得借鉴的地方。希望能对青年有所启发，有所帮助。

“建筑理论译丛”中国建筑工出版社出版

《人文主义建筑学》[英]

《现代设计的先驱者》[英]

《建筑体验》[丹麦]

《美国大城市的生长和衰亡》[美]

《建筑的竞向》[挪威]

《现代建筑设计思想的演变(1750—1950)》[英]

《建筑设计与人文科学》[英]

《建筑的矛盾性与复杂性》[美]

《建筑美学》[英]

《符号·象征与建筑》[英]

《建筑学的理论和历史》[意]

《形式的探索》[美]

《建筑环境的意义》[美]

（《建筑技术交流》编辑部供稿，选自北京市建筑设计研究院研究所《科研成果学术交流会论文集(1997年度)》，1998年1月印刷）

“女建协”曾经的岁月

吴亭莉

编者按：成立于1986年的北京市女建筑师协会，至今已经走过了33年，它无论在组织女建筑师建筑文化交流与建筑创作上都发挥了重要作用。本文由曾任女建筑师协会副会长的吴亭莉写于2014年，原名为“女建协28年回眸”。

岁月荏苒，从1986年到2014年，我们北京市女建筑师协会从容走过了28年。

我们“女建协”在不断地壮大、发展。靠着特有的凝聚力、亲和力，我们的团体吸引着一批批女建筑师们热情加入，她们年轻有为、才华出众、素质全面。

从第1届到第8届，我们遵循《女建协章程》，按时、民主地选举历届理事会成员。从黄晶、赵景昭，到黄薇，各届理事业余上岗、义务服务、乐此不疲、任劳任怨。

从叶如棠、王慧敏、吴德绳，到朱小地，各任院长从物质和精神上均对女建协给予了大力支持、始终一贯。女建协总顾问刘开济、办公室主任白玲则是连聘连任、不曾改变。

难忘1986年妇女节那一天，北京市女建筑师协会在政协礼堂召开成立大会。女建协的首批会员个个精神焕发、光彩照人，各级领导、各位名人莅临祝贺，多家媒体热情报导，盛况空前。

难忘1988年10月，赵景昭、黄汇代表女建协参加了国际女建协华盛顿年会，我们成为国际女建协的团体会员。自此，我们派人参加了从第10届以来多届国际女建协的年会，与国际女建筑师组织顺利接轨，影响深远。

难忘1995年9月，第四次世界妇女大会在北京召开，我们女建协组织了“住房、家庭

1995年第四次世界妇女大会在京召开，女建筑师协会组织“住房、家庭与妇女”研讨会

我院女建筑师与院领导合影

与妇女”专题研讨会，在怀柔雁栖湖畔的帐篷里，我们和各国妇女促膝畅谈，会上，刘开济总建筑师风度翩翩，用熟练的英语形象地解说家庭、妇女于社会之重要，巧妙地拆释了一个汉字——“安”。

难忘 1999 年第 20 届世界建筑师大会在中国召开，我们举办了“女建筑师与女规划师论坛”。

难忘 2004 年，我们参加了英国皇家建筑师协会环球（北京站）巡展，女建协推荐了 11 项作品参展，其中 4 项获得了半决赛奖、决赛奖以及第 1 名的荣誉。

我们女建协经常开展有益的活动，加强学习交流和素质培养，提高会员的业务水平，促进身心健康发展。还记得我们参观炎黄艺术馆，当年还健在的黄胄老人笑呵呵地为我们签名留念；还记得我们参观全总《职工之家》，由柴总亲自讲解，在那里我们迎接了新世纪圣诞；还记得我们参观新首都博物馆，林寿总建筑师为我们讲述设计和施工中的得与失，经验与教训；还记得我们参观中国评剧院，还欣赏了评剧名角戴月秦的《花为媒》，扮相俊俏，唱腔甜美，舞台上色彩斑斓；还记得我们大热天参观高档住宅小区星河湾，一顶顶遮阳花伞在绿色园林中构成一道亮丽的风景线。

我们和建院工会联合庆祝国际妇女节，活动地点选在梅兰芳大剧院，我们参观了这座金碧辉煌、颇具民族特色的地标式建筑，观看了自编自演的有趣节目，学习了京剧主要行当的基础知识，欣赏了青衣、老生的著名唱段。

我们自豪，因为除中国外，世界上没有任何一个国家的女建筑师占如此大的比例；我们骄傲，因为除中国外，世界上没有任何一个国家的女建筑师在建筑设计领域能起到如此大的作用，能主持如此大规模的工程项目，中国女建筑师成绩斐然。

当然，我们的所有工作都离不开男建筑师、男同胞们的支持和努力，成绩同属于另外半边天。

中国几千年传袭下来“重男轻女”的封建观念，女孩子一生下来就不得宠，这种“散养”形式的宽松环境，客观上促进了中国妇女坚韧

会议场景

石阶上的舞者——中国女建筑师的作品与思想记录（《建筑创作》杂志社主编）

北京市女建协新年联谊合唱音乐会（摄于 2003 年）

勇敢、吃苦耐劳、贤惠善良的传统美德；新时代的女性又增添了聪明开朗、积极乐观、洒脱大气、勤奋能干等诸多优点。请看中国女排、女足，以及最近冬奥会上的女运动员，真是中国不识须眉；相反，有一些男孩子心程脆弱，吃不了苦，受不了挫折。我们这些当奶奶、姥姥、妈妈的，切记对男孩子不要过分溺爱和娇惯，否则“阴盛阳衰”，将是民族的一大缺憾。

我们女建筑师也有一些性格弱点：往往胆子还不够大，心胸还不够宽，关键时刻不敢冲上前，尚需今后继续修炼。

我们赶上和谐发展的好时代，前程似锦、重任在肩。我们女建筑师们要科学合理地安排时间，内外统筹兼顾，做到事业、家庭、健康一样也不能缺少，勇敢地面对和克服前进道路上的一切困难，坚定乐观，用自己的双手创造美好的明天。

中国建筑学会建筑师分会的 30 年

本书编委会

2019 年是中国建筑学会建筑师分会成立 30 周年。

早在 1988 年 10 月，中国建筑学会张钦楠就以建筑创作学术委员会的名义发出征求意见函："经初步征求意见，对在中国建筑学会内建立建筑师学会的想法，一致表示强烈赞同。"并提出了组织方案的征求意见稿，经几次修改后，于 1989 年 1 月提出了细则草案和筹委会名单（21 人，按姓氏笔划排列），马国馨、布正伟、石学海、冯肃元、刘开济、孙凤、吴国力、关肇邺、肖林、严星华、寿震华、陈翠芬、周庆琳、袁培煌、赵景昭、费麟、李大夏、顾孟潮、鲍家声、韩骥、蔡德道；刘开济为召集人，石学海为资格审查组组长，布正伟、孙凤、肖林、陈翠芬、费麟为组员。中国建筑学会第七届常务理事会在 1989 年 1 月 8 日召开的第三次会上研究，同意组织工作委员会的建议，把专业学术委员会逐步调整为二级学会；并根据各地建筑师的要求和部分地区的试点经验，原则同意组办建筑师学会作为二级学会组织调整的试点。经过筹备委员会紧张的工作，委员会的第一次工作会议于 1989 年 3 月 10 日在张钦楠和刘开济的主持下于北京召开。同时选举产生了第一届理事会，叶如棠任名誉会长，龚德顺任会长，刘开济、严星华、周庆琳任副会长；理事共 15 人，周庆琳为秘书长，马国馨为副秘书长。

中国建筑学会建筑师分会成立若干个专业学术委员会，如"建筑理论与创作专业委员会""人居环境专业委员会教育建筑专业委员会""体育建筑专业委员会""工业建筑专业委员会"，开展学术交流。此后在深圳、宜昌、长沙召开了 3 次理事会，并举办了"当今世界建筑创作趋势""建筑与城市环境""高等学校校园规划""创造幼儿园、中小学良好校园环境""农村医疗""工业建筑的空间与环境"等专题学术交流会，同时在中国建筑学会举办的"改善人、环境与节能""体育建筑"等国际学术研讨会上做主要发言。此外还完成了学会交办的评选建筑创作奖、申报优秀论文奖等工作，制定了"创作奖评选规定"和"第一次评选细则"。

1993 年 11 月 17 日，建筑师分会审议了第一届理事会的工作，代表大会在建设部设计院召开，各地代表 45 人参加，会上审议了第一届理事会的工作报告，修改了组织细则，并选举了第二届理事会。会后还参加了中国建筑学会成立 40 周年的庆祝活动。本次大会通过了叶如棠、龚德顺为名誉会长的提议，推选严星华为会长，刘开济、张祖刚、周庆琳、赵景昭为副会长；何玉如任秘书长。此后先后在杭州、成都、北京等地召开了5次理事会和学术交流会，对注册建筑师制度进行了学习和研讨，还就“改革开放以来建筑与城市设计回顾与展望”“人·自然·建筑”“工业建筑现代化”“21世纪的工业建筑”“绿色生态小区”，以及医疗建筑、教育建筑方面的内容进了数十次学术研讨。在此期间，配合中国建筑学会承办的1999年国际建协第20届世界建筑师大会在北京的召开，以“21纪的中国建筑师”为题，由刘开济副会长等主持了大会中的“中国建筑师论坛”，有8位中国建筑师就建筑师们关心的问题作了发言。

2000年11月，学会第一次全国会员代表大会将学会名称规范为“中国建筑学会建筑师分会”。此外分会增加“中国建筑学会建筑创作奖”和“青年建师奖”的评选工作。

2001年10月在深圳召开第三次会员代表大会，有全国各地方分会的会员代表，上届理事会成员等共66人出席，选出了第三届理事会的48名理事，并在理事会第一次全体会议上推选马国馨任理事长，冯明才、刘毅、刘燕辉、沈三陵、景政沿任副理事长，邵韦平任秘书长，挂靠在北京市建筑设计研究院。同时根据中国建筑学会的倡议，分会下属的三级专业委员会除原有的理论与创作专业委员会、工业建筑专业委员会、教育建筑专业委员会、人居环境专业委员会、医院建筑专业委员会外又增加了建筑技术专业委员会、环境艺术专业委员会和壁画艺术专业委员会，这样三级专业委员会增加到了8个。此后2002年10月在贵

邵韦平在建筑师分会活动发言

州省贵阳市召开了三届二次理事会和以“建筑创新与地域特色”为主题的学术年会。其他各专业委员会在陆续调整了成员后也进行了丰富多彩的学术活动，并在2003年筹备学术年会、专题研讨会外，也在筹办全国壁画的首届大展、全国城市环境艺术的设计大展及出版若干专业的学术专刊，并准备配合2003年中国建筑学会成立50周年的庆典开展一系列活动。在此期间，分会织了“绿色、科技、人文奥运建筑研讨会”，推荐了13个项目申报“亚洲建筑师协会2003年建筑奖”的评选，推荐了17个学科带头人和科技专家24人。理论与创作委员会在成都召开“现代建筑的本土化与国际化”学术年会，举办了设计竞赛评奖和研讨会。2004年理事会和学术年会在宁夏银川举行，主题为“人类住区的可持续发展及特色”，在同年9月按中国建筑学会的要求，推荐了10项中国20世纪世界建筑遗产的名单提交国际建协，这也是国内保护20世纪世界建筑遗产的较早的行动。分会内又增加了“西部建筑学术委员会”“建筑美术专业委员会”“绿色建筑专业委员会”和“建筑摄影专业委员会”。

2005年10月在江西南昌举行了换届和学术大会，会议主题为“城市发展与节约型建

2009 年 10 月 29 日中国建筑学会建筑师分会第五届代表大会合影

2009 年 10 月 29 日建筑师分会第五届代表大会

2004 年全国青年建筑师高峰论坛

筑”，选理事长、副理事长之外，选举理事 73 名，又增加了邵韦平、宋源、赵元超、张俊杰为副理事长，秘书长邵韦平，副秘书长单军。此外受中国建筑学会委托，分会对国际建协组织的“城市庆典 -2”概念设计国际竞赛的中国参赛方案进行评选，在 24 份作品中推荐了 3 个入围作品进行申报，在国际建协 2006 年 6 月的最终评选中我国一个方案获学生组亚太区学生奖。2007 年 8 月，在奥运会倒计时一周年时，在北京举行了“理性创作——后奥运时代城市与建筑发展趋势”学术年会，介绍和参观了奥运工程。对红十字会天使计划——博爱卫生站设计方案竞赛进行了评选。2009 年 10 月，在北京召开了分会第五届会员代表大会和学术会议。选举了邵韦平为理事长，张宇、汪恒、庄惟敏、单军、赵元超、钱方、孟建民、宋源、张俊杰、沈迪、薛明为副理事长，此外还有 98 名理事。建筑师分会的新老更替和年轻化进入一个新的阶段。

中国建筑学会建筑师分会第五届委员会理事长邵韦平，在第四届理事长马国馨院士的指导下创造性地开展了一系列“提高建筑师的理论水平，繁荣建筑创作，发挥建筑师的社会作用，维护建筑师的权益”等活动。近年来的成绩如下。

2015 年度

住建部、建筑学会、建筑师分会联合组织“充分发挥建筑师在工程项目中的主导作用研讨会”；

完成《充分发挥建筑师在工程项目中的主导作用》专题研究报告；

完成亚洲建协建筑奖推荐工作；

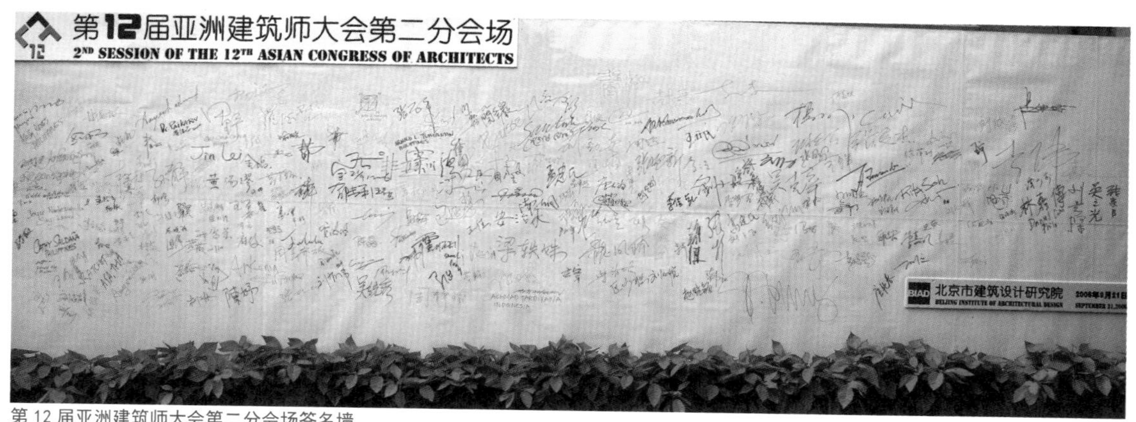

第 12 届亚洲建筑师大会第二分会场签名墙

完成“学科群创新协作项目”申报；

开展中国建筑学会建筑设计奖、科技进步奖评审工作；

“科协人才库专家”推荐工作；

韩国世界建筑师大会中国展区策划。

2016 年度

组织开展 2017 年 UIA 大会中国展区的策展工作；

完成 2016 中国建筑学会建筑创作奖评奖工作；

完成 2016 亚洲建协建筑奖的推荐工作；

举行旧城保护与更新中的观念与策略创新论坛；

响应中央城市工作会议精神，召开主题为“城市活力”的分会学术年会。

2017 年度

承办 2017 世界建筑大会中国馆展览；

承办“面向城市的未来”2017 韩国 UIA 大会中国建筑主题论坛；

组织亚建协建筑奖推荐，奖项类别包括住宅项目、公共设施建设、工业建筑、保护项目、建筑的社会责任、可持续性等 6 大类 10 个小项，最终，我国建筑师共获 7 项大奖，包括 2 项金奖和 5 项荣誉提名奖；

进行第九届威海国际人居节的组织策划工作；

筹备成立中国建筑学会注册建筑师分会；

配合学会完成中科协《关于推进专业工程师资格国际直认工作实施方案（讨论稿）》；

配合学会完成《关于在民用建筑工程中推进建筑师负责制指导意见（征求意见稿）》的意见汇总工作。

2018 年度

积极协助学会推进中国建筑设计奖改革；

与中国文物学会 20 世纪建筑遗产委员会等单位联合主办“笃实践履 改革图新——以建筑与文博的名义纪念改革：我们与城市建设的四十年”北京论坛；

积极筹备 2020 年在巴西里约热内卢举行的第 27 届世界建筑师大会；

赴美与 AIA 等行业团体交流，配合完成考察报告；

策划主办 2018 中国建筑师新疆行系列学术论坛及展览。

（本文系本书编委会根据马国馨院士及中国建筑学会建筑师分会近年工作报告整理）

奥运会：申办·设计·传播

本书编委会

第29届北京奥运会为世界创造了一个奇迹，但在辉煌的背后，整个中国从奥运会的申办、奥运场馆的建设至奥运会的成功举办走过了一条艰辛而不平凡的路，而北京建院在这条道路上一直努力着、建设着、贡献着、守卫着、见证着，与整个北京奥运会休戚相关、荣辱与共，北京奥运会记载了太多北京建院的痕迹，北京奥运会将永远铭记在北京建院59年的历史上。

北京建院在北京奥运会的场馆建设中，承担了35项奥运场馆及配套工程项目的设计工作，共完成了270万平方米的设计任务，占全部场馆面积的40%，这是其他任何一家设计单位所无可比拟的。全院有13个设计部门612名设计人员投身奥运申办及运动场馆建设中，兢兢业业、默默奉献。在奥运比赛期间，有48名设计师连续40多天日夜坚守在场馆，保证其所设计场馆在满负荷运转的条件下的正常运行。一串串的数字背后是北京建院一代人为了奥运无怨无悔地付出。

为奥运申办权而全力打拼

谈到北京建院对奥运的奉献，首先要追溯为奥运会主办权而全力打拼的历史。

从1998年开始，我院就参与了2008年北京奥运会的申办工作，专门从各专业抽调40名优秀设计师，组成奥运申办部，承担了规划设计2008年北京奥运会申办报告的重任。当时，除外地项目以外，在北京的32个场馆中，有31个场馆的申办报告都是由我院做的规划设计。在整整一年半时间里，近40个设计师全身心投入，包括编写报告、方案设计说明，每一个场馆设计分摊到院里的各个部门，所有人在这项工作中，超出寻常的热情，不敢有丝毫的马虎和懈怠。最终形成了按照“三大理念”设计奥运场馆的规范和要求，完成了厚达308页的申办报告。

尽心尽力做好场馆规划前期工作

申奥成功后，我院承担了大量奥运场馆规划设计的前期工作，这些工作烦琐复杂，而且反复调整变化，其中包括奥林匹克公园中心区规划方案调整工作、五棵松体育中心方案设计工作，虽然这两项工作在2002年之后又重新征集方案，我院之前做的工作很多付诸流水，但是所有参与设计工作的人员都无怨无悔，尽心尽力，只希望为国家奉献出最好的奥运精品。

另外我院还承担了 2008 年奥运场馆《功能要求与技术标准》的编制工作，为 17 个项目做了《奥运工程设计大纲》；完成了“体育建筑发展趋势”和“2008 年奥运场馆展望”调研报告；承担了奥运场馆设计需求调查，为市政部门整理、提供有关场馆基础资料；参加了奥林匹克公园交通、红线的讨论和制定工作；参加了有关确定奥林匹克公园内拟建项目用地建设规模的前期论证工作以及奥运公园中心区（312 公顷用地）概念型规划；承担把“首钢体育馆”和“北科大体育馆”改为奥运场馆的可行性研究以及有关举重、篮球、柔道、跆拳道等训练馆的可行性研究；承担奥运工程前期工作的多媒体制作及布展图版等工作。承担奥运场馆及配套工程项目共 35 项，这是我院奉献给北京奥运会最辉煌的成绩。国家体育馆、五棵松篮球馆是 2 项新建场馆，奥体中心体育场、奥体中心体育馆、工人体育场、工人体育馆、首都体育馆、英东游泳馆是改扩建场馆，还有国家会议中心击剑馆及现代五项气手枪比赛场、五棵松棒球场 2 项临建场馆，青岛奥林匹克帆船中心 1 项京外场馆，奥体中心体育场练习场、首都体育学院田径场、大学生体育馆、21 世纪游泳馆、奥体中心体育馆附馆 1 号、2 号馆、奥体中心曲棍球练习场、北京八中游泳馆 7 个训练场馆，以及奥林匹克公园中心区景观设计、地下车库及地下商业、国家会议中心及配套写字楼、酒店、MPC、IBC、中国科技馆、首都机场 3 号航站楼等 15 项奥运配套工程设计。

在奥运场馆设计中，我院始终把最新科技、节能环保、以人为本作为必须坚持的原则，以

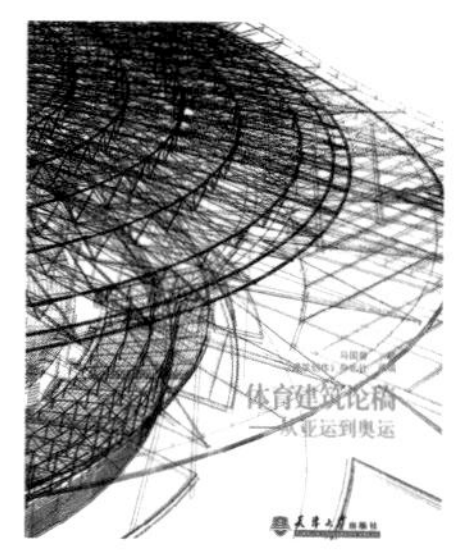

北京建院曾出版的奥运主题书刊（组图）

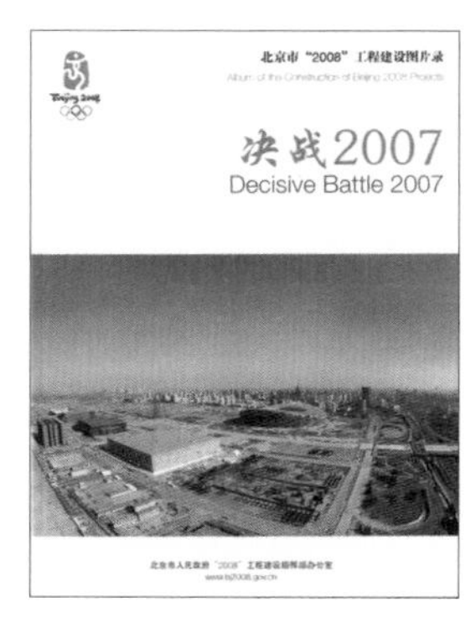

北京建院为奥运工程编写系列书籍（组图）

“三大理念”引领每一项设计。采用了许多新型材料和太阳能、地源与水源热泵等绿色能源技术，使奥运场馆绿色能源提供比例高达 26% 以上，实现了节能、减排的目标。

为了实现 35 项奥运场馆及配套工程的高品质设计，以精益求精的作品奉献北京奥运会，从奥运申办到圆满结束的 8 年间，我院 400 多名服务人员几乎没有休过正常假日，300 多名场馆设计人员坚持与施工人员一道，吃住在工地，随时解决施工中出现的问题。勤奋智慧的设计师们在奥运场馆的设计建设实践中，进行科学研究，参加奥运设计的人员在各类相关杂志上发表论文 16 篇，有 3 项科研成果获得专利。他们以自己勤奋不辍的努力完成了全国人民赋予的光荣任务。

满怀热忱服务奥运

服务奥运，不仅仅是奥运会期间保驾护航的设计师，也不仅仅是无私奉献的奥运驾驶员志愿者，而是背后的北京建院整个集体。

为了做好奥运的一切服务，我院整合优势资源，把服务奥运作为核心任务贯穿到所有工作之中。根据北京奥组委要求，选拔既懂技术又懂管理的德才兼备的优秀设计师泷虎、崔克家到奥组委任职，代表奥组委对场馆建设实施监管。按照不同场馆的不同要求，在全院范围内整合各专业优势，形成 10 个由建筑、结构、电气和设备等专业最强阵容组成的设计团队，承担各个场馆的设计任务，有效保证了各专业的设计质量。如五棵松篮球馆设计团队、国家体育馆设计团队、工作体育场改扩建设计团队和奥运新闻中心设计团队等，都是设计精英组成的优秀设计团队。

在服务奥运中最闪亮的队伍是 11 名奥运驾驶员志愿者，他们在这次意义非凡的服务中吃苦耐劳、团结一心，始终被一种高涨的工作热情和积极的工作态度感染着，每天工作时间为 8 小时至 14 小时，共出车 400 余次，人均行程 800 千米，全程无一起安全事故、无一起投诉事件，圆满地完成了奥运服务任务。朱小地院长给予这种志愿者精神高度评价：“不能把此次奥运志愿工作与日常的生产经营产值相等同，它的精神价值更大。”同时我院黄薇被光荣地选为奥运会火炬手，带着全院 2000 多名职工的期望圆满完成了奥运圣火传递的使命。

十几年与奥运结缘的历史，十几年与奥运相伴的成长，对于北京建院是奥运赋予的机遇和挑战，发展与突破；北京奥运会成功地落下帷幕，但北京建院追求卓越品质的设计之路永远不会停歇，她已经站在了风口浪尖，开始迎接下一个机遇和挑战。

三十年的奥运文化传播

历史哲学家卡尔·波普尔曾说过："历史是会重复的——但绝不是在同样的水平上，如果所说的事件具有历史重要性，如果这些事件对社会有着持久的影响，就更是如此。"平心静气地回望已经过去的2008年，作为现实社会中必须记忆的文化事件，作为吸引建筑界"眼球"的奥运文化，确有值得搜索、总结、盘点、感悟并铭记的地方。如果说"三大理念"闪耀奥运场馆，"中国智慧"铸就奥运建筑经典，那么在弘扬奥运精神、展现奥运文化思想的同时，也有许多的精神诉求，这不仅仅是因为奥运建筑彰显了人文情怀，而在于许多项目从一开始就在"以人为本"的理念下，努力权衡人的需求和生态要素。从有据可查的文献上能够发现，《建筑创作》自1999年4月17日开始就结合当时首规委的指示在交流刊《设计·信息·网络》上创办了"申办奥运专刊"，其中马国馨院士、何韶高级建筑师、刘河译审等都做过大量基础性工作。但《建筑创作》杂志真正报道国外奥运场馆及我国申奥、筹备奥运的情况是从2001年开始的。如早期（2001—2003年）刊出有代表性的文章《塑造北中轴路新的空间序列》（朱小地、柯蕾2000年4期）、《体育场馆刍议》（马国馨2001年7期）、《北京奥林匹克公园》（王兵2001年7期）、《注重城市景观展现体育风采》（胡越2001年7期）、《悉尼奥运会的再思考》（马国馨2002年6期）、《体育建筑设计的回顾与展望》（李沉、金磊2002年6期）、《天津奥林匹克中心体育场国际招投标竞赛》（王士淳、孙银2003年3、4期合刊）、《呼唤"安康型"奥运场馆设计》（金磊2003年7期）。在此之后的2003年增刊、2005年增刊、2006年7期、2007年7期及8期、2008年7期、2008年8期均用大篇幅刊出北京奥运建筑及文化的记述文章总计超过1000页（尚不包括已刊的共计15期北京奥运工程新闻）。还有《建筑师茶座》，于2008年6月12日在清华大学建筑设计研究院舜德厅主办、十几位亲自主持第29届奥运会场馆设计建筑师参加了"让奥运建筑承载历史"的座谈，由一批建筑师在奥运会前品评奥运建筑并披露在中国尚属首次。此外《建筑师茶座》还于2008年65期刊出国外首脑及媒体对北京奥运建筑的评价，"评说伟大城市的新地标：奥运新建筑"。之所以要记载下这些，有对过去记忆不灭，感动永存的缘故，也有对2008以北京人文奥运那渐行渐远的记忆的缘故，更在于把北京市建筑设计研究院传媒机构——《建筑创作》杂志社自2001年至2009年为传播奥运所做出的重要文化事件记录下来。

2007年1月参加奥运会建设资料留存部分摄影师鸟巢合影

创立“全球华人青年建筑师奖”

本书编委会

无论中外，已有越来越多的建筑设计项目，以其设计思想的先锋性、科技的创新性乃至创意性，为城市展示了越来越新的设计文化。为此在中国建筑学会及全国数十家设计研究机构支持下，《建筑创作》杂志社先后于 2007 年、2009 年发起两届“全球华人青年建筑师奖”的评选，整个活动受到团中央及中国侨联的大力支持。活动宗旨是希望创建一个世界性的、服务于华人青年建筑师的专业奖项，在中国建筑文化与世界文化互动中，将中国建筑师的崛起清晰地展现出来。作为媒体传播的一种策略，建筑奖项排行榜可以在不同的议题下衍生出多种主题，从而彰显建筑作为历史刻度和人类进入未来的里程碑价值。

2007 年 7 月 21 日，首届全球华人青年建筑师奖组委会在国务院新闻办公室发布评选细则并向全球发布征集书，2008 年 3 月 2 日，海内外著名华人建筑师、建筑专家组成的评委会进行评选，最终评出 10 位获奖建筑师。该活动属于纪念香港回归十周年主题系列活动之一。2008 年 5 月 9 日，“2007 全球华人青年建筑师奖”颁奖典礼在深圳华夏艺术中心隆重举行。北京市建筑设计研究院王戈（万科第五园）、美国 RTKL 国际有限公司刘晓光（中

2007 年第一届全球华人青年建筑师奖评选过程（组图）

首届全球华人青年建筑师奖颁奖仪式

宋春华部长宣读获奖名单

部分与会嘉宾合影

全球华人青年建筑师奖光盘

激动人心的晚会现场

国电影博物馆）、中国台湾大涵学乙设计工程有限公司邱文杰（台湾 9.21 地震教育园区）、天津华汇工程建筑设计有限公司周恺（冯骥才文学艺术研究院）、华东建筑设计研究院有限公司徐维平（国家电力调度中心）、中科院建筑设计研究院有限公司崔彤（中科院图书馆）、天津市建筑设计院朱铁麟（天津医科大学总医院医学中心（一期））、北京市建筑设计研究院刘康宏（国家奥体中心体育场改扩建工程）、中国建筑设计研究院李兴刚（北京复兴路乙 59-1 号改造工程）、深圳华汇设计有限公司肖诚（广州万科 · 蓝山）分别获奖。

“第二届全球华人青年建筑师奖”于 2009 年 6 月启动，得到中国建筑学会、亚洲

“第二届全球华人青年建筑师奖”颁奖典礼暨学术论坛

建筑师协会、香港建筑师协会、台湾建筑师公会的支持，作为承办方《建筑创作》杂志社确定了四个方向，即人居环境、绿色建筑、城市更新、创新设计。2009 年 10 月 29 日，颁奖典礼暨学术论坛在北京市规划展览馆召开。共有九人获奖：Mad 建筑师事务所马岩松（胡同泡泡 32）、深圳市建筑科学研究院叶青（深圳建科大厦）、北京市建筑设计研究院叶依谦（北航新主楼）、华南理工大学建筑设计研究院孙一民（北京奥运会摔跤馆）、维思平建筑设计有限公司吴钢（中信国安庭院式客房）、天津市建筑设计院卓强（中新生态城）、同济大学建筑城规学院建筑系章明（同济创意中心）、中国建筑设计研究院曹晓昕（北京市人民检察院新办公楼）、清华大学建筑设计研究院祁斌（海淀社区中心）。

“第二届全球华人青年建筑师奖”评选活动现场

图记变迁话摄影

本书编委会

山东画报社近期推出的《中国画册》，用新老两个版本接续起新中国的图片历史，“大事件”和“小细节”的交相辉映，证明摄影对记录中国历史的重要作用。北京建院的70载，无论为祖国发展筑基，还是为民生改善助力，一系列建设成就的展示，都离不开科技信息的梳理，都离不开长期积累的图片资料的见证。

2019年9月，第27届全国摄影艺术展览在山东潍坊市十笏文化街区开幕，这次展览不仅有首次收藏级原作呈现，还有一系列创新内容受到关注，这些都给建筑师与建筑摄影人带来启示与联想。在当下所有视觉媒介手段中，摄影作品被广为关注且越来越受到喜爱，尤其对建筑师与工程师，建筑摄影更与工作密不可分，因为它不仅是一个在一段时间内不断观察同一事物或同一组事物的过程，更是定格建筑的自然、社会与文化的需要。时间赋予影像以分量，就在于经过时间的打磨，历史建筑以厚重感呈现，而当代作品更表现设计新思路。无论是新旧建筑还是新老图片，都会以摄影师的敏锐捕捉产生历久弥新的永恒价值。据老一辈北京建院人回忆，北京建院的摄影师与建筑师、工程师共同成长，他们为北京建院拨动记忆，看“图志册页”提供一扇扇窗；他们也为北京建院的作品与事件留住时光，在相册内体味北京建院情怀，正是影像文献无法替代的功能与价值。

目前，从全国看，考量“信息含量”越来越看重图片的文献价值的独特性，为此有更多的机构关注摄影的文献价值，如新华社等部门开展了系列影像典藏计划；中国美术学院创立中国摄影文献研究所；南京大学金陵学院成立“视觉文献”实践研究所等。北京建院拥有近70载建筑摄影专业团队，历史至今不仅服务院内外设计项目拍摄，还有一批在业内有口碑的执业者：从“国庆十大工程”到第十一届亚运建筑项目；从2008年奥运工程（自2005年，传媒机构《建筑创作》杂志社受聘奥运工程指

首届中国建筑摄影大奖赛作品集

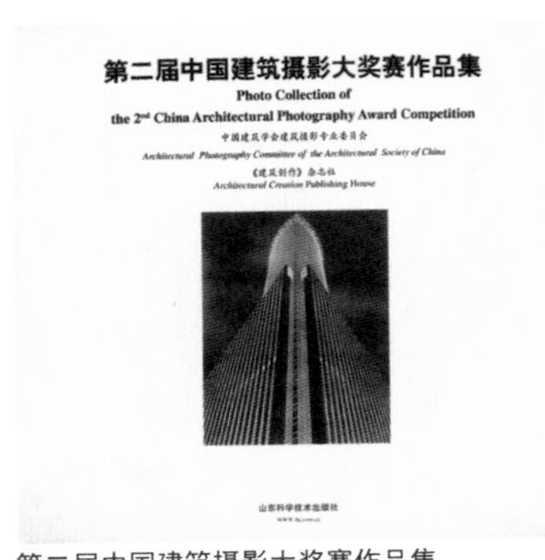

第二届中国建筑摄影大奖赛作品集

大运河影录——“风雅运河全国摄影大赛”获奖作品集

挥部，开展为期三年项目拍摄）到上海世博会工程等；特别是在中国建筑学会指导下，创办了中国建筑界第一个建筑摄影“学会”。建筑摄影服务建筑创作及传播的实践，让北京建院人明白，建筑影像蕴藏着丰富的视觉信息，不仅是对建筑作品本身的实证与展示，更是无可辩驳的、最直观的建筑形象写照；它是对建筑作品的再创造过程。仅仅回眸近 20 载专门的建筑摄影工作，北京建院在为行业贡献的同时，也更明晰摄影作品的定位。以下用十几年来先后出版的“五本”建筑摄影图书，展示北京建院及其传媒机构的行业与社会贡献成果。

一是《首届中国摄影大奖赛作品集》。2001 年 12 月 4 日 ~ 6 日，在北京成功举办“建筑与地域文化国际研讨会暨中国建筑学会 2001 年学术年会”四大主题展览之一的“首届全国建筑摄影大奖赛获奖作品展”时，观众反映强烈，于是推出该书。这不仅仅在于该书是用摄影传播着建筑美学，更在于它从诸多新视角为建筑摄影业内外人士提供了一次交流的机会。作为摄影展及其摄影讲座的主办者，北京建院《建筑创作》杂志社承诺本书的使命不仅仅是为了记录，还在于通过柏林第 21 届世界建筑师大会等国际舞台向中外建筑师及其文化学人们展示中国建筑摄影家的文化追求。我们可喜地发现，无论是建筑师还是摄影家都在关注并探索着建筑摄影，这正说明建筑的文化性与摄影的艺术性在相互渗透与交融。建筑师对建筑摄影作品的要求，已从以往的对工程项目进行记录、纪实，发展到从摄影的艺术角度出发，利用光与影的表现手法对建筑加以表现和介绍；同样，摄影家也跳出仅为表现光影、明暗的艺术范畴，而着力用其特有的目光，凝望、注视着人类文明进程的传统与现代建筑。在当今的“读图时代”，正是有了这种碰撞与交流，公众才会更理解建筑，公众也才能更自觉地拿起相机在拍摄美好瞬间的同时，也为优秀建筑留影。

二是《第二届中国摄影大奖赛作品集》。第二届大赛，自 2003 年 6 月在《建筑创作》杂志在及中国摄影报和多家摄影网站上发出征稿函后，2003 年 9 月 30 日共收到全国近 800 人递交的近 5000 幅作品，无论参赛人员的地域分布、业内人士参赛数量还是作品幅数，都远高于 2001 年的首届大赛。经过由马国馨院士、王文澜副主席等九人组成的权威评委会的反复研究及公正处评选，确定了本次大奖赛第一、二、三等奖及入选奖共 115 人次。从建筑摄影技法上讲，按选定的光线直接作光影的透视，无形中使建筑形象更生动、更逼真，既再现建筑，又提升建筑的创作艺术之魂。对于摄影的发展，英国人伊安 · 杰夫里在《摄影简史》（生活 · 读书 · 新知三联书店，2002 年 12 月第一版）中指出："摄影作为一种灵活的媒介，自 19 世纪 40 年代产生以来，便一直追随着每一次的市场转局以及意识影响力的变化。"虽然，这仅是本对摄影史简单评论的书，可它解释了我们判定一幅照片好坏的标准，回答了究竟一张照片的精华在哪里以及摄影与其他艺术形式的关系，所以，从本质上证明了建筑摄影作用的特殊力量。

三是《建筑摄影技法》。马国馨院士早在 20 世纪 90 年代初便撰文强调，要关注摄影艺术与建筑的交叉性及天然联系，他提出的建筑摄影的分类包括：为建筑记录的"建筑应用摄影""建筑新闻摄影""建筑表现摄影"等。建筑的根本目标是创造生活空间，因此具有多元化文明及充满新的设计思维。同时每一种建筑艺术的样式又常常对应着一种生命节奏，所以创造出趣味盎然且洋溢着生命的建筑作品不仅是建筑师的愿望，更是社会公众的企盼。建筑摄影用视觉形象所营造的建筑文化氛围，使建筑的观念及创新思维能"看"得见，优秀建筑摄影作品所描绘的城市形象、建筑容颜极富想像力。

过去先把"建筑摄影作为了文献档案"的认识是不全面的，它仅仅说对了问题的一半，而我们现在的努力是要用照相机及建筑师的智慧去构筑一个真实的艺术天地。在公众的凝视中，不仅可以看到大街小巷新耸立的建筑物，也可通过摄影图片更深刻地去领悟。这本有着特殊意义的技术专著有两个显著特点。（1）它是中日两国建筑摄影师合作的产物。日方作者高井洁先生是有着 40 多年建筑专业摄影经历的建筑摄影家，现仍执教学于东京大学建筑系摄影专业，已在日本及其他国家出版摄影专著多部，他之所以愿意主动与北京建院《建筑创作》杂志社建筑摄影师杨超英合作，不仅是他们有过合作基础，更重要的是对中国建筑作品及建筑媒体的关注。该书的出版方式在国内是领先的，书中收录高井洁先生作品 170 余幅，杨超英先生作品 130 余幅。（2）该书是以摄影实践为主线的技术专著，它杜绝了大篇幅理论文字的叙述，也不是一般性的摄影技术的小结，其章节设置较为严密，是极有利于教学的一种形式。由于高质量的图片、细致的技法传授，使该书成为迄今国内摄影类专业技术书籍上较少的佳作。有理由说，该书体现了北京建院《建筑创作》对中日建筑文化交流的贡献。

四是《中国建筑摄影师档案》。为迎接 2006 年 9 月 20 日在北京召开的第 12 届亚洲建筑师大会，为了展示中国建筑摄影师的水平及创作阵容，中国建筑学会建筑摄影专业委员会及《建筑创作》杂志社组织编辑出版了《中国建筑摄影师档案》一书，该书成为认识中国建筑摄影事业与从业者及其新建筑摄影作品的一个窗口。与过去中国建筑学会建筑摄影专业委员会推出的第一、二届大赛作品集不同的是，《中国建筑摄影师档案》更为集中而准确地用 24 位成功建筑摄影师的作品及理念为读者作了实用的、可操作的示范，这种以传统与现代建筑项目为基础的作品档案十分切合初学者及

两代摄影师 一座北京城

中国建筑摄影师档案

建筑摄影技法

摄影爱好者的实际。《中国建筑摄影师档案》向读者展示了坚守在建筑摄影岗位上一批中青年优秀摄影师的作品，它要求每一位优秀的建筑摄影师不单纯地从商业摄影或艺术摄影去把握建筑，而要树立起建筑艺术修养观，这些都需要建摄影师去体味与思考。

五是《大运河影录——“风雅运河全国摄影大赛”获奖作品集》。2014 年 6 月 22 日，经在多哈举行的第 38 届世界遗产大会审议，“中国大运河”跨省系列申遗项目，成功列入世界文化遗产名录。北京建院传媒机构《建筑创作》杂志社及中国建筑学会建筑摄影专业委员会，早在 2007 年就在国家文物局支持下成功举办了“风雅运河全国摄影大赛”，并在扬州举办展览及颁奖，有力支持了大运河整体申报世界文化遗产的工作。2008 年，世界运河市长会议在扬州举办，该书作为礼品赠送给参加世界运河市长会议的 80 多个国家和地区的市长。无疑这是北京建院对大运河“申遗”的贡献。

70 年的跨度，影像留存在记忆中，70 年的跨度，影像越来越成为人人可为的表达方式，在见证建筑岁月时，更记录下北京建院在国家建设的轨迹与年轮。还是北京建院人提供的老照片，它们都是历史价值与时代意义皆佳的闪光珍宝。

（本书编委会整理，文图供稿 / 金磊 刘锦标 李沉 苗淼）

北京建院第二设计院室内设计获 LEED 铂金奖

本书编委会

既有办公建筑的“高质量装饰”在绿色生态健康设计中至关重要。强调对既有办公建筑的智能健康要义，是对建筑师、工程师工作环境的关怀，在“绿色 + 智能 + 健康”的目标下，提出新时代如何对办公环境品质进行重新定位。如何通过科创赋能以构建人与建筑、人与材料、人与室内空间、人与工作界面等的和谐共生。新视野、前瞻性的绿色生态观，颠覆了传统建筑装饰装修就空间论空间的惯例，从而全面营造人的新的办公环境。

2016 年 11 月 14 日，美国绿色建筑委员会（U.S.Green Building Council，USGBC）主席 Mahesh Ramanujam 等专家一行，在北京市建筑设计研究院有限公司时任总经理徐全胜、二院院长王勇等领导的陪同下，为第二设计院办公室改造项目颁发 LEED 铂金奖。

BIAD 第二设计院提供“范本”，率先营造了集中展示有舒适品质的办公空间解决方案。

壁装智能集成控制面板：面板参照智能手机控制模式，在首页定制了多个功能按钮，从此告别让人眼花缭乱的满墙开关。

面板首页定制的功能按钮集成了基本信息（时间、通信录、公司业绩、团队照片）；机电设备控制（灯光、空调、窗帘、净化器、背景音乐）；环境监控（室外天气、$PM_{2.5}$、温度、湿度、二氧化碳）。最大化发挥了资源整合管理与人机交互功能的应用，让它们服从“掌上”

美国 LEED 铂金奖授予仪式

北京建院二院院长王勇（左 2）向时任院总经理徐全胜（左 3）及 LEED 专家汇报项目设计

指令。机电设备控制以电子地图形式展现，使用者可准确找到被控设备，避免了传统设计中多个按键，多个控制器的情况；实现分区控制分区管理，实现数据实时监测。

使用方可按权限通过微信，直接控制与工位相关的风机盘管、照明和窗帘。

在外墙夹壁墙及外窗改造中，将电动遮阳百叶窗、内呼吸幕墙与电动窗磁相结合，利用百叶窗与外窗玻璃之间的距离嵌入设备层，管控光照及空气质量。即当室外 $PM_{2.5} > 50$ 时，窗磁自动锁闭，隔绝雾霾；还可采用自然通风带走百叶窗上的热量，有效减少室内外热量的传递，保持室温。

通过测试环境亮度形成遮阳控制，利用百叶窗可升降、可调整角度的优势，设定进光量，在遮阳和采光、通风之间达到平衡。

同时通过大型静电除尘装置，与室外空气交换的同时吸附 $PM_{2.5}$，保证空气健康新鲜。

全新的温控装置配合大楼新风系统，减少了室内温度损耗，降低能耗。

开创性地运用 0 臭氧技术、结合二氧化碳及甲醛监测仪，严控空气品质。

上照灯采用 LED 二次反射兼工作面照明灯具，功率占灯具的 20%，通过吊顶反射，光线柔和健康。用于办公一般照明，按区域进行集中开关控制，工作时间定时开启，根据人员探测传感器联动。

在用户终端模拟自然水的净化体系进行过滤系统处理，直接输出富含有益矿质元素、pH 值呈弱碱性、符合国家标准的饮用水，并通过制冷、加热设备加工成直饮水，为员工提供健康高效的饮用水。

人体工学椅采用特殊的俯仰机制，模拟人体关节的自然转动，在骨盆前倾时也能提供有力支撑，缓解脊柱疲劳。

办公室及其他功能空间设计质朴无华，摒弃繁杂的室内设计技巧，给人精工细作与明亮、温馨之感。

在开敞的空间中，除可感受系统集成、系统间联动的所有智能化目标外，还可体验到系

北京建院第二设计院获 LEED 奖室内空间（组图）

统集成的视频、投影、音响、无纸化的视频远程办公的一系列功能。

国家“十三五”规划纲要提出，要在推进新型城镇化建设之际，发展拉动内需新“引擎”的智慧城市建设。当下的中国智慧城市正以全程全时、高效快捷、绿色健康多元等为目标，越来越形成体现高端信息化与现代城市设计发展深度融合的社会生态。

然而，要看到在设计部门面尚缺少对智慧城市“落地”的深层运营洞察；智慧城市的发展态势与建筑设计尚脱节；让建筑富有生命还只是一句口号。为此，要整合单一的对建筑绿色生态、高效智能、安全节能等系统，尤其面对大量的既有建筑，如何实施持续更新与发展之策，如何实践城市微空间智慧型生态修复，不仅需要理论导引，更需要“范本”型案例。

该项目为何打动业界，为何获此殊荣，是因为 BIAD 第二设计院在既有办公环境室内设计改造中，创造性地将绿色、低碳、健康、智能目标融为一体，在中国率先营造了集中展示有舒适品质的办公空间。

它使得凝固的建筑有了生命的灵性与魅力，每一位置身其中的员工或参观者都能在这个有近 20 年历史“楼龄”的建筑中，感受到焕然一新的办公环境，体味到非凡的人生品质。

它在旧建筑的基础上追求创新改造，它将绿色、健康、智慧三大目标真正整合在一起，它用技术升级“刷新”了传统室内设计的方式。

不刻意追求绿建筑的“高大上”，而是从细节、智慧型设计入手，无论是感观还是体验都体现建筑师多维设计与管理者智慧的结晶。

打破封闭模式，让系统开放。独立性和开放性良好集合。共享数据，减少了投资，避免系统重复建立的浪费，优化管理，提高运营效率，降低维护成本。

根据用户需求，采用个性化设计控制方式，贴合用户需求。近零造价提供手机、电脑多种接入方式，应用可以动态实现。

BIAD 第二设计院倾力研发办公建筑智能化、绿色生态、安全健康始于十年前落成的中国石油大厦（该项目因为在智能、生态、健康诸方面的超前设计，先后荣获美国国际绿色建筑 LEED 整体金级认证的能源与环境设计先锋金奖、中国土木工程詹天佑奖、住建部全国绿色建筑创新奖一等奖等多项国内外大奖），迄今仍是中国建筑界办公空间的标志性作品。

此次获LEED铂金奖的项目不是新建筑，是代表中国量大面广的既有建筑，此外，它也不是整幢建筑，而是其中的第七、八层，从机电专业的诸系统而言，隶属于分支系统，将既有建筑内饰的一部分精致升级，实属设计上的“奇迹”，它对中国城市化的更新发展、对如何营造既有建筑的精耕细作，都提供了有研究、有市场开拓前景的借鉴及“亮点”，是有价值的设计应用指南。

它至少在环保、社会、引领三方面有特殊意义，所以对实现新旧建筑的可持续发展有潜在价值。

——美国绿色建筑委员会评价二院办公改造项目

何为集绿色生态与智慧型品质为一身的办公空间，何以用一个项目成为实践“适用、经济、绿色、美观”新建筑方针的成功个案，BIAD 第二设计院营造了有室内环境质量物理性、化学性、生物性多参数指标考量的舒适空间。

据悉，BIAD 第二设计院正在结合获 LEED 铂金奖的契机，梳理设计经验，总结并发现新的提升空间，组织各界专家学者编研《室内空间的智慧生态——设计应用导则》，让我们期待他们对中国建筑设计界、对智慧型城市做出新的贡献。

既有办公建筑，装饰装修量大面广，已进入一个强调以人为本、以人的健康舒适为本的时代。人与绿色建筑空间到底处于一个什么样的生态层？室内必要质量的空气应具备哪些生态要素？如何为办公空间营造一个既能提高工作效率又能增强体质健康的氛围？这些新的问题导向、新的生态名词、新的审美观念，无疑让既有建筑中的办公人在新的室内健康观上重新定位。美国“WELL 健康建筑标准”已走进我们的生活，绿色、健康、智能已成为整个社会经济发展的要领。在 WELL 健康建筑标准这个目前全球关注人居环境品质的权威认证标准中，它将人的健康植入建筑和室内空间，“WELL”拥有七大核心体系——空气、水、营养、光线、健身、舒适性、精神。如何让建筑师的设计完好地为建立健全 WELL 体系在建筑中的运行机制，以达到保障人与建筑空间健康共存环境是肩负责任与使命的，为此要求建筑师、工程师在设计上做到以下几点。

（1）空气。主张建筑室内新通风系统与人的健康维系，WELL 提出在建筑装饰中严格把关挥发性有机物数量，为健康呼吸保驾护航。（2）水质。主张水质卫生系统与人的健康维系，净水器滤芯能够除氯和各种细菌、污染物、沉淀物等，以改变水的硬度和味道。（3）营养。主张饮食服务系统与人的健康维系。（4）光线。主张灯光照明系统与人的健康维系，保证人所需要足够的自然光，也不因强光而带来不适。（5）健身。主张体育设施系统与人的健康维系，在建筑空间里尽量设置一些适合人们在工作中便用的运动设施，配置升降式写字台，以利健康。（6）舒适。主张室内环境舒适与人的健康维系，旨在让室内环境给人带来愉悦；（7）精神。主张陈设艺术和谐与人的健康维系，WELL 健康标准要给人提供丰盈的精神世界，以提升人的涵养。

（《中国建筑文化遗产》编辑部供稿）

建筑遗产保护
——我们的另一张名片

本书编委会

2018年12月18日在故宫博物院报告厅由单霁翔院长、徐全胜董事长、马国馨院士、首规委老主任赵知敬为“北京建院建筑与文化遗产设计研究中心”揭牌，标志着与新中国同龄的北京建院又有了建筑与文化遗产设计研究机构。2019年9月19日，在中国文物学会会长单霁翔、中国建筑学会理事长修龙、中国工程院院士马国馨、北京建院总经理张宇大师等领衔下，上海华建集团总经理张桦、中元国际公司资深总建筑师费麟、天津市建筑设计院名誉院长刘景樑大师、中国电子工程设计院顾问总建筑师黄星元大师、中建西北建筑设计研究院总建筑师赵元超等专家共同见证下，“马国馨院士学术研究室”“北京建院建筑与文化遗产设计研究中心”“中国文物学会20世纪建筑遗产委员会”机构正式落户北京建院A座办公楼。事实上，北京建院对建筑遗产保护的使命担当与项目贡献由来已久且丰富多彩，它们构成了北京建院对社会所做贡献的另一张“名片”。

一、获“20世纪建筑遗产”称号乃北京建院“新名片”

2007年3月1日，时任国家文物局局长单霁翔到北京建院现场办公时，提及BIAD及20世纪50年代北京“国庆十大工程”设计及张镈、张开济、赵冬日“三大师”的标志性作品时，曾表示在中国建筑设计单位中，北京建院是当然地拥有遗产作品设计能力的标志性单位。伴随新中国成立70载，北京建院的新作品迭出，获奖无数，但我们是否也该瞩目仍旧

北京建院建筑与文化遗产设计研究中心揭牌（摄于2018年12月18日，故宫博物院报告厅）

挂牌仪式在北京建院A座办公楼举行（2019年9月19日）

熠熠生辉的另一张金色“名片”。

中外建筑界奖项种类甚为丰富，在全球200年的数十个建筑奖项中，维基自由百科推荐了六项，即英国RIBA建筑奖（1848年）、美国AIA建筑奖（1907年）、芬兰阿尔瓦·阿尔托建筑奖（1967年）、美国普利兹克建筑奖（1979年）、丹麦自然光与建筑构件奖（1980年）、国际建协UIA奖（1984年），它们在国际乃至行业进程中展示着国家的建筑设计形象。国内除日趋完善的“梁思成建筑奖”、全国优秀工程勘察设计奖、中国建筑创作奖外，还有一系列专业奖项如“WA奖”及北京建院主办过两届的“全球华人青年建筑师奖”等。但这里要介绍的“奖项”是另一张“名片”，它是由中国文物学会、中国建筑学会联合颁布的“中国20世纪建筑遗产项目”。有关它的特殊价值，单霁翔会长在《中国20世纪建筑遗产（第一卷）》序中说：“每位建筑师手中的建筑创作都有可能成为令人仰慕的文化遗产的机会……按国际规则认定的20世纪建筑遗产是功在当代、利在千秋的伟业。早在2004年8月，马国馨院士领导的中国建筑学会建筑师分会就向国际建协等学术机构提交了一份20世纪中国建筑遗产的清单，蕴含着大量20世纪珍贵历史信息……研究优秀的20世纪建筑遗产，思考它们与当时社会、经济、文化乃至工程技术之间的互动关系，成为当代与未来设计师理性思考的源泉”。中国建筑学会理事长修龙也表述：“……中国20世纪建筑遗产项目，充分验证了这些承载着城市文脉与文化记忆的建筑作品是经得起时间考验的，是不愧为业内大家及公众心中永恒的经典之作，建筑遗产本身蕴含着保护与创新的双重设计含义，要号召广大建筑师学习对传统的敬畏对自然的依赖。”在2017年12月2日在安徽池州召开的“第二批中国20世纪建筑遗产项目公布活动”上，徐全胜总经理代表全国建筑设计单位讲话，主题词是：两个荣幸、两个致敬、两个期待。他说：“北京建院这次又有5个项目入选，使我们倍感荣幸。我理解这个成绩的取得标志着与共和国同龄的大型建筑设计研究单位在传承文化、传承传建筑统上结出的硕果，它得益于北京建院老一辈建筑师、设计师们的贡献。”可见，中国20世纪建筑遗产项目的入选，正成为北京建院的又一张金色“名片”。

联合国教科文组织每年列入《世界遗产名录》的20世纪建筑的比例在提升，如2016年第40届世界遗产大会将法国建筑师、艺术家勒·柯布西耶（1897—1965）跨越七个国家的17项作品列为世界文化遗产，其中有1930年早期的法国萨伏伊别墅及晚期1962年的印度昌迪加尔项目，正如评审委员会所述“这些革命性的建筑，实现了建筑技术的现代化，满足了社会及人们的需求，影响了全世界，为现代建筑奠定了基础”。对此马国馨院士分析，如果联系到1987年联合国教科文组织将巴西建筑师迈耶设计的巴西新首都巴西利亚（1960年），此后的霍尔塔（比利时）、密斯·凡·德·罗（美国）、伍重（丹麦）、巴拉干（墨西哥）等建筑师设计的20世纪知名建筑陆续被列入世界文化遗产，20世纪建筑遗产就更加引发关注。在中国文物学会、中国建筑学会主持下自2016年开始评选的中国20世纪建筑遗产项目，是按照联合国教科文组织国际古迹遗址理事会20世纪遗产国际科学委员会编制的《关于20世纪建筑遗产保护办法的马德里文件 2011》为准则，结合国情推出的《中国 20 世纪建筑遗产认定标准 2014》所缜密推进的。所有入选项目，都是由建筑与文博业界的专家投票，后在公证处监督下产生，体现权威性与公正性。值得提及的是，在第一批、第二批、第三批入选的 298 个项目中，我院先后共有 30 项入选，占项目总数的 1/10，成为全国所有设计单位入选 20 世纪建筑遗产项目的佼佼者。

对于我院的 20 世纪建筑遗产保护的新“名片”至少可看到三点：其一，虽然每个设计单位都有它的历史与演进特点，但并非所有单位对它的尊重与敬畏相同，如何挖掘北京建院历程并找到它在新中国设计行业的唯一性格外重要；其二，虽然每个设计单位越来越重视梳理院史院志，但我们如何作为才能成为行业之引领者，如何作为才能激发全院上下的爱院热情与文化自觉，北京建院需要更多倾情者；其三，用入选的乃至尚未入选文化遗产的优秀的新中国建筑项目为榜样，以 20 世纪建筑遗产项目背后的我院老一辈“大师”如建筑师张镈、结构师胡庆昌、电气工程师王时煦等为榜样，北京建院就不愁没有传统文化的滋养，就不愁讲不好北京建院设计精神的“中国故事”。所以，基于世界遗产的目标思维，是中外建筑界的文化崇尚与观照。

二、张镈总建筑师领衔的 20 世纪 40 年代北京中轴线建筑测绘

忆及张镈对北京城市建筑的贡献，不仅有已载入史册的，还有一些鲜为人知的贡献。1994 年 2 月张镈著《我的建筑创作道路》一书出版，其中有一段专门介绍了他在基泰工程司的经历，讲述他 1941 年 1 月—1948 年 12 月出任华北基泰主持人所做的主要工作。今天看来，张镈为北京这座历史文化名城的保护，为正在申报的中轴线整体“申遗”，早就有非凡的贡献，此举应让更多的公众知晓。张镈的恩师梁思成的导师朱启钤（1872—1964），是光绪举人，建筑史学家，民国初曾任北洋政府交通总长等职，1929 年创办中国营造学社，为中国传统建筑遗产保护及 20 世纪北京城市建设做出了一系列奠基性工作。北京城从南到北（永定门到钟鼓楼）7.8 千米的中轴线，是北京这座历史文化名城的象征，它被誉为“都市计划的无比杰作”，更有“世界城市建设史上的奇迹”之称，重要的是人们也许并不知道，围绕“中轴线”的保护确有一段被历史尘封了

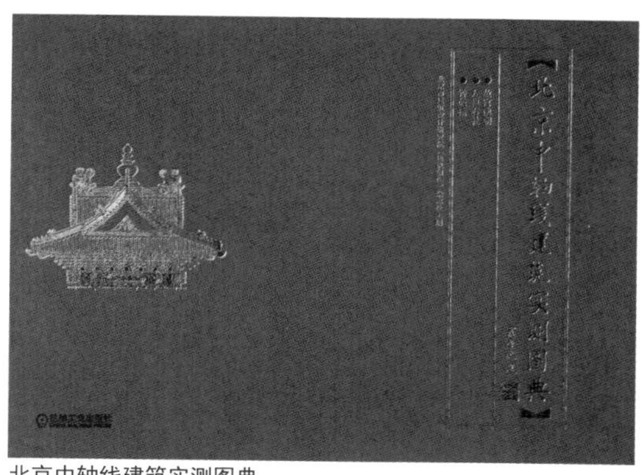
北京中轴线建筑实测图典

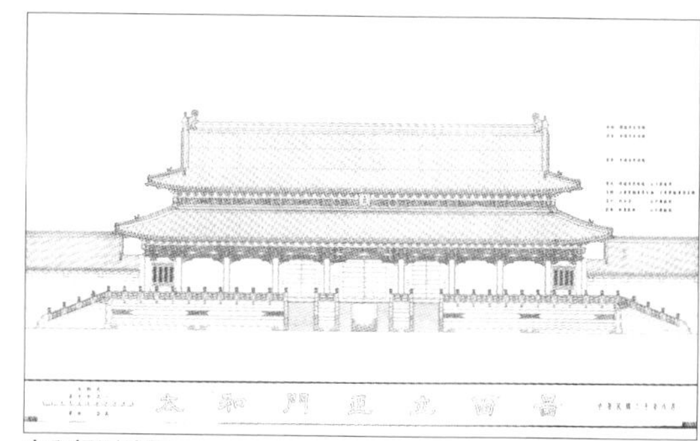
太和门测绘图

近八十载的往事，从中能感悟到抗战时期朱启钤组织策划、张镈执行的北京建筑界保护中轴线遗产的壮举。张镈曾专门记叙过他1941—1944年率领天津工商学院（天津大学前身）建筑系师生测绘中轴线建筑的历程。

张镈1991年写给故乡山东无棣县政协的回忆录中说：“测绘人员百分之九十是我在天津工商学院教书时的学生。我们的工作地点就设在天安门后端门前的西朝房中。为了保存真迹，图纸是用厚的橡皮纸，每张尺寸为42英寸×60英寸（相当于1.07m×1.53m），因此在比例尺上至少为1:100，某些细部为1:50或1:20。这些学生（据文献记载：天津工商学院建筑系有10人，张宪卢、虞福金、杨学智、高文铨、林远荫、林柏年、陈濯、李锡震、李永序等9名，另一名尚未查到；天津工商学院土木系毕业生是张宪虞、郁彦、孙家芳，还有上海圣约翰大学建筑系毕业生沈尔明等人，加上基泰事务所同仁20人；这里并不包括摄影师林镜新、统计文书兼会议许致文、传统技艺的老架子工扎匠徐荣文父子等）。大家都工作十分认真，测绘时攀登高点不畏危险。把每一构件都作详测，甚至连玉台台阶、栏杆也是步步实测。此项工作自1941年6月开始至1944年秋结束，张镈时年才30多岁，与大家一起到瓦面屋脊处亲手测量，不时钻入木架内部去观察细部，并照相留下真迹，这种实践培养了师生爱惜祖国文物之心，也对中国传统建筑构造和外形风格有了更深的认识，此举乃开抗战期间保护中国建筑用实测之法的先河。2005年故宫博物院八十周年庆典，北京建院《建筑创作》组织编撰出版了《北京中轴线建筑实测图典》一书，为业界填补了空白，且让人们知道了这段鲜为人知的历史。

三、张开济总建筑师对天安门观礼台的设计

天安门观礼台位于天安门前方东西两侧，主要用于国庆等重大庆典观礼。观礼台东西对称，各有7个台。天安门观礼台起初是为举行“开国大典”时临时搭起的砖木结构建筑，1954年，在原址的基础上改建为砖混结构的永久性观礼台。天安门城楼前方是两座大观礼台每座长95米、宽12米，各有6个小区。中山公园门口右侧、劳动人文化宫左侧的两个小观礼台均长73米，各有5个小区。观礼台呈北高南低的倾斜式，内有梯形台阶，总容量为21000人。看台平缓的坡度刻意地弱化了它巨大的体积，不仅为拥有600年历史的天安门城楼营造了更加恢弘的气势，同时也弱化了有近600年历史的天安门城楼与观礼台新建筑的区别，两者浑然一体，风格形式颇为贴切。观礼台为了方便观礼嘉宾，背后设有各类服务设施。

张开济大师每每议到天安门观礼台设计时，就很得意，这是他对建筑风格与形式、建筑文化传承与现代应用的最有说服力的解读。

天安门观礼台

他曾说这是他“最得意”的设计。

四、孙任先等的天安门城楼落架大修设计

孙任先于 1962 年从天津大学毕业后到北京市建筑设计研究院工作，并通过不断学习和努力追求成为一名对古建有深入研究的高级建筑师。他系北京建院 20 世纪 60 年代大学生中逐渐成长起来的古建专家，在几十年的工作中完成了大大小小众多的工程项目，其中 1/3 是与传统建筑园林有关的项目，而给他留下印象最深的就是曾先后参加了 1969 年天安门城楼重建工程（时任建筑专业负责人），后又以主持人的身份参加了 1979 年天安门城楼大修工程。可以说，天安门城楼大修工程给他留下了永远难忘的记忆。关于天安门城楼落架大修中北京建院所做的贡献，在 2009 年建院六十周年纪念集中已有详述，这里从略。

孙任先高级建筑师于 1987 年在北京建院领导的支持下，完成了《古建园林札记》图册的编制。北京建院顾问总建筑师白德懋为该书作序，白总在序言中说：北京这个历史古都保存着大量的古建园林，其造景之优美，艺术之高超和技术之精湛堪称我国历史文化遗产中的稀世之宝。我院孙任先建筑师从不放过这个得天独厚的条件，利用业余时间和工作之便，进行写生和测绘。多少年来，他克服各种困难，锲而不舍，刻意追求；不仅是为了爱好，而是取其精华，用于工作实际中去，这样一种精神是难能可贵的。我们不能要求每个建筑师都是全才。但是作为中国建筑师，了解祖国的建筑历史遗产，熟悉自己的优秀建筑传统，同了解

北京日报 16

深读周刊 纪事

重建天安门（下）

《北京日报》2016 年 4 月 5 日刊载文章《重建天安门》，记述我院在大修工程中的贡献。文中照片为 1970 年 5 月天安门城楼重建竣工后，主要设计人员（右 4 孙仁先）等与大木师傅的合影

《古建园林札记》封面

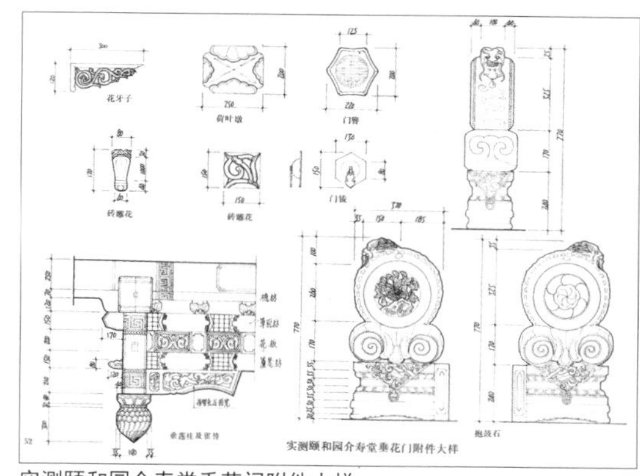

实测颐和园介寿堂垂花门附件大样

和熟悉世界建筑历史一样，都是必要的。当然也希望有一部分建筑师能下功夫钻研和探索，成为这方面的专家。我们认为，当代建筑师肩负着一个重要的任务，那就是继承中国建筑传

统，创造具有时代特征的，不同于前人的，我们自己的建筑风格。任务是艰巨的，也是无法推却的。我们出版孙任先同志积累的习作正是为了鼓励更多的建筑师来钻研和探索，同时致力于我国建筑创作的繁荣昌盛，为民族复兴做出更大的贡献。

五、纪念中国第一个“文化遗产日”：重走梁思成古建之路——四川行

2006 年国务院确定每年 6 月第二个星期六为“中国文化遗产日”，北京建院《建筑创作》杂志与中国文物研究所联合策划，为纪念梁思成 105 周年诞辰，特举办中国建筑界与文博界联手的“重走梁思成古建之路——四川行”。活动由国家文物局、四川省人民政府联合主办，于 2006 年 3 月 28 日至 4 月 1 日在中国营造学社诞生地宜宾李庄举行，对于此次活动的重要意义，时任国家文物局局长单霁翔表示，这是新中国历史上第一次建筑界与文博界联手的文化遗产保护行动，也是为庆祝第一个“中国文化遗产日”在全国开启的第一场活动。事实上，《建筑创作》杂志社作为一个专

中国文物报

CHINA CULTURAL RELICS NEWS

本期含『遗产周刊』

国家文物局主管
中国文物报社主办
国内统一刊号：CN11—0170
邮局发行代号：1—151
国外邮发代号：D1064

2006年4月7日
总第1409期
周三、五出版
零售价：1.6元

投稿邮箱：wwb@ccrnews.com.cn
总机：(010)84633366 传真：(010)84624650
采编热线电话：(010)84624665 84624661
广告发行电话：(010)84625980
中国文物信息网：www.ccrnews.com.cn

社址：北京市朝阳区北四环东路高原街甲2号文博大厦 邮编：100029 订阅：全国各地邮局 印刷：法制日报印刷厂

“重走梁思成古建之路——四川行”圆满结束

中国首个“文化遗产日”纪念活动拉开序幕

本报讯 记者孙秀丽报道 “重走梁思成古建之路——四川行”学术考察 3 月 29 日在四川宜宾李庄镇启动。国家文物局副局长张柏，四川省政府副秘书长陈保明，原中国营造学社成员、古建筑专家罗哲文，著名文物专家谢辰生，中国工程院院士马国馨，清华大学教授楼庆西，四川省文化厅副厅长徐荣旋，北京市建筑设计研究院院长朱小地，中国文物研究所所长张廷皓，宜宾市委副书记梁熙扬等出席了在宜宾李庄慧光寺举行的开幕仪式，李庄镇村民数百人自发参加了大会。

此前国务院于去年 12 月下发通知，明确从今年起，每年 6 月的第二个星期六，定为中国“文化遗产日”，同时今年是梁思成先生诞辰 105 周年、中国营造学社结束工作 60 周年，因此中国文物研究所、四川省文物局、北京市建筑设计研究院等单位联合发起了这次有特殊意义的学术考察，作为国家宣传首个“文化遗产日”的启动活动，罗哲文、谢辰生、马国馨、楼庆西、王其亨等 40 余位专家学者全程参与了考察。

考察队伍沿着梁思成等先生的足迹，先后踏访了宜宾李庄镇营造学社旧址、同济大学工学院旧址、东岳庙、慧光寺、旋螺殿、夹江千佛崖摩崖造像、乐山白崖山崖墓、大庙飞来殿、新津观音寺、梓潼七曲山大庙、李业阙、贞孝节烈总坊等文物古迹。其中 6 处属全国重点文物保护单位。这些文物古迹周边环境大都还保留着梁思成先生调查时期的原生态，十分可贵。

4 月 1 日，国家文物局局长单霁翔、四川省副省长柯尊平、文化厅厅长郑晓幸、罗哲文先生和他的同事们在李庄留下的属于一个时代的中国建筑文化和精神，将永远昭示和激励我们为加强文化遗产保护而努力奋斗。

单霁翔呼吁，建筑学界和文物界应共同发掘和弘扬营造学社精神，在城市化进程和城乡建设加快的时期，面对发展与保护的矛盾，如何加强文化遗产保护，使建筑学和文物学达到一个新的水平，是我们的使命和责任。单霁翔还在会上宣布了中国营造学社旧址被国务院审议通过列入第六批全国重点文物保护单位的消息。

张柏强调，文物保护事业需要弘扬梁思成先生这种爱国、竭力保护文物的精神，重视理论、更重视实践的精神，文物保护先行者的精神！因此我们选择纪念梁思成先生作为“文化遗产日”的序幕。而把李庄作为出发点，是因为梁思成在到李庄之前的多年调查成果最终在这里完成；而以李庄为原点对周围地区古建筑的调查，又成为他后期研究成果的基础工作。

《建筑创作》杂志主编金磊指出，过去纪念梁思成先生的活动一般集中在建筑界，这次文物部门也成为重要参与者，而“文化遗产日”的纪念活动也有了建筑部门的积极参与。

马国馨院士指出，这次建筑与文物界的是建筑界积极回应国家首个“文化遗产日”的具体行动。此番建筑和文物保护专家齐聚李庄，以及李庄镇村民的参与宣传，是学术交流与创作活动的一次创举。

考察期间，主办方每晚均组织了学术研讨。楼庆西教授作了关于梁思成学术成就及梁思成精神的演讲。天津大学王其亨教授批评了如今古代建筑研究中“只见物不见人”的弊端，并指出营造学社之后，无人继续他们所做的传统建筑工艺的收集整理工作。老工匠抢救问题应该受到关注。很多专家谈到，像金丝楠木、砖、琉璃等逐渐陷入失传的建筑材料，国家文物局应该设立生产基地、储备材基地；用授奖等办法鼓励宣传身怀绝技的匠人；并逐步启动古建筑维修培训工作。

重走梁思成古建之路为中国首个“文化遗产日”拉开序幕，《中国文物报》2006 年 4 月 7 日

2006 年 4 月 1 日“重走梁思成古建之路——四川行”活动闭幕式

2008 年中国第三个“文化遗产日”活动系列之《义县奉国寺》图书首发

2009 年中国第四个“文化遗产日”活动系列之纪念营造学社八十周年展览

业传媒有目的地组织中国建筑师造访建筑遗产始于 2003 年 9 月，为追溯中国营造学社梁思成等建筑学家发现五台山佛光寺的历史，让更多的中国建筑师领略佛光寺建筑在中国传统建筑中的地位。由中国建筑学会建筑摄影专业委员会及《 建筑创作 》杂志社主办的中国建筑摄影论坛于 2003 年 9 月中旬在五台山举办，建筑与文博专家在佛光寺大殿前场地上席地而

考察人民合影

《图说李庄》封面

重走刘敦桢之路徽州行部分专家合影

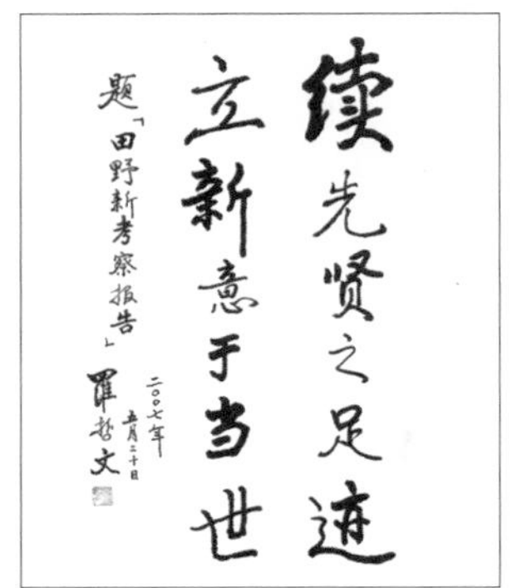

罗哲文题词

《田野新考察报告》封面

坐，围绕佛光寺的发现、建筑遗产保护与图片留存进行了研讨。

特别值得一提的是，继 2006 年“重走梁思成古建之路——四川行”活动之后，建筑文化考察组就按照 20 世纪 30 年代朱启钤的《中国营造学社汇刊》的形式，创办了《田野新考察报告》丛书，并邀请中国营造学社的建筑遗产大家王世襄、罗哲文为《田野新考察报告》撰写封面书名及题词。2006 年《建筑创作》杂志社牵头在行业内组建了“建筑文化考察组”，开展了建筑考察，连续出版了《田野新考察报告》学术丛刊。至今它在业内仍具广泛影响力，甚至带动了国内一批专业媒体关注建筑遗产考察与研究，如 2016 年“重走刘敦桢古建之路徽州行”、2018 年“重走洪青之路婺源行”等，都是继续深化建筑遗产保护与向中国 20 世纪建筑师致敬的活动。这些无不表现了北京建院服务于建筑行业的建筑文化活动同时产生引领作用与影响力。

第一国门：首都国际机场与北京大兴国际机场的“新奇迹”

本书编委会

2019 年 9 月 25 日 23 时许，随着最后一架飞机从北京南苑机场起飞降落在北京大兴国际机场，标志着已有 109 年历史的中国首座机场——北京南苑机场就此关闭，而被誉为新世界七大奇迹之首的北京大兴国际机场正式登场。1953 年 12 月 3 日，经政务院批准，周恩来总理亲自为新中国首个新建民用机场选址，定在当时的北京市顺义天竺以北、二十里堡以东地区，1958 年 2 月 28 日，中国民航局宣布一座现代化民航机场完工。从北京首都国际机场 T1、T2、T3 航站楼，至北京大兴国际机场，都是北京建院对城市建设的贡献和荣光，它体现了在这么多专业性强、复杂度高的项目中，40 年来北京建院一直秉持科学精神的价值追求。

首都国际机场 T1 航站楼内景

北京国际机场 T2 航站楼

一、首都国际机场 T1、T2、T3 航站楼

1980 年建成的 T1 航站楼。于 1988 年荣获 20 世纪 80 年代“北京十大建筑”称号。20 世纪 70 年代，根据机场容量与国际化需求，周总理确定了扩建机场计划，并提出了“经济、适用、朴素、明朗”的候机楼设计方针，1974 年 8 月正式动工并列为国家重点工程，1986 年启用，北京建院刘国昭等主持设计。新落成的候机楼建筑比原候机楼大 5 倍。扩容的亮点不仅仅是跑道的延展和候机楼的扩大，更在于追赶世界脚步的加快及登机舷梯开始采用“卫星式廊桥”。

新建航站楼建筑面积 58000 ㎡。在原有机场的基础上，充分利用已有基地和市政设施进行建设，航站楼由主楼、卫星厅及输送廊道组成。主楼平面呈矩形，分为中央及东，西两翼，首层中央厅为进港旅客大厅，设有检疫，边防，海关、行李提取大厅和迎客厅。二层为出港大厅，设有边防、海关、行李托运、出港休息大厅及免税商店、酒吧等。三层为迎送者休息廊，设有餐饮服务设施。主楼的东北和西北各有一座外径 50m 的卫星厅，每个卫星厅有 8 个登机门位和休息厅及服务设施，每个卫星外围，可放射停放 8 架飞机，供旅客从休息室通过旅客桥上下飞机。主楼与卫星厅间各设一条长 100m 的输送廊道，廊道内安装有双向自动步道供旅客进出港使用。

航站楼在建筑造型及内外装修设计上，既体现现代化的建筑功能又重点采用一些民族传统形式的纹样，如过境餐厅墙面的大型重彩壁画取材哪吒闹海和巴山蜀水，整个餐厅富有中国民族文化的特色。

1999 年 11 月建成的 T2 航站楼。它于 1995 年 10 月动工，作为国家“九五”重点工程，由北京建院马国馨等主持设计。该项目的投资额、建设规模、配套项目在当时均堪称我国民航建设之最。首都机场航站楼最早于 1958 年投入使用，航站楼建筑面积 10138 平方米，每小时可以接待旅客 230 人，现为中国国际航空公司办公楼。首都国际机场 T2 航站楼于 1999 年建成，总建筑面积 32.6 万平方米，共设 36 个固定机位，8 个远机位，与 T1 航站楼及新建停车楼之间均有通道相连。建筑外立面以匀称流畅的曲线形金属屋面与采光天窗有机融合，配以虚实相间的弧形金属墙，形成富有时代特点和交通建筑特色的外观。候机厅与进港通廊空间流畅并且富有高低变化，结构外露以及新技术、新材料、新工艺的运用，给人留下深刻印象。T2 航站楼使首都机场步入世界先进机场行列。该项目于 2017 年荣获由中国文物学会、中国建筑学会联合颁布的“第二批中国 20 世纪建筑遗产”。

2008 年 2 月建成了 T3 航站楼。2004 年 3 月首都国际机场第三次扩容正式开工。北京建院邵韦平等主持设计（合作），总面积 98.6 万㎡的 T3 航站楼，相当于 T1 航站楼和 T2 航站楼建筑面积之和的两倍，成为当时世界上最大的单体航站楼，有“巨无霸”之称。虽然 T3 航站楼体积较大，但由于有进出港流程优化设计，实现了出发或到达均可在一个楼层转换。它成功地服务了以第 29 届奥运会为代表的多个国际盛会，成为亚太地区跨入世界超大型机场的代表。

二、北京大兴国际机场乃“金色凤凰”

2019 年 9 月 25 日，北京建院（合作）设计的北京大兴国际机场举行投运仪式，习总书记宣布机场正式投运并巡览航站楼。习总书记在讲话中强调，北京大兴国际机场体现了中国人民的雄心壮志和世界眼光、战略眼光，体现了民族精神和现代化水平的大国工匠风范。作为一座升级版的“新国门”，一个机场建设史上的“新跨越”，2014 年 12 月国家发改委批准新机场项目，造型寓意“凤凰展翅”，与首都国际机场形成“龙凤呈祥”的双枢纽格局。

机场航站楼建筑面积 140 万㎡，相当于首都机场 T1、T2、T3 航站楼之总和，它成

为当今世界上最大的单体航站楼。首期建成年服务 4500 万旅客，到 2025 年实现年服务 7200 万人次，远期可满足 1 亿人次吞吐量。北京大兴国际机场的设计创新主要体现在以下方面。走进航站楼，白色主色调中，C 型柱与屋顶装饰板形成高大空间。吊顶从侧面到顶面连续变化，形成“如意祥云”的肌理，与地面拼花石材的“繁花似锦”和浮岛墙面的“流光溢彩”上下呼应。除了空间设计的美感，中心区层间隔震技术也是该项目最明显的设计亮点，这一安全设计属国内首创，层间隔震技术的应用有效缓解了地下轨道运行的振动对航站楼运行的影响；双层出发双层到达的设计，使环绕机场的四条高速、地下高铁、地铁、城际铁路等轨道线所带来的交通便利可以发挥更强大与综合的区域辐射能力，通过优化的综合交通体系设计，为乘客提供最大便利。

北京大兴国际机场的圆满建成与投运，创造了目前全球最大规模的单体航站楼，以独特的设计创造了多项世界之最，这是北京建院践行新发展理念，秉持科学精神，继 60 年前“国庆十大工程”的又一项“国庆”新献礼工程。其创新价值是：利用科学精神，把设计对“真”的发掘与以人为本的“善”紧紧相连，实现了理性设计原则在构建设计创造价值上的又一次新突破。

北京建院住宅设计研究新趋势

刘晓钟

作为北京建院人，与新中国同龄是我深感骄傲、荣誉，也是经历。居住建筑在我院的设计版块中举足轻重，建设量大，收费多，一直排在生产经营的前两位，并且是国计民生的重点，为建设宜居城市提供了可靠保障。我跟随建筑前辈从事住宅设计研究已经 35 年，经历了改革开放，也算是北京建院住宅设计的见证人。本文重点介绍近十年来北京建院住宅设计研究的状况，从而探寻面对未来我们住宅设计的新趋向。

从全国看，改革开放四十年，以房地产发展的过程大致可分初级、发展、成熟、提高四个阶段，基本上是 10 年一个阶段。在每个阶段都解决了当时社会所面临的问题。如，初级阶段，解决有无问题；发展阶段，计划经济向市场经济转换问题；成熟阶段，解决快速发展中量的问题；提高阶段，提升品质，增加技术与科技含量，实现绿色、可持续发展的需要。北京建院的住宅设计发展也基本符合上述四个阶段的发展。这里主要介绍“提高阶段”中北京建院的发展、成长与变化。

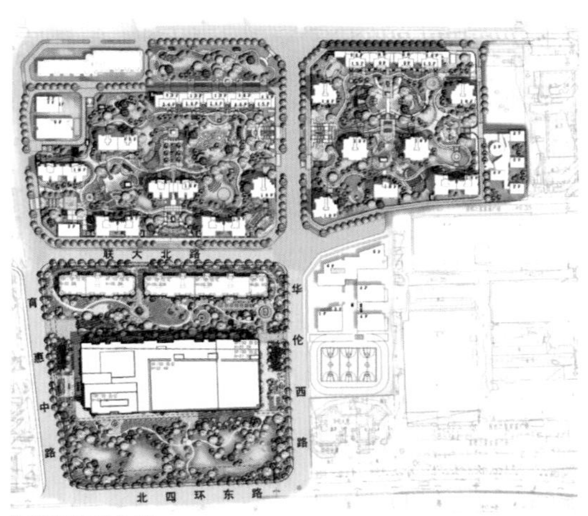

远洋万和城总图

一、2008 年前后面临全球金融危机，也是房地产发展第四阶段的开始

经历前三个阶段的发展过程后，市场在这种背景环境下对产品提出了更高的要求。首先，开发商要求产品定型化、系列化，产品升级、提高品质，创造更高价值。市场需求是要改善环境，提高品质，升级换代，要舒适、宜居。因此，北京建院在这种情况下，努力为市场、开发商创造具有市场代表性和有特点的产品。以远洋万和城、远洋公馆为例，这两个项目均为“中远”地产高端产品。“万和”系列以解决二次置业和改善型城市白领需求为品质要求，规划中突破性地提出将“城市公园引入小区”的概念。留出 2 公顷的绿地，形成绿地花

远洋万和城下沉花园

园的理念，结合住宅的点式布局，构建多层次、丰富的社区景观。手法上以景观资源最大化为原则，用下沉式花园和架室手法实现多层次的绿化园林空间，提高和改善了小区环境的要求。

万科系列 包括万科第五园、万科城市花园等，第五园为低密度产品中万科系列的代表作品，体现环境、建筑融合为一体的建筑情怀，特别是南方环境中的水与建筑、院落的关系处理得融洽得体。

深圳万科第五园

中海九号公馆 该项目北京市地王项目，规划为高层与低密度组合形成不同产品，差异化产品价值，创造产品利润最大化。并且为市场提供低密度、高品质产品，解决停车问题，人车分流，更好地诠释了高品质住宅产品的特征。公馆系列设计为中海高端产品定位。

中海九号公馆

二、品质不是一个简单空间大小的要求，而是在舒适、宜居、健康上有所体现

随着中国整个经济的发展，价值因素的增长，技术的成熟。如住宅新风系统、恒温、恒湿、恒氧、低噪、无尘、适光等技术在住宅产品中得到推广与应用，效果很好，市场接受度高。新材料如 LOW–E 玻璃节能窗、

金茂府

外保温幕墙系统、低温地板采暖系统等。如望京金茂府项目，热源采用地源热泵系统供暖、制冷，室内环境恒温、恒湿、恒氧，并且设有新风系统、智能化安防和控制系统，全产品精装交房。

泰康人寿燕园

三、绿色理念

随着国家政策的要求和绿建认证体系的建立，住宅产品要全面达到一星国家认证标准。有些项目要实现二、三星的标准，因此在环境设计、单体设计和全装修标准交房都要达到更高的要求，在方案和技术设计阶段要论证所要求的技术手段和标准，让精装设计和土建设计过程中得到充分配合，实现二次设计过程一次完成的理念。在达到高品质、全产品的同时实现绿色、环保、可持续的要求。如金茂悦、望京 K7。

北京市地方标准 DB

编　号：DB11/1309—2015
备案号：J13210—2015

社区养老服务设施设计标准

Design standard for community-based elderly care facilities

2015-12-30 发布　　2016-07-01 实施

北京市规划委员会
北京市质量技术监督局　联合发布

北京市地方标准《社区养老服务设施设计标准》

UDC

中华人民共和国国家标准 GB

P　　GB 50763-2012

无障碍设计规范

Codes for accessibility design

2012-03-30 发布　　2012-09-01 实施

中华人民共和国住房和城乡建设部
中华人民共和国国家质量监督检验检疫总局　联合发布

《无障碍设计规范》

金茂悦

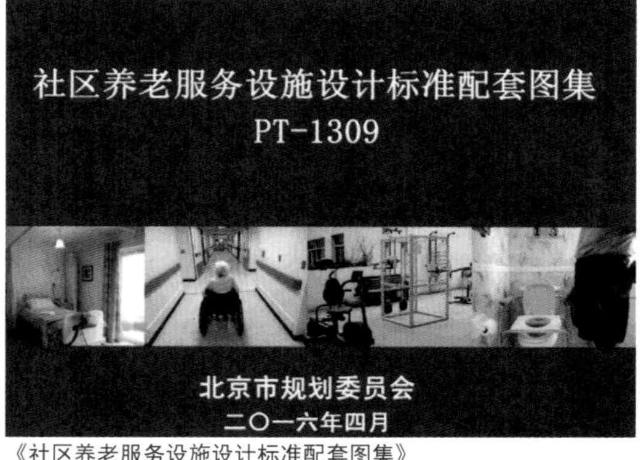
社区养老服务设施设计标准配套图集
PT-1309

北京市规划委员会
二〇一六年四月

《社区养老服务设施设计标准配套图集》

四、人口老龄化趋势

伴随我国人口老龄化，政府与市场均出台了鼓励发展养老产业的政策和要求。为完善多项法规与政策指导，我院前后完成了北京市地方标准《社区养老服务设施设计标准》的研究和编制，国家标准《无障碍设计规范》的编制及相关的课题的研究。设计完成了北京泰康人寿的燕园项目，该项目以活力老人、介护型老人和全护理型老人为服务对象，配套医疗门诊，

房山万佛堂金泰舒仑士养老中心

中粮万科长阳半岛

首开寸草养老中心

北京城市副中心职工周转房项目

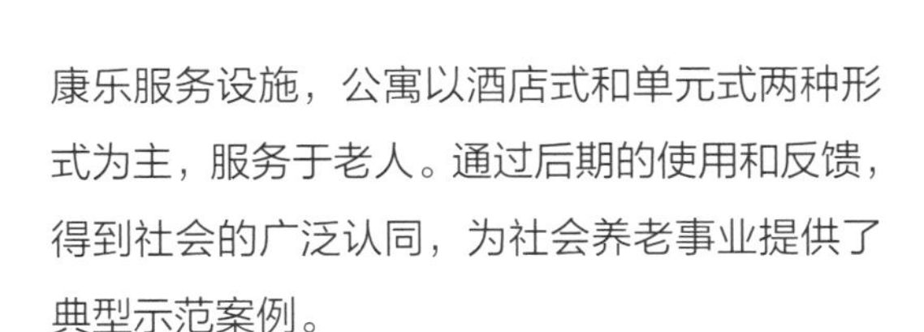

康乐服务设施，公寓以酒店式和单元式两种形式为主，服务于老人。通过后期的使用和反馈，得到社会的广泛认同，为社会养老事业提供了典型示范案例。

除新完成设计的养老项目外，还在老项目的改造中将原有旧建筑改造成养老设施。如房山万佛堂金泰舒仑士养老中心、首开寸草养老中心等。

五、住宅产业化

住建部在 1999 年颁布发展住宅产业化的文件，经过政策、法规、标准和建设，在近十年已形成了完整的工业化体系，我院紧跟政策，早期与万科合作，在北京完成中粮万科长阳半岛住宅等项目。

经研发，成立以住宅产业化为主的设计十所，现为第十设计院。公司投资北京燕通构件厂，挂牌成立了国家产业化示范基地，从研发、设计到生产加工，装配式构件从部品、阳台、楼梯发展到水平叠合板，竖向构件的外墙板，实现了建筑的主体装配式建造、施工。现已在大量建设的政策房和公务员周转房上广泛应用，形成完整的技术路线和技术方法，并在装配式装修成品房上取得突破。

六、保障系列——政策房

在房价居高不下的背景下，中央提出“房住不炒”的政策，为保障普通百姓能够住得下、买得起，提出了实施保障房策略。由于是保障系列，控制投资，因此，我院在这方面的项目并不是很多，前期各方面反映的问题是设计水平、质量不高，达不到百姓预期和政府的要求。因此受行业和政府的委托，在进行了大量的调研和政策解读后，编辑了全国第一本《北京市保障性住房规划建筑设计指导性图集》，为当时的行业提供了一本针对性强、参考与应用成熟的方案图集，并且在全市推广，使保障房系列的设计水平得到提升。同时对每年市规委汇报展上的作品进行讲评，写出项目的优缺点，为其他项目做示范。在此基础上也参加了住建部的全国政策性指导图集的编制，积极参与北京住建委的专家组工作，为行业把关，控制方案质量，引领行业，为社会服务，为百姓安居作贡献。

《北京市保障性住房规划建筑设计指导性图集》

《北京市政策性住房建筑立面设计指导性图集》

七、全过程、全专业设计——设计总包

近几年随着营商环境的改变及五方责任和建筑师终身负责制的提出，住宅设计，特别是通州副中心的几个职工周转房项目，业主方要求我们实行设计总包，包含前期咨询、策划、规划设计、建筑设计、景观设计、装修设计、管网、道路、小区市政、海绵城市、绿色建筑、产业化、智能化、BIM 等内容，是全方位的设

北京城市副中心职工周转房（北区）项目

朝阳区农光里改造前

朝阳区农光里改造后

朝阳区老旧小区抗震节能综合改造项目改造前

朝阳区老旧小区抗震节能综合改造项目改造后

计总包。这对住宅设计提出了更高的要求，既要把控好自身的设计质量，又要协调好相关专业的关系，这给建筑师提出了新的要求。专业上掌握的面要广，管理上要有控制和决策能力，精力上要付出更多的时间和劳动，才能把项目完成，这也是今后的发展方向。通过几年的探索，通州职工周转房项目年底要交付使用，虽然努力了，但还是会有很多问题和教训，期待在此基础上能够不断进步，有效完成好通州陆续竣工的项目，为后面的项目和设计总包工作探索一条高效、高质量的发展之路来。

八、旧城改造，是不能不关注的重要课题

这新建筑建了许多，并且早期有些建筑标准、材料都比较低级，不适应现代需求，但主体建筑经改造还是可以焕发出活力的。从理念上、经济上、环保上都需要改造与保留相结合，结合北京市各区的政策和财力的投入，先后在节能、抗震、管线改造，加装电梯、环境整治、改善使用功能等方面进行不同层次上的改造。设计者先后进行了大量的调研，做通住户的思想工作，充分考虑各种节约方法和施工技术，既快又省又好地完成居住建筑的改造要求和任务，为城市更新和改造积累了宝贵的经验。

十年来，我们北京建院人还是完成了北京市主要的、有代表性的楼盘和大量工程，建筑面积达到几千万平方米，同时引领不同阶段和地域的示范项目，为北京市、为国家做出了贡献。居住建筑与公共建筑相比，它的标志性没有那么强，它是城市的背景与场所，映衬着丰富的舞台，让建筑师施展各自的才华，让城市丰富多彩，让百姓安居。

品质设计
——对 BIAD 核心理念的践行

叶依谦

“建筑服务社会，设计创造价值”是北京建院的核心理念。建筑作为一种特殊的产品，品质是其品性、特征、本质和服务水准的反映。而“品质设计”则是从产品品质入手，对设计理念、过程、结果进行控制的一种工作方法。

哈佛大学商学院 David A. Garvin 教授提出“品质的八个维度”概念，对品质做了深度剖析。这八个维度指的是：功能、特点、可靠度、符合度、耐用度、服务度、美学和感知品质。下面以我们刚刚落成投入使用的“北航北区宿舍、食堂项目”为例，对在建筑设计中如何落实上述的八个维度做简要的分析、说明。

“功能”指的是产品的基本性能特征。在北航北区宿舍、食堂项目中，功能包括：932 间学生宿舍，入住 3700 人；4 层独立食堂，提供 2400 个餐位以及 7000 ㎡的大学生创新创业中心、900 个汽车停车位、4000 ㎡中央厨房、2000 ㎡的档案库房的地下空间。

北航食堂

“特点”指的是为增强产品的吸引力或服务水平而附加的性能特征。北航北区宿舍、食堂项目提出了配套功能齐全的“书院式”宿舍区，配备中央厨房的多餐厅式学生食堂，以健康生活为目标的环境场所等建筑功能新理念，为校园塑造了一个新型的公共建筑环境场所。

“可靠度”是指产品在规定的时间周期内不发生故障的可能性。对于建筑而言，基于严格技术体系的设计，充分的设计服务保障是品质可靠度的必要条件。在北航北区宿舍、食堂项目的设计中，严格执行北京建院专业技术措施、制图标准及设计文件编制深度规定等相关技术体系要求，并且在建造阶段投入足够的设计服务力量，对建筑可靠度给予高度的重视。

“符合度”指的是产品或服务对于相关标准体系的符合精度。设计本身遵守法规、设计过程符合标准是品质符合度的核心。北京建院有着系统、完善的内控体系，并且严格执行相关国际标准。北京建院设计完成的建筑产品，在符合度方面是有坚实的制度保障的。

“耐用度”对于建筑产品而言即建筑的合

北航新宿舍楼群

理使用年限。在北航北区宿舍、食堂项目的设计中，建筑日常使用的免维护性，系统设备的耐用性及维修、更换的便捷性，是品质耐用度的首要考虑因素。

“服务度”是指产品维修服务的响应速度，服务的技术水平及服务态度。设计团队在建筑日常使用中提供后期服务的响应度、技术水准和服务态度是品质服务度的基本要素。品质是目前国内建筑设计行业亟待提升的一个环节，需要制定相关的技术服务标准体系，并在实践中推广。

“美学”是用户对于产品的主观体验，更多地反映了个体偏好。美学维度对于建筑设计而言，反倒是建筑师投入精力最多的部分。

“感知品质”是对产品品质或服务的间接印象，品牌声誉是感知品质的核心元素。对于建筑设计来说，一个设计企业长期良好的品牌美誉度，是感知品质最佳的背书。

品质设计在工业设计领域是一种普遍采用的方法，却为传统的建筑设计提供了不同的视角，让建筑师能够从产品品质的角度去思考、设计，对于建筑品质的提升有着极大的裨益。

叶依谦团队成员（部分）合影

面向世界级城市群：院粤港澳大湾区创新中心成立

本书编委会

2019 年 3 月 10 日，北京建院粤港澳大湾区创新中心在深圳正式成立。

北京市国资委副主任刘高杰，深圳市建筑工务署署长乔恒利，深圳市前海深港现代服务业合作区管理局副局长唐绍杰，中国工程院院士、北京建院总建筑师马国馨，中国工程院院士、华南理工大学建筑设计研究院有限公司董事长何镜堂，中国工程院院士、深圳市建筑设计研究总院有限公司董事长孟建民，中国建筑学会理事长修龙，中国勘察设计协会理事长施设，广州市住建局总工程师赖慧芳，中国建设科技集团党委副书记、总裁文兵，华东建筑集团股份有限公司副总裁龙革，以及来自建筑文化领域的众多专家学者和北京、深圳、广州的媒体工作人员共 200 余人出席了成立仪式。北京建院党委书记、董事长、总经理徐全胜出席活动并致辞，北京建院党委副书记刘凤荣主持创新中心成立仪式。

北京市国资委副主任刘高杰代表北京市国资委对创新中心的成立表示热烈的祝贺。他指出，北京建院作为与共和国同龄的、具有 70 年传承与积淀的专业设计企业，为北京城市的建设做出了卓越贡献，在中国建筑史上留下了光辉一页。北京市国资委全力支持首都国企积

粤港澳大湾区创新中心成立仪式

粤港澳大湾区创新中心成立剪彩仪式

极投入粤港澳大湾区建设，为打造国际一流湾区和世界级城市群做出扎实努力；深圳市前海深港现代服务业合作区管理局副局长唐绍杰，欢迎创新型设计企业进驻，并期待北京建院在为前海建设国际化城市新中心、增强深圳核心引擎功能、推进粤港澳大湾区建设等综合方面做出新贡献；中国建筑学会理事长修龙强调，北京建院致力于向社会提供高品质与前沿的设计服务，完成了一个又一个的标志性的建筑设计项目。相信北京建院将会继续发挥行业先行者的优势，为大湾区的建设与发展注入新的活力；中国勘察设计协会理事长施设提出工程设计的本质是创新，北京建院要以成立粤港澳大湾区创新中心为契机，以创新为引领，按照高质量发展的要求，为粤港澳大湾区建设贡献更多、更高水平的优秀作品；中国工程院院士、北京建院总建筑师马国馨寄语创新中心，希望抓住难得的历史机遇，充分做好迎接挑战的准备，积极融入大湾区建设，做好这篇创新发展的“大文章”。

北京建院党委书记、董事长、总经理徐全胜全面表达北京建院的发展目标，他说从 20 世纪 80 年代起，随着北京建院深圳分公司、广州分公司，华南设计中心的先后建立，北京建院在大湾区的建设也逐步投入更多力量。在中国建筑学会、中国勘察设计协会的指导下，在中国建设科技集团、华建集团、广东省院、华南理工大学设计院、华阳国际、重庆大学、上海天强等机构以及兄弟单位的大力支持和协作下，北京建院得以长足发展。

1985 年 3 月 12 日北京建院成立深圳分院，2014 年 4 月 11 日在广州成立华南设计中心，为粤港澳大湾区建设做出了突出贡献。如今，创新中心为何落户深圳？中心的定位与发展规划是什么？创新人才如何培养？北京建院党委书记、董事长、总经理徐全胜讲到，深圳是改革开放的最前沿，北京建院在深圳的 30 多年发展过程中设计了很多地标性建筑、见证了城市的发展，培养了一批熟悉深圳城市发展脉络、了解深圳城市规划的设计人才，为

粤港澳大湾区创新中心成立仪式

新政策下参与大湾区建设提供了很好的条件，同时亦可促进北京建院的转型升级。运用北京建院 70 年来形成的团队创作优势、技术创新优势，在当地主管部门的领导下，北京建院将与同行一起为实现国家对于大湾区建设的总要求而努力。在粤港澳大湾区资源不断整合的过程中，我们也要尝试在香港建立中心，借助香港的国际化程度，学习国际先进技术，引进国际高端的建筑设计人才，更好地服务湾区建设。用在粤港澳大湾区积累的人才资源、技术资源，服务于全国，服务于“一带一路”，更好地贴近发展战略的总要求，为国家建设贡献力量。

北京建院粤港澳大湾区创新中心主任黄捷表示，通过统筹和整合北京建院大湾区内外部优质资源，创新中心将进行一体化发展，同时加大投入建筑创新技术研发，促进科技成果转化，力求搭建好北京建院国际合作桥梁。

2018 年 11 月 22 日在中国国家博物馆举行的“都 · 城——我们与这座城市”展览，也在大湾区此次系列活动中亮相，原北京市国资委副巡视员荀永利，广东省工程勘察设计行业协会会长陈星，深圳市勘察设计行业协会会长赵春山，以及参加创新中心成立的三位中国工程院院士马国馨、何镜堂、孟建民，北京建院党委书记、董事长总经理徐全胜，北京建院党委副书记刘凤荣等一起为展览进行开幕剪彩。随后，与会人员一同参观了展览。

创新中心成立系列活动还进行了专题演讲与主题论坛。“论道大湾区：创新未来、共绘蓝图”主题论坛由全国工程勘察设计大师、北京建院副董事长张宇主持。“大湾区的实验——新锐建筑师设计”创新论坛由华中科技大学建筑学院教授汪原主持。

（本书编委会根据《BIAD 生活》2019 年第 3 期整理）

北京建院创作中心

本书编委会

北京市建筑设计研究院有限公司创作中心（DESIGN）是北京建院创新平台的重要组成部分，北京建院创作中心是公司层面的创作管理平台，是北京建院广泛的学术交流平台，是北京建院高端设计与技术人才的培养平台，是北京建院高端项目的实践平台，是北京建院创作与技术体系建设的研发平台。同时还是中国建筑学会建筑师分会、北京土木建筑学会的挂靠机构。

北京建院《创作》第 1 期封面

《BIAD 2017 优秀方案设计》封面

创作管理平台

依托创委会，对公司方案创作的整体状况进行监控，对重要项目方案创作进行专题评审，提升创作水平，努力打造北京建院设计品牌。协同公司相关部门，组织策划公司方案创作创优、评优活动，引导设计方向，树立北京建院设计的价值观念。

学术交流平台

结合公司创作管理，组织、策划北京建院内部建筑创作交流，营造良好的内部学术与创作氛围。充分利用中国建筑学会建筑师分会、北京土木建筑学会等社会学术平台，开展广泛而深入的国际、国内创作交流及合作。

高端实践平台

以适度超前的设计引领，持续探索并努力形成北京建院高端设计的方法、标准与管控模式，全面提升北京建院设计水平与设计质量。探索设计合作的新模式，建立开放式实践平台，组织协调相关部门及设计人员，实现协同与创新，发掘、培养北京建院高端设计人才和设计团队。

创作研发平台

引导、开展北京建院基础性、系统性、体系化的应用型设计方法研究。有选择、有目标地承接外部重点科研课题，开展体系化的基础设计理论与设计方法研究。加强与各专项研究中心、设计部门的技术合作，总结先进技术与方法，形成专题性科研成果。

下表为北京建院创作沙龙活动一览。

北京建院创作沙龙活动一览				
期号	沙龙主题	时间	地点	交流内容
北京建院创作沙龙第1期	2014中国建筑学会建筑创作奖评审与创作体会交流	2015年4月29日	J座生活馆	借“建筑创作奖”这一事件，探讨“对创作的认识与价值导向”
北京建院创作沙龙第2期	建筑领域的可持续发展——马里奥·库茨内拉	2015年5月27日	建威大厦16F中庭	1.建筑领域的可持续发展；2.中意可持续建筑设计理念与研究
北京建院创作沙龙第3期	基于信息技术的建筑设计与控制	2015年7月30日	建威大厦16F中庭	1基于技术、超越技术；2.BIM设备组库及数据流动的探索研究；3.BIM协同设计及在项目实践中的应用
北京建院创作沙龙第4期	北京建院助力上海国际青年建筑师设计竞赛特别活动之一	2016年4月1日	建威大厦16F中庭	城市视角下的建筑创作
北京建院创作沙龙第5期	北京建院助力上海国际青年建筑师设计竞赛特别活动之二	2016年4月8日	建威大厦16F中庭	文化类建筑创作经验与体会
北京建院创作沙龙第6期	停车空间——体化设计分享交流	2016年5月27日	建威大厦16F中庭	1.智慧停车场的设计与建设；2.车库的人性化设计；3.机场停车楼设计
北京建院创作沙龙第7期	看看门道——门面建筑艺术体验馆参观	2016年7月28日	北京顺义区门老爷科技	1.门面设计新概念详解；2.建筑师与顾问合作案例分享
北京建院创作沙龙第8期	足下云端——地毯艺术体验	2016年10月27日	东单东方广场安永大厦美利肯展厅	地毯在室内设计中的应用
北京建院创作沙龙第9期	“思辨轨迹”当代中国建筑师分享沙龙	2017年2月22日	建威大厦16F中庭	“转型”意味着“思变”。中国新一代的建筑师更为敏锐地感受到转型”的现实。他们或来自“体制内”的大院或在高校任教，或成立个人的事务所及工作室，都有着丰富的创作和实践经验，也给出了各自的“思辨解答”
北京建院创作沙龙第10期	地坪艺术	2017年4月27日	建威大厦16F中庭	1.地坪行业的新进展状况分析；2.艺术地坪设计与技术交流
北京建院创作沙龙第11期	玩转柔性织物的“膜”方世界	2017年6月30日	建威大厦16F中庭	柔性织物在建筑设计上的应用案例及分析
北京建院创作沙龙第12期	从Foster和他设计的苹果店说起	2017年8月22日	建威大厦16F中庭	1.超大玻璃在建筑设计上的应用；2.玻璃结构
北京建院创作沙龙第13期	建筑美学与工匠精神	2017年11月28日	建威大厦16F中庭	1.异型建筑内外表皮材料及建筑外遮阳应用解决方案；2.建筑外遮阳产品技术应用及案例分享
北京建院创作沙龙第14期	窗“理”窗“Why”——门窗幕墙系统及技术应用	2017年12月28日	建威大厦16F中庭	1.门窗幕墙系统在建筑设计上的应用；2.单元体及双层呼吸式幕墙设计；3.高品质幕墙的缔造与实践
北京建院创作沙龙第15期	奇点将至——人工智能与设计未来	2018年1月22日	建威大厦16F中庭	1.人工智能在城市规划领域的应用及展望；2.人工智能时代的建筑生态演进
北京建院创作沙龙第16期	建筑创作构思与表达	2018年3月27日	建威大厦16F中庭	展现建筑师如何进行创作，并表达、传递创作设计和思考的过程

链接：**北京建院创作中心邵韦平领衔完成的“北京‘天宁一号’文化科技创新园”获 2017 年度北京建院优秀方案评选一等奖**

设计特点

园区选址在北京第二热电厂旧址，周边为金代和辽代都城遗址，东侧紧邻北京现存最早的古建筑北魏天宁寺塔。北侧为白云观和蓟丘遗址公园。20 世纪 70 年代末期在这里建成了占地 793 公顷的北京第二热电厂，地上建筑共有 4.3 万平方米：中央主建筑为发电机厂房和燃油锅炉房，北侧为厂前区办公及生活配套区，西侧为维修车间和变配电站，东侧为库房和班组办公区。我们为该项目提出厂区保护和改造相结合的规划原则。

保护策略

（1）保留原有厂区格局和工业建筑风貌；（2）保持现有建筑规模和绿地规模。

改造策略

（1）加强与周边历史文化建筑之间的视线和动线联系，为园区提供更加丰富的文化元素；（2）开放城市边界，增强对外联系，为园区注入城市活力；（3）改善内部循环条件，增加内部交流的方便性；（4）整合各类办公用房，加强统一性和整体性；（5）增加院落空间层次，改善城市肌理，提供丰富多样的交流展示与景观空间。

通过以上策略，在原有厂区基础上突出了“一核三园”的园林式城市特色，形成了内涵丰富、活力充沛、有机高效的文化科技主题园区。“一核三园”代表了园区突出的公共服务平台，强调各功能板块互联互通、资源和空间共享的绿色城市型园区核心理念，既保持了原有老旧厂区的特色，又产生了一座具有划时代意义的创新工场。

北京“天宁一号”文化科技创新园鸟瞰图

设计评述

方案构思保留了原有厂区格局和工业建筑风貌；并且保持了现有建筑规模和绿地规模；对于保留城市记忆具有一定的作用。围合布局加强了与周边历史文化建筑之间的视线和动线联系，丰富了园区文化元素；开放的城市边界，加强了对外联系，改善了内部循环条件，增加了内部交流的方便性；各类办公用房的整合，加强了统一性和整体性；设计策略合理，交通组织顺畅有序，强调各功能板块互联互通、资源和空间共享的绿色城市型园区核心理念，对当前文化园区的建设具有示范意义。方案依据充分，对传统元素的挖掘和利用表达了对设计人员北京的城市发展充分的尊重。

打造观天巨眼 成就国之重器

本书编委会

习近平主席在2016年9月25日致500米口径球面射电望远镜落成启用的贺信中指出："中国天眼"，是具有我国自主知识产权、世界最大单口径、最灵敏的射电望远镜。它的落成启用，对我国在科学前沿实现重大原创突破、加快创新驱动发展具有重要意义。对于500米口径球面射电望远镜(简称FAST)这项超尖端的技术，FAST之父南仁东认为：希望借助FAST这只巨大"天眼"，窥探星际之间互动的信息，观测暗物质，测定黑洞质量，甚至搜寻"可能存在的星外文明"。

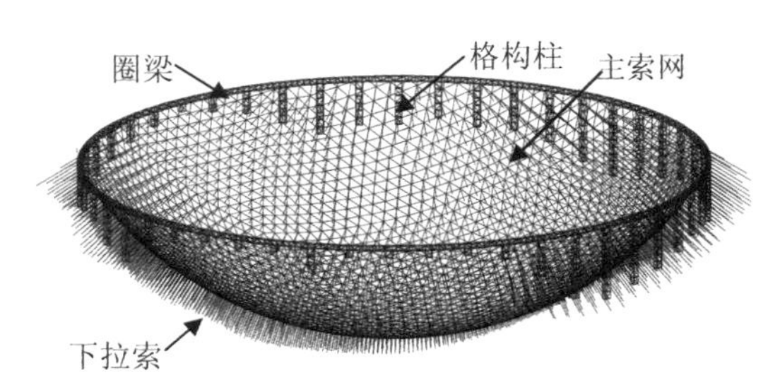

极具特色的结构设计

2017年4月26日，北京市政府召开了2016年度北京市科学技术奖励大会，由北京建院组织江苏沪宁钢机股份有限公司、柳州欧维姆机械股份有限公司、哈尔滨工业大学、东南大学、中国科学院国家天文台共6家单位合作申报的"500米口径球面射电望远镜超大空间结构工程创新与实践"荣获2016年北京市科学技术奖一等奖。这是我院代表中国结构工程界的殊荣，是设计国企助力国家科技进步在重大工程上做出突破的创举。

2017年5月9日上午，在北京建院召开了以"北京国企助力国家科技进步"为主题的"FAST-BIAD"设计媒体采访会。北京市国资委、市委宣传部等领导出席。北京市建筑设计研究院有限公司领导及北京建院复杂结构设计院的专家接受采访。

FAST是国家重大科技基础设施项目，利用贵州省平塘县喀斯特地貌的洼坑作为台址，建造世界最大单口径射电望远镜。FAST反射面板支承结构为圈梁和索网组成的超大空间结构；通过与索网连接促动器的主动控制，反射面可在500米口径球面上连续变位，实现跟踪

500 米口径球面射电望远镜（简称 FAST）鸟瞰

观测。作为高精度天文观测仪器的主要系统，索网法向偏差要求 RMS 不大于 2 毫米，在超大型索网结构中实现难度极大。项目团队通过技术创新，提出超大型射电望远镜反射面主体支承结构体系、构建具有主动反射面功能的索网理论分析体系、提出复杂地形条件下超大直径索网悬空组网安装的方法和超大直径圈梁高空组合滑移安装方法，解决了该世界级工程设计和建造的技术难题。成果经过院士专家团队鉴定达到国际领先水平，展示了中国创新和“智造”能力。

荣誉证书

北京市科学技术奖

为表彰在推动科学技术进步、对首都经济建设和社会发展作出贡献的集体和个人，特颁此证，以资鼓励。

获奖项目：500m口径球面射电望远镜超大空间结构工程创新与实践

获奖等级：壹等奖

获奖单位：北京市建筑设计研究院有限公司、江苏沪宁钢机股份有限公司、柳州欧维姆机械股份有限公司、哈尔滨工业大学、东南大学、中国科学院国家天文台

北京市人民政府

NO. 2016城-1-001

二〇一六年十一月

本项目获北京市科学技术进步一等奖

下篇 | 述往

1949 — 2019

新中国70年北京建院的“家国情怀”

我们是北京建院历史的记录者，我们的书写又将成为历史。历时五载推出的《建院和我》（十卷本），共计 500 余人次跃然纸上，如果说读书与读人都是在读文化，那么在编就北京建院 70 年筚路蓝缕历程时，必然融入历史人文的生动内容，沉潜建筑七十载，寻径创作度年华，这正是向业界与我们自身作答的理由。本篇目的，是让时光留下北京建院更多奋斗者的名字，无论他是留学海外归来的业界大师，还是默默绘图的“业大”学员，乃至越来越多的青年学子，每位北京建院人不仅是北京建院发展的受益者，更是成就“北京建院”的一部分。

70 年来我们每一寸前行都在凝聚奋力向上的力量，时代确应善待每一位奋斗者。有人说，好书恰似可漫过堤坝的浪潮，其意或许在于好书如心灵震撼会独具视野且感人肺腑。好书需要好文章，也许我们的文字仅仅算是从“记录写实到记忆启迪”的开始，但它毕竟有可贵的追溯初心的真挚感怀，有成就理想的信念与坚守，有设计院永续发展的文化聚凝之力的思想。尽管，本篇作者建筑师、工程师、管理者都并非专业的书写者，但汇聚大家文章是共同目标，是写好北京建院 70 年“人文史”这部大书的真挚所在。希望读者能从书中读到北京建院人作为“写作者”的思想，因为它们有写作的思想高度，有强烈的以设计院为家园的意识，体现了家国情怀。尤为可贵的是，从这些似乎零碎片段的文章中，仿佛看到映出天光云影北京建院人的心地与境界，在那些朝向明天、回思过去的文字中，可感悟到大家敬畏传统也不忘创新的浓重之情。我们刊载的“70 文”是精选之作，但也难免有遗漏，重在我们的叙说体现情怀且有自省意识。

一个设计院，一群矢志者；一个业界“传奇”，一个“创世篇”。

历史人文

1949—2019

/新中国70年北京建院的“家国情怀”/

围绕院史三则

纪民　纪青

一、难忘的 1949 年

1949 年 1 月 16 日天津解放次日，我从天津乘军车奔河北良乡，到中共北平市委组织部报到，被编入直属二队学习城市政策文件，做接管北平的准备。一天晚饭后，我们住在良乡城外的学员奉命紧急撤到城里。入夜，我们在城墙上看到傅作义的大部队顺公路南撤，随后是解放军的大部队，两军前后同行，知道和平谈判已达成协议。此后，我被分配到颐和园北青龙桥处中国人民解放军北平军事管制委员会秘书处，并在一天夜里随军管会机关进入北平城。军管会进城后立即展开接管工作，日以继夜，非常紧张，我们秘书处的工作一直忙了四五个月才缓和下来。

7 月 9 日在刚清理好的天安门老广场上召开了有二十万人参加纪念卢沟桥事变十二周年的大会。我有幸作为大会工作人员登上天安门城楼。那天晚上，军管会主任叶剑英在城楼发表讲演，讲述波澜壮阔的全民抗战历史和最终取得的中华民族抵抗外侮的伟大胜利。董必武在他的旁边高声说："讲得好！"慷慨激昂！我当时在他们身后不远处服务，听得清清楚楚。这是我第一次近距离看到这些老革命，也是我唯一一次登上天安门城楼。

8 月 9 日至 14 日，召开北平市各界代表会议。出席会议的各界代表三百多人，有着广泛代表性，其中包括私营企业工商业主三十多人，还有两名城市摊贩。我作为军管会机关工作人员的代表出席会议。会议由叶剑英报告半年来军管会和市政府工作，朱总司令、周恩来副主席到会讲话，最后由彭真做总结报告。会议上代表们热烈讨论，提出了许多提案，会议通过了若干决议。13 日，毛主席到会做简短讲话，祝贺会议成功，着重指出今后解放的城市都要召开这样的会议，为召开普选产生的人民代表大会选举人民政府做准备。参加这样的会议，加深了我对人民政权建设的重要性和迫切性的认识，这是一刻也不能放松、事关人民掌握自己命运的大事！

在军管会时领导我们一帮小干事的秘书处处长张若平，在延安时就是叶剑英的秘书。他爱护青年干部，工作上细心指导，生活上处处关心，是位慈祥的老同志。军管会工作结束后他在永茂建筑设计公司任监理，又领导我一段时间。他作风朴实，心地善良，是我尊崇怀念的好领导。

8 月末，军管会工作逐渐收缩，我被调到

永茂公司参与筹建永茂建筑公司，重点负责设计部的筹备工作。永茂公司归市政副秘书长李公侠领导，原来是老解放区的公营企业。我去之后首先设法寻找专业人才组建技术队伍，先请到留学日本的老工程师张准，又从华北革大调入高原、王敏之、安中义、杨孔麟等几位学员，他们是北平解放前失业的建筑工程师；市里又分配来学建筑的周治良。随后我带领大家到东单夜市从摊贩手中选购设计绘图用具，为开展设计工作做准备。没想到，从此我竟在建筑设计单位一干就是四十年，一直到从设计院离休。

10 月 1 日我参加了开国大典，我们永茂建筑公司在天安门西侧金水桥边列队参加大会。当毛主席向全世界宣告“中华人民共和国中央人民政府成立了”的时候，全场三十万群众一片沸腾。毛主席万岁，中国共产党万岁，中华人民共和国万岁的欢呼声撼天动地不绝于耳。在《义勇军进行曲》的军乐声中五星红旗徐徐升起，礼炮轰鸣，解放军方队威武雄壮地通过天安门广场，中国人民从此站起来了的感觉油然升起，令人扬眉吐气无比振奋。那天夜里我兴奋得辗转反侧难以入睡，浮想联翩，百年来帝国主义列强的侵略、国民党反动派的压迫从此结束了，满目疮痍、积贫积弱的局面即将过去，一个光明的生机勃勃的局面将要到来，中国定会克服各种艰难险阻向前向前……

六十年一甲子，中华人民共和国在探索中前进，党领导人民不懈奋斗，已走上一条健康发展的大道。一个富强、民主、文明、和谐的社会主义现代化国家的壮丽画卷正在展开，离实现孙中山先生提出的振兴中华的目标，不会太远了！这一切开端于六十多年前党领导人民取得了政权！（纪民）

2009 年 10 月 28 日在北京国际饭店紫金大厅。右起佟景鋆、周治良、纪民

二、一篇没有写完的文章

1. 敢于担当的老领导

郑天翔，“一二·九”清华学运时的一位学生领袖，1949 年北平解放后任北京市委书记，“文革”时被贬降为市建委副主任，以观后效。为避“四人帮”骚扰，他主动要求下放设计院蹲点多时，对设计院有相当的了解。

唐山大地震建筑破坏极其严重，设计院结构专业多人次被派往现场考察，他们发现个别砖混结构有砼组合柱破坏较轻。总结唐山震害，大家一致认识到组合柱对于加强结构整体性有重要的作用，并试行推广。此事受到施工单位部分领导坚决反对。闻此，天翔召开专门会议，请老工人和两派意见不同的技术干部开会，经过争论，证明抗震组合柱对防震有十分重要的作用，可做到大震时墙裂屋不倒，小震时墙体开裂、修理后仍可以居住，这个建议得到老工人们的赞成！对这样一个利国利民的技术政策，虽然会导致多用工和料，但也必须支持，天翔以市建委副主任的身份，拍板决定在北京推广！之后，在华北地区推行，渐及江南终成国家规范。现在连农民建砖混结构也要设组合柱。一件利国利民的重大决策就这样推广开来。当时若无天翔同志敢于承担责任做出决定，这个重大决策是形不成的。

2. 忆建院的几位老同志

我在建院工作迄今已有六十年，结交了许多朋友，回忆起来思绪万千。其中有些人对建院是有大贡献的。他们中有些人不为大家所知晓，特写在下面，以示不忘。

沈骖璜同志，他原是北大工学院教授，1949 年前参加地下党组织的读书班，学习进步文件。国有永茂设计公司成立，他是第一批报到参加革命工作的教授。当时号召学习苏联，他率先报名学习俄文，边学俄文，边翻译苏联的砖石结构规范。我国当时对砖石结构工程的设计各行其是，没有统一的、科学的看法。他的译文出来，大家取得了统一的认识，我院砖石结构的设计向前跨越了一大步，并进而在建筑界得到了推广。当时向他请教问题的人们，大都称他为沈先生。

20 世纪 50 年代初，院里委托他筹建试验室，从东德引进了一套结构力学试验设备，制定操作和管理制度，建立起国内设计单位第一个科学试验室。他非常重视试验工作为设计技术进步所作的服务。给我留下深刻印象的工人体育馆悬索屋盖的模拟试验，悬索屋顶类似横放的自行车轮，国内没有先例。从承受压力的外环混凝土、锚头的受力与定型、拉索的摆放与受力模拟等，每个问题的提出都依靠试验室与工程设计人员的全力合作，才得到解决。

这个集体科学精神很强，借鉴外国经验但并不迷信，虞家锡同志在悬索结构的俄文书籍中，发现苏联教授的公式有误，经我们指出得到了对方的确认。当时重视科学试验的精神是很浓重的。

北京工业大学成立，沈先生被调去任土木工程系主任。那以后，他仍常来设计院，推动科学试验方面的合作与交流。

1949 年初期的砖砌体楼房，楼板是水泥钢筋现场浇筑的，需耗费大量木材做模板。为节约木材，我们尝试采用在地面上预先做好的混凝土板做楼板，这是预制构件的开始。开始时，预制构件由各个工程分别设计，构件的规格和设计标准不统一，制作规模小，经济效益不明显，业界迫切需要有一个统一的设计，来保证质量和生产规模。我院的建筑设计标准化工作，就是在这个基础上建立起来的。（纪民）

三、纪民家书

1. 戒贪

世界上好东西太多，人的生命和能力却是有限的。在自身有限的情况下，应收敛对于身外物的贪念，温饱就是幸福，其他都是意外惊喜，人不被物欲控制，就能过得自在潇洒。工作、生活中有能力就尽量多干一点，不要计较谁吃亏谁占便宜这些事。

2. 诚实

诚实有时会吃大亏，特别是面对故意的欺骗时。我家对于撒谎欺骗非常痛恨，认为欺骗可能得一时之逞，但是长久看损的是人格、人品，是自我贬低的一种方式，与欺骗得到的利益比，得不偿失，是坚决不能容忍的。一生秉持这个理念生活，会发现诚实的人还是得大于失的，物以类聚、人以群分，在年轻时可能因为诚实被别人戏耍、嘲笑，但是最终留在身边的是有同样处事方式的朋友。人生几十年，老来有几个肝胆相照、心灵相通的密友，实乃人生一大乐事。

3. 守信用

守信有时会非常累，未完成承诺，累到废寝忘食、殚精竭虑、筋疲力尽也是有的，只是为了一句承诺，值得吗？但是“人无信不立”是千年古训，自有它的道理。每个人都希望别人兑现给自己的承诺，不是吗？能每次都兑现承诺的又有多少人呢？想想我们如果相信一个人，对他的话不做怀疑地执行，是否很难？但是如果能让别人这样相信你，再办事就会很容易了，对吗？所以真正做大事的人，一定是守信用的，只有这样，才能一呼百应，所向披靡。不积跬步，无以至千里；不积小流，无以成江海。每个人的守信对于家庭风气、社会风气的形成都是有效的积累。在我家里，承诺的事情再小，也会按时完成，守信就是从买馒头、倒垃圾这样的小事开始做起的。

4. 交友

与朋友相处以诚心相交，一片真心是最贵重的礼品。别人有需要时，经济上能帮助会尽力。我父亲是一个安静的人，也没有太多的才艺，同学、朋友间聚在一起玩乐的情况不多，一般只是聚餐、访友和异地出差互访。逢年过节的相互问候是忘不了的，也有春节的常规班级聚会，看着一群老头像小孩一样在一起吵吵闹闹，互相叫着外号、开着玩笑、没有金钱和地位差别的友谊，让人陶醉。

我父亲大学没上完就参加工作了，他有一个高中同学，非常有才能，考上了清华大学，可是家庭比较贫困，自 1949 年起，我父亲就每月资助他 5 元钱，直到他毕业被分到保密单位工作，他们才断了消息。等到退休，他立即找到我父亲恢复了联系，看着两个老头坐在家里沙发上，喝着白开水，尽情地追忆往昔岁月，交流离愁别绪，旁听的我都醉了。

2014 年 6 月，从父亲病重到去世，很多他生前的同学、同事（有些已近 90 岁高龄）亲自到医院探视；无数生前友好，打电话到家里问候、追忆、寄托哀思。人已经离我们而去，怀念之情滚滚而来，收获友谊如此丰厚，人生无憾！

5. 处事

处事的基本要求是少说废话，多做实事，事前计划，事后检查。很多人爱说，说话简单省力，错了后果也不严重；做事复杂费力，对了应该，错了可能有严重后果，少干少出错。可惜世界上只靠说就能完成的事情太少，最终还是要通过做来实现，干实事是一个人的基本能力，必须具备。在家里面，大家会努力做好自己的事，一人做事其他人不会在旁边挑错，需要时会帮忙；在外面做事，希望能有自己的所长，尽力而为，为国家的繁荣富强贡献力量。

事前计划，可以使事情有序进行，减少不必要的环节，少走弯路，并且对自己干什么，怎么干，干到什么程度心里有数，可以分配好时间和工作内容，既干好工作，又有条不紊，工作的同时，保持自己良好的状态；事后检查，可以让自己对工作完成情况有一个客观的认识，知道自己的工作能力如何，应该如何改善、提高，还能自查纠正一些错误，使得自己的工作成果质量更好。（纪青）

三说北京院

沈勃

一、初创时期

1. 永茂建筑公司设计部

1949年12月，我从北京市第七区政府调到北京市地政局任副局长兼局党组书记。当时，北京市城建口有三个局和一个企业。三个局是建设局、公逆产清管局和地政局，企业是永茂建筑公司。当时市政府领导分工，以上单位统归市政府秘书长薛子正同志具体领导，因此我们关系密切。同时，永茂公司总经理李公侠同志是市政府副秘书长，我们常在一起开会、学习，李公侠同志豪爽健谈，我记得他多次讲北京建筑事业基础太差，连水暖工人都要到天津去找，混凝土工程中绑钢筋的工人，需要从南方城市招季节工，设计技术人员更是短缺，需要从上海、香港招聘。当初永茂建筑公司分设三个部——工程部、设计部和材料部（后来改为三个公司）。设计部先是设在王府井金城大楼，后来搬到东城区东厂胡同办公。

1952年4月，市委副书记兼组织部部长刘仁同志找我谈话，大意是根据城市建设的需要，市里决定将地政局和公逆产清管局合并，成立房地产管理局，永茂建筑公司改组为北京市建筑公司，调我任该公司副经理，主管设计工作。并讲：在“三反”“五反”运动期间，永茂设计公司错误地伤害了一些好同志，因此要细致地做他们的思想工作，团结广大设计人员，做好首都的建设工作。还讲：市委对永茂公司改组工作十分重视，你们要努力把工作做好。

1945年，我毕业于北京大学工学院土木系，设计部在这期间虽也教过建筑设计，但我更喜欢铁路工程学科。

大学毕业后，在北京和沈阳做地下工作时，我也是以在北平铁路局和中长铁路局做技术员为掩护的，因此很希望以后能到铁路相关单位工作。1949年初，我曾向刘仁同志请求过，被刘仁同志批评了一顿。这次刘仁同志又特别强调设计工作的重要性，我只能说：“我试试看。”哪知一试以后，再也没能圆我干铁路工作的梦。

1952年4月中旬，我到北京市建筑公司上班时，原永茂公司总经理李公侠同志还在停职期间，公司经理改由崔映国同志担任。当时公司总部设在梁家园，原永茂设计公司，改为北京市建筑公司设计部，由我兼任设计部经理，于是我就开始奔走于梁家园和东厂胡同两个办公地点。

这时，设计部的“三反”“五反”运动余

波未息，不少主要技术负责人还没有上班，上班的同志也是情绪低落，工作处于半停顿状态。不久，原永茂设计公司经理钟森同志和监理张若平同志先后被调走，留下的行政干部有人事科长施玉洁同志和业务科长纪民同志。当时设计部的全部职工有一百零几人。

2. 到郊区创业

在市委、市政府的直接领导和具体帮助下，我们做了大量思想工作，才使设计部在“三反”“五反”运动中的错案得到彻底平反。解除了思想包袱，恢复了生产秩序，大家重又振奋精神，进行友谊医院（原名苏联红十字医院）、同仁医院、儿童医院等各项工程的设计工作。

同年秋，在市政府支持下，我们抓住机遇，将当时社会上的私营建筑事务所合并到设计部来。这样原东厂胡同的办公地点就无法容纳这么多人，更谈不上日后的发展。经过反复调查了解，在城里找不出能满足需要的建设地点。

早在“三反”“五反”运动之前，李公侠同志研究永茂建筑公司办公用地时，也感到在城里发展太困难，就在复兴门外买了几十亩地，建了一幢二层小楼（即后来设计院研究室用的小楼），并在现海洋局大楼位置开始打地基，准备兴建办公大楼。“三反”“五反”运动后停建。当时复兴门外南礼士路一带，是护城河发水时的淹没区，所以特别荒凉，连耕地都很少。

1952年下半年，李公侠同志恢复了工作，出任北京市建筑公司经理，由原北京市工会主席张鸿舜同志和我任副经理，张鸿舜同志主管施工工作，我仍主管设计工作。对于究竟在何处新建办公处所的问题，我们经过几次研究，认为在城里发展是没有出路的，南礼士路一带现在虽不方便，但日后会是最方便的地区，因

2009年北京市建筑设计研究院老领导合影。左起周治良、熊明、张浩、纪民、沈勃、佟景鋆

此，决定把公司总部、施工部门和设计部门一起搬到复兴门外。在南礼士路以西，建总部和施工单位的办公用房和职工宿舍；在南礼士路以东，建设计单位办公用房和职工宿舍。为解决设计部门急于用房的需要，我们决定先在路东建一些平房过渡，将来再建正式办公楼。

要搬到郊区办公，开始设计部的同志们很难接受，因为当时复兴门外不但人烟稀少，而且交通很不方便，既没有公共交通，而且又都是土路，骑自行车也很困难。但是经过向大家讲明首都建筑事业发展的前景，讲明我们设计单位将来发展的规模，在域内无论如何无法扩展，而复兴门外将是距市中心最近的重要建设区等情况，经过动员，大家逐步认识到，为了建设好首都，我们只能克服暂时困难，来实现设计院的长远打算。

到1952年冬，南礼士路东侧的平房还没有建成，而东厂胡同实在容纳不下这些人了，设计部只能临时搬到南礼士路西侧为施工部门建的一幢二层楼房绘图办公。

1953年3月，经中央建筑工程部和北京市政府决定：将北京市建筑公司和中央建筑工程部直属工程公司等单位合并，组成北京市建筑工程局，局长由中央建筑工程部副部长宋裕

和兼任，范离同志、李公侠同志等为副局长。设计部改名为北京市建筑工程局设计院，院长为李公侠同志，我为副院长。

李公侠同志工作很忙，无暇顾及设计院的工作，但重大问题我都及时向他汇报。李公侠同志为人正直、坦诚，有魄力，我们很谈得来，有时星期日还到一起闲聊一番。

这时，我们已搬到南礼士路东侧建成的十排宿舍平房居住和四幢办公平房办公，人员规模有了很大发展。一方面吸纳了各私营建筑事务所的人员和公营建筑公司的设计人员，另一方面也被分配到一部分中专毕业生，同时还开办技术训练班，招收了一些待业知识青年（初中毕业文化），将其培训为绘图员。

1952 年以前来设计院工作的总工程师有顾鹏程、张开济和张镈同志，以后又有杨锡镠、杨宽麟、朱兆雪、赵冬日、陈占祥、华揽洪等同志。到 1953 年底，北京市建筑工程局设计院的职工已达 527 人，是在东厂胡同办公时期的 5 倍多。

3. 建立制度，健全组织

虽然人员增多了，但是因为人员来自各方，大家工作习惯不同，绘图方法也不同，再加上各专业配备不齐，所出的图纸质量比较差，而且出图时间的一再延误，给施工方面带来极大的困难。1953 年夏天，建筑工程局召开了一次三级干部会，主要是施工单位参加。大家在会上对设计院的图纸质量差、不能按时出图纷纷提出了极其尖锐的批评。有的讲：图纸不把水暖电气的管道孔标明或者标描，事后得穿墙穿楼板打孔，工地不得不组成专门的打孔队，有的楼板多次打孔，简直被打成了筛子底。有的讲：甲方要求按出图日期开工，工地准备好人力、物力，但到时图纸出不来，造成严重人力、物力的浪费……简直是群情激愤。范离副局长找我商量怎么办？我说明天我做个大会发言。范离同志是从延安来的老同志，为人很厚道，还替我的发言担心。

第二天范离同志主持大会，我讲了四点意见。第一，我向大家道歉，由于我的工作没做好，给国家造成很大损失，给施工单位造成很大困扰；第二，我讲了设计院新组成的情况，大家来自五湖四海，整顿还需要一段时间；第三，不能按期出图既有设计院内部原因，也有外部原因，如甲方意图改变，都委会不批准方案等，设计人员也有过“五关”的难处；第四，设计院在会前也了解到一些因设计原因给施工带来严重困难的情况，现在正抓紧制定改革措施。我如实讲了，大家看我态度诚恳，还给我鼓了掌。

施工单位的严厉批评，成为设计院改革工作的强大动力。经过一年多的努力，我们制定了统一的绘图规定和各专业的统一技术措施，并进一步建立了以岗位责任制为中心的设计管理制度，逐步完善了三段设计、三级管理、三审制度。三段设计主要是学习苏联，把设计过程分为三个阶段，分段控制进度和质量。三级管理是把工程分为院级、室级、组级，分别把初步设计的关。我差不多每星期主持召开一次有各总工程师参加的技术委员会，审查院级工程的初步设计。每次会议，大家畅所欲言，认真发表各自的真知灼见，有时还互相争论得面红耳赤，但形成决议后，大家就严格执行。三审制度主要是对施工图实行设计人自审、其他同志复审、组长最后审查的制度。重要工程还要进行四个专业联组审查，以确保施工图质量。每年还会有计划地组织工程回访，通过实践的检验，总结设计经验，评选优秀设计，以提高设计质量、提高设计人员的素质。以上措施，对技术管理产生了比较好的成效。但是，在按期出图和对设计进行计划管理方面，却遇到很大困难。一是设计同志认为设计是脑力劳动，不能订计划；二是有许多问题牵涉外部，我们无能为力。面对以上困难，我们一方面进行思想教育，统一认识；另一方面建立了一整套计划管理制度和检查制度。如建立了定额指标管理制度，每项工程都制订控制计划、作业计划、专业分阶段联系计划。每个设计室设一名计划员，由计划科直接领导，计划科每周检查一次各室计划执行情况，各设计室每周听取一次组长汇报的生产情况，院长每月召开一次院务会议，检查月计划执行情况。经过一段时间的艰苦努力，全院按期出图率达到了 90% 以上，少数不能按期出图的工程，是施工单位也知道的外部原因造成的。这就改变了设计院被动挨打的局面。

在建立各项制度的同时，也逐步健全了组织机构。除原有的办公室、人事科、保卫科、计划科以外，为加强政治思想工作，增设了政治处。由甘东同志任政治处主任，并兼任院党支部委员会副书记。逐步建立起六个设计室，这六个设计室工作各有侧重：一室侧重公共建筑；二室侧重住宅办公建筑；三室侧重体育建筑；四室侧重保密工程；五室侧重文教外事建筑；六室侧重工业建筑。各室各展所长，百花齐放。各室主任分别由各总工程师和经过长期革命锻炼的优秀政治干部担任。这些总工程师都是全国第一流的，一室有张锦同志，二室有张开济同志，三室有杨锡镠同志，四室有朱兆雪、赵冬日同志，五室有杨宽麟、陈占祥同志，六室有华揽洪同志。各室负责行政和政治工作的主任一室先后有张一山、宋继文同志，二室先后有杨伯逢、徐敬之同志，三室先后有王彬、封宾清同志，四室有施玉洁同志，五室有罗林同志，六室由保卫科长司景波同志兼任。到 1956 年，各室都单独成立了党支部，各党支部带领党员同志，发挥先锋模范作用，团结全室同志，同心协力做好各项设计工作。这样一来，设计院的基层组织是很健全的，是很有战斗力的。设计院之所以能打硬仗，主要是这些设计室发挥了很好的战斗堡垒作用。

为了掌握先进建筑技术，提高设计水平，我们抽调了有经验、有一定外语基础的同志，组成了研究室。其下分三个科：研究科、试验科和预算科。研究工作密切结合设计的实际需要进行，从单纯的材料、构件、接点的检验，逐步开展了防水、防火、防雷、声学、热工等专业研究，并加强严格控制工程造价的研究。这些研究成果，不但对我院一般设计帮助很大，在 1959 年十大国庆工程中，更发挥了重要的作用，同时，对我国建筑行业开发先进技术，也起了推动作用。研究室主任由甘东同志兼任，副主任由顾鹏程总工程师担任。

为了解决建筑工程任务重、设计力量不足的矛盾和提高住宅、中小学、幼儿园等设计的质量，并为建筑工业化创造条件，设计院十分重视标准设计。1955 年，院务会议决定成立标准设计室，由朱兆雪总工程师任主任，并由张开济、杨锡镠总工程师负责住宅设计和建筑配件的指导工作。这个室经过长时间的努力，建立了住宅设计和建筑构配件标准化体系，为北京以至华北地区的建筑标准化、工业化奠定了基础。

这期间，市里先后调刘元士同志和肖萍同志来院任副院长，以加强对设计院的领导。

二、国庆十大工程

人民大会堂等国庆十大建筑是 1958 年 8 月中央于在北戴河举行的政治局扩大会议上做出的决定，而在这之前，我院建筑师就已经开始了万人大礼堂的设计方案研究工作。1958 年 7 月，北京市委书记处书记郑天翔同志要北京市建筑设计院搞一座万人礼堂的设计，只是没有规定建设地点和建筑面积。设计院根据郑天翔同志的指示，搞了一次全院性征集设计方案的活动。到 8 月 8 日，共收到 10 个方案。这些方案的特点是都考虑到了要盖礼堂及一部分会议室、休息室，面积在 3 万平方米至 5 万平方米。设计院技委会把这些方案张贴出去，进一步征求大家的意见。

当时设计提出的主要问题有三个：一是万人礼堂的停车问题如何安排；二是大礼堂应有哪些主要功能；三是应该采用什么建筑形式。到 8 月下旬时，在冯佩之、沈勃向郑天翔汇报出国考察情况时，郑天翔说，中央设想在北京建一批包括万人大礼堂在内的重大工程，万人大礼堂的地点选在天安门前，并希望能同改建天安门广场一起考虑设计方案，并提出，希望设计部门要早作准备。

“当初为了搞好十大建筑的设计工作，许多国内著名建筑专家汇聚北京，共同为祖国的建设贡献自己的力量，这其中有：上海的赵琛、陈植、金经昌、黄作燊，江苏的江一麟、杨廷宝，湖北的鲍鼎、殷海云、王秉枕，广东的林克明、陈伯奇、黄远强，辽宁的毛梓尧，吉林的郑炳文，浙江的陈曾植，河北的徐中、邬天柱，陕西的洪青，甘肃的杨耀，北京的梁思成、张镈、张开济、杨锡镠、林乐义、王华彬、陈登鳌、吴良镛、赵冬日等人。

沈勃同原国庆工程办公室主任赵鹏飞合影

从这份长长的名单中，我们可以看到众多的建筑专家们那火一般的热情，其中包含了他们对祖国的热爱，对人民的热爱，对国家昌盛的祈盼，对美好幸福生活的渴望。

国庆十大建筑中，以人民大会堂的难度最高、工程量最大，其涉及的科学技术问题也最多，而各学科的科技人员也都想为这一宏伟建筑做出自己的贡献，后经请示万里等同志同意，于 1958 年 11 月 13 日开会正式成立了科学技术工作委员会，下设 7 个专门委员会，并明确了召集人。

主体结构专门委员会召集人：朱兆雪、何广乾（建工部建研院）；

地基基础专门委员会召集人：张国霞（北京市规划局勘测处）、黄强（建工部建研院）；

施工专门委员会召集人：钟森（北京市建工局副局长）、徐仁祥（北京市建工局）、黄浩然（北京市建工局）；

材料专门委员会召集人：蔡君锡（北京市建材局副局长）、沈文论（建工部建研院）；

采暖通风专门委员会召集人：许照（北京市工业建筑设计院）、汪善国（建工部建研院）；

建筑物理及机电设备委员会召集人：马大猷（中国科学院电子所）、胡麟、吴庆华、董天铎。

建筑装饰委员会召集人：刘开渠（美协）、王华彬（建工部建研院）、张镈。

因工期紧迫，一线设计人员没有事前去研究疑难问题，而科学技术工作委员会的成立发挥了很大作用，这些专家视野开阔，从宏观上对工程建设予以指导，使各方面的工作没有出大的差错。

国庆工程在紧张中逐步展开，到 1959 年时有了一些变化。1959 年 2 月 28 日，周恩来总理在中南海召集会议，商讨压缩国庆工程问题。有人提出，清华师生连夜加班完成了国家剧院大量的设计工作，现若决定推迟缓建，很难说服他们。对此，周总理要求多考虑一下人民需要。

经过讨论，会议决定：科技馆、美术馆、国家剧院和电影院推迟缓建。

几经更改，国庆十大建筑最后确定为：人民大会堂、中国革命和中国历史博物馆、中国人民革命军事博物馆、全国农业展览馆、北京火车站、北京工人体育场、民族文化宫、北京民族饭店、钓鱼台国宾馆、华侨大厦。

其中，全国农业展览馆由当时的建工部北京工业设计院（现为中国建筑设计研究院）设计，北京火车站由建工部北京工业设计院和南京工学院（现东南大学）共同设计；中国革命和中国历史博物馆由北京市规划管理局设计院（现为北京市建筑设计研究院）和清华大学建筑系共同设计；其余 7 项全由北京市规划管理局设计院（现为北京市建筑设计研究院）设计完成。

三、难忘“水晶宫”

在搬到南礼士路东临时平房的同时，我们开始筹划建设正式绘图办公楼。当时有两个难题：一是资金困难，建筑工程局拿不出太多的钱；二是对于建楼的位置，大家有不同的意见。一种意见是建在沿复外大街，现在海洋局的位置；一种意见是建在沿礼士路现在主楼的位置。经反复研究，认为沿复外大街建，标准高，投资大，建筑工程局拿不出那么多钱；沿礼士路建，投资小，工期短，简单易行，可以早日建成，以应急需。

刘仁同志十分关心设计院的工作，有时还直接到设计院来，了解设计人员思想状况和重要工程的设计情况。一次他来院问起我们建绘图办公楼的事，我把缺乏资金和建楼位置的问题，向他做了汇报。刘仁同志讲：我们希望你们的绘图办公楼建得好一点，建在复外大街，资金困难，市里可以帮助解决。我沉思了一刻，向刘仁同志说：“刘仁同志这样关心我们，我们十分感激，但设计院的庙太小，恐怕压不住复外大街的地气；因为在这地方建的标准太低，大家会骂有损首都面貌，建的标准高了，大家也会骂，一个局领导下的单位，盖这么高标准的办公楼，太过分了。我们多次商量：‘认为还是靠边站为好。’刘仁同志当场没再言语，事后他打电话给范离同志，让建筑工程局支持设计院把绘图办公楼建得好些。后来，建筑工程局拨给我们 60 万元（在当时是个不小的数目）用于沿南礼士路建设这项工程。

全院都关心这幢楼的建设，一室提出设计方案后，经院技委会、院务会多次讨论，才确定下来，报到市都委会。因为南礼士路不是重要街道，都委会很快批准了设计方案，一室同志连夜赶出施工图，建工局当即安排动工，到1954年秋，这个五层楼就完工了。

1954年底，大家喜气洋洋从平房搬进这幢朴素实用的绘图办公楼。所有绘图室都三面有窗，光线充足，夏天有穿堂风，也换了新的绘图桌椅，当然比起今天设计院的工作条件，可以说是太简陋了，而当时却觉得是鸟枪换炮了。为了方便同志们夜间加班工作，各设计室都安装了照度比较高的日光灯，晚间这幢楼常是彻夜通明，光芒四射，周围又很空旷，特别引人注目，很快这幢楼就得了一个雅号——“水晶宫”。

为了保证首都建设的顺利进行，全院同志常是克服各种个人困难，自动加班加点，不少同志白天下工地解决问题，晚上回“水晶宫”加班画图。有时夜间12点左右，我到各室看看加班的同志们，和大家聊几句天，听听工作有什么困难，并催他们早点回去休息。很多同志讲：“你先回，我们再干一会也就回去了。”但第二天了解，有的同志是干到天亮，歇一会，接着干。

当时受财经制度所限，给加班同志每人只能发一个圆面包，聊以补充夜间饥肠。大家就是在这样艰苦的条件下，日日夜夜为祖国建筑事业忘我劳动。当时北京60%以上的建筑设计蓝图，都是在这座“水晶宫”里完成的。

当时，平房和新楼，都没有冷气设施，夏天画图时手臂出汗，常把图纸弄皱，为此，每到夏天会给每名同志发条毛巾垫在臂下。后来，大家反映画图时很容易弄脏磨损衣服，于是改为每人发一副套袖，大家戴着套袖画图。1955年，我出国路经莫斯科，参观了莫斯科市建筑设计院，向他们学习各项规章制度的同时，看到人家设计人员都穿着整齐的工作服，既整洁也增加了严肃认真的工作气氛。后来经院领导研究，决定给每位设计同志做一身咔叽布的工作服，当时大家很高兴；但是到“文革”时，我却为此挨了批。

设计院的老同志们都对“水晶宫”怀有很深的感情，大家在这里倾注了毕生心血，度过了无数个不眠之夜。大家在这里既尝过不少成功的喜悦，也受过无数的责难；大家在这里进行过无数的激烈争论，但又情同手足，互相支援，为祖国为人民做出了重大贡献。所以在1993年讨论拆除“水晶宫”另建主楼时，很多同志十分留恋这幢建筑，有的还到我处议论。一天晚上，我独自到即将拆除的“水晶宫”前徘徊了许久，回忆在往昔艰苦岁月中，汇集的一代建筑界精英，在克服重重困难的过程中，形成了坚强的战斗集体，在市委、市政府的领导下，他们为中央，为人民做出了不可磨灭的业绩。现在，大家往日在此聚首和日夜工作的建筑要悄然消失，惋惜之情是不言而喻的。但想到这是建筑设计院进一步发展的需要，设计院的同志也将因此得到更好的工作条件，他们将创造更辉煌更宏伟的成就，心情也就开朗平静了。

我的回忆

张镈

我于1934年毕业于南京中央大学建筑系，久慕关颂声、朱彬、杨廷宝等人组成的基泰工程公司之名，约法三章，投入门下；从1934年7月到1951年1月应约参加工作，迄未跳槽，相处约17年，得杨师真传不少。

1948年，我曾去广州、香港工作。1949年10月1日，毛主席向全世界宣告“中国人民从此站起来了”，这振奋了我的心。1950年，伍修权同志在联合国大会上以华语怒斥帝国主义分子，使我进一步感受到共产党的了不起，洗刷了从1840年以来的耻辱，中国真正地统一，这也使我有了作为中华儿女的自豪感感。爱国思乡、怀念祖国之情骤起，对党表示敬意之后，承蒙公侠、子正同志的重视，派刘礼华兼程赶到香港，澄清一切，打消顾虑，我毅然破釜沉舟离港赴京，投身革命建设事业。1951年3月26日晨到京，我受到公侠同志热情而隆重的接待，新交旧友济济一堂，共为永茂事业的前途祝贺。次日即改组永茂为两个设计部：一部主任由张开济同志兼任；二部派我主持。建筑有方伯义、欧阳骖；结构有张宪虞、郁彦、叶平子；设备有那景成；强电有王时熙；弱电有吕光大；质量检查有佟景鋆；共约40人左右，经理是龙虎公司的钟森同志，副经理是旧基泰工程公司的刘礼华同志。为了报答党的知遇之恩，我以饱满的热情投入规划设计工作。

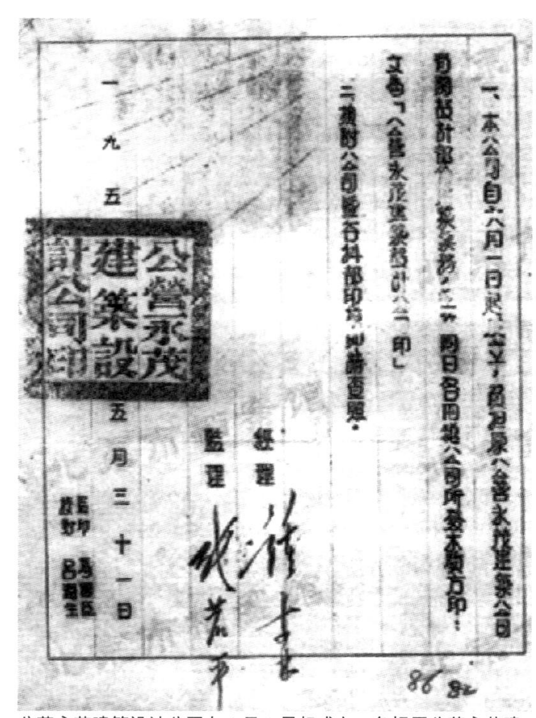
公營永茂建築設計公司印

经理

监理

一九五……五月三十一日

公营永茂建筑设计公司自 6 月 1 日起成立，负担原公营永茂建筑公司设计部，签名：经理钟森，监理张若平

毛主席在党的七届二中全会上，号召全党在新中国成立后要极其重视城市工作。北京市委以彭真同志、刘仁同志为首，积极贯彻会议精神，在城乡规划设计上狠下功夫。以薛子正

秘书长为副主任，协助彭真同志在市政府领导下成立了“都市规划委员会”，请梁思成教授任副主任，陆续安排陈占祥、华揽洪、李莹、陈干、白德懋等国内外学者专家组成班子，专门研究指导建筑设计的方向、规划，从开始就有计划、有步骤地抓住主帅、抓龙头，以适应1949年后城乡建设蓬勃发展的客观需要。

1952年春，北京市决定兴建三大医院。一是儿童医院，由原在都委会的华揽洪同志主持。二是同仁医院，由赵冬日、沈琪同志主持。三是由苏联支援专家、设备的红十字会医院（现称友谊医院），由薛子正秘书长出面直接领导，我和朱兆雪同志合作主持。彭真同志非常关心此院，指示朱兆雪同志要绝对保证医院的安全和质量，为此，薛秘书长亲自约我和朱兆雪同志见面共商大计。

朱总是数学、结构和建筑设计专家，比我年长几岁，1949年前曾在北京开业做建筑师，很有威望和建树，并在北工大担任教授，是市委器重的人才。1949年后他为东郊面粉厂的建设提供了先进而经济的设计，在中直礼堂采用了井字梁大空间设计，在结构技术水平上，当时有南杨北朱之称。南杨是指杨宽麟，他与杨廷宝合作设计和平宾馆。

我与朱总团结合作，共同搞好这项政治

1954 年的北京友谊医院

任务。我们在医院的总体布局和功能分区上取得一致意见。我按框架结构原理布局，当时我认烛双料保险，不料朱总将填充墙改为承重实墙，十分少见，而现在抗震加固之后，才承认其有预见性。孰知朱总在井字梁的计算上有独到之处，在此工程反复运用，取得良好效果，此后我也不断在各种大型公建中使用，取得良果，说明只有不断学习，消化别人的长处，才能不断武装自己。

1953年机构合并。首先北京公营建筑公司原班人马移到永茂公司旧址，该公司有经赵鹏飞同志挽留的朱兆雪、赵冬日同志，其次保留永茂公司全部成员，最后是把社会上的集体所有和个体所有的技术骨干吸入新组成的班子之内，如刘开济、胡庆昌、金大业等，市委派沈勃同志到职，组成新的北京市建筑公司，专门以建筑设计为主。同时，秘书长令我回职报到，医院设计工作全部由欧阳骖同志承担，他也做出了成绩。尤其是在顶部井字梁小礼堂的设计装修上，独出心裁地设计了天花像型藻井，边梁插上简化的一斗三升麻叶云头的斗拱，饰以淡彩，局部画金，颇有新意。苏联专家巴拉金同志非常赞赏，我也沾了光，十分荣幸。

同年春末夏初，新公司从老永茂搬出，移入儿童医院西门对面的排房，成立了总工程师室。朱兆雪同志为主任总工、顾鹏程为副主任总工。我作为总工兼主任，张开济总兼二室主任，杨锡镠总兼三室主任，赵冬日总兼四室主任，杨宽麟总兼五室主任，陈占祥总兼五室主任，华揽洪总兼六室主任，这时便有“八仙过海，各显其能”的“八大总”之称。同时更名该公司为北京市建筑设计院。

这期间我做过不少设计。当时我比较注重

社会主义内容及民族形式的结合。经过对北京古建的测绘，对古建有颇有偏爱，同时也思考在建筑艺术设计中如何运用传统与现代建筑技术结合。

1953年，亚洲学生疗养院的设计，有一定的民族形式。从平面组合到轮廓造型，基本上都以大四合院的民居为主，但在檐口上尚不敢用双椽起翘，是假大屋顶。

在“专家招待所”（现友谊宾馆主楼）的设计中，我认为以中国传统形式的建筑招待远方来客，可能会受欢迎。在我的倡议下，做了1/100的比较逼真的模型，该模型得到了外国专家局张局长的赞赏，该工程很快开工。在大小屋顶的处理上，我采取了比较合乎比例的尺度和风格形式。1954年建成后，该建筑得到梁师和林徽因师的赞许。同年统建南北配楼及中庭的俱乐部、餐厅、礼堂，在轮廓上采取亭台楼阁的形式，用廊子把南北楼连成一体。这种大规模的做法，引起国内外追求大屋顶之风，造成严重浪费。1955年春，在统建南北工字楼时，中央发出号召，要即刻制止这种铺张浪费在全国蔓延。当时抓住友谊宾馆建筑群做典型，中央提出对“华而不实，形式主义，复古主义”的严肃批评。我本人首先感觉设计虽有良好的动机，不等于有良好的效果。我亲

友谊宾馆

眼看到若干不实之处，深悔做设计前，缺乏调查研究，只照顾前台的冠冕堂皇，不问后台的缺欠不便。甲方风趣地说，经过实践这个设计有四种病：来去水路不通是肾脏病；通风不灵内厕臭气熏天是肠胃病；强电弱电互相干扰、暖气冷热不均是精神病；机电中心处理不当是心脏病。比喻形象，恍然悟道作为建筑师，首先要讲经济效益，应在党的政策允许下，组织好前台后台生活需要，做好专业技术的综合统一。认识到这点之后，觉得又上了一课。但是党和组织领导对我很爱护，并未深究，反而用“吃一堑、长一智”来鼓励我前进。正因为教训沉痛，代价昂贵，这一经历也为我此后工作开辟了新的道路。

这一时期我所接触的几位领导同志都给我留下了很好的印象。沈勃同志和蔼可亲又严肃认真，不苟言笑，并善于帮助和团结知识分子；薛子正同志平易近人、心直口快、爽朗干脆、有错必改；李公侠同志推心置腹、亲切感人、不拘细节、放手信任的军人风度，对我的帮助也是很大的。

1956年，以李正冠院长为首的归属中央的民用建筑设计院，经过酝酿，与我院合并。民院的老总董大酞同志告老还乡，从香港奔来的过元熙和张家德陆续加入新院。由于民院原为中央机构，得天独厚，有大量的专业青年技术骨干，与我院的老技术人员两相结合对设计更加有利。

为了加强组织领导，冯佩之同志以规划局局长身份来兼任新院院长。日常技术业务工作，仍由沈勃同志领导。这样便于把市委领导的意图、精神，通过“八总”往下贯彻。这种形式一直延续到1964年4月25日沈勃同志偕各

总调局，由马里克入主我院为止。

我在这期间做过以下几件事。

首先，在总结前段经验教训后，我承担了前门饭店的设计，由方伯义同志作为主持人，重视经济核算，经过调查研究试图解决厨房后台的排烟排油问题。同时，在文化部办公楼这个项目中，我与刘宝熹合作，由胡庆昌主持结构设计，该项目在土建方面有突出的经济效益，在形式风格上避免采用大屋顶，仍在传统挂落上下功夫。

其次，在新组成的市规划委员会的指导下，帮助苏联来华的规划设计专家了解总图，同时研究东西长安街和天安门广场的规划设计模型。在与阿谢耶夫专家合作期间，深感他在街立面的造型起伏、凹凸变化方面考虑得较多，而对成区成片和模型的功能内容研究较少，有时怀疑为什么苏联专家比我更注意形式风格，是否有形式主义的毛病。

最后，民族事务委员会委托我进行民族文化宫的研讨工作。前后做了16个方案，从我本人意愿来说，最理想的是第15个方案。它的面宽达315米，主塔面向佟麟阁路中心，往西用现在的民族饭店面宽，中塔高，逐步向两侧低层跌落，中部高过景山万春亭的62米，相当雄伟开敞。但是用地太宽太大，拆迁量惊人，尤其是在1956年公私合营高潮，1957年在经济上出现马鞍形低潮之后，接受以前的教训，不敢大拆、大改，扩大规模，因此做了现在的第16个方案。我向市委和规委领导郑天翔同志汇报，这个方案的优点是拆迁户少，其中多数为民委自己的用房，拆迁阻力较小，花费较少，主塔东移面对规划上的中心花园，也不失其为重点。由于总面宽由315米压至200~220米，比方案15小了一半，尤其是受到两面高楼影响，显得偏窄不够舒展，只有寄托在将来的规划改建时，在对面退后成圆，以开扩视野，估计仍属亡羊补牢之策。

民族文化宫

1958年，党中央为迎接国庆十周年，决定自力更生兴建十大国庆工程，并拟建万人礼堂，五千人宴会大厅和人大常委。初期只给7万平方米作为会堂，经过35天、7次反复评比方案，周总理肯定了规划局赵冬日、沈琪两位主任的方案，10月14日该方案被批准。经过刘仁同志的补充，于16日由李正冠院长面交我手，要我完成这项正式设计任务。该任务初步按轴线计算，面积为168400平方米，加上台阶墙身共为171000多平方米，超过7万平方米限度的245.43%。任务重、面积大、质量高、周期短，只能采取边设计边施工的办法进行工作。由于内容多样、设备复杂，机电、空调、强弱电齐全，使用管理部门很多，相互干扰不少，只有不断协商才能统一矛盾。为此，我把设计分成五段：一段是宴会厅，以田万新、宋秀标同志为主；二段是中央大厅，由刘开济同志负责；三段是礼堂、舞台及侧厅，由阮志大同志负责；四段常委办公楼、会议厅、接待厅，由钱韵莲同志负责；五段是总部，由

人民大会堂

1957年天安门广场规划，设计院同事与苏联专家一起工作。（张镈在前排右3）

我和黄晶、孙荣樵等同志负责，同时协调各段及室内外的装修矛盾。上设张鸿舜、沈勃和人大董处长的三人领导小组，直接向赵鹏飞同志汇报，然后转告万里同志。高大的厅室空间约160万立方米，平均2~2.52工日/米，现场将用32000~40000工日／天，分三班也要每班有万人上班。这套组织领导的计划和随时供料供图的工作十分细致复杂，为此，鹏飞同志每夜集合班组同志排计划、进度和供料期限，几乎夜夜通宵达旦，充分体现了党的领导和群众路线的无穷威力。包括机电空调、遥控试运转和各省、市委各厅装修在内，连同园林绿化铺装、管线、煤气、照明等，在十个月内如期完工。期间周总理多次作现场视察指导，毛主席在深夜也去看过。因此，周总理在庆功宴上举杯祝贺说："给打满分'五分'。"并指出可在一年建成，五年修好的基础上，更加完善。

1960年，沈勃同志关心旧城改建，为此调我专门研究城区改建规划和长安街干道建设模型。1964年，我的方案与规划局的方案共同在国际饭店展出，向全国专家征求意见。同年马里克同志到院。20世纪60年代，院里注入了大量新鲜血液，各大专院校都有优秀人才向我院输送，这些青年现在大都成长为骨干，马里克治院有方，故去后使人怀念。沈勃同志邀我等同去规划局工作，为他做参谋，1964年4月25日我们到局报到。

"文化大革命"使国民经济濒于崩溃，首都城市建设速度也受到很大影响。

打倒"四人帮"、特别是党的十一届三中全会以后，广大设计人员才又有了创作的春天，北京的城市建设取得很大成就，城市面貌日新月异，我于1978年恢复总建筑师职称，但年已67岁，深感在十年动乱中未能有所建树而痛心，逐步有了老骥伏枥志在千里，不用扬鞭自奋蹄的情怀。我仍然以极大的兴趣参加北京饭店等多项工程的方案设计和指导。1984年，在我从事建筑创作50周年时，设计院为我举办了庆祝活动。我对院新生力量和领导们都有敬重之心。

我生于1911年4月12日，年逾古稀。但一生手不愿离画板，这是工作、是奋斗、是消遣、是慰藉、也是养生之道，更是我为院、为城建贡献自己微薄力量的方式，衷心祝福我院新生力量不断成长，祝福我院更光明的前途会日益增辉。

“四部一会”办公楼

张开济

1999年11月26日《中国建设报》发表了一篇文章，题目是《“四部一会”的大屋顶》。我看了之后，感触很深。此文作者杨永生是我的老朋友，他对我国建筑界情况之熟悉，交友之广阔，见解之高明，堪称独一无二。例如，文中谈到当时的国家计委主任，同时也是“四部一会”工程的甲方，已过世的李富春同志有关该工程的一些指示。今天，杨先生不提的话，这段“历史”此后是不会有人知道的。

今天，杨先生作为一位历史的见证人，“路见不平”，拍案而起，仗义执言，而且文中一开始就点了我的名，我就再也不能保持沉默了。又何况我自己本来也有一肚子苦水。如今借此机会，要一吐为快了！现在让我来从头谈起。

一个莫大的遗憾

我一生做过两个重要的决定。第一个是在考大学时，选择建筑这一专业，现在我的工龄已达64年了。虽然在事业上成就很少，但是我至今无怨无悔，因为建筑设计始终是我最喜爱的工作。第二个决定是在上海解放前夕，当时我是单身一人，既有条件出国留学，也有甲方邀请去台湾开业，可是我却毅然决定前来北京参加工作，有幸成为中华人民共和国第一代建筑师。不过在我一生的事业中却有一个最大的遗憾，就是那“多灾多难”的“四部一会”工程。

一次错失的良机

“四部一会”工程的规划开始于1952年，当时，国家计委选择在西郊（现西城区）三里河地区建设一个以计委为中心的中央政府行政中心。规模很大，两个设计单位被邀提供规划方案，北京市建筑设计院的方案被当时的苏联专家选中了，从此我就成了该计划的工程主持人。我的方案采用了周边式的布局，把基

“四部一会”办公楼远景

地分成五个区，中心一个区，四周各一个区。1954年间，这个宏大的规划中途停止了。到底为什么未实现这个规划，恕我也不清楚。因此当时只完成了其中西北区内的一部分建筑，面积为9万平方米，这就成了现在的“四部一会”建筑群。假如能按照原来规划全部建成的话，其建筑总面积将达八九十万平方米。中央多数部门的建房问题就可以在这里解决了。从而，梁思成先生维持古都风貌的愿望就基本上可以实现了，因为中央政府的用房大部分就可以建在西郊，市区内就不必大兴土木了，原来的风貌就比较容易保存下来。

今天的北京由于大量建造政府用房，再加上房地产业的盲目发展，市区内到处在大兴土木，整个北京成了一个大工地，人口密度和建筑密度都大大提高，而环境质量则亟待改善。高层建筑到随处可见，而四合院则被大片拆毁，北京原来平缓开阔，突出重点古建的城市天际线已不复存在了。北京乍看竟很像一个第二手的香港了！难怪许多人士，包括一些热爱中国的外国人都在叹惜北京风貌大不如昔。因此，我更感到“三里河行政中心”工程中途“夭折”的可惜与可悲，因为它不仅是我个人的莫大遗憾，更是北京的一个失去了的大好机会，一个不可复得的机会！

两次自相矛盾的检讨

1955年，基建战线曾吹起了一个以批判大屋顶为主的反浪费运动。这时候快要竣工的“四部一会”的建筑群由于具有一定的民族形式又“在劫难逃”了。当时，两幢配楼已经完全竣工。剩下一幢主楼的大屋顶尚未封顶，不过大

“四部一会”办公楼近景

屋顶所需琉璃瓦都已备齐并且运到顶层了。于是，是否要完成这最后的大屋顶就成了一个问题。作为该工程的主持人，我当然不能不表态。此时，我刚在《人民日报》发表文章检讨了自己作品中搞复古主义的错误。若是坚持盖这个最后的大屋顶，怕人家批评我口是心非，言行不一，于是就违心地同意不加大屋顶，并设计了一个不用大屋顶的顶部处理方案，一个自己也很不满意的“败笔”。后来“反浪费”运动结束，时过境迁，许多同志，其中包括彭真同志看到这个“脱帽”的主楼都很不满意，批评我当时未能坚持原则。这个批评我倒是愿意接受的。不过，当时我个人即使坚持了，这个大屋顶可能也是“在劫难逃”的，因为李富春同志当时既主管这个工程，同时又领导“反浪费运动”。因此，他在大屋顶这个问题上，也必须以身作则，只好大义灭“顶”了。

总之，为了“四部一会”工程，我先是检讨自己不该提倡复古主义，后来又反省自己在设计中缺乏整体思想，不能坚持原则，来回检讨，自相矛盾，内心痛苦，真是一言难尽！

该加的没有加不该加的倒加了

可是“四部一会”工程给我带来的困扰

并未到此结束。最近一个时期，许多朋友又和我谈起他们对“四部一会”的不满。原来“四部一会”的主楼，不久前进行了一次全面的改造，我老来不常出门，所以不大留意“四部一会”主楼的“近况”，后来路过匆匆看了一眼，我不得不完全同意这些批评。批评中的一条主要意见是既然主楼的顶层要改建，那么正好把原来的大屋顶再加上，恢复原来的设计，岂不是顺理成章？可是却没有加，而是把原来的顶层四周加了一个以列柱组成的外廊，其上部是琉璃瓦小檐子，四周是米色水刷石的栏杆，其形式与色调和原来的主楼都很不协调。可是就在这主楼的对面，在一座新建大楼的顶部却出现了蓝色琉璃瓦的四坡大屋顶，与“四部一会”主楼的新平顶，遥遥相对，分庭抗礼。难怪杨永生同志说“该加的没有加，不该加的却加上了，把我弄糊涂了，我又迷惘了！”而我的反应又岂仅仅是糊涂与迷惘而已，我是既失望又痛心！因为主楼的改建既无助于改进原来的立面，而对街银行新楼的形式则又破坏了街景。作为北京城市建设战线上的一名老兵，对此情景，无能为力，徒乎奈何，内心痛苦，真是一言难尽！我要呼吁，我要为“四部一会”的现状呼吁，我更要为北京的街景呼吁！

就是在《“四部一会”大屋顶》一文发表的前一天，我曾在《北京晚报》发表了一篇题目为《建筑师的烦恼》的文章。文中我谈到人们对建筑师的工作往往很不理解，因而对建筑师也不大尊重，我感到很烦恼。最近“四部一会”改建立面的过程更加深了我的烦恼。我是“四部一会”工程的设计主持人，这是建筑界众所周知的，因此假如甲方能够尊重原来的设计人，在进行改建之前，先来找我商量一下，我是非常乐于从旁相助的，这也是我义不容辞的责任啊。我一定会建议甲方趁这次改建的大好机会，再加上主楼的大屋顶，以恢复它原来设计的面貌，而外墙立面则应尽量保持原来清水砖的特色，不必加上那些与之很不协调的米黄色水刷石外粉刷。这样做的效果一定会比现状要好得多，一些老同志的“心病”也可以“顶到病除”了，而路上行人也不会像现在这样议论纷纷了。

要尊重建筑师

我在此再一次向社会呼吁，要尊重建筑师的工作，要发挥建筑师的作用。建造新工程当然需要建筑师来设计，改造旧建筑同样需要建筑师的服务。假如由于某种原因，不能由原来的建筑师继续负责的话，也应该事前征求一下原来设计人的意见。这样做更有利于保证改建工程的设计质量，同时也是对建筑师的尊重。因为每一个建筑设计都是一个创作。今天，人们都懂得尊重作家的“版权”，而对于建筑师

2002 年 4 月 29 日苏州博物馆专家论证会上张开济（左）与贝聿铭

2002 年 4 月，罗哲文（左）、张开济（中）、周干峙（右）在参加苏州博物馆新馆专家论证会后合影

的创作权却很不重视。这是很不公正的，我希望这种情况能够早日改善。当然建筑师本身也应该进一步提高自己的业务水平和加强自己的社会责任感。

要重视城市的风貌

早在20世纪五六十年代，新中国成立不久，北京就建造了不少新建筑。这些建筑总的来说，设计和施工质量还是比较好的。其中大部分都是混合结构，外墙也多半为清水砖墙。如今这批建筑中，有的因为年久要修缮，有的为了扩充面积而需要加层，因而一些改建工程就应运而生了。我们不能轻视这类改建工程。现在有些单位把建筑的立面上都加上外粉刷，或者贴上面砖，使之面目一新，改建工程便算是大功告成。这种做法，我不大同意。我认为，改建工程首先应该满足安全和使用的要求，而外部在一般情况下稍加整修和清洁就可以了，不必大动，作“美容该尽量保存原来的形式和用料”。这是因为一个城市的面貌一般不是一朝一夕所形成的，而是长时间不断建设的成果。它的街景就是一幅反映城市发展和成长的画卷，是很值得珍惜的。具体就北京这个历史文化名城而言，除了那些国家级和市级重点保护文物单位之外，一批比较重要的现代建筑也应该加以保护。此外，还应该保留一些质量较好的一般房屋。这样做，可能更有利于保存北京原来的城市风貌。

前面谈到北京早期“建筑”的外墙多半是清水砖墙。这种墙不同于抹灰墙，它富于质感，尺度上也比较宜人，很有特色。而且，砌清水墙是我国工人的传统手艺，这种手艺目前正逐渐失传。“物以稀为贵”，我预测，现在的一些较好的清水砖墙的身价将超过目前已经过时的玻璃幕墙！信不信由你！

最后，让我再一次强调：尽管今天北京的古都风貌已经大不如昔，但我们仍应千方百计地加以抢救，那种“破罐破摔”的消极思想在任何时候，都是绝对不能允许的。今天，我们不仅要保护古建筑，而且还应该保存一些老建筑。我们不仅要努力提高新建筑的设计水平，同时也不能忽视一些改建工程的质量。这样才能把我们的北京建设得更美好、更现代化和更富有传统特色。为此，我们建筑师更应该义不容辞地发挥更大的作用，做出更多的贡献！

（原载于2000年4月4日《中华建筑报》）

筹建“永茂”二三事

高原

1949年北平解放后不久，当时的建筑行业全由1949年前遗留下来的一些设计事务所和营造厂商来承担，力量薄弱，还掺杂了不少封建把头，很难适应当时的形势要求。党为了迎接即将到来的新中国建设高潮，急需组织一支人民自己的建设队伍，培养一批人民自己的技术人员，以适应形势的发展。同年7月底，党责成当时军管会（后为人民政府）副秘书长李公侠同志负责筹建一个建筑单位，由军管会调出纪民同志，并由华北大学和人民革命大学抽调了六名技术人员，他们是王敏之（后中央建研院情报所高工）、杨孔麟（后本溪市建委主任工程师）、安中义（后西安建筑设计院副院长）、吴庆民、王步青和我，我们在军管会内的一间宿舍内开始具体的筹划工作。

首先是组织形式及规模问题，当时是既无经验，也无可供参考的先例可循，不知该是个什么样子。经过反复研讨推敲，拟出了大、中、小三种类型。小型的为三四十人的设计事务所类型；中型的包括设计、施工两个部分，约一百多人；大型的增加了建材部分，有木材厂、砖瓦厂等，约三百多人。经领导研究后指示，先按中型筹建，逐步向大型发展。后来随着首都建设形势的迅猛发展，很快就大大超过大型指标。不到十年设计部成为设计院；施工部成了建工局；材料部成了建材局。任何一个单位都在千人以上。这在当时是无法想象的。

其次是名称问题，为了表示我们是代表人民政府的建设单位，于是就提出了“北平建筑公司”“北京建筑公司”等响亮的名称。后经彭真同志确定了“永茂”这个名称，因当初在老解放区使用过这个名称，并取其“永远茂盛”的意义。

最后是办公地址问题。在军管会内暂借的宿舍，不便对外开展业务。当时王府井北口的金城银行的三、四层楼正空闲着。我们就租下了。由军管会借拨了三十袋面粉，作为一个季度的房租。就在1949年10月1日那天，从金城大楼顶往下垂了两条红布长幅标语，上面用黄纸剪贴着“中华人民共和国万岁！”“世界人民大团结万岁！”下面落款是“公营永茂建筑公司”，我们的公司就和共和国同时诞生了。我们那天跟着军管会的队伍在中山公园门前参加了开国大典，晚上还参加了提灯大游行。长长的人流，闪闪的红灯，照耀着前面的大路，永远前进！

我的那个画图梦

王玉玺

今年三月，是我到设计院的整整第四十二个年头，这使我想起了一生追寻而终未实现的那个梦——设计画图。还是在1950年当我路过济南、天津，看到那么多高楼大厦时，就产生了我也要盖大楼以改变家乡土坯草房面貌的想法，但并不知道怎么个盖法。直到上了高中，去东北工学院参观之后，才知道得先有设计图才能施工。于是高考志愿我全部填了建筑学专业。从踏入清华校门的那一刻起，我就进入了梦境。毕业后，我拿着报到证去实践梦想的时候，美梦却破灭了。市人事局接待我的是一位女士，她说设计院现在不要人，改派你去教育局，上半月报到还能发全薪。那个年代，服从分配是不能打折扣的，就信以为真，我既没怀疑她会骗我，又没到设计院去核实一下，就此改变了我的人生轨迹。十年间，我先后辗转在市高教局、四清、下放、西城教育局，直到1973年3月才回到了设计院，分到第一设计室，在临街办公楼的南头二层工作。支部书记是张鼎桂，主任是秦济民。建筑组长是李青云、叶谋兆。荣幸的是我还和张德沛老兄在一组。记得一天上午，秦主任说有人来室参观，让大家坚持工作。因当时任务不多，不能每人都有事做，张德沛就画了一只惟妙惟肖的猴子放在图板上，所以我对这位学长的印象特别深。

十年没有摸过鸭嘴笔了，一切都显得陌生和新鲜，真想过一过画图的瘾，可又什么都不会了。记得一天在上班的路上，我曾问过刘力一个傻问题：“水泥面的墙面怎么分块。”

左起副院长张学信、纪民、赵利民，院长王慧敏，副院长赵景昭，党委书记王玉玺（1987年摄）

至今想起来我还汗颜。在活不多的情况下，为了使我尽快熟悉业务，半年内秦主任先后交给了我三项任务，也耐心地从零开始教起。西大屋不同专业的同志都热情地帮助我。记得第一项任务是做东交民巷 15 号院（据说是西哈努克的居所）的热力点，当时我搞不清方案和施工图是怎么回事，背立面的窗子也不知如何处理。秦主任就不厌其烦地教我，给我改图。宋孟侠和赵行洁还带我到工地，详细给我讲解，渐渐地唤起了我在校学习时的记忆。我很快适应了环境，融入了工作。第二个工作是中科院力学所，面积大了，难度也增加了，有了平面布局、立面设计等内容，室内设计要求恒温恒湿，这对我都是实际的锻炼。遗憾的是，当我刚刚沉醉于画图的梦境时，要我调离设计室的消息传来了，我不甘心，就软磨硬泡拖时间。但终于顶不住不停的轮番谈话，到 9 月底，就被调到院办，结束了我画图的生涯。此时该项设计还没做完，叶谋兆和组里的同志帮着收的尾。

在 1979 年我到四室时，得到了刘宝熹主任和刘文占同志的帮助，忙里偷闲的又画过一栋单宿的图纸。可两年后又离开了四室，画图的梦再次破灭。

王玉玺（右）与秦济民（左）

1989 年秋季，因故又做起了画图的梦，我天真地想，也许能“因祸得福”，可以回设计室工作了。当然我也有自知之明，这个年龄做设计是不可能了，便想做点概预算工作，于是我就开始在院内外听课，认真做起了准备。到 1990 年秋恢复工作，仍然不能去设计室，画图梦又再次破灭，直到退休。我常自嘲地说，我是个“残疾人”，学的建筑学，却不会也不能做设计，这成了我终生的遗憾！如果人真的有来生，我还想圆这个从未实现的梦。

在着手写这篇短文时，我才得知张鼎桂书记、秦济民主任和刘宝熹主任都早已先后仙逝了，我十分难过。我怀念他们，更对他们在我成长和工作的过程中，给予我的帮助和关心表示由衷的感谢！

历届院领导合影

从飞虎队翻译到新中国的建筑师

张德沛

我老家在台儿庄西面，是受日军蹂躏最严重的地方。1938 年，小时候的我已看到日本人的凶残。那时我才 13 岁，我不懂得战争到底是怎么回事。我们在农村穿布鞋，布鞋容易穿坏，用什么保护布鞋呢，用树上鹌鹑蛋、鸟蛋的蛋清涂在鞋上，让布鞋耐穿。有个孩子一天到晚跟我一块打鸟，他的鞋是绣花鞋。我说你的绣花鞋是女人的吧，他说，“不是的，是姐姐给我绣的，本来是我姐姐的鞋，她穿着小了，现在给我穿了。”这个孩子穿他姐姐的绣花鞋，我就记住了。可不久后，在日本劫掠过的死尸堆里，我发现了那双绣花鞋。他被打死了。那一年路过南京，经过大屠杀的江面石头上都是中国人的血。

我后来进入的南京同伦中学（原金陵中学），是一所美国基督教教会学校，和当时的南京金陵大学、上海圣约翰大学、北京的燕京大学、协和医院一样，都是美国人用庚子赔款在中国兴办的学校。虽然日本人无法完全控制这样的基督教学校，但我们这些学生却都与日本人不共戴天，不愿意在敌占区南京念书。学校有一位日本老师，不太像日本人，是不主战的，对待学生也特别好，但我却只有一个念头，不上他的课，不考他的试，大不了我离开日本区。后来中学上了半年，我们就真的走了。

那时只有十六七岁，对国内的斗争都不清楚。那时候还不知道解放区，只知道蒋介石（当时的国民政府）在四川。只有一个念头就是离开日占区。我们完全徒步，从安徽蚌埠走到河南，从河南到陕西，再往后就是翻越秦岭，从秦岭下来就没有钱了，一天两顿饭，清水煮萝卜；米汤不够，我们就帮农民拔萝卜，之后要来萝卜皮充饥。

到泸州的时候，美国飞虎队来了，国民政府行政院院长去外交部申诉要增加英语翻译口译员。自恃中学英语基础不错，就去考这个 interpreter。我们那时念英语，正念一些革命和打仗的内容，爱国主义精神正高涨，英文我们就要念林肯的 The Gettysburg Address:

第一届清华大学建筑系学生与林徽因先生（右一朱自煊，右二黄畸民，右五林徽因，右六虞锦文，左一张德沛）（1950 年摄）

Four score and seven years ago,our fathers brought forth upon this continent a new nation,conceived in Liberty,and dedicated to the proposition that all men are created equal. 我们都念得非常熟，爱国主义的精神是“宁愿牺牲自己，用自己的鲜血灌溉自由的土壤”。林肯是好样的，他不像拿破仑，拿破仑是要征服别人，林肯是要解放民族，liberty…conceived in Liberty，all men are created equal，所有的人都是平等的。我们念这样的书就特别有劲，中国需要爱国主义者，我们要平等、我们要自由，不能让日本人来残害我们的百姓。

美国有好几个爱国人士、爱国将领，第一个就是林肯，第二个就是当时在任的总统罗斯福。我们对罗斯福很敬仰，罗斯福比较明智，他知道中国这个国家，公元前 2500 年，公元后接近 2000 年，没有人把中国这两个字磨掉;中国是带有理性的国家，老百姓都是热爱祖国、热爱家园、热爱故乡的。离了中国，对美国也是不利的，所以他支援中国打日本，他派了飞虎队，利用空军最后击败了日本敌击。

与我一样做过飞虎队翻译、后来也从事建筑设计工作的，还有张良皋先生。他是中央大学的，而我后来进入了西南联大，他比我年级高一些。

到了一九四几年这个时候，中国西南已经有支远征军，远征军也是学生军、学生支队。有些老同学已经参加远征军到缅甸。孙立人这个人也是我们清华力学的校友，他在美国的西点军校念的书，回来以后在蒋介石那里，蒋介石不愿意让他担任重要的职务，认为他有民族主义思想。这个人确实很爱国，带着远征兵在缅甸打了胜仗，把 16 万日本人打惨了，日军 6 万人逃了，10 万人被消灭了，远征军起到很大作用。联大有 850 人当了远征兵，参加战争。战争完了回来在学校里宣传、接受共产主义思想。现在我的书架上还有西南联大 850 个同学参加远程军的回忆录。现在西南联大还有校庆，每一年都会邀请尚在世的联大学生回忆过去的历史。

日本无条件投降在 1945 年 8 月 15 日，那个时候大学招生都招完了，我们从飞虎队下来以后怎么办？我得找一个学校，正好西南联大为了让这些参加抗日战争的学生口译员有学可上，安排了一类入学考试，只考英文、语文、数学这三样，别的都不考，这三样你合乎规定了就可以进先修班，在先修班里学习一年就可以再自主选择任何学校。我在第二年回到北京进入了清华大学建筑系。

考西南联大就是这样的：（原来）是外语系的直接入学，但是像我们这样的要考试。当时我把文章都记得滚瓜烂熟，马赛进行曲、林肯的演讲，罗斯福的演讲……

1945 年 9 月，我进入了西南联大的先修班。班上原来当翻译的同学真不少呢，浙大的、中大的、西南联大的，挺多的。做翻译的大多是大学外语系的学生。西南联大的外文系的一个同学，很有才华，他（做翻译时）牺牲在丹州机场，是罗伯特 · 温德（Doctor Winter）博士的朋友。

我在（1945 年）西南联大“一二 · 一”运动中得到了锻炼，蒋介石把政协弄得一塌糊涂，连郭沫若都挨揍了。罗伯特·温德是美国人，他藏了好多我们地下青年联盟的人，都是当时被通缉的对象，这些人都到罗伯特 · 温德家里躲起来，国民党特务就不敢去了。西南联大的很多老师明白蒋介石的企图，比较明白的爱国主义者都在西南联大，为什么是西南联大？因为西南联大有闻一多、张奚若。闻一多，我对他很崇拜的，不简单，总是对学生讲爱国主义思想。张奚若是同盟会的，同盟会是孙中山领导的，追求三民主义——民族、民权、民生。

1946 年，我回到北京，进入了清华大学营建系；从 1945 年“一二·一”学生的反内战、反迫害，到 1947 年的反饥饿、反内战，一直到 1949 年人民革命的胜利、中华人民共和国的成立，清华大学的营建系师生一直站在爱国学生运动的一边。在 1947 年，反饥饿、反内战游行中，我是扛旗手，当年游行扛大旗的人都已经去世了。我那时候个子大，身体壮，我扛第二个旗，那个旗子写的就是“反饥饿反内战”。

我们营建系同学同心同德，积极参加各种爱国社团，我的特长是画漫画。清华大学阳光画社主要成员来自营建系，我们还联合北大阳光画社以及燕京（大学）腊月画社，邀请漫画家叶浅予、木刻家李桦来清华大学营建系及燕京大学指导我们，提高我们的表现能力，用漫画这个武器与邪恶势力斗争，当时 47 班的张世绩就是我们画社的带头人之一。

我选择清华大学营建系有两个原因。其一，我喜欢建筑专业；其二，我是梁启超的崇拜者。他的公子梁思成先生也是“国宝”，与林徽因先生一起，寻密探奥且坚持不懈地研究祖国建筑文化的精神令我敬佩万分，使我在昆明就义无反顾地选择了清华大学营建系。从西南联合大学北京校友会编写的国立西南联合大学校史里所编辑的学生名录里得知，西南联大分到清华大学的本科生有 888 人，而分到工学院营建学系仅张德沛一人。也就是说，在清华大学营建学系还未正式建立起来，我已经就是清华大学营建学系的学生了。

北京市建筑设计研究院 55 周年院庆展上张德沛（中）与叶如棠部长（左）交流（2004 年 10 月摄）

1946 年，迁回北京的清华大学开学了，清华大学新建的营建系第一班学生仅 15 人。当时梁先生正在美国讲学，并参加联合国大厦设计的评议工作。营建系系主任由土木系教授吴柳生先生暂代，营建系正式员工只有两人，即吴良镛先生和一名工友张立刚先生。吴良镛先生一人操办系里一切教学和行政工作，他是我们第一班的启蒙老师。当时林徽因先生生病在家，但她也时时关心着营建系的教学安排，吴良镛先生在教学安排上都和她商量。我们拜望林先生时，她总是滔滔不绝地给我们指点迷津，在我们学习方面给予了很多方向性的指导，如教我们要多阅读建筑书刊和有关建筑的资料，多参观一些成功的建筑，多动手描绘，以提高我们对建筑物比例尺度掌握的能力。

1947 年秋季，梁先生从美国回来了，他不仅给我们系图书馆带来更多的新书、新资料，还给我们带回来一套 Elements of design 的挂图。梁先生给我们带回来建筑设计的新思路，而且还引进了一些建筑创作的新理念。如他当时提出的建筑创作三原则，即“实用、坚固、美观”。他要求我们建筑专业不但要加强基本功的训练，而且要加强对建筑历史的学习。因为建筑是为社会各行各业服务的，所以除了安排美术方面训练的必修课程如素描、水彩等课以外，梁先生强调我们要学会了解社会，因此我们又加上一门“社会学”必修课。他同时提出，建筑师对其他专业技术也不能放松。他举例说：“流水别墅被建筑界誉为20世纪的神庙，但当时有一些人认为该建筑的大悬挑平台结构不稳妥，赖特的回答是，你们可以在此建筑内埋一个结构论证的铅盒子，300年后证明他们这些人是傻瓜。又有人对他设计的古根海姆美术馆的螺旋楼板在结构上提出异议，而赖特的回答是，如有大地震在此发生，螺旋体被抛到天空掉到地上仍会良好不折。这个夸张的回答基于他有丰富的结构知识。”梁先生结合建筑历史课指出，每一个新结构体系的形成，必然会带来新建筑形式的出现，他同时指出，社会在发展，技术在进步，城市建设要统一规划，因此建筑师要学习包括市政建设、城市规划等在内的多行业的基础知识。

梁先生在给我们讲建筑史的时候，不仅给我们介绍建筑形式和构造，而且还给我们介绍其历史背景、建筑材料的演变、建筑材料对建筑形式的影响以及气候环境对建筑的影响等知识。

梁先生学贯中西，他引用老子的“无之为用……凿户牖以为室，当其无有室之用”的说法，更进一步地、更完善地、更简洁地诠释一个挂图对建筑空间所表达的含义（挂图原文 space is nothing，until you detect a point of refere-nce）。梁先生工作教学既深入浅出，又严紧细致，他教导我们做设计要有整体观念，由细部到个体，由个体到总体，都要有韵律感。他指出，这就是为什么人家说“建筑是凝固的音乐”（Architecture is frozen music）。下课后一个同学在黑板上写了“Architecture is the frozen music”（frozen 前面他加上了个“the”字），梁先生又来教室，抬头一看那位同学加写的这个“the”不妥，他马上就给纠正过来了。他对所有在场的同学们说，以后做工程要严格认真，错了一个字就可能造成损失和遗憾。这种严谨的治学精神深深影响着我们这些年轻人。

在清华大学的几年里，我们这些清华营建系学生，都被梁、林以及其他老师执着的求知探索精神所感染。尤其是梁、林两位前辈，他们全身心地投入祖国的建设事业之中，把研究保护和发展祖国优秀的传统建筑文化视为己任，不畏艰难困苦；他们热爱祖国，仗义执言，这些都是清华大学建筑系宝贵的爱国主义精神财富。

在中华人民共和国成立初期，梁、林二位师表为建立新首都和保护北京古城做了大量的研究和论证工作，并协同城市规划专家陈占祥提出了“梁陈”建立新首都、真正保留古北京城池风貌的方案，但终因阻力太大而未能实现。

持反对意见的一些同志曾说，古城墙是保护封建帝王和士大夫的，理应拆除；而梁先生情深意长地说：“我主张不拆，因为这个享誉世界的古城池，是我们祖先劳动人民大众一砖一瓦砌筑起来的建筑文化古迹，并没有哪一位帝王士大夫为其添过一砖一瓦。因此它是我国劳动人民祖先为我们留下来的宝贵的财富，我们理应把它保留下来”。虽然梁先生的发言铿锵有力，但仍得不到支持。

1949年冬天，我们两班同学承蒙华北建筑公司的邀请去山西大同煤矿，帮助做修复性规划设计。梁先生说大同古建较多，抽时间可以参观这些经典建筑。我们到大同后参观了云岗石窟、鼓楼等古建，但到善化寺参观时，听说解放军借用善化寺部分殿堂保存弹药。回北京后，我们向梁先生汇报实习情况，同时提到此事。梁先生为之一震，并立刻向上级建议，将弹药库移出善化寺，以免发生意外，使善化寺毁于一旦。

我们营建系当时在工学院是人数最少的系之一，但它却是清华大学师生关系最好的一个系，同学也亲密无间，形同手足，同系同学住在一起，生活学习互相帮助、互相关心、互通有无。1948年冬天，我就是靠丁培良的一件大皮袄过了一个严寒的冬天。清华大学上操要穿软底鞋，没有钱买怎么办？体育教研组的牟作云先生看到我的无奈，就把我带到他办公室打开他的鞋柜送了我一双球鞋，并让我把这双鞋放在新斋营建系男生宿舍的走廊里，谁没有软底鞋就穿这一双鞋上体育课。营建系同学多来自南方，个子矮、脚小怎么办，刘小石说：“那好办，我穿它时在前面塞个棉花球就顶好。”总之，我在营建系风风雨雨、同舟共济的四年生活，永远是我一生最美好的回忆。

1987年北京院部分清华建筑系同学合影（前排右七张德沛、前排右十吴观张、右十一王玉玺、二排右四黄畸民、二排右五虞锦文、二排左一玉佩珩、二排左二马国馨、二排左四何玉如、二排左五刘永良、二排左六张光恺、二排左七柴裴义）（马国馨提供）

群众选我当院长

吴观张

20世纪80年代初，百废待兴，追求民主与科学的意愿异常强烈。1980年下半年，北京市指示要求选一位建筑专业技术人员当北京市建筑设计院院长。提及当年的选举过程，可谓轰轰烈烈，热闹非常。全院约1200人无记名投票提名，第一轮五票以上的有105人，经过三轮投票，最后我以900余票当选院长，又选了主抓经营、科研、技术和后勤的四名副院长。“第一次由技术人员当院长并由选举产生，这件事在设计院可以说是空前绝后的，过去没有过，这以后的院长也都是上级任命的。”

在五位院长中，我年纪最小、级别最低，“还是每个月拿62元工资”的，但我胆子大、包袱轻、心胸宽、性格直，不怕丢乌纱帽，真诚对待人，认真对待事；充分发挥班子里每个人的作用，分工负责，不包办、不代替，并建立院长办公会制度，“每周例会，有的事不要议，通通气要议的事，由主管院长事先准备意见，会上充分讨论，有议有决，会后坚决执行”。院长任上，事情千头万绪，纷繁芜杂，其中有四件事我认为是带有战略性的，对设计院的未来发展有着举足轻重的作用。

一、健全技术管理体系

新聘了四位业务水平高、技术过硬的专业副总建筑（工程）师；成立院技术委员会及各专业技术委员会；各设计室选聘了四名专业的主任建筑（工程）师；强调抓好工程设计项目综合质量；所有工程设计项目分院、室、组三级进行责任制管理，从而健全了技术管理体系。

二、重视智力开发

首先，与高等院校订立代培人才协议。设计单位所承接的设计项目完成质量好不好，在于是否拥有高质量人才。经统计，全院约400位建筑专业职工到1986年每年约有40人达到退休年龄，而当时全国建筑专业的人才培养正处在青黄不接的时期。“20世纪80年代初期，每年国家只能分配六七个建筑学专业毕业生到院，而院里有九个设计室，平均一个室连一个人都补充不到。”危机迫在眉睫，如不及早采取措施，设计院的生存将难以维系。于是，院长办公会果断决定与清华大学、南京工学院、同济大学、天津大学、北建工、北工大、中央工艺美院等多所知名院校订立代培120名毕业生的协议。人才断层在

吴观张和他的同事们。前排左起：吴亭莉、王昌宁、吴观张、何玉如、马国馨（摄于 2010 年）

很多设计院都普遍存在，幸亏发现及时，下了决心由我亲自落实。这些青年建筑师自1985年后陆续充实到设计院的生产第一线，其中不少人成了后来的技术骨干。

其次，投资《世界建筑》。20世纪80年代初，清华大学建筑系主办的《世界建筑》面临资金短缺、难以维系的困境，建筑系领导赵炳时先生找到北京建筑设计院寻求帮助。这本杂志信息量很大，资料性极强，对于设计院从业建筑师有极大的帮助，几乎人手一本。于是，我决定投入资金和人力，助这本杂志渡过难关，将其继续办下去，这也是一项战略性的财力、人力投入，至今这本杂志越办越好，在建筑界享有盛誉。1984年我卸任之后就不资助了，好在活了过来，可它至今还署名与北京院合办。要谢谢他们！每月我还能收到他们寄来的杂志，再次感谢他们！

最后，给清华建筑学院学生辅导设计课。教育要与生产实践相结合，1982年，受清华建筑系之聘，我与张德沛、汪安华、刘振秀等校友组建教学班子，与学校课题组教师一起，担任两个年级的具有高技术含量的剧场和体育馆的设计课题辅导，采用修改学生图纸、综合点评等方式辅导学生，收到了良好效果。现在的清华建筑学院院长朱文一、清华规划设计研究院院长尹稚、清华建筑设计研究院院长庄惟敏、五合国际的刘力与卢求、开业建筑师刘晓都等均为这两个年级的学生。

三、为员工盖住房，稳定队伍

“21世纪什么最贵？人才！”我多次强

调，设计单位的竞争主要是人才的竞争，要想留住人才，必须解除设计师的后顾之忧。于是，设计院自办食堂、自办幼儿园托儿所、自办小卖部、自办医务室，这些举措对稳定队伍起了一定作用，但住房困难是一件迫切需要解决的事。据统计，当时设计院有四五百人没有房子住，有些已成家的人住在单身宿舍和筒子楼里，有些人则两家合住在一套房里。单位盖房，很麻烦，要批地、批文、批钱、设计、找施工单位、跑材料等。这件事由郭家治副院长主抓，我辅助。说来凑巧，一次年终总结大会，我在报告中提到住房困难时，坐在主席台上的时任规划局局长的周永源接了一句话："可以搞一块地建嘛！"于是，我抓住机会，向台下千余职工说："周局长说要帮我们搞块地盖房，我们谢谢您了！"大家一起哄，成了。后来，由局里出面，帮设计院在白石桥气象局门外以300万元、3000平方米指标，在这块地上盖了三幢22层每层8户的住宅楼。设计院得两幢，每幢可供居住176户。之后，又在复兴门西北弄了一块原煤场的地，也建了三幢，设计院得一幢。我原想解决500户的居住问题有了着落。这对稳定队伍起了积极作用。

四、分配改革

设计院当时处于刚刚步入市场的初期，国家不再拨款，但市场竞争不算激烈，生产任务十分饱满，职工工作很辛苦，但收入仍十分有限，人心思变。我和领导班子曾数次草拟过改革方案，试图打破大锅饭的局面，提高职工的收入，但均未能得到上级批准。这件事是我在任上想解决而没有解决的，在我卸任后第二年得以实现。

1984年，我从设计院院长的岗位上退下来，改任院常务副总建筑师，总建筑师是张镈、张开济、赵冬日。我叫吴观张，这一辈子和姓张的很有缘。妈妈姓张；参加工作后，1976年在院一室当主任时，室党支部书记姓张；1980年当院长时，院党委书记还姓张；1984年当院副总建筑师时，总建筑师姓张，后来在首都宾馆当主持人时，是跟着张德沛。真是名副其实的"观张"！这也是我的第三次职业回归，至今，没有离开过技术岗位。

任院副总建筑师期间，我不仅做好技术把关、技术指导工作，而且为培养技术队伍做了很多工作，同时，还积极参与大量的建筑创作活动。1985年，我参与了首都宾馆设计，与张德沛、何玉如先后担任设计主持人。首都宾馆是用于接待各国政府高级代表团的宾馆，建筑面积6万平方米，坐落在繁华的前三门大街，背倚静谧的东交民巷，虽身居市中心皇城地带，却闹中取静。做首都宾馆给我最大的体会是，旅馆设计必须考虑成本问题。首都宾馆是国管局的项目，由于管事的都是高手，投资控制非常到家，建成之后的决算是同类建筑中造价最低的。其实一开始，为了讲究气派，平均一间客房设计为130多平方米，有专家指出，因为维护成本过高，将来经营要亏本。于是将原来方案的200多间客房改成了300多间。在首都宾馆的设计中，我们首次采用了铝合金板。从1984年到1986年，我为首都宾馆共画了120张图。由此，也积累了不少旅馆设计经验，并开始着手旅馆设计的研究，后来写出相关文章，在建筑杂志上刊出，并参与了《北京宾馆建筑》一书的编辑出版。同时，与天津大学、北工大、北建工教授联合带了六名以旅馆设计为研究方向的研究生。

1986年，北京建筑设计院派我兼管深圳设计分院，担任副董事长和总建筑师，同时派我去香港成立华润艺林和京泰公司室内设计部，并任设计院代表。从此，来往于香港、深圳与北京之间七年之久。值得一提的是，我参与深圳分院的方案创作并辅导青年同事进行项目的技术设计和施工图的创作。1992年，邓小平到南方视察之后，我在分院提出了下不保底上不封顶的分配改革方案，我说："如果产值达到600万，可以提成20%，达800万时，可提30%。"重赏之下必有勇夫，果不其然，这一激励措施大大激发了大家的生产积极性，同样的人员，产值从头年的160万猛增至800万，增长五倍。

1994年，我退休，被院里回聘，担任顾问总建筑师，继续发挥余热，和王昌宁顾问总搭档组成建筑创作工作组，在设计实践中对青年建筑师进行传帮带。我们每年从新人院的青年建筑师中调三四人，加上两位老先生一共五六个人组成基本班子，从院和各所接来任务，在创作实践中对青年进行智力开发，培训其设计专业基本功。我们让每个青年人敞开思想做一两个方案草图，然后点评。在每个方案创作的过程中，我们都会挑一些设计中出现的通病或最基本的问题（多数是技术层面的问题）进行讲评，并告之自己是如何考虑这些问题的。有时会结合方案做一些专题讲解，如地下车库设计要点、视听建筑的视觉和听觉质量的设计要点、大型厅室的座位排列与家具安排、不同空间大小与互相关系等。每年全组承接20个项目，大约有30%的中标率。每个方案都有保底费，中标方案有适当的奖金。这些钱发给全组同事和相关人员，解决新同事的生活所需，人人开心。"我们前后与青年人在一起工作了11个年头，今天，这些年青人都已成了建筑行业中的佼佼者，有的成了设计院的所长、工作室主任、副总建筑师，有的成了开发公司的总建筑师、设计总监等。

吴观张总（右）和王昌宁总

这期间，我和王昌宁的建筑创作工作组与北建工、北工大、天津大学合带过七位设计研究生。"和我们合带研究生的老师都是学识渊博的知名教授，如天大的邹德侬教授等。"第一年在校上课，第二年到工作组，让他们参与相应的项目方案，我们二位只负责在工作中指导，让他们去调查与搜集资料，看他们的调查报告，参与他们论文的修改等。这种培养模式，效果很好。这些学生毕业后有五人在北京建筑设计研究院工作，他们早已成为能独当一面的骨干。

2004年后，我受筑都方圆建筑设计有限公司和五合国际之邀，担任了两家公司的顾问总建筑师。时至今日，年愈八旬的我仍和年轻建筑师奋战在建筑一线，不遗余力，扶掖后学。

一个老年人，把自己的知识和经验传给后代，让后代人来吸收或批判，这是老年人对青年人的责任，也是青年人对老年人的希望。非常感谢这两家公司给予我发挥余热做美梦的机会！有老如斯，幸矣！

我的三位老组长

熊明

1957年国庆前夕，我随民用建筑设计院合并到北京市建筑设计院，被分配到第三设计室，总建筑师杨锡镠亲自把我介绍给秦济民组长。

第一位组长——秦济民建筑师

杨总对我说秦工水平高、效率高、设计质量好，多年来领导设计小组获得过多项荣誉，每个月奖金都稳居全院第一名。秦组长非常谦虚地对我说："你是我们全组第一位研究生，请多用心，发现什么问题或有何建议，可随时向我提出以便改正，帮助小组工作得更好。"这是我在北京院的第一位组长。秦济民组长早年在上海顾鹏程建筑师事务所工作。1950年，他随顾总来京，进入公营永茂公司。在他早年设计的许多工程中，最有名的是陶然亭游泳池和工人俱乐部，前者供公众游泳，是首次出现在古城北京的游泳池，后者功能复杂，规模巨大。两项工程都深受市民欢迎，得到了上级的褒奖。

秦济民

秦工分配给我的第一项工作是：北京食品厂的果酱车间施工图。当时我研究生刚毕业，搞科研尚可，也不怵创作建筑方案，但施工图却从未接触过，简直是一窍不通。可是我缺乏自知之明，所画好的第一张图是首层平面图。需要标明的问题很多。我把平面布置在图纸中央，除注明轴线尺寸、墙垛和门窗洞尺寸、墙厚尺寸及其与轴线的关系尺寸，总尺寸也表示得很清楚。还按工艺要求布置好了室内排水沟网及其坡度走向、位置尺寸，画得密密麻麻。此外，墙垛及角部凸出凹进的线角在1：100的平面中，不可能表达明白。于是，我将它们用虚线引出至图的周边，加以放大，像是一个个圆形气泡一样，不但画得清清楚楚，而且尺寸标注的一个不少，图面颇为美观。墙身截面及投影线，粗细分明。门窗尺寸及数量、材料做法及说明，用仿宋字体标明。加上图表方正，条理清晰，整个图面清秀醒目，均衡匀称，像是张精心创作的艺术品。之后，又经过了自审、合作制图同事的互审，我想费时三天的杰作，必定会得到赞扬。我将全部图纸整理得井然有序，送秦组长审阅。秦工下要照顾全组的工作，上需执行上级的指示，还要参加各种会议和学习以及应付业主，所以，他一般都是晚上加班，收到我的图纸后，当晚仔细审查。那时没有计算器，全部数字都用算盘逐个核对。第二天一早上班，他便即时将图纸返回给我。他没有多说话，只说“你仔细看看，有的地方也可能我搞错了”，我接过图纸翻开一看，不禁瞠目结舌。图上铅笔画的到处都是“X”，几乎一片灰黑。各种错误包括尺寸、数量、做法、构造以及用料不当、大小样不符、说明有误，他不但指出错误，而且不厌其烦地写明了正确的数字和做法。他指明的各种问题及改正的图样和说明比我原来所表示的内容竟然还要多。我刷一下满脸通红，全身透汗，不敢发话，埋头按照组长的指示加以修改。一项项认真进行。那时图纸都是用的硫酸纸，用鸭嘴笔和小钢笔绘制和书写。改错要用刀片轻轻刮去，再用橡皮打毛，然后重新画好。我连夜加班一一更正，天已大亮。清晨上班前，秦工早于所有同事第一个来到工作室，看过放在他案上已经修改好的图纸之后，脸上露出了满意的微笑，走到我案前轻轻地对我说：“修改的很好，可以发出去了”，又关心地问我：“加班一整夜，困了吧，快回家去睡觉，给你一天假”，还敦厚地嘱咐我：“以后有不明白的地方，先不要往图上画，可以先找我或其他同志彻底搞清楚再动手。”经过组长这次调教，我算是通过了施工图的考试，以后再主持工程时就得心应手了。这次深刻的教训让我真正明白：光是理论上认识的东西，不一定真正理解，一定要在实践中学习，虚心向周围的同事学习。

此后，我自己当组长、主任建筑师、总建筑师或院长时，每次对新参加工作的同学们讲话，都详详细细地向他们讲述这一段，希望他们以我失败的经验教训为例，对工作认真负责，千万别重复我的错误，勉励他们在实践中学习。这一经历也让我真正理解了恩格斯所说的“自由是认识了的必然性”这一名言。掌握了施工图的规律以及一切相关技术，才有创作的自由。

还有一件对我后来发展极有影响的事不能不提。当他给我布置第二次任务——设计位于工人体育场西北角的工人体育馆时，同时将杨锡镠总建筑师的草图交给我。我当时不能理解为何如此，难道是对我这个清华大学研究生的创作能力还有怀疑吗?当时我年轻气盛，自命不凡，哪受得了这样的委屈。不管人家怎么看，我完全按自己的理念，做了一个方案，即沿比赛场地两侧布置较多席位，而两端则较少。这与传统的四周环绕同样多席位的惯例有原则上的区别，会在观众视觉质量、视线距离以及结构跨度和建筑造型方面都有很大的影响。秦工一看就微笑地告诉我先按杨总的草图，放大比例尺正式绘出，呈杨总审阅，同时附上我的方案。我明白这是要缓解矛盾，当即照办。图纸送上后，杨总采纳了我的意见，并在场地一端加了个舞台，丰富了使用功能。我又翻遍国外杂志，找到一幅活动折叠看台的照片。沿场地周边布置了活动看台，这样就便于在演出时，在比赛场增加观众席位，使方案更加圆满。业主也非常欣赏。结果是杨总、秦工和我皆大欢喜。这件事使我受到了很大的鼓舞促使我更加开动脑筋，充分发挥创造力。

秦老后来领导北京地区建筑设计标准化工

作，对标准图研究和设计做出了巨大贡献。赞曰：

智多识广志更牢，谦虚待人心胸豪，

耄耋有幸逢盛世，犹念标准图纸劳。

第二位组长——孙秉源建筑师

孙工从小跟随杨总参与了多项工程设计，最出名的有上海百乐门舞厅、北京太阳宫体育馆，前者是当年上海最高级的舞场，后者即国家体委体（1998年改组为国家体育总局）育馆，又称北京体育馆。其观众席位达6000个，是1949年后全国新建的第一座，也是当时北京乃至全国最大的体育比赛馆。这两项工程都是由孙工主持设计的。此外，还有苏联展览馆露天剧场加屋盖及舞台改造，台口装饰等许多项目。这次他配合苏联建筑师完成了苏联大使馆的设计后，返回三室。小组重新调整后，我有幸分到孙组长名下。当时我国乒乓球选手容国团获得第25届世界乒乓球锦标赛男单冠军。国际乒联决定，第26届世界乒乓球锦标赛于1961年在中国北京举行。这是在新中国举办的第一个世界体育比赛。国家当即成立组织委员会，并决定新建一座按当时比赛要求，能同时容纳10张球台进行比赛的体育馆，观众席位约需15000个。因此，我原来正在设计和施工的北京工人体育馆已建好的基础立即停工并予掩埋。另在市规划局选定的较大用地，即工人体育场东边的一块独立地段，建设新馆。沈勃院长决定仍由我负责重新设计。在方案设计过程中，除杨总指导外，孙组长也给我许多帮助，提供相关资料，鼓励我大胆创作。我按照比赛规则，选定了比赛场地尺寸及各种有关参数，并按视觉质量均衡原则绘出了圆形的观众厅的设想。其实，我曾在国外建筑刊物上查到1957年布鲁塞尔世界博览会美国馆采用了新型的悬索结构体系，非常适合大跨度、大空间的体育比赛馆。我做出完整方案，由院长携同向国家体委和市政府领导汇报，由于该结构体系就像一个车轮平放，抵抗地震的效果特别好，而且结构总工程师朱兆雪、杨宽麟也都赞同，市领导反复嘱咐“安全第一”并拍板定案——采用正圆形及悬索结构。期间，我按杨总的视觉视线设计参数制定了平面和剖面图，这些都得到孙组长的悉心帮助。

孙秉源（摄于 2008 年 12 月）

该项工程是国家重点工程，当然要由资深建筑师孙工主持。他很重视，安排多位同事帮助我优化设计，杨总指定了各专业组长负责与我合作。孙工还是第三设计室的大组长，实际上相当于主任建筑师，对我的工作细心照顾，完全按照方案创作构思的意图，组织各专业协作，保证一切顺利进行。该项目规模大而且功能复杂，时间又紧，大兵团合作。我虽然已有上次的经验，还是压力很大。在孙工的精心指导、帮助和协调下，工作进展顺利，我们高质量地按时完成了施工图。其后，工地技术交底、建材选用、悬索的锚具、空调高速喷口系统等，累次试验鉴定，组长都不厌其烦地陪我参与。这一系列困难，至今我回忆起来还感到后怕。当时，我研究生毕业不到两载，年仅26岁，要完成如此巨大且重要、有国际影响的工程，如果没有杨总和孙组长的指导，真是不可想象，即使再好的机遇，我也难以完成。该项目按计划准时完工，第26届世界乒乓球锦标赛顺利进行，该建筑也获得了国人的称赞和世界的盛誉。《中国建筑学报》对此还发表了专刊《新型的北京工人体育馆》。这一切都铭刻着沈勃院长、杨总和孙组长对我的信任，让我永难忘怀。孙老为人谦和大度，安享高寿101年，堪称人瑞。赞曰：

经验丰饶技艺高，新人调教在禅劳，
谦和大度身心健，鹤寿松年乐逍遥。

第三位组长——刘开济建筑师

刘工1947年毕业于天津工商学院建筑系。该校与法国教会渊源颇深，故刘工不仅精通英语且通晓法语。20世纪80年代改革开放之初，北京市副市长率市政府代表团访美，考察城市建设。沈勃院长和张开济总建筑师推荐刘工为团员兼翻译。名为翻译其实因只有他一人通英语，故所有外联、参观、交通及生活都靠他安排，特别是和外国城市当局建筑师交流，专业和语言方面都非他莫属。归国后，代表团对他评价甚高。后来，刘工又应美国有关大学邀请，进行学术交流，与后现代主义在建筑界的首倡者罗伯特·文丘里交往颇深。这些只是作为背景资料进行介绍。

1949年以前，刘工在北京的私人事务所设计过不少工程，其中最有代表性的是建国门内的一幢两层办公楼，后来归中国科学院社会科学部使用。该建筑最能体现刘工的风格，简洁清新，是当时少有的具有现代风格的建筑。加入公营永茂公司后（北京建院前身），他在第二设计室，深受张开济总建筑师的重用。由他主持设计的全国总工会办公楼为八层的砖混结构，在当时可算是北京最高的建筑，位于复兴门外大街路南的木樨地段，具有地标性质。

刘开济

1959年，刘工在当时国庆十大工程之首的人民大会堂工程中，负责设计东门入口、门厅、大厅、休息厅、西边的一个会议厅、三层的小礼堂、大会堂的入口。功能繁杂、责任重大。设计图纸完成后，他来到三室，我有幸结识他。当时我的组长仍然是孙秉源，刘工也来参加工人体育馆的设计。他这样一位著名的建筑师竟然来协助我的工作，令我受宠若惊。我猜想这是领导特意安排的，我完全理解领导既放手使用年轻人，又担心任务过重，怕我承担不了的善意之举。

刘工为人谦和，我以他为师，他待我似友。他主动绘制表现图，承担外墙详图。有关设计问题，他在决定前总是主动先征求我的意见，发现错误则极为缓和地提出，倒让我过意不去。相处时间长了，我才慢慢习惯。他和我都上过教会学校，在建筑艺术上有共同语言，理解日益加深。工体设计完成后，我又被派驻工地，负责解释图纸和参与施工质量的管理。工程完成，世乒赛胜利结束后，我才回到三室，被分配到刘开济领衔的设计组，并担任副组长。其时正逢北京大力发展半导体生产，要建设新厂房，该项目由刘组长负责设计。该厂是由许多街道小厂合并而成的。刘工不厌其烦地亲自走访分散在市内各区乃至市郊的各厂，与有关人员和街道的大妈们打交道，研讨生产流程、工艺设施等详细要求。那时北京工业落后，半导体生产工艺更处于萌芽状态，厂方往往自己都弄不清楚，还需刘工提出设想，再共同研讨。真是令人身心交瘁。我至今还记得，十分重视穿着的刘建筑师当年花费33元（至少相当于现在3300元）买的高级牛皮鞋，连鞋底都磨出了空洞。真让人大为感叹。不过由此也可以看出刘工对工作的认真负责，对深入调查研究的重视。他是我们年轻人的榜样。又如刘工对地质图书馆项目的设计，这座图书馆位于阜外大街与展览路十字口的东北角。刘工的设计同样经过了缜密地调查、精心安排、多方比较、反复推敲，体现了他一贯艺不惊人死不休的追求。这座图书馆功能完备，技术合理，形象简朴。外墙一色的灰砖，既经济又突出文化素质，十分符合图书馆的使用性质。其建成后又是一幢地标，不少行家去参观，众口一词皆赞扬。

另一项设计是古巴抗美胜利纪念碑，是国际竞赛项目。我们共同搜集和研究相关资料，聚精会神冥思苦想，终于刘工提出了一个极好的创意，令人倾倒。大家当即着手深入设计，绘制图纸。我深知刘工十分重视这个设计，能体会到他像珍爱自己的孩子似的珍视这个方案。但他还要全面照顾小组的各项设计工作，故让我负责该项方案的全部设计及绘图工作。我十分钦佩他顾全大局的高尚作风，也深深感谢他对我的信任和托付。

改革开放时期，他被任命为副总建筑师，负责设计昆仑饭店，与周治良副院长率团赴美参观调研并商讨与美国建筑师合作。据传名单中包括我。但因当时我正主持中国银行总部办公楼的设计。那是1949年后新建的第一幢银行大楼，位于二环路和阜成门大街相交处的十字路口东南角，位置十分显要，而且高达80米，是北京西城最高的建筑，具有地标性质。这座建筑在国内首次采用框筒结构，首次实施外墙干挂花岗石，首次设置自动报警、自动控制系统，主楼中穿插安排了两层餐厅厨房，裙房有营业厅、200席位大会议厅及利用其斜坡下空间安排两层地下车库。工程繁杂重大，故我未能随团前往。半年后他们回来。我的设计也近尾声。周、刘邀我主持该项设计。因为刘身为院总，许多项目需他指导，内外会议又极多，难以专注一个工程。以周、刘与我交往之深，当然也不能推辞。同时，当时高级宾馆多由国外建筑师设计，所以我也就欣然承担起第一次由中国人自己设计五星级标准外资酒店的设计任务。

1986年，我被任命为北京建院总建筑师，有项国外的体育公园规划设计任务。无独有偶，我也无法专注一个项目，自然请刘总负责指导的第三设计所承担。他也同样是不吝援手。刘总虽年已花甲，仍不辞辛劳，远赴非洲，亲临现场，调查研究，与业主磋商，真是劳力伤神。当然，任务出色完成，深得外方赞赏。我也在此聊表衷心感谢。

前些年刘总身染癌症，幸发现及时，送治得法，多方食疗，不意间竟成美食家，遍尝京城美肴、中西佳味、大快朵颐，亦人生乐事也。赞曰:

学富五车素养修，才高八斗功绩优，

温良恭俭世无争，美食京城秉烛游。

几十年过去了，回想往事，三位组长都是我的良师益友。我对他们深怀感恩之情。如今孙老、秦老都已仙逝，刘总已逾米寿。我自己也初入耄耋，山青水长，不遗不忘，地老天荒，无愧无惶。

我院三迁地址

周治良

北京市建筑设计研究院和中华人民共和国同年同月同日诞生，当时名为永茂建筑设计部。永茂建筑公司总经理由北京市人民政府副秘书长李公侠兼任。公司有四个部门，办公室由崔占平负责，下有施玉洁管人事，纪民管计划。设计部由张准负责，下有高原、王敏元和我共四人。工程部由刘礼华负责，下有安中义、刘友鎏、刘友澳等人。材料部由崔彦彩负责。后来设计部发展为北京建院，工程部发展为北京市建筑工程局及各工程公司，材料部发展为北京市建筑材料公司。

有关设计院地址的历史共分为三个阶段。

第一阶段。永茂建筑公司设在王府井大街和金鱼胡同交界处的八面槽金城银行大厦里。一层为金城银行营业厅及办公室；二层为永茂建筑公司办公室、工程部、材料部；三层为设计部；四层为建筑公司单身宿舍，我和几位同志住在一间大房间内，每人一个木板床；四层以上屋顶平台为建筑公司职工每日早晨集体跑步锻炼场所。

当时办公设备非常简单，设计部每人三屉桌一个，上放绘图板一块，用丁字尺、三角板、比例尺、铅笔绘画。由于1949年中华人民共和国刚成立，没有什么设计任务。设计部最初的工作是用平板仪测绘接受的敌伪产业，

1949 年我院诞生于王府井北口金城大楼，名为北京市公营永茂建筑公司设计部

即许多北京传统的四合院，接着又到河北省邯郸纺织厂测绘地形图。当时生活比较简单，吃饭在办公室吃，业余时间在办公室学习，或下楼到东安市场逛商场和旧书摊看书。1949年底，私营龙虎建筑设计事务所加入设计部，由该公司总经理钟森主持设计工作，参加人有欧阳骖、方伯义、张浩、沈参璜、沈兆鹏等。由于人员不多，我们仍在金城银行大楼工作。

第二阶段。1950年1月上海私营顾鹏程建筑事务所加入永茂建筑设计部，在张开济带领下，1951年3月张镈率领郁彦、张宪虞参加设计院工作。由于人员增加，金城银行大厦无法容纳这些人员，于是设计部迁址到王府井大街东厂胡同办公。东厂胡同办公楼位于胡同北侧，大门朝南，

1950 年我院搬至东厂胡同 5 号，名为公营永茂设计公司

胡同北侧原有两层办公楼一座，在西侧有三合院一座，为院领导张若平监理等办公处，东侧有南北向平房数间，为食堂和行政办公用房，由于不能满足设计部办公需求，在原有两层办公楼北侧增建了两层新办公楼一座。东厂胡同用地很小，没有空地供体育和娱乐使用。公司职工住在煤渣胡同、干面胡同、东华门大街等处四合院。每周六晚，有时在协和医院东侧原基泰建筑公司的小礼堂中观看新凤霞剧团的演出，工作及生活有了一定的改善。

第三阶段。永茂建筑公司设计部于1951年6月改为永茂设计公司，于1952年4月改为北京市建筑公司设计部，沈勃来院任总经理，当年北京市的私营建筑设计单位全部归并到我院，我院人员大增。沈勃考虑，在城内发展、解决用地很困难，经与有关领导和部门研究决定，将设计院迁址至复兴门南礼士路东侧，即现在的地址，而施工部门迁至南礼士路西侧。当时设计院用地范围为东至西二环路，西至南礼士路，北至儿童医院北侧，南至复兴门外大街。由城市中心区搬至复兴门外郊区，场地荒凉，交通不便，设计院多数同志不能接受。总经理沈勃和当时设计院工会主席施玉洁和我向大家讲述了设计院发展的趋势和规模以及在城内无法解决用地等问题，并阐述了复兴门外是距离市中心最近的建设区。经过反复和同志们交谈和做工作，特别是总经理沈勃首先搬至郊外宿舍住宿，起到很大的带头作用，大家认识到要建设好北京，只有克服暂时困难，从长远打算才是唯一正确的出路。最后全院同志们取得一致意见，同意搬至复兴门外现址。我院先建了一栋两层办公楼，后作为研究室和夜校使用。当时又建筑了四栋平房作为设计办公室，两排十栋宿舍平房和一栋食堂平房，满足工作和生活之需。由于设计院用地较大，设置了篮球场、排球场、足球场，成立了各项球队，每星期六利用食堂举办跳舞晚会，由院自组的乐队伴奏，还成立了业余京剧团，节假日在临时搭建的工棚中演出精彩的京剧，这些都极大地丰富了工作人员的业余生活。同时，从1951年、1952年开始设计任务逐步增多，如西郊军委后勤部办公楼、军委测绘局办公楼、新侨饭店、友谊医院、儿童医院、同仁医院、复外邻里单位、小汤山疗养院、八一小学教学楼等一大批任务涌向设计院。自搬入礼士路以后，设计院的组织机构、人员、任务、办公条件和生活条件等突飞猛进地不断向前发展和变化，广大设计院同志都经历了这一过程，就不再一一叙述。

1952 年 4 月我院搬至南礼士路三条北里这栋小楼，名为北京市建筑公司设计部

建院成立之初

张锦文

“蜀中无大将，廖化作先锋”，设计院成立70年之际，当初的筹办人大都已作古，我当时还年轻，对情况不完全了解。作为历史资料，我将知道的情况回忆如下。

1949年中华人民共和国成立。为了首都建设，成立了公营永茂建筑公司，总经理由当时北京市人民政府副秘书长李公侠兼任。公司下设三个部：设计部（经理为钟森）、施工部（经理为刘礼华）、材料部（经理为崔彦彩）。纪民是当时永茂公司筹备人之一，他对我院的历史最清楚，是我院的元老。设计部后来发展成设计院，是我院的前身；施工部发展为建工局；材料部发展为材料局。

设计部最初的技术人员主要来自六个私人设计事务所，其中北京两个，上海四个。北京的两个事务所为龙虎事务所和基泰事务所。由于北京人数不够，设计部经理钟森委托他上海的同济大学老同学顾鹏程在上海招聘人才。顾鹏程于

张锦文（右1）与顾鹏程老总（右4）留影

1949 年 12 月招聘了四个设计单位共 26 人。他们是顾鹏程事务所的余庆康、吴希猛、王惟中、蒋雪龙、奚雯颖、申木荣、赵怡和、王松年、郑建超、范伯康、张锦文、虞家锡 12 人；杨锦麟事务所有杨锦麟、杨维新、毛荣卿、杨家闻、杨德源 5 人；陆仓贤事务所有陆仓贤、朱山泉、秦济民、徐景贤、李春荣 5 人；张开济事务所有张开济、邱圣瑜 2 人。此外还有王锦荣办的水暖行设备设计人潘甦、丁鸣歧 2 人。顾鹏程在上海第一批招聘的 26 名技术人员于 1950 年 1 月 21 日、22 日分两批抵达北京。顾鹏程、王锦荣当时留在上海继续招聘人才，没有来北京。设计部派遣方复驻上海协助招聘工作。

北京的设计人员有沈参璜、刘宝熹、张浩、欧阳骖、刘友鎏、张兆栩、宋秀标、傅义通、周治良、佟景鋆、高宝真、沈兆鹏、方伯义、穆魁润、王敏之、安中义（王敏之、安中义自华北革大分配而来）等人。以上北京、上海两地共 43 人，他们是设计院最早的技术人员。设计部最初办公地点在王府井金城银行大楼三楼，1950 年秋迁至东厂胡同。

设计部的组成为：经理钟森，总工程师张开济，室主任张开济兼，副主任沈参璜、余庆康。下设六个设计组，组长为吴希猛、杨锦麟、陆仓贤、刘宝熹、欧阳骖、杨维新，事务员为何伦。老干部施玉洁为工会主席，纪民担任秘书兼负责业务。

1949 年由于新中国成立不久，物价很不稳定，所以工资是以小米定数，以发薪当天小米价折算成货币发给。从上海来的人员中，最高为 1200 斤，最低为 600 斤。600 斤不算低。当时设计部雇的几位测工，工资是 240 斤小米。那时老干部还是供给制。

70 年中有的同志故去了，现在健在的也都是年近九十的老人了。但我们的心永远和建院在一起。

北京建院作品：北京建国门外外交官员公寓（建于 1984 年）

情系建院半甲子

何玉如

1956年我考入清华大学建筑系，1962年本科毕业，又接着读研究生，本应1965年毕业，但由于“文化大革命”延误到1967年才走上工作岗位，在清华整整11年。起初，在建工部北京工业设计院（现建设部院的前身）工作，仅一年多，又由于“一号通令”和大多数知识分子一样被下放劳动，被分配到内蒙古工地当工人。

这是我命运中的“低谷”阶段。下放时，我带着被奉为“天书”的《建筑设计资料集》一书，工友们见了都非常惊讶，世界上居然还有这么厚、这么贵（当时花了我六分之一的月工资）的书，同时也惊讶我居然能在清华读11年书，没有把脑子读糊涂了。

在工地上，我看着“天书”感叹着：何时我能当上工程师？之后，工地又转移到湖北山区的“第二汽车制造厂”，我也由木工提升为工长，算算工程的用钢量、水泥用量，把图纸上的技术术语“翻译”给工人听。这多少算搞点技术工作，也有了一丝安慰。

在工地的第三年，二汽总指挥长（军代表）突然调我去设计“二汽大礼堂”。任务是2000座“干打垒”结构，五天完成全部施工图。我早就听说，这位首长曾说过“跨江大桥是不用设计的，只要把现有的长江大桥搬过来，长了截一段，

2003年何玉如（右）与吴良镛（左）

短了加一段即可”。所以，给我五天时间搞礼堂设计已经是非常宽容的了。我无法抗争。好在当时的副指挥长是建工部下放的一位副部长，他打了圆场，将设计期限放宽到一个月。最后，当然是建不起来的。但是，我总算有机会尝试到画设计图的乐趣。

1972年，为解决两地分居的困难，我被调到我夫人的单位，是电机行业的专业设计院，在这个设计院中，土建专业是配角，建筑专业又是土建专业的配角。院领导好意要我改行搞结构设计。对此，清华学子从来都是以“听话、出活”为己任，所以我又做了半年多的结构设计。此后又由于工作需要我回到建筑设计岗位。尽管如此，工业厂房几乎千篇一律的6米开间，12~36米跨度的矩形平面，所有详图都能“吹泡泡”（引

标准图集），建筑专业的工作量只是结构专业的六分之一。我纠结着：何时能再真正归队！

老同学们关心着我，在许多人的帮助下，1984 年我终于调到北京院。至此，我认定这是我专业生涯的最终归宿了。

初到北京院，我被安排在“首都宾馆”的现场设计组。这是我设计生涯中的第一个大课堂。在张德沛总、吴观张总的悉心指导下，我初步掌握了“旅馆设计”的要点；在张克汉组长的带领下，学会了如何去画施工图；在徐家凤、陈继辉、玉佩珩等老建筑师的帮助下，学会如何去解决设计中的难题；其他专业的老总们，如结构专业程懋堃、莫沛锵，设备专业田民强、丁永鑫，电气专业王文华、梁苐临等都是资深的技术骨干，还有李志红、高婉莹、高建民、张学俭、王月仙等一大批设计人员都比我资历老、院龄长，他（她）们都没有把我当外人看待，使我很快融入了这个大家庭中。在这项工程设计工作中，我还第一次接触了室内设计，刘振宏、奚聘白、朱忆林、冯颖玫等同志细致入微的设计让我长了不少见识。

领导们对这项工程也非常关心，记得 1984 年 5 月 11 日，张百发副市长来现场开会时，还特别问道我是否已经调来。院长王惠敏来现场时也亲切勉励我好好工作。在现场我和学友陈继辉、玉佩珩工作配合特别默契，记得有好几次在设计空隙时合作参加多次设计竞赛，我们只在下班后用半个小时讨论方案，三人回家分头画图，若干天后居然能成为一个完整的作品，我们曾多次获奖，一度被戏称为“三驾马车”。

在这个集体中，我不仅心情愉快、工作效率高，而且在技术上得到了长足的进步。以至于不久我就能独立主持大观园酒店的项目了。

进院一年后，室领导聂振陞让我任主任建筑师，几经推辞，我才同意先干一年，但不脱离设计工作。不久又听说院长叶如棠指定我为院总工程师的人选，幸亏有位老总认为不应“外来的和尚好念经”，替我解了围。这样我在张德沛等老总们手把手的指导下，踏踏实实地连续主持了多项较大的工程，完成了主持室方案组的工作。用八年的时间打下了扎实的基础。后来我得了一

首都宾馆

大观园酒店

场重病，痊愈后院领导体谅我，改变让我担任院长的设想而让我担任院总建筑师。

北京院是技术力量非常雄厚的设计单位，上有十八棵青松（老老总）、下有一百零八将（技术骨干）。在这些元老们面前，我只不过是一个初来乍到的“外来户”，当总建筑师多少有点诚惶诚恐。但同时我也分析过：北京院所以强大，一是人才，二是人才储备。

技术储备方面，北京院有大量的工程实践，这是可以下功夫学到的，而且非常便利。其次，北京院的技术管理制度非常健全，即使在“文化大革命”中，北京院的技术资料也保存完好，规章制度基本上没有动摇，设计及管理的骨干力量也没有遣散。即使院领导暂时不在，日常工作也能自觉地运行着，完全是一种良好的惯性状态。因此我心里非常踏实，我虽然能力有限也不至于把北京院搞垮了。

对于人才，我更是由衷地尊敬北京院的元老们，他（她）们是我的靠山。

记得20世纪70年代设计长沙火车站时，全国建筑大师们集中在长沙讨论方案，我当时在湖南湘潭，前去看望清华大学的吴良镛先生，在那我第一次见到了北京院的张镈老总，他在我心中的形象是高不可攀的，很羡慕在他身边工作的助手们。现在我到了张老总的身边，可以随时随地请教，张老总对我非常尊重，从来不因我是小辈而直呼其名，也很支持我的工作，一有建议就写一封函给我。其他的老总们也都是这样。

院里的重大工程，我总是请他们来参加评审，发表意见。后来，因老总们年事已高行动不便，我也会去登门求教。张镈老总关心国家大剧院的设计，我在他病榻前汇报了半小时。事后不到一周他就离去了，我直后悔不该讲得太多让他累着了。还记得张镈老总和张开济老总时常在会上相互调侃，有时言辞还颇为“激烈”。一次张开济老总指责我对传统建筑形式推波助澜。后来趁张镈老总离开会场去洗手间时，忙不迭地对我解释，刚才的批评并不是针对我的，我会意地点点头，也发自内心地感觉到老总们是那样的慈祥可亲。我就是在这样被爱护的氛围中工作着。

同辈的老总们同样支持我的工作，他们各自承担着重大工程，但从不因为他们的经验比我丰富而忽略了相互间的征询，我们相处得也非常和谐。

我的另一项工作是用好年轻一代的设计师们，我时常想，我 40 岁以前，走上建筑设计的道路如此坎坷，现在不能让他们重蹈覆辙，一定要为他们创造良好的环境，希望他们的成熟期比我提前 20 年。

首先是要有好项目、大项目，因此凡是重大项目我总是千方百计地去争取，比如国家大剧院，在院长吴德绳的带领下，我亲自跟踪五六年才争取到。其他还有如航空港、体育场、旅馆、医院、写字楼、住宅等，无不都是这样全院上下齐心协力去争取并且兢兢业业地做好设计的。据统计，1992—2001 年我任总建筑师的 10 年间，历届北京市的规划设计汇报展中，我院的获奖项目：公共建筑 25 项，占全市的 50%；住宅规划 7 项，占全市的 40%。10 年中，历届优秀工程，我院获奖的项目：市级共 132 项、部级 54 项、国家级 11 项。有了这样的好成绩，继而又能够争取到更多好项目。因此，北京院基本上能处于良性循环的状态。

对于年轻的设计师除了实际工作中的锻炼外，到了一定的阶段还要“充电”，从理论上进一步提高，以便更加理性地对待设计。因此，公派留法、到清华硕士班进修，组织学术报告会等都在我的职责范围内。个别人想自费留学，虽然院里一度有“起码服务五年”的限制，但有时根据情况也会大力支持的。

我当总建筑师的初期，报考我院的优秀生源并没有像现在这么多，所以我曾经协同人事处去各大院校挑选，后来报考的人数多了，就组织老总们亲自评选。

2002 年是我大学毕业四十周年。在这四十年中，前一半基本上游离在设计专业队伍之外，后二十年到了北京院才正式“归队”。这二十年中的前一半在第一线做设计，后十年任总建筑师，虽然没有亲自主持工程，但是院里所有的项目都能当作是自己的项目而感到欣慰。我的工作很平凡，只不过是承上启下过渡性质的总建筑师，但是我努力了。

深圳金丰大厦

这一年我也退休了，成立了工作室，开始在设计战场上小打小闹，连续主持了三座博物馆的设计。当我满七十周岁时，决心再退一步，现在基本上在家看看书、写写字，偶尔也会参加一些院内和社会上的设计评审工作。这些工作尚能胜任，也是得益于北京院的培养，尤其是后十年任总建筑师的磨炼。我做到了清华大学蒋南翔校长要求我们的为祖国健康的工作五十年。这其中我自认为最有贡献的三十年是在北京院度过的。

舌尖上的建院

郭家治

新中国成立后，百废待举百业待兴。与共和国同龄的北京建院那时名为“永茂建筑公司”，1951 年在北京市东城区东厂胡同开展工作。当时在一座二层小楼内办公，约有职工 100 人左右，食堂设在楼后的三间平房内。食堂的日常管理由采购、管理、库房三人负责。日常工作期间，食堂向职工提供有限的用餐。当时在食堂用餐的职工不多，大部分职工都自己带饭或回家吃饭。1952 年，“永茂建筑公司”改为“北京市建筑公司设计部”，办公地点由城内迁到西城复外南礼士路西侧，在新建成的两层楼内办公。公司将现场的工棚改造成职工食堂，采用统一包伙制为职工提供用餐，食堂的日常管理由公司统一负责。1953 年，“北京市建筑公司设计部”迁至南礼士路东即原北京市土木建筑专科学校旧址（即小三楼）内办公，同时新建了食堂。公司还由于此时单位职工就餐人员增多以及满足专家的用餐需求，设立了大小食堂各一处。大小食堂的分餐制，合理地满足了各类不同人员的就餐需求。同时为了更好地服务就餐的所有同志，不断地改进食堂的管理和伙食的品种质量，上级领导特地由华北行委调来谷金福同志作为食堂管理员全面负责食堂工作。当时在小食堂用餐的大多为国内外的一些专家，因此，小食堂的饭菜品种、质量要求更高。为了继续提高菜肴水平，还特地由军管会调来了特级厨师牟师傅（系原清朝御膳房的厨师），可口的菜肴使所有的就餐者得到了完美的享受。与此同时在大食堂用餐的职工也由 100 多人激增到 600 多人，为了保证大家用餐的时间和饭菜质量，上级领导再次从中央党校调来食堂管理员丛培伦、厨师杭正琪（系上海菜名师，由兴业公司厨房合并而来）。管理和厨艺的加强，食堂的饭菜从品种、质量到口味极大地满足了全体职工的要求，全国各地来院联系工作的人员也都赞不绝口。民以食为天，吃好了的职工们迸发出的干劲十足，极大地提高了生产效率。

1956 年，根据市政府指示精神，院领导结合建院的具体情况决定重点做两项工作：一是向市计委申请建设职工宿舍；二是向市劳动局申请招聘山东胶东的厨师。建设宿舍需要等待审批面

北京建院从前的三食堂

北京建院忙碌的食堂厨师们（摄于 1986 年）

北京建院早期改造后的二食堂

积指标和所需资金以及建设施工等繁杂的手续。招聘厨师的工作先行开展，首先需要向当时的主管局（规划局）提出申请报告“招聘五名厨师”，再经北京市劳动局、山东省劳动局审批方可招聘。当时选招了五名鲁菜厨师来院食堂工作，可见院领导对职工食堂的重视程度，在院领导的积极安排下，北京市规划局于1956年9月19日批复“同意录用”，北京市劳动局于同日批复“同意你局录用”。至此，建院食堂的团队得到了最有力的充实，为建院的发展奠定了物质基础。

随着建院的不断发展，职工队伍扩大到 1000 余人，原来的食堂显然不能满足职工用餐的需求了，尤其是当时建院的劳动纪律要求很严格，中午就餐时间是 12 点，不到 12 点绝对不开食堂的门，由于就餐的人多，食堂门口就有很多人等候，等门一开就往里跑，曾经出现过把门挤坏的现象，院领导为了解决这个问题，决定增建食堂。新建的食堂共分五个：一食堂（原小食堂）；二食堂（原大食堂）；三食堂（新建食堂）；四食堂（回民食堂）；五食堂（营养食堂，主要是为患病的职工服务）。五处食堂各设灶房和专职厨师，分工明确，管理到位，主副食质量口味，花色品种多样，价格合理。日常正餐除外，另设多种多样副食的小卖部满足职工需要。得到了广大职工的一致好评。即便是外来联系业务的单位和个人也都交口称赞。我们的上级单位规划局的领导和职工、复外一小的校长和教职员工也都来我院要求入伙，当时院里考虑再三还是在为难中接纳了这些关系单位。

即使扩建了食堂也不能解决所有用餐的矛盾，随着建院发展，为了缓解就餐人员过多、节省就餐人员的时间，院领导经过多次研究、协调和学习兄弟单位的先进经验，最终借鉴了马列学院（现中央党校）的配餐方法，在两个大食堂开展这种方式的配餐，具体操作方法是：①各科室人员自愿结合，8 个人一个桌位，食堂工作人员负责排列桌位号；②职工每人一卡，餐桌上设有次日的主副食菜单，可根据个人喜好填写次日用餐需求；③次日开餐前固定桌位上已经摆好了每人昨天预定好的饭菜；④伙食费结算为月底由院财务代扣代缴。订配餐制执行了将近三年，解决了就餐拥挤、等候时间过长、取餐就餐缴费烦琐等问题，使大家就餐后休息时间延长，能以更饱满的精力继续开展工作，受到了职工的普遍认可。这个方法从 1956 年一直延续到 1959 年，随着困难时期的来临停止。

建院物美价廉、美味可口的饭菜，是食堂师傅们辛勤劳动的结晶。那时候，食堂提供的副食当中猪肉是最主要的，进货时如果分别进肉的不同部位成本会高一些，师傅们为了更好地节约成本，每天进货时就进一头整猪在食堂后厨内自己分割加工，什么部位的肉、大骨、腔骨、排骨、大油、肉皮，分别可以做什么菜，精打细算，最大限度地提高菜肴的品味，使职工就餐吃得既有营养、美味可口，同时还经济实惠。当时食堂的饭菜水平真的超过了社会上的餐厅。例如：主菜有滑溜里脊、全家福、狮子头、烧二元、红烧带鱼、烧茄子等；主食有大众豆腐、手工水饺、大块肉面、油酥火烧、油渣饼等；小卖部的自制凉菜有肘花、肉皮冻、拌苦瓜、各种时令凉拌菜，更是人人爱吃，供不应求，难怪每天中午吃饭职工都抢先排队，就怕吃不上这一口。现在回忆当时食堂的美味让人永远难以忘怀。

食堂的美味佳肴离不开师傅们的辛勤劳作。当时建院职工的正常工作时间是早 8 点到晚 5 点，周日休息一天，但食堂的师傅们的工作时间就不一样了，每日操劳早中晚三餐，下班后还要供应晚上加班的夜宵。即便是星期日（当年每周休息一天）师傅们也不得闲，还要供应两餐保证加班和居住在院宿舍区职工的用餐以及平时职工有病凭医务室证明供应专门的病号饭。为了保障职工的健康和丰富餐饮品味，食堂还曾开展小灶现场制作，为了品尝师傅们的手艺，等候的队伍排成了长龙，那场面是相当壮观。另外每逢春节、国庆节等重大节日，食堂都要为每一位职工准备一份以鱼、肉为主的免费菜肴，每次都要制作 1000 多份。工作量之大，可见一斑。食堂的工作是非常辛苦的，日复一日，年复一年。师傅们天天鸡叫头遍出门，披星戴月回家。但是师傅们为了全院职工的健康和幸福生活无怨无悔。

北京建院食堂现状

奖 状

北京市建筑设计研究院：

你单位设计的 建 院 食 堂

被评为二〇〇五年度北京市第十二届优秀工程设计

三 等 奖。特颁发奖状，以资鼓励。

北京市规划委员会

2005 年 12 月

建院食堂获奖证书

食堂的日常工作不容易，管理工作更是烦琐、细致的，包括食堂内外卫生及窗口售饭、餐桌、餐具、餐票的清洁和消毒。食堂的制度和管理历来是非常严格的，无论是擦餐桌还是拖地都要求严格，地面一尘不染，食堂内从来无人吸烟。建院食堂历来没发生过因不卫生引发的肠道传染病，曾多次获得市、区级各类表扬和奖励，堪称同行业典范。

忘不了建院老食堂的味道，因为它哺育了建院的几代人。它的味道传承了宫廷菜肴之大成，又融合了鲁菜、上海本帮菜之精华，师傅们的精湛手艺使得大快朵颐的建院人至今难忘。我想，建院食堂的餐饮文化，是不是也应是建院文化的重要组成部分呢？

难忘的岁月

李国胜

我是在建院两周年的前夕——1951 年 9 月进永茂建筑公司设计部的 30 名练习生之一，我们中从上海来的有 13 人，练习生被分配从事各专业的工作，干结构专业只有我一人。在同时一起进设计部 30 名练习生中，我是文化程度较低的一个，后在组织领导的关怀培养、同志们的热情帮助和自己努力下，我们文化程度和技术水平不断进步，得到了提高。我在设计院这个培养人才的好环境中，历经数十年磨炼，从练习生成长为技术员、工程师，再到教授级高级工程师，并成为享受国务院特殊津贴的专家。我曾担任共青团的室支部书记、院团委委员、共产党室支部委员、所支部书记；在行政职务方面，曾担任了结构组长、设计室副主任和设计所副所长，为首都和祖国建设事业贡献了点滴力量，现在虽已退休多年但仍努力做些力所能及的工作，发挥余热。回顾在设计院工作的数十年，院重视对干部的培养，通过举办培训班、到外省市参观、出国考察、各专业组织交流讲座、院内出版交流刊物等多种方式，来提高技术人员的技术水平和业务能力，这些优良传统和做法使我终身难忘。

1953 年为及时学习苏联在设计方面的先进经验，院里派郁彦、夏宗琳、蔡以临、王式之和我五人到中央设计院（建设部北京工业设计院的

1991 年永茂公司老同事合影
（二排左 4 李国胜）

右起：宁淦泉、李国胜、胡庆昌、郁彦、程懋堃、王绍豪

前身）参加苏联展览馆（现北京展览馆）设计工作，因为该工程设计项目中有各专业的苏联专家，我们将学到的东西及时向院汇报，并整理出来。这对统一图面表达、了解苏联当时结构计算和构造方法很重要，其中结构专业的刚性基础和箱形基础在许多工程中应用。1955 年，我被借调到三室参加苏联驻华大使馆的工程设计，又有了与苏联专家接触的机会（我在 1953 年参加了院组织的俄文速成班，学到了点粗浅俄文，在参加苏联展览馆和苏联驻华使馆工程设计中有点用处），在这个项目中，我学到了石材墙面与砖墙、钢筋混凝土构件的连接方法（1957 年我被下放苏联驻华使馆工地进行翻样时加深了对此技术的认识），选项技术后在人民大会堂等许多工程中运用，并在清华大学建筑系建筑构造教材中介绍。1965 年，为设计我国驻罗马尼亚和保加利亚大使馆，院派佟景鋆、李清云和我三人同外交部总务司人员一起赴当地考察，使我们开了眼界。我们了解到两国的风土人情，也学到了一些与专业有关的东西。其中，我在罗马尼亚收集到了有关滑升模板施工方法的资料（当时在国内尚未有这种施工方法，该方法系美国专利，在罗马尼亚高层住宅工程中已使用，我将英文版资料带回），回国后及时向当时任我院副院长的沈汝松（他是施工方面的专家）做了汇报，后来滑升模板施工技术在北京、上海等地得到了推广应用。1973 年，院派我与建设部、东北工业设计院共五人组成的中国代表团到匈牙利参加国际建筑师协会建筑工业化小组第四次会议，这又一次使我走出国门，有了了解国外建筑概况的机会，回国后我们写了向建设部汇报的报告，我还写了《各国建筑工业化的概况和匈牙利建筑的见闻》由院情报组印发，与其他同事交流。20 世纪 80 年代初，一室承担了北京西苑饭店的结构设计（其他专业均由香港负责设计），我与程懋堃等同志曾两次到香港进行合作设计，在港期间我们访问了设计单位，参观了许多工程，了解到有关结构设计方法、建筑材料、构造做法等情况，其中在参观一家酒店的旋转餐厅想看有关旋转机械的图纸，却被告知是日本的专利不能借看。后来为了解该工程采用的日本产品如旋转餐厅的旋转机械、擦窗机、冷冻和厨房设备等，我与有关人员赴日本进行了考察。在看旋转餐厅的旋转机械试装（安装了 1/4 实物）样品时，我不但拍了许多照片，而且详细询问了机械的细节（因为我曾在 1958 年下放劳动期间学习了有关机械设计的知识并发明了筛砂机，还在市一次成果展览会上展出，后因效率太高没被推广，因此我对机械不完全是外行）。回国后，我给北京市建工局机械公司汽车修理厂（西苑饭店工程钢结构加工单位），详细介绍了旋转餐厅旋转机械的情况，给了他们照片资料，后来又带他们看了在西苑饭店旋转机械安装的实物，为该厂试制旋转机械提供了方便，从此结束了我国旋转餐厅旋转机械采用日本专利产品的历史，北京的昆仑饭店、中央电视塔及全国各地有数十套旋转餐厅旋转机械装置均由该厂制造提供。

1956 年起，我院为加速培养人才，开办了北京市业余建筑设计学院，学制五年，达到大学本科毕业，设有建筑学、工民建、采暖通风等专业，

1980 年夏在香港参加结构工程会议。左 1 程懋堃，左 3 胡庆昌，左 4 李国胜

入学时凡中技和高中毕业的不再考试，由于我从 1952 年开始利用业余时间补习中学文化课程，经考试被录取为正式工民建专业班的一员。在读夜大期间，正值下放劳动、大跃进、三年困难时期，而且正逢国庆工程建设，我和其他学员都非常忙，用业余时间坚持学习非常艰难，所以，到最后完成学业正式毕业的，我们全班包括我在内仅有十二名。夜大毕业后，我得到组织信任，担任了夜大暖通专业班材料力学课、工民建专业班的理论力学、钢结构课等的助教。1978 年夜大复课后，我承担了工民建专业班、经济专业班材料力学、结构力学等课程讲课任务。我在 1978 年初至 1982 年底参加了院举办的工程力学线性代数、微分方程、偏微分方程和结构力学等课程业余学习班。在一系列的学习期间和夜大教学过程中，我虽感到非常艰辛和劳累，但觉得非常值得，这些经历为我后来承担设计任务、进行学术研究和写作打下了较坚实的基础。

1966 年起，为解决处理人民大会堂等工程钢筋混凝土构件裂缝问题，我与一建公司等单位合作搞试验研究，至 1968 年试验成功了环氧树脂灌浆修补混凝土裂缝的成套技术，当时国内尚属首创，曾想报国家科委，但因在“文革”期间，有关部门已无人接理。不过此成果使我们为北京地铁 1 号线过程培养了一个专业队。我在 1968 年编写了供内部交流的资料《环氧树脂在土木建筑工程中的应用》。得悉我们的灌浆修补裂缝技术，许多单位来院取经。我这本资料经补充、修改，在 1973 年院里再次进行了印刷。在得到我们同意的前提下，北京水电设计院、济南铁路局、吉林冶金设计院等单位进行了翻印，从此该技术在全国得到了广泛应用。

1975 年，辽宁海城地震以后，为了方便砖砌体房屋的抗震设计工作，以我为主编编写了《多层砖结构房屋的抗震设计和计算实例》的资料，供院内交流使用。1976 年唐山地震以后，我与一室其他同志编写的《多层钢筋混凝土框架结构抗震设计要点》，先在院内交流，后于 1977 年发表在《建筑技术》杂志上。我的论文《双向弯矩分配法分析横梁不贯通之复杂刚架》《双向弯矩分配法分析变截面复杂刚架》《双向弯矩分配分析空腹桁架》曾在院《技术资料》上发表以供交流。

我从 1963 年起先后在院外、院内收听广播学习英语，在 1979 年 3 月至 7 月又参加了院组织的脱产英语学习班，为阅读英文技术资料和对外交流创造了条件，曾翻译了《高层大板结构》《板中心集中荷载》《钢筋混凝土深梁》等文章，在院《技术情报资料》上发表以供交流。

由于我退休以前院里给了许多学习和重要工程设计的机会，我非常珍惜这些机会，尽最大努力去完成，并且我比较重视总结经验和积累资料，因此，退休以后参与了许多工程方案研究和论证，参与科研成果鉴定，为注册建筑师、结构工程师考前辅导和必修课、选修课讲课，在《建筑结构》等杂志上发表了多篇交流文章，由中国建筑工业出版社为我出版了十几本书，还到全国许多地方为结构专业设计人员讲课，进行学术交流。现在，我虽已八十多岁，但还能继续为祖国建设事业贡献力量，我深感欣慰。

轶事三则

玉珮珩

一次竞赛

1983 年，香港 PEKE 山顶俱乐部竞赛征稿。当年设计院报名参赛，还须缴纳不菲的费用。这应该是改革开放后我院头一回参加境外的设计竞赛，所以十分重视。

改革开放初期，设计院知名前辈也只是工程师，并未被授予大师、高级建筑师之类称谓，甚至小辈对前辈也都叫老什么、老什么。

大致回忆起来，设计由刘开济和熊明领衔，主要平面由杨士萱操刀，地下室平面极不规则，车位排列难为了徐家凤，形体构成设计有刘力诸位，图中那个被削了一刀的椎体，后来成了大师刘力的创意，受到大家的赞赏。刚刚被分配到院的从工艺美院毕业的青年才俊们完成的表现图有了新的亮点。我负责总图设计，极少过问个体设计，又不在一起，所以前述参与人情况可能会遗漏。

评选结果获一等奖者为扎哈·哈迪德，这位年仅三十出头的英国女建筑师（按我们的习惯还似应加注中东裔），当年我还是第一次听说，她的作品也读不大懂。我们的方案与她的方案相比好像来自两个星球，起码是出自不同年代的东西。

扎哈·哈迪德的“解构”和“势”（均为业内评语），在此之后一发不可收拾。广州亚运会前夕建成的广州歌剧院是其作品，英国2012年奥运会的水上竞技中心是其又一新作品。

很遗憾山顶俱乐部工程最终并未将其设计付诸实施。

秦济民先生轶事

秦济民先生是我的老领导和老前辈，我在他手下工作了几十年，从叫老秦到称秦老，从我到院上班到退休“发挥余热”，一直受教于先生，其人品，做派上更是我学习的榜样。

我从规划局调入建院不久，最初见到老秦，他刚刚从阿尔及利亚考察回来，风华正茂，尽

秦济民

显中年男人的魅力。随即，我被调入他主持的阿尔及利亚展览馆设计组画图。

“文革”结束后我多次因为工程设计随老秦一起出差邢台、延安、香港，朝夕相处有了更多领教的机会。

老秦是一位全身心扑向工作的人，工作认真和细致是有口皆碑的，据说早年老秦绘制的铅笔施工图既到位又漂亮。他当主任要审定全室的施工图，绝非只翻个大概签字了事。有一次，他审图忘了时间，还被反锁在办公楼内，在沙发上过夜。

老秦生活质朴，但重质量，未听说过他有什么特殊爱好。但他说过，最大的享受是每个月去西单理发店理发修面，专找某某号师傅，再到南味食品店买些心仪的食品。

老秦也属于 1949 年后大批北上的工程设计人员之一。改革开放后，他曾说起一次偶然却改变他人生的经历。1949 年前，老秦是从练习生学起的建筑事务所从业人员，在台湾工作，临近全国解放前回苏州探亲，待到返回时，台湾与大陆之间已断绝了交通，就留了下来。

我们和老秦开玩笑，如果那次你不回来探亲，也许坐在您现在位子的主任，正在接待台湾来的建筑师秦济民先生。

张德沛先生轶事

张德沛先生是当年我入院时的领导和老师。老人现在年事已高，亦多日不见，仍然是我敬佩和感谢的老师。

张德沛作为一名建筑师，以传统建筑师的标准要求来看，我辈中已并不多见。其人文素养和建筑设计的功力自不必我多说，他并不轻视建筑工程和建筑技术门类的相关知识。建筑学专业毕业的他还能熟练地运用高等数学和解析几何来解决设计中某些科目的问题，如日照、竖向设计。更有在手绘表现图时代，一幢庞大又高耸的建筑物若画透视图，用书本上的工程图法求灭点，都在桌外很远，张德沛琢磨出在一块图板上解决问题。先生想得出来，而作为晚辈的我们能会用此法就不错了，并不真懂是怎么回事。

张德沛先生对旅馆的研究也很有贡献。20 世纪 50 年代就有《北京八大饭店调查研究报告》油印本流传，其中作为主撰稿人的张老师功不可没。20 世纪 70 年代，在信息贫乏的条件下，张老师主持编制了《旅馆设计》专题研究的系列图册。

张德沛先生并不是人称的那种刻板的、知识面窄的“专家”，他观察生活，重视“常识”。有两件事，我记忆犹新。一是他对公共食堂气流组织的研究。20 世纪五六十年代，普通民用建筑基本没有机械送排风设备，比如食堂建筑要靠内部构成热压差来组织气流，在厨房热灶上部屋盖开洞并竖起一排高高的排风塔，形成从餐厅到厨房的正压气流，也保证了厨房的味道不会溢流入餐厅。张先生常用极为通俗的办法给年轻人讲解：你到一个公共食堂吃饭，在售饭口等候打饭，如果一不小心没有把饭票拿住，被吸进去了，就说明该食堂气流组织设计成功。二是有一次，他说到街区的公共厕所时，突然问大家说，在一个偏僻冷清的胡同建公厕，是把女厕所放在隐蔽处还是明面处？大家毫不迟疑地回答：放在隐蔽处。其实错了，你们去看看现在的公厕中女厕都放在明处，这才安全。

老书记马里克

郭熙荣

1963年秋，组织部部长施玉洁同志找我谈话，通知我经组织研究决定调我去党办接替叶兆曾同志担任马里克同志的机要秘书。当时我觉得很突然，深怕自己胜任不了，但组织上已决定，作为一名党员必须服从。

马里克

1964年院五好职工庆功大会上，马里克书记发言

新的工作岗位和原来的工作截然不同，现在接触的都是领导，尤其是每天都要面对马书记，思想上难免有压力。但是真正接触马书记后，我深感他的为人正值、坦率及平易近人，是他教会了我如何做好本职工作，由不熟练到熟练。首先，从思想上要对机要工作的重要性明确认识，当时机要工作隶属市委机要处管理，由专职机要通讯员传递机要文件，按保密的等级提供院各级领导阅读，并做好管理服务工作，绝对不能马虎出错。其次，日常工作是根据领导意图安排好各项会议议程（支部书记会、党委工作会、常委工作会等），提前通知，做好会议准备，要认真做好会议记录和会议纪要。这些工作看起来很平常，但必须认真细致，踏踏实实去做。另外，秘书也是领导的耳目，要经常下去深入群众了解情况，如实了解，如实汇报，为书记开展工作提供决策依据。平时，马书记要求下属干部也非常严格，约法三章，什么该说、什么不该说都有明确规定，所谓官

1984 年北京市建院领导与专家访香山合影。左 1 张学信，左 3 至左 10 熊明、张浩、姚焕华、赵利民、吕光大、白德懋、程懋堃、胡庆昌，左 12 至 14 杨伟成、王谦甫、王慧敏。右 2 至 4 刘全礼、孙家驹、郭熙荣，右 6 陈绮

不大权不小，决不允许打着领导的旗号狂妄自大、以势欺人，反映群众的意见，绝不允许掺杂个人情绪，要管好自己的一言一行。书记是这么教导我的，我也是这样去做的。

马书记体贴同志丝毫没有领导的架子。1964 年秋天，院组织去南方（上海、杭州）兄弟设计单位参观学习，其中有负责管理工作的纪民同志、负责业务工作的沈兆鹏同志、刘伯诚同志、我和其他同志同行，但由于火车票紧张只购到一张软卧，其他都是硬座，马书记关心大家，提出让大家轮流到卧铺休息，他自己以身作则和大家一起坐硬座，体现了共产党员的高风亮节。到了上海以后，上海设计院的同志为他预定了国际饭店的客房，但他主动将客房让给纪民和沈兆鹏同志，自己在套房里搭设小床休息，让我们在上海有亲友的投亲靠友找住处。当时刘伯诚住在父母家，我住在岳父家，剩下的同志住国际饭店普通房。在到杭州设计院之前，我们事先与对方取得联系，预定了一般的双人间和多人间客房，节约出差开支，严格执行财务制度，不搞特殊化。

我在马书记身边工作多年，深感他卓越的领导才能和关心群众的工作作风。如他从不要秘书为他写发言稿，而要求他们提供从下面了解到的完整如实的素材，亲自拟稿，所以他的发言归纳性强，重点突出，简单明了。马书记是一位开拓型的领导干部，他善于创新、善于独立思考、善于理论联系实际，调查研究密切联系群众，解决职工的实际困难。正如他在“文革”后期恢复原职时遇到我（我当时被借调到建委工作，不在设计院）时说：“在哪儿跌倒就在哪爬起来，过去的已经过去了，当前就是要更好地加倍努力为设计院做好工作。”此番话是多么卓有远见啊！后来当我得知他肝病复发过早地离开了我们时，很是悲痛欲绝！

感悟父亲给我的教益

杨伟成

我出身自知识分子家庭，父亲杨宽麟早年留学美国，是我国第一代建筑结构设计工程师，从1920年起的三十年间在天津、北京、沈阳、上海、无锡、南京和华东众多城市都曾完成很多工业与民用建筑的结构设计，成为著名的建筑结构设计大师。同时，他也是一位教育家，从1932年至1952年曾任上海圣约翰大学的工学院主任、教务委员会主任。后来，他被北京市设计院（即北京市建筑设计院前身）聘为总工程师。

我父亲给我的影响很大，不仅在遗传基因方面我亦偏爱数理化与工科，而且在待人处事和设计理念等方面，他都潜移默化地影响着我。他做人的格言是“少说多做”，而且回避政治。他的很多人生哲学理念在不知不觉中传给了我们这些子女。

我大学毕业时正值1945年抗战结束。我与同班六个同学一起考取了自费出国资格，1947年8月6人同船前去美国上学。到了美国后，我由土木系转到机械工程系，插班大学三年级。

我个人对暖通这个专业和室内给排水专业有兴趣，因为它比结构专业“显形”。结构专业涉及安全问题，在实际设计中需有个安全系数，一般情况下，难以从建成的外表显现出有多大安全系数。而设备专业（暖通、给排水）则不同，一旦投入使用后便显现设计的正确与否，有趣也便于总结提高。

我在美国留学四年，1949年获机械工程学士学位时，国民政府已垮台了。我到纽约找了个实习的设计事务所，晚上到哥伦比亚大学半工半读，1951年获得硕士学位。回想我在美国的四年，首先最大的收获当然是获得了一些专业基础知识。其次，我也开阔了眼界，不仅亲眼目睹了世界上最富有的大国的文化、教育、科技和老百姓生活的方方面面，而且也亲身体会到其表面上标榜“自由”“民主”的背后还有一副蛮横霸道的面孔。

早期工程设计实践

1953年北京市商业局将“王府井百货大楼”工程委托兴业公司设计部负责设计。我父亲和杨廷宝先生负责建筑和结构设计，而属于设备专业的供暖、卫生与空调设计便交由我负责。当时我们设备组另有两位成员协助绘图。我那时26岁，遇上的第一个工程就是个“大家伙”，不免有点胆怯，不怕供暖或卫生部分，

1952 年 9 月和平宾馆竣工时，兴业公司设计部同仁在宾馆前合影。左起：巫敬桓（建筑师）、王锺仁（建筑师）、马增新（结构工程师）、杨廷宝（建筑师）、杨宽麟（结构工程师）、孙有明（结构工程师）、田春茂（结构工程师）、郭锦文（建筑师）、张琦云（建筑师）、乔柏人（结构工程师）、尹溯程（文书兼会计）、杨伟成（设备工程师）

只是空调部分有点棘手。心中最没底的是约 10000 平方米的三层百货商场中的顾客密度如何估计的问题，因为人体散热量在冷负荷计算中可能是主要部分，其次是灯的散热量。冷负荷的另一块——新风形成的显热量和潜热量同样也取决于顾客密度的计算。所有这些确定后才能算出全空气系统的空调送风量，才能决定设置几台空调机组以及分设几个空调机房。我在国内外的资料中都没有找到顾客密度方面的参考值。

于是我去请教陆南熙工程师，他比我年长十多岁，来自上海，很有经验。他没有帮我计算，但凭他的经验，建议我为总面积约 10000 平方米的商场设置四个空调机房，在建筑的东南角、东北角、西南角、西北角各设一个，遗憾的是兴业设计部的建筑师最终没有同意给设置四个专业空调机房，只同意在西南角和西北角设两个机房，我没有再坚持，就按当时最大型号的离心风机设置了两套淋水室。冷媒是另一难题，当时没有适用的氟利昂压缩机组，氨系统又不适用于人员密集的公共场所。唯一可用的是深井水或自来水，但水温 13℃ ~14℃偏高，可是没有其他选择，也只能将就了。这项工程竣工至今已 57 年，除结构部分基本未变，建筑装修以及空调和照明，均已几度更新。原来的模样已经没有多少踪迹。但是自己想起来，这段经历还是难以忘怀。

在王府井百货大楼的兴建在当年的北京建筑界继和平宾馆建成之后又一次引起关注之前，兴业公司设计部接待了北京市设计院副院长沈勃同志。他是代表北京市政府秘书长兼设计院院长李公侠同志来商谈请兴业公司设计部的原班人马合并到设计院的，条件从优。我父亲认为，既然北京市政府的领导如此看得起我们这十多个人的设计部，而且给予优待，便同意了。不久我们就到了复兴门外的新办公楼和新成立的第五设计室。我任设备组组长，另外增配六七位技术员、绘图员，设备组（包括我在内）共十人。

在北京市设计院的三十多年

从 1955 年年初起的三年里，我在北京市设计院第五设计室领着全组人员配合四个建筑组、两个结构组和一个电气组做工程设计。工程任务数量多，设计周期短，全组人员忙得不亦乐乎。其实各个设计室都一样，加班是常事，以至设计院的五层大楼被周边群众誉为“水晶宫”，因为每天晚间大楼依然灯光明亮，直到很晚。

除了担任第五设计室设备组组长，我院设置了一个技术委员会，技委会下面设四个专业会。设备专业会的负责人是张镈总建筑师，我是该专业会的一名成员。在 1955 年沈勃院长召集的一次例会上，他针对很多用户反映的“暖气效果不佳、冬季室内温度不均”的问题，给设备专业会下达了任务，更点了我的名，给我们下的任务是通过观测尽快解决这个问题。其实，那时不仅是北京市设计院，我国的三北地区（东北、西北、华北）的各设计院都在建筑学会的大会上提出过供暖热负荷的计算方法问题需要解决。我接受院长下达的任务，又在建筑学会上受到同行工程师们、特别是建筑科学研究院汪善国先生的指引，在 1961—1963 年的冬季组织了由我院牵头的冬季观测工作。虽然我们的仪表简陋，但是我们的工程优势（可选性高）和人力优势（人多）充分弥补了精度方面的劣势。在北京工业设计院和邮电设计院的协助下，通过对五幢建筑的观测，我们的工作取得了十分满意的结果。我相信，这项研究成果不仅在北京市设计院的设计中贯彻了，也在三北地区各设计院中产生了积极的效果，它也为国家节约了不少资金。我个人为能有机会付出微薄力量感到欣慰。

1958 年，北京市设计院接到了国庆工程任务，十项工程大部分交给了我院负责设计。我被国庆工程办公室聘为国庆工程科学技术委员会采暖通风专门委员会委员之一。院领导让我担任革命历史博物馆的空调指导和人民大会堂审图工作。为当年的设备、材料条件与时间的限制，能按期投入使用就是胜利。

1960—1965 年，我被调到技术科从事全院性的设备专业指导和培训教育两项工作。编制施工标准图册的目的是减少绘图中的重复劳动，统一细部做法，由我院与北京市建工局于 1964—1965 年合作编制了第一版。院领导决定，为了提高我院设备专业人员的技术水平，从 1962 年起办若干期脱产培训班，由技术科牵头，每期约 30 人，历时 3~4 个月，教员由郭慧琴、陈大耆这两位当年的大学毕业生和我三人担任，课程有水力学、工程热力学、传热学、泵与通风机、采暖工程等，第一期结束后各方反映甚好，因此连续办了三期。

1965 年，国家建委给我院下达了一项任务，就是编制国家标准图 T704《非金属空调器》图集，以解决当年的需要。我院交我负责，由陈孝华同志具体绘制，后来我们圆满完成此项任务。1966 年年初，我有幸被院领导指定担任首都体育馆工程的设备专业负责人。在体育馆设备专业设计组全体成员的密切合作下，这项工程于 1968 年第一次运行就取得成功，基本上没有留下遗憾。该工程获得 1977 年北京科学技术重要成果奖，在 1978 年全国科学大会被表扬。

1979 年至 1982 年，我又干起供暖观测，与上次不同的主要是这次要解决高层建筑的热压问题，在设计计算中有此迫切需要。据我所知，用实测的方法求得高层建筑的热压系数，过去在国内还没有过。国家规范后来也采纳了这些系数。有幸负责完成此项工作让我感到十分欣慰。

1983 年，中国建筑科学研究院的单寄平工程师来我院，要求我院作为协作单位参加他主持的《建筑物冷热负荷设计计算新方法》研究项目。在向领导汇报之后，我们作为协作单位参加了该研究项目，帮助他们选工程项目、与甲方商量合作事宜等，建研院的同行感到十分满意。后来这项研究获得“1985 年国家级科学进步奖”。1984 年，建设部设计局张钦楠局长找我，谈我国民用建筑节能的事。我找了两个工程做试点，在一个单元的住宅楼里，外墙加点内保温，单层钢窗改双层玻璃的单层窗，屋顶上加厚点保温。设计局为所增加的保温花一点钱，计算的节能量可达 30%。事情就这样进行了。一年之后的冬天，试点单位都反映说节能建筑供暖效果太好了，单位里的职工普遍要求迁入节能建筑。试点成功之后，建设部设计局开始拟定《民用建筑节能设计标准（采暖居住建筑部分）》，第一期的目标是节能 30%，要求自 1986 年 3 月在全国执行，并希望北京市在全国起带头作用。通过北京市建委下达我院的任务是起草《北京地区民用建筑节能设计实施细则》，院里让我具体负责此事。在随后的几年中，北京市和我院便在建设部指导下一步一步地向深度推行建筑节能工作。第二期的节能指标是节能 50%，至今已经推行到了第三期，民用建筑的节能指标是 65%。我虽已退休而无缘第二期和第三期，但从内心里深为我国的建筑节能事业的进展感到高兴。

在 1987 年从设计院正式退休后，我又被返聘，技术室给了我一项草拟《通风空调设计的若干规定》的任务，因为设计院的设备专业，从院成立至此时还没有通风空调方面的统一技术措施或规定。我草拟的这个文件虽然篇幅不长、内容不够详尽，但作为这方面的第一稿，在院内暂行了十年，直至 1998 年修编后的设计技术措施编制发行后废除，完成了其历史使命。在担任回聘的院副总工程师期间，为了发挥余热，我在 1987 年到 1998 年又应设计院旗下的永茂建筑设计第二事务所副所长兼总建筑师黄晶之邀担任设备专业总工，又重新回到设计工作的第一线。在永茂的十多年中，最值得记忆的是“东环广场”工程，也是我的“收关”之作。不仅因为它比较大和内容多，而且因为我为这两幢办公楼“量身定做”地开发了一项空调节能产品，被称为“多分区空调”。除东环广场外，另外也有若干工程采用了多分区空调系统，业主都对效果表示满意。令人遗憾的是社会上一般投资方对造价的多少比节能多少更为重视，而且节能量并不是从表面上就能看得到的。

不知不觉中自己已经步入老年。回首审视过去的几十年人生，不敢说有过多少成就，不敢说有多少贡献，但是在那人才奇缺的年代，有机会负担起组织交给我的一些任务，是我的荣幸；有可欣慰的，也留下了一些遗憾。总之，也许尚可称“站好了自己的岗位，为社会留下了点印迹”。

张一山副院长

刘文占

1974 年，我任建院第七设计室党支部副书记，1979 年被调到第四设计室任副主任，从 1982 年开始任第四设计室主任。建院机构改革升为局级单位，设计室合并成立设计所。我于 1989 年任由第一设计室与第四设计室合并成立的第二设计所的党支部书记、副所长，一直工作到 1994 年底退休。由于工作关系，我和张一山副院长接触较多，总的印象是：他人品好，虽然担任副院长职务，但平易近人，没有任何架子，性格开朗，关心同志，偶尔在茶余饭后和大家一起唱上两段传统京剧，让大家在工作之余尽享快乐，在传统京剧方面他可是绝对的“票友”，在我们眼里他更像一位邻家的老大哥，是一名好的基层领导干部。

张一山

20 世纪 60 年代中期，我第一次近距离接触张一山副院长，是在院第三设计室工作期间，院里调我到第四设计室参加三线的设计工程。张一山副院长代表院领导和我谈话，他语重心长地给我讲了国家三线建设的重要意义，保密工作的要求，鼓励并相信我一定能完成好这项艰巨的任务，同时还关切的问我有没有什么困难，没有官话、套话、虚话，和蔼可亲。我十分感动地表示：我是一名共产党员，坚决服从组织，保证做好这项工作。随后，我就到了第四设计室，向施玉洁书记和张承佑副主任报到，而后迅速到了山区现场，开始了三线工程的现场设计。

背景是为了搞好三线工程建设，由市计委（当时的市计委主任是陈尔东）牵头，召集各有关局、厂去远郊山区考察选址。建院和勘察处是规划局系统，共同组队，我们一行八个人，建院是张一山副院长和我。我们考察的首站到了密云山区的一个天然溶洞，能不能建厂？大家决定必须进洞了解情况，溶洞中大洞套着小洞，大洞有 50 多平方米，小洞人只能爬进去，

北京建院早期宿舍楼（组图）

条件异常艰苦。张一山副院长当时已经快 60 岁了，大家为了他的安全，劝他不要下洞了，但是他执意不肯，坚决和大家一起进洞，洞内情况复杂，高低错落，宽窄不一，地下水随处可见，又湿又滑，当时还是较冷的初春，但大家还是大汗淋漓，年轻的小伙子都够呛，真是苦了我们的老院长，老院长身体力行，表现了和群众同甘共苦的高风亮节，大家不约而同地为我们的老院长竖起了表示敬佩的大拇指。

关心职工生活，当年建院最紧张的就是职工住宅，由于居住条件的窘迫，造成了职工工作不安心、家庭邻里矛盾等。为了解决职工的具体困难，张一山副院长想尽办法，到处奔波费尽了心血，多次去建工部有关部门呼吁，反映我院职工住房困难的实际情况，几经周折找到了建工部主管北京市华北标办的部门（华北标办隶属我院领导），按照相关政策，募集到了一点资金，批准建设一点住宅。就是现在的建院南礼士路甲 62 号院内的 8 号楼，当时为了节约有限的资金，外墙采用了 24 砖墙，五层住宅，建了五个单元。现在看，这点房子不起眼，但在那时还是极大地解决了职工的住房困难的。这件事原本职工们包括我都不清楚，但由于我哥哥在建工部机械局工作，但是他不分管住房建设的事，张一山副院长为了建院职工的住宅，曾找过他帮忙解决建院住宅的事。我们不经意聊天时说到了张一山副院长为建院职工解决住宅这件事，我才恍然大悟，深深地为老院长的精神而感动。经过张一山副院长坚持不懈的努力，最后这座住宅终于建成了，面积虽然不那么多，也没有从根本上解决所有问题，但是，这部分住宅对我院起到了雪中送炭的作用，特别是老院长张一山同志克服困难，锲而不舍，为职工操劳的精神值得我们永远怀念。

刻骨铭心的记忆——缅述我的父亲胡庆昌

胡明

前言

人生总有一些刻骨铭心，总有一些难以忘怀，依依不舍；或遗落在某一渡口，或消失在某段站台，或模糊在某页书籍。当岁月洗礼过后，会封存，装帧成册，将遗忘的历史和经历记录上。当我打开记忆的门窗，整理我的父亲——中国现代建筑结构著名学者、当代著名结构设计大师胡庆昌先生的著作和生平的时候，我深深地感觉到父亲一生的经历也是中国建筑结构的一部发展史。我整理这篇追忆文章，除了纪念父亲 100 周年诞辰之外，同时也是希望通过本文让各位读者从一个侧方面了解中国建筑结构的发展历程。

家世渊源

父亲的祖籍是浙江金华府永康县（现为县级市），出身书香门第之家。历史上金华永康物华天宝，人杰地灵，著名学者灿若星河，史上称为婺文化或婺学。父亲的祖父胡凤丹（1823—1890）是清末浙江著名藏书家、刻书家和文学家。同治五年到光绪三年（1866—1877 年），得曾国藩之弟曾国荃的知遇之恩，曾官至湖北任湖广督粮道，后辞职归隐，专注考证、藏书、刻书等文学研究和著述。因祖上家境殷实并仗义疏财，胡凤丹回到金华后，家乡浓郁的人文和文化给予他充分的激情和动力，并著述《金华丛书》并建十三万卷楼用于藏书，胡凤丹学术严谨、成绩卓著，为后世学者所推崇。

胡庆昌的父亲，胡凤丹之子胡宗楙（1867—1939）是民国时期中国著名银行家、藏书家和文学家，历任河北开滦煤矿董事、民国时期中国银行秘书长、中国银行天津银行副行长和河南银行行长，中年和晚年工作和生活在天津，亦商亦文。胡凤丹直至临终前，都没有忘记《金华丛书》和搜刻工作，并嘱咐其子胡宗楙完成他未完成的工作。胡宗楙继承父志，在繁忙的经商过程中也不忘辑刻和编纂，特别是他晚年的大部分时间均专心学术研究，完成了《续金华丛书》和《梦选

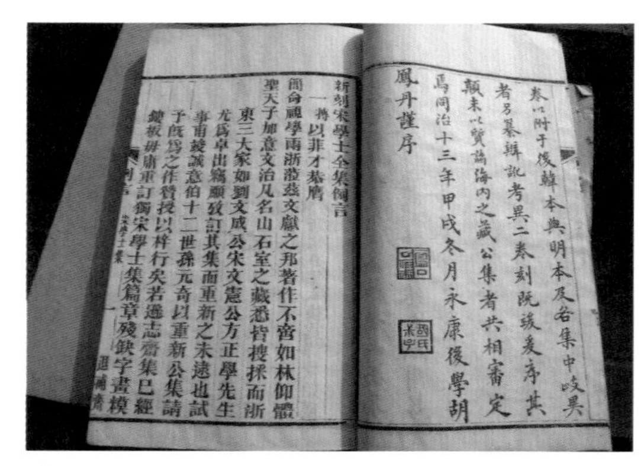
卷以附于後韓本與明本及各集中歧異
者另纂輯訛考異二卷刻既竣爰序其
顛末以質諸海內之藏公集者共相審定
焉同治十三年甲戌冬月永康後學胡
鳳丹謹序

新刻宋學士全集例言
一 搏以非才恭膺
簡命視學兩浙溯茲文獻之邦著作不啻如林仰體
聖天子加意文治凡名山石室之藏悉皆搜採而浙
東三大家如劉文成公宋文憲公方正學先生
尤爲卓出竊願致訂其集而重新之未逮也試
事甫竣誠意伯十二世孫元奇以重新公集請
予既爲之作贊授以梓行矣若遜志齋集巳經
鍥板毋庸重訂獨宋學士集篇章殘缺字畫模

《金华丛书》清代木刻本 胡凤丹撰

楼诗文抄》等多部巨著，为浙江文化乃至中国文化的传承做出了不可磨灭的贡献。

对祖辈生活和工作历程的回顾让我看到，父亲成长在这样的有着浓郁文化氛围和以诗书礼仪善行传家的大家族中，纵观父亲的一生，能够体会到家庭的氛围对他浸染甚深，这种氛围也为父亲的性格为人和专业上的卓越成就做了良好的铺垫。

父亲的少年和青年时代（1918—1937 年）

父亲于 1918 年 10 月 25 日生于北京，从我的祖母和父亲的姐妹的描述中得知，父亲小时候就非常聪明，记忆力也非常强。小学上了两年，父亲感觉学校的授课内容太浅，满足不了自己的求知要求，就由祖父安排请了私塾在家里教课。天津自 1860 年被辟为通商口岸后，西方列强纷纷在天津设立租界，天津成为中国北方开放的前沿和近代中国“洋务”运动的基地，成为当时中国第二大工商业城市和北方最大的金融商贸中心。因此，当时给父亲授课的私塾老师并不是单纯讲授“四书”“五经”，而是如同现在私教模式一样，将数学、物理、英文按科目分门别类地传授给父亲。这几年的教育为父亲打下了坚实的中国文化和科学基础知识的功底。1933 年父亲 15 岁，祖父曾要求父亲学医，但父亲非常喜好数学和物理，特别是力学。他毅然决然地考取了当时法国教会创办的天津工商学院，专攻土木工程专业。天津工商学院是中国早期著名的工科高等院校，它培养了中国早期工程界不少优秀人才，其中也包含中国第一代建筑大师张镈等一批为中华人民共和国建设做出巨大贡献的工程师和专家学者。天津工商学院的校训是：“守校训，誓永志而弗忘；实事求是，乃成德之梯航。知识日以进，体魄日以强。”父亲在这所学术气氛浓厚、西学中用的高校中度过了四年的大学时光，同时全部英文的教学方式也为他后来纯熟和深厚的英文水平打下了坚实的功底。1937 年，他以全年级学习成绩第一和年龄最小的工科学士头衔毕业。当时父亲的年龄刚满 18 岁，与现在的学生相比还属于刚上大学的阶段，而这时父亲就已经进入了社会。进入社会后，他才深刻体会到当时中国的贫困与落后，工程科技救国的理念深深地埋在了父亲的心里，他决心为此而付出自己的全部能力。

父亲在民国时期的工作和生活（1937—1949 年）

父亲大学毕业后的 1937 年，日本帝国主义抢占东三省后挑起了卢沟桥事变，日本军队侵略华北大部分地区，全国人民展开了全面的抗日战争。地处华北的重镇天津也不可幸免地被日军抢占，父亲坚决不在日军占领下的天津日伪公司做事。他毕业后做了两年家教老师，之后因考虑英美也是国际上反法西斯的同盟国，父亲决定到中英合资的唐山开滦煤矿和美孚公司就职，任公司土木工程师。在唐山开滦煤矿工作的过程中，父亲结识了不少爱国和在专业技术上志同道合的同事。因工作地在河北唐山，父亲住在单位的宿舍，每日钻研技术和勤奋工作，希望以自己的技术能力建设好开滦煤矿，支援抗日同盟国在能源供给方面的需求。但是随着日军侵占河北开滦煤矿，父亲毅然辞去了工作，转到天津八区公路工程管理局平塘工程处、善后救济总署（行总）冀热平分署北平办事处和天津美孚公司工作。作为一位具有民族爱国情结的知识分子，这是他在那个环境下仅能够做的事情。1945 年抗战胜利，父亲也目睹并非常厌恶国民党接收大员在天津的强取豪夺和贪污腐败的状况。1947 年我父母结婚，我母亲从北京搬到位于天津法租界马场道永康里的祖父建造的寓所中，与我的祖母等家族成员一起居住。

父亲在中华人民共和国成立初期的十年工作和生活（1950—1960 年）

1949 年 10 月伴随着中华人民共和国的成立，父亲认为一个能发挥他专业技术和能力的时代来临了，他以饱满的精神和热情积极地投入新中国的建设中，他从天津搬到北京，加入北京永茂建筑设计公司，也就是北京市建筑设计研究院的前身。从此，父亲一直在这里工作并贡献了他全部的精力，一直到生命的最后时光。

20 世纪 50 年代的北京建设，尤其以北京十大建筑等标志性的建设项目为代表，父亲直接参与了友谊宾馆、民族文化宫、民族饭店等几个项目的结构设计。在当时，我们国家整体是在全盘借鉴和学习苏联的政治环境下，苏联技术专家的任何意见和指令仿佛都是正确的。在北京民族饭店的设计过程中，因要考虑为中华人民共和国成立十周年献礼的政治需要，在结构设计和施工工期等技术问题上，父亲在借鉴和学习苏联的经验之外，还依靠他深厚的英文功底学习参照欧美先进的抗震结构设计理论，并与当时国内施工能力和水平的实际情况相结合，开创性地研究和应用了加快施工进度、节省成本的预制装配式结构体系。通过研究、试验和设计、施工的几个重要环节，他将预制装配式抗震结构体系应用到了民族饭店的实际工程中。父亲作为一位学者和工程技术人员并不是一味按照政治需要去追风奉承，他本着一个爱国知识分子的良知和对科学的敬仰，夜以继日地忘我工作，通过研究和试验，反复论证、分析一项技术在工程应用中的可行性和可能会出现的问题。在民族饭店工程施工最紧张的时候，父亲几乎每晚都要 12 点以后才能回家，有时刚刚睡下就又要被叫到工地去解决突发问题。通过努力，大家按时完成了为国庆十周年献礼的北京十大建筑之一的民族饭店。在 1966 年邢台地震和 1976 年唐山大地震波及下的北京，民族饭店经受住了地震的考验。装配式抗震结构体系作为我国最早的高层建筑抗震设计是极具特色并创新了全装配式钢筋混凝土框架剪力墙结构的设计与施工技术。时至今日，采用这一先进技术施工的民族饭店依然以其独有的时代特色耸立在长安街上，同时，它也开创了我国建筑结构装配式抗震结构体系实际应用的先河。

父亲把大部分时间和精力利用起来，投入自己喜爱的建筑结构和抗震理论研究及工程设计中。同时，父亲也是爱好和兴趣广泛的人。早在天津工商学院生活和学习时，父亲的乒乓球就打得非常好，曾多次代表学校参与校际比赛并多次获奖。这项运动一直延续到父亲七十多岁。在 20 世纪 50 年代末，父亲在参与北京市企业乒乓球联赛时，还荣获过国家体委颁发的三级运动员的证书。

父亲在三年困难时期和“文革”时期（1961—1976 年）

三年困难时期，国家的经济和老百姓的生

1998 年胡庆昌（左 5）80 岁生日，北京院同事为其祝寿

活经历了十分艰难的过程，父亲虽然在当时被评为三级高级工程师（当时的高级技术人员职称），享有比较高的收入和国家给予的特殊待遇，但同样也面临缺少营养和不能温饱的生活处境。即使在这种环境下，父亲依然每日投入他喜爱的结构设计和研究领域中，并开始接触和研究结构抗震设计这个专题。在当时国际信息资源稀缺的年代，父亲根据有限的国内外技术资料钻研抗震设计理论并进行实验，回想起来，当时的技术条件是十分艰难的。

父亲对自己喜爱的事业的追求和对抗震设计应用的务实理念，从一个侧面反映出他通过建好房子报效国家的内心期待和人生目标。

1966—1976 年中国发生了“文化大革命”，影响了全国大部分人尤其是知识分子，父亲身在其中亦不可幸免。即使在这种环境下，父亲依然没有放弃他钟爱的专业，在留下的唯一从天津家里搬来的书桌上进行学术研究，即使在下放工地期间也没有放弃学术研究。

父亲在改革开放时期（1977—1997 年）

1976 年年底，随着“文化大革命”的结束和拨乱反正，政治形势改变，父亲迎来了改革开放和科技兴国、振兴中华的发展经济建设时期。父亲虽然已近 60 岁，但他仍以饱满的热情投入工作。从 1977 年打开国门后参加中国第一个高能技术访美代表团开始，父亲用他的专业技术和精湛的英文水平，打动了美国建筑结构和抗震学界的专家和学者，让外国专家和著名结构工程师们了解到中国的结构设计和理论研究的水平。这些专家与父亲结成挚友。之后父亲积极参与国际性的专业会议，从美国地震学会（EERI）、美国移植大会 ATC 到世界级别的国际地震工程学会等均能够看到他的身影和其高水准的设计和学术论文。父亲对国内结构工程设计和抗震研究与海外的交流起到了桥梁作用，很多世界级的著名学者因父亲的邀请到中国进行访问和学术交流，包括著名学者 ParkPual 等。

父亲因在建筑结构设计和抗震研究取得的成绩被选为北京市劳动模范和西城区人大代表。同时，父亲开始关注结构抗震设计中钢筋混凝土梁柱节点抗震性能的研究和设计应用。当时的北京市建筑设计院从 20 世纪 50 年代开始就有一个研究所建制。这家研究所不同于大学和国家建科院，它将工程实际与理论研究相结合，并以解决实际工程问题为目标和课题，研究所集聚了中国知名的结构工程师和具有工程实际经验的研究员。父亲在这个研究所工作多年并一直兼任研究所的名誉所长直到研究所建制取消。父亲作为学术团队的领头人在几年内发表了多篇高水准的混凝土梁柱节点抗震研究论文和多项研究成果，并多次获得北京市和国家科技进步奖。

基于对 1966 年邢台地震和 1976 年唐山大地震灾害对人民生命和财产重大损失的反思，父亲将大部分精力投入结构抗震设计和抗震理论应用的研究上，他依靠他丰富的工程设计经验和扎实的抗震理论知识参与和主持了自 1978 年到 2000 年历次抗震设计规范中钢筋混凝土结构的规范编写和调整，为我国的结构工程抗震设计做出了巨大贡献。

父亲在这个时期主持或参与指导了多个知名项目的设计工作，包括北京昆仑饭店、西苑饭店、东方广场、北京亚运会英东游泳馆和体育馆等。他的具有前瞻性的设计思路和谦虚儒雅的做事风格令同事和国内外学者和工程师折服和尊敬。

父亲在国内经济高速发展时期（1998—2008 年）

1998 年父亲已经是 80 岁高龄的老人了，虽然一些老年病缠绕着他，但父亲的精神和身体和同龄人相比还是不错的。父亲从北京建筑设计研究院总工退下来后，虽兼任院里顾问总工和研究所名誉所长，可以不上班，但是他出于对专业的爱好和对事业的责任感一直没有放下他手中的工作和研究。因几十年对北京院和对周围一起工作的同事的感情，他一直坚持尽量每日骑车到北京院他的办公室去工作，在他那拥挤狭小的办公空间，潜心研究最新的抗震设计理论和收集大量的国内外结构设计文献资料，并翻译成中文提供给院里或大学的研究机构供大家参考和借鉴。

1998 年与父亲相濡以沫五十载的夫人、我的母亲病危住院，父亲每日陪伴在母亲身边安慰她，直到母亲去世。在母亲的告别仪式上，我第一次看到父亲掉泪。父亲走过的几十年，每次波折和痛苦他都是默默承受，父亲是非常刚强的，但在与母亲几十年的生活中，是母亲放弃自己的事业，默默支持父亲的工作和事业，也支撑着这个家，才使父亲能够集中精力投入他喜爱的事业。

父亲很快从痛苦中走出来，是他对专业的投入和爱好帮助了他，父亲沉浸在他的专业领域世界中，在那里他是战无不胜的武士。

父亲在 83 岁高龄只身赴加拿大温哥华参加日美 ATC 抗震学会组织的专业讨论会，并在会议中详细介绍了我国近年在结构抗震设计领域的最新研究成果，得到了与会各国专家和学者的高度评价。ATC 学会主席、美国知名抗震专家 Rolangd L.Sharpe 先生特意为父亲准备了一个讨论会，就父亲关心的技术问题和减震结构设计和研究进行讨论。父亲回来后便投入这方面的研究和应用设计的工作，并对国内减震设计的应用提出了十分重要的建设性意见。

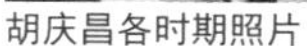

胡庆昌各时期照片

汶川地震带来的巨大灾难和对人民生命安全的巨大影响，唤起了全国从上到下对地震和抗震的关注，北京院负责设计的绵阳九洲体育馆大震不坏不倒，巍然耸立于灾区，成为当时的救灾中心。该项目结构设计的负责人周笋总工之后在文章中曾提起，是北京院老一代专家胡庆昌大师和程懋堃大师等提出的拱形拉结方案使该建筑具有了良好的抗震性能。这件事让我想起 1999 年父亲到日本探望我，我与父亲一起到我原来供职的设计事务所设计的仙台体育场的现场参观。当时父亲看到体育场座席屋顶采用落地网架拱结构形式后，就与日本结构总工程师一起讨论地震作用下落地拱支座的滑移问题，大家提出了地梁拉结的结构体系。父亲在工程经验和理论方面的深厚造诣，让各位专家和工程师折服。

在建设北京 2008 年奥运会场馆和其他设施的过程中，父亲已近 90 岁高龄，但还是每日收集国外专业技术资料，整理、翻译后提供给负责奥运项目设计的结构负责人，并对重要部分的结构设计提出他的建议和意见。

父亲的最后时期（2009—2010 年）

进入 2009 年，父亲的身体持续出现腰痛的现象，父亲的生活起居要依靠我的二姐和三姐无微不至的照料，父亲依然按照几十年养成的生活规律，每天伏案研究和整理文献不少于四个小时。父亲开始关注高层建筑的抗风设计的问题，他认为随着国内超高层建筑的增加，我国的抗风设计的经验和研究还有很多不足之处，需要借鉴国外先进的抗风设计经验并结合我国地域辽阔的环境，深入研究分析抗风设计，尽早将其应用到工程设计中。为此，父亲 2009 年 3 月开始将大量精力投入该领域的研究，并开始书写论文。

1999 年胡庆昌参观院庆展览

2010 年 4 月底，父亲身体开始出现不适，我和姐姐们陪同父亲到北京协和医院深入检查。父亲非常沉稳和坚强，检查完在走到停车处的路上父亲突然加快步伐，我们都感觉他要证明自己的身体底子很好，是能够战胜病魔的，他想用实际行动展示他的毅力。

在父亲住院期间，父亲多年的老同事、合作单位的老朋友等都来到病床前探望，父亲在清醒的时候见到老同事还在谈论研究课题和他关心的设计规范修订的事情。

父亲与病魔抗争几个月后，离开了他一生钟爱的事业和他的亲人及朋友，我们也失去了一位慈祥的父亲。父亲驾鹤西去，父亲在天堂上能够继续完成他未完成的研究，那里很安静……

沈勃院长

赵一兴

1949 年新中国的成立，开创了新的历史时代，人民兴高采烈，盼望国富民强，建设社会主义，搞经济建设，可人才、物力十分缺少，像我家乡吴江县在我国被称为天堂之地，也一点像样的工业都没有，全县有几十万人，有高中的中学只有两所，全县的高中生总共只有几百人，全国大学更是屈指可数，国家落后。当时苏联提供给我国 3 亿美元和 157 项基本建设项目，虽深感可贵，但是没有建设人才，一切的建设都无法进行，当时社会上出现了轰轰烈烈地抓教育的局面，一方面大力建设各种学校，另一方面大办训练班。如工农兵速成班、工农兵大学、各地的革命大学、海陆空军事干校等先后出现，以弥补建设人才的不足。

那时新中国的首都北京是个消费城市，要建设成为生产城市，要达到国际水平，要美丽、壮观、现代化，那是伟大的梦想，谈何容易。我学的是城市建筑，分配在城建部民用建筑设计院，初到北京，穿街过巷，都是破落的四合院，设施很简陋，厕所都在室外，家家用煤球炉在房内取暖做饭，老百姓普遍生活水平很低。我每天去工作单位，路途很远，但也只能步行前往。上班工作尚没有给我分配具体的工程设计任务，只是替人绘制施工图，工作不熟练，深感自己要好好学习和锻炼，平时也很少和人交流业务上的事，上班来，下班走，生活很是自由散漫，养成了懒的习惯，失去了上进心，我希望自己有所改变。

1957 年的上半年，我和单位中的一百多人一起加入北京建筑设计院，这是值得高兴的事。进入北京院后，第一件事是迎新会，沈勃院长作报告介绍院里的情况，院里有哪些生产职能机构，有哪些生活服务机构，现有工作人员的状况，生产任务和管理上的情况，虽是概括地说说，但让我们了解得很清楚，我们非常高兴，决心今后要在院长的领导下为北京的城市建设作贡献。

时至今日，六十多年过去了，回忆起我所知道的，当初在沈勃院长领导下建立的设计院，是从十分艰苦困难的局面如何一步步走向成就辉煌的时代。

沈勃是北京大学早年参加革命的优秀干部，他是一位有智慧、有能力、品德端正、有责任心的人，负责筹备北京建院工作。正如中华人民共和国成立初期时一样，什么技术人才都奇缺，哪里有那么多大学生、工程师、专家，但他却最终能把全国大城市中很稀少的一些技术人才招聘来并在这里生根、发芽、建业。没有大学生不要紧，他找到很多中专生和低学历的年轻人，他们就是力量的来源。

建院初期刚刚开展工作时，院里就有“八大总工”和“一百零八将”之称的专家和工程师是通过办夜大和各种培训班产生的。北京院把有技术理论、实际经验的工程师和专家聘作培训老师，要求学员们认真下功夫快快成才，让老师讲课，针对工程实例，让学员做设计工作，针对课本学理论，实现理论联系实际。按哲学的理念就是从感性认识上升到理性认识，又从理性认识回到感性认识，这样就会得到知识的质的飞跃，往往能达到理解得快、记得牢的效果。

沈院长在职工大会上常强调青年人要学习，学好本领。这让年轻人学习的积极性很高，甚至有的人每天晚上学到深夜。

我来到建院后，就看到很多小青年的工作，都是很有水平的，且能担当起很重要的工作，让我很佩服。我院有几位中层技术领导最早是院里扫地打开水的服务员，由于他们爱学习，在沈院长的支持下，最后上了夜大，学习成绩很好，工作中积极钻研而成了院的技术骨干，在设计院成了佳话。这更深深地体现出沈勃在设计院为培养人才、为国家的教育事业所做出的杰出贡献。

我院的生产业务，是创作建筑工程设计图，通过施工单位的施工，成为建筑物，供人们使用和欣赏。建筑的设计建造很复杂、难度大、造价高。作为设计院的领导，必须抓好设计质量和设计管理。对于设计质量而言，就是要求高标准执行“实用、经济、美观、安全”的设计理念。对设计管理而言，体现在设计全过程和对设计人员的要求，另外就是领导要为设计创造好的条件。

具体到工程管理，就是要有工程设计程序，必须做好调查研究，掌握好第一手资料，做方案要求集思广益，多方案比较，严格执行设计规范，达到用户的要求，采用新技术、新材料，要有所创新。对施工图要定计划，确保完成日期，有严格的三审。

而对于设计人员而言，要求克服个人主义、主观教条主义的设计思想，要有正确的指导思想和对工程认真负责的态度。院里有情报室，科研室、试验室为工程设计服务，为设计人员组织技术讲座交流，并有大量的设计资料、技术杂志、设计规范等提供给个人。

每季度各科室内会进行工程设计评比，院内年年评选好工程，所有这些都是为了提高设计人员的水平。另外，院长为让职工专注工作，特创造条件在院内办了托儿所和幼儿园，给予职工生活上无微不至的关怀，为满足年轻人对文体活动的要求，有条件时就请有名的文体团队如国家乒乓球队、电影制片厂、篮球队等来院表演和比赛，院里也有很多有才华的业余爱好者。记得有一次国家女子乒乓球队来我院比赛，结果那位得过世界冠军的女将郑敏之输给了我们院的职工周占熬，双方比赛很认真，让我们觉得很有趣。

院长常爱深入职工的设计工作场所，体察生产业务情况。1961 年，我正在为北京制药厂的雷米丰生产厂房加班进行出图工作，院长来到我的身旁和我交谈，问我做的什么工程，告诉我设计资料应结合方案设计如何完善，对我的设计给予高度评价。对于该厂生产的产品，当时是国内空白，很紧缺。我说：“我的大姑母得过肺结核，为得到此药，去香港才能买到。”院长说，“你现在做的工程，为国家解决了药的来源问题，让很多病人以后就有药可治，我们所做的工作就是为人民服务。”这让我深感我工作的意义和价值。

正因沈勃院长领导得好，培养了大批技术人才，抓好设计质量管理，出精品，特别是国庆十周年完成的十大工程的伟绩，让全院职工倍感骄傲，也让全国人民自豪。他的业绩、他的优良作风影响和传承了建院后来的领导人。建院始终保留了优良的传统。设计院过去所培养的年轻人现都是国家的高级工程师、专家，退休后都成了北京很多建设单位的特聘专家，为把北京建设得美丽壮观及现代化，继续做着贡献。

周治良家族传承的家风感悟

金磊

近来在策划编撰与新中国同龄的北京市建筑设计研究院纪念图书时，对北京院的创始者之一周治良副院长深有感悟，并由此想到设计院文化 70 年之珍贵，它不仅缘自设计院的治学风尚，更离不开这个“大家庭”拥有的诸位大家之“家风”熏陶。无疑，周治良的家风即是其中的一例。

周治良（1925—2016），曾任北京院副院长，他的纪念图书《周治良先生纪念文集》天津大学出版社 2017 年 11 月第 1 版，320 千字）是应该阅读的。作为后辈的同事，我是这样梳理并回望周院长的多重贡献的：他系安徽东至人，1949 年津沽大学（天津大学前身）建筑系毕业后在北京市建筑设计研究院工作，历任副院长及顾问总建筑师，仅在体育场馆规划设计上，其权威作用就十分显赫，先后任第 11 届亚运会工程总指挥部副总指挥、总建筑师；还任 2000 年申奥工程委员会副主任、总建筑师，与何振梁先生、马国馨院士等一同为北京成功申奥做出不凡贡献。此外，在周院长身上更可感悟到教养、谦德、慧眼与胆识，然而这一切离不开他的曾祖周馥对周氏家风的淬炼成形，离不开中国传统文化熏陶这段香。《负暄闲语》乃［清］周馥所著，它系安徽池州东至周氏家族流传上百年六世不衰的治家宝训（中国书馆 2013 年 11 月第 1 版，152 千字），已被中央推荐为国学家风之佳作。

《周治良先生纪念文集》封面

在中国近代史留下特别影响的望族安徽建德周家（今池州市东至县，地处长江南岸，安徽的西南边陲，水路系赴芜湖、南京、上海的必经通道），虽业绩非凡，但由于祖辈为人低调，不少成就尚鲜为人知，周馥及其曾孙周治良都是这样的人。仅到周治良这四代其贡献颇为令人瞩目：第一代周馥（1837—1921）系洋务运动重要人物，是清末蜚声一时的封疆大吏，更是晚清实业治国的典型代表；第二代周学熙（1837—1921）乃近代工业、教育先驱与北洋政府财政总长，是中国北方近代民族工业的奠基人，当时可与南方著名实业家张謇并称“南张北周”；第三代周叔弢（1891—1984）为实业家及古籍文物收藏家，是周治良的父亲，曾任全国政协副主席，1984 年 2 月 26 日《人民日报》载文称周叔弢的逝世是“我国政治界、工商界、文化界的一大损失”；第四代周家的著名学者、专家更多，仅以周叔弢的十个儿女为例，如“七子”历史学家周一良、翻译家周珏良、建筑师周艮良、神经生理学家周杲良、建筑师周治良、物理学家周景良，“三女”革命干部周珣良、生物学教授周与良、语文与英语教师周耦良。周馥先生的诸多贡献中至少包含“从戎、治水、理军、办学、兴商”等功绩。稍作梳理即可发现他起家寒素，为战乱所迫，走出家门，被李鸿章招入幕府；他是李鸿章北洋洋务建设的主要助手和参谋，始终参加北洋海防建设；为官数十年（两江总督、两广总督、山东巡抚等）政事多繁难，但不废读书著述；他作风平和，对事认真，能体察下情，对钱财看淡，生活简朴。1921 年周馥去世，40 年前由他创办的北洋水师学堂和天津武备学堂培养出的学生，有些已是声明显赫的总统、总理和督军，如黎元洪、段祺瑞、陈光远、齐燮元等，他们都不忘旧情，送挽联并以学生自居。《曾祖周馥》书中议到：“……周馥只给子女留下 12 万两银子，这个数目和当时一般大官的财产远远无法相比。之所以如此，是由于周馥除了不枉取之外，还不断捐助公益事业。”

周氏家风馆

周馥对传承家风的最好写照当属《负暄闲语》，系周馥为教育孙辈幼儿所写，因考据学在清代有很大发展，许多考据学者在学术界有很高声望，也因为吟诗作赋被普遍认为是有学问、有情致人的风雅之事，许多人都因这些而负盛名。周馥警策孙辈要“身体力行”，并用一些尖刻的话激励他们。成书于宣统元年（1909）的《负暄闲语》，正如周馥在序中所言是“为诫诸幼孙而作”。上卷有读书、体道、崇儒、处事，下卷有待人、治家、葆生、延师、婚娶、卜葬、祖训、鬼神，共计十二个方面。周家第五代的日本历史研究学者周启乾（系周馥之玄孙、周一良之子），在《周馥与〈负暄闲语〉》文中曾分析道：“……周馥于光绪三十三年（1907）引退后，为训诫诸孙，略仿照北齐颜之推所撰《颜氏家训》，撰写《负暄闲语》……是古稀老人在温煦阳光下向晚辈述说往事，可视作他立身处世与丰富人生经验的总结……在叙述生平经历、阐发个人见解的同时，又收载前贤的相关语录以教育后代，反映他的中国传统文化修养和对各种事物的看法。”周启乾老师将这些令周家五世不衰、人才辈出的“治家宝训”归纳为：敦厚传家、祖训示孙；存心公正、以诚待人；立身处世、求真务实；对外交涉、不卑不亢。可见，这就是周馥为周家留下的堪比财富更重的家族精神遗产。

仔细研究周馥家风的淬炼过程，周治良父亲周叔弢在良训传家上，堪称家族精神延续的

周馥（1837—1921 年）

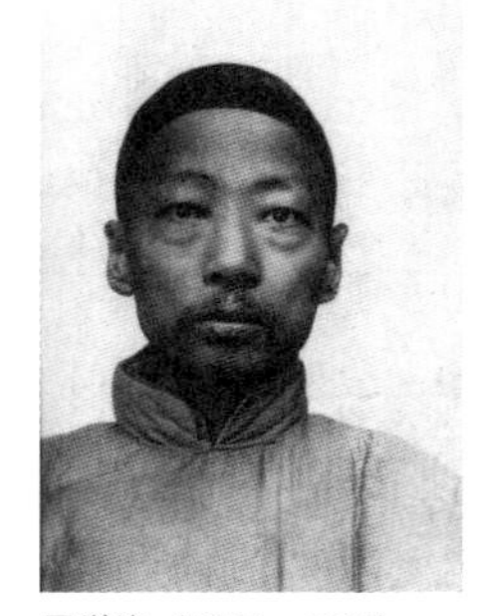

周学海（1856—1906）

周叔弢（1891—1984）

周治良（1925—2016）

代表。事实上，周叔弢声名远扬，还在于他爱书、藏书、献书上，在他情系乡愁般的怀念与教子有方上，及用家世家风传承下的周氏家族的英名。早在1911年，他随祖父周馥住在青岛，结识了德国牧师卫礼贤。卫礼贤虽想利用基督教来“拯救”炎黄子孙，但来华后被孔孟之道及先秦诸子学说大为征服，于是便将中国的重要哲学著作译成德文传到西方。周叔弢向卫礼贤学习德语并开始接触德国古典哲学家康德的著作，后来他与卫礼贤合作翻译了《康德人心能力论》，于 1914 年在商务印书馆出版，后欲再译，但因“一战”爆发，卫礼贤回国而终止，但无疑周叔弢已成为中国最早翻译康德著作的人。他集毕生之精力和一生经营所得的大部分用来收集善本书籍和金石文物。周叔弢一直强调读书对一个人成长的价值——不仅增长学识，还会自觉传承家风。对待图书，他自拟收书、藏书的“五好”标准，也成为他鉴别善本书的标准：第一，版刻字体好，等于一个人先天体格强健；第二，纸墨印刷好，等于一个人后天营养得宜；第三，题识好，如同一个人富有才华；第四，收藏印记好，宛如美人薄施脂粉；第五，装潢好，像一个人衣冠整齐。周叔弢辛苦一生所收的书约 3.7 万册，古今中外，无所不包，单从版本上就有刻本、抄本、稿本、影刻本、影抄本、影印本及活字版本，善本书中的精品达 2672 册，也许受严复译书的影响，他还有达尔文的《物类原始》、斯宾塞的多种著作、赫胥黎的《天演论》乃至斯诺的《西行散记》等原文本，可见他思想知识的开放与广博。1951 年，北京举行盛大的《永乐大典》展览会，周叔弢将自己收藏的两卷《永乐大典》送去展览，展后即捐赠北京图书馆，此外在向国家所赠第一批上乘善本书中，计 715 种，2672 册，在“自庄严堪”理念下捐书之彻底，前无古人。在教育子女上，他强调除榜样之外，父母的言行都要有意识无意识留下印迹，如他在孩子很小时便告诉他们该如何看书，即“勿卷脑，勿折角，勿以爪侵字，勿以唾揭幅，勿以作枕，勿以夹刺”。为此，他以身示范，看书时，先将书桌擦净，再把书平放桌上。他教育子女的最典型例子，莫过于他的两份遗言。其内涵是“不愿吾子孙私守之”“是为善继我志”“勿售之私家”“勿为子孙累”等。周叔弢的外甥孙浔将弢舅的家教概括为两句话“礼、俭、勤”教子，“自食其力”养生。

《周治良先生纪念文集》通过数十位建筑、文博、文化学者及家人的笔触，表达了业界对他贡献的肯定与敬重，正如单霁翔院长在《周治良先生纪念文集》序中所言：“该书体现了

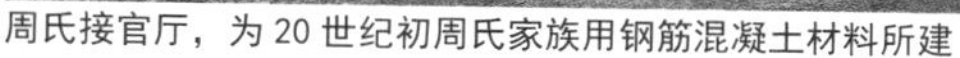
周氏接官厅，为 20 世纪初周氏家族用钢筋混凝土材料所建

周氏接官厅内供奉的先祖画像

如下闪光点：其一，作为出身名门世家的大学者，他是那样的谦虚待人，体现了知识分子的特有情怀与睿智；其二，作为北京市建筑设计研究院的‘创始级’老领导，他不仅身体力行为北京院、为设计行业梳理历史，还大力扶植并发现中青年建筑科技人才，为他们成长打开通途；其三，作为研究创立中国建筑学会与中国体育科学学会相融的中国体育建筑学术机构的前辈，他有效地为中国亚运会与中国奥运会做出了开创性贡献，并集建筑、文博、体育的跨界为一身，留下的设计精神遗产令人仰慕。”《周治良先生纪念文集》之所以有特色，重在通过对他的个人品德、精神状态、家风延续等综合内容的梳理，编织起有风景、有风骨、有历史也有活力的家风“谱系”及家风“故事”。有不少人感叹，当下“家风”是遗失的优秀传统文化，但从周治良先生继承周氏家风的“史实”说明，家风是一家人的“气质”；“家风”是泰然自足的珍贵伦常；家风不仅强调要将自己“修好”，更强调重视无形的东西，己所不欲、勿施于人；家风强调我们与祖先应精神互动，不可数典忘祖。

如果说周馥的《负暄闲语》梳理了周氏家风可诫告后人的家训要则，那周治良老院长以其在新中国建筑设计的贡献，表述了他何以成为业界尊敬的文质兼备的学人与管理者，离不开他具象与意象交融生辉的“家风”继承，这是何等珍贵的精神遗产呀！如果要问读周馥家风的代表作《负暄闲语》与四世后代的“成功学”《周治良先生纪念文集》令今人想起什么，换句话说，我们要向周馥家族的卓越后人学什么，我以为除了找寻记忆记住周馥家人思行的远去历程外，更有一份独特的文化品格与事业风骨，因为传承家世家风也是君子人格家教文化的风范，它们都可成为今人向品德俱美高处攀登的充盈“教科书”。

我知道的宋融

熊明

第一次见到宋融是在建院南口农业生产基地。那是国家经济困难的 1961 年 9 月，设计室的同志们都轮流到那里参加约半个月的短期劳动。我们在到达的第一天就在烈日下汗流浃背地挖白薯。总算整到下班，把从地里挖出的白薯用小车拉回住地后，大家都急不可待地灌下一碗凉水，坐下休息，放松疲惫的身子，让黄昏的凉风吹干汗湿的背心，等着用咸菜就窝窝头填那饥肠辘辘的肚皮。不经意间看见一大堆土旁的一个地洞口，伸出一双瘦弱的手臂托着一簸箕土，紧跟着露出一个小脑袋，把土倒在土堆边之后又缩回去了。从那一大堆土可以看出，地洞里的人已经辛苦地挖了一整天了。等那脑袋再伸出时，我朝他喊了一声，还不快出来吃晚饭。他咧了一下似笑非笑的嘴，倒完土后又缩回洞里。这时旁边有人轻声对我说，那是宋融。事情虽然过去了五十多年，但想起当年宋融那似笑非笑的咧嘴，至今仍让我印象深刻。

真正和宋融接触是在 1965 年年初，我由当时的第三设计室调到他工作的第二设计室。我和宋融却融洽无间，工作之余一起说笑，一起下棋，一起玩扑克。当时为设计北京首都体育馆，院里组织在各设计室征集方案。领导指

宋融瘦弱的肩膀扛起重担

《建筑师宋融》书影

定宋融和我一起做方案应征。我对建筑设计是一个理想主义者，追求尽善尽美。可是限于当时的历史条件，有各种各样的束缚，在建筑造型方面只能四平八稳，功夫都用在力求功能完善和技术先进方面。宋融虽然以前没有接触过大型体育比赛馆的设计，但只要我提出需要解决的问题，有的是非常苛刻的要求，他都能做出合适的安排和处理。特别是我被自己提出的一个又一个相互制约、各有利弊、难于取舍的问题苦恼时，宋融往往都能别出心裁，一次又一次找到适当的解决办法，充分显示出他那扎实的基本功底和灵活的思维方式。这让我由衷地佩服。

“文革”结束后，宋融的才华得以在工作

左 1 宋融、左 2 吴观张、右 3 刘开济、右 4 张德沛

熊明（右）与宋融（左）

左起柴裴义、刘开济、宋融、马国馨

中充分发挥。在标准设计室担任主任建筑师时，他打破了“多层住宅标准图”延续了 20 多年的“一梯三户”传统模式，制造了“一梯二户”的新格局。不仅每户都有良好的日照和穿堂风，而且把户内的窄过道改为一个可供灵活使用的小厅。从表面上看，一个楼梯只供两户，似乎增加了每户分摊的交通面积，其实把每户内部过道的纯交通面积改为有效的使用面积，两相抵消，并不增加交通面积。这为后来住宅设计的灵活变化开了个好头，打破我院住宅设计领域的僵化思想。宋融功不可没。

其后，宋融在担任总建筑师期间，带领集体完成的北京亚运村设计，建成后有口皆碑，成为北京新的旅游景点之一。他勇于创新，不断前进的精神，永远凝铸在他的作品中。

“一百零八将”

盛秉礼

今年是北京院成立 70 周年，回想 2014 年 9 月 1 日恰是北京建院历史上的“一百零八将”这个名词诞生的 60 周年纪念日，我作为其中的一员非常感慨。当年号称“一百零八将”的同学们在岁月的惊涛骇浪中走过了不平凡的 60 年。想当年戴着红领巾的花季少男少女都已成为精神矍铄的古稀老人，头发斑白了、腰身变粗了，但少年时代发奋学习的朗朗读书声仿佛就在昨天。百般惊喜、百感交集，欢乐的泪水、笑声伴着少年时代的理想从建院飞向远方。

1954 年 9 月 1 日，一百零八个稚气未脱的初中生来到建工局北京设计院，他们怯生生地观看陌生的环境，全然不知未来是什么。北京市设计院当时作为全国最高级别建筑设计的殿堂与这些不谙世事的少年形成了多么大的反差呀！为了培养好这些十五六岁的学子，设计院的领导为他们安排了短期专业绘图训练班，从 9 月 1 日开始到位于北京郊区的五棵松职工教育学校集中学习三个月，采取集体住宿制管理。这些同学是新中国成立初期为北京设计院培养的绘图员。新中国成立初期，百废待举，百业待兴，设计院当时技术人员队伍严重不足，为解决这个问题，设计院领导通过当时的上级单位北京市建筑工程局向社会广泛招生，通过严格的考试招进了这批全部为初中学历的少年，总数为一百零八人，成就了建院历史上颇具传奇色彩的“一百零八将”。

这个短期培训班由设计院委派张天纯、王少安、张悌负责建筑专业；赵利民（已故）负责结构专业；王淑敏负责设备专业；王谦甫负责电气专业，他们担任授课老师，讲授建筑设计各专业知识，并安排大量绘图练习。经过三个月的紧张学习，这批学生虽然基础课明显不足，但积累了较多的设计绘图方面专业知识，为日后从事设计工作打下了良好的基础。

1954 年 12 月，随着设计院新建成的办公楼（现建威大厦处已拆除的老办公楼），这一百零八名中学生结束了三个月紧张的培训来到了设计院，绝大部分被分配到各设计室，少数由于工作需要被分配到勘测处（当时隶属设计院）。他们的到来为新中国成立初期设计院极度缺乏技术人员的状态溅起了一丝涟漪。随后，这批学生在设计院的设计工作实践中逐渐地成长起来，他们中有近半数人在建筑设计院业余建筑设计学院经过多年的建筑设计各专业系统学习达到了大专以上的学历，并且在工作实践中继续不断提高专业能力，全部晋升为工程师，少数人经过自己的努力得到了高级职称。

“一百零八将”有幸参加了 1958 年为庆祝新中国成立十周年兴建的国庆十大工程，还承担过许多国家重点项目如：为美国总统尼克松首次访华设计的我国第一座卫星地面站、首都机场 T2 航站楼、1990 年北京亚运会等工程的设计工作。他们中的许多人成为建院或其他设计单位的技术骨干。他们在各个岗位上为建院和首都的建设发展做出了贡献。

“一百零八将”这个优秀的集体中，还曾涌现出对国家体育事业做出过重要贡献的人才，她就是曾经获得过全国公路自行车赛第三名的佟桂华。当年风华正茂的她为国家、为建院获得了极大的荣誉。

“一百零八将”这个集体中的他还有她，今天都已经是耄耋老人早已退休多年了，但他们中少数身体硬朗的还在通过各种形式为建院为社会贡献着自己的光和热，例如承担着顾问、审图、审核等工作；大多数都在家里过着平静的生活，与儿孙共享天伦之乐；有的身体不好的经常往返于家庭和医院之间；也有的已经作古。但每每有人谈到这个特殊年代、充满传奇色彩的“一百零八将”时，老人们的眼中就会掠过一丝奇异的光彩。每每有老同学偶然见面，60 年同学的真挚情感溢于言表。同学们总是恋恋不舍地相约来年再相聚，但愿到那时身体更健康。

“一百零八将”就是这样一群勤勤恳恳干事、老老实实做人、身份不高、干事不少的普通人。

追忆建院“一百零八将”这个充满传奇色彩的事迹，这些前辈们逝去的青春年华和曾经激情燃烧的岁月，是建院文化的重要组成部分，激励着今天建院的年轻人了解和传承建院精神，为建院的发展做出更大贡献。

“一百零八将”名单（部分）

邵桂雯、盛秉礼、田丽英、樊志刚、章熙华、于忠信、邸士凤、毛淑云、李　亮、梁继坤、张　敏、陈丽华、马世珍、殷殿茹、印立平、赵淑英、刘佳淑、刘秉琛、付淑英、姚善琪、李士赢、郭伯年、王荔媛、汪耀娟、李淑贤、曾丽盈、尹士民、白雪兰、常瑞婷、褚景贤、关志先、关金生、李　芳、李淑芳、刘燕芳、马淑英、宋孟侠、孙志国、魏春羽、王少英、王淑英、吴钟琪、刘南明、张兹杨、郝淑华、张玲君、张淑琴、赵行杰、姜　旺、吴佩刚、张丽英、姚鹤玲、白兰馨、丁美媛、张兆麟、高虎臣、沈青英、叶国英、刘伯地、王德胜、赵玉荣、佟贵华、浦建源、王海江、封光汉、孙金悌、王帮恒、曹成焕、敖云桥、杨木兰、李梦松、王凤秀、滕淑敏、史玉芳、刘秀媛、宋桂华、段秀珍、吕秀敏、孙红英、燕廷敏、苏振中、石佩珍、王来顺、邱梅英、张仲茹、张伊莉。

建筑依然在歌唱
——记我的建筑师父母巫敬桓、张琦云

巫加都

标题前还应有两句名言：“建筑是凝固的音乐，音乐是流动的建筑”。我从小就知道这话，是学建筑的爸爸妈妈告诉我的。在他们眼里，建筑作品是律动的乐章；在我眼里，建筑师的生命在这凝固而灵性的乐章中延续。

爸妈巫敬桓和张琦云是同学加同事，二人同是四川人，是原“国立中央大学”建筑系四一级的同窗，一同在大学任教，一起加盟兴业公司，一起到北京市建筑设计院，同任高级工程师，是当年院里唯一的高工夫妇，可惜又同在 50 多岁盛年之时相继离世。

他们虽已离开多年，但老朋友们说起他们，依然栩栩如生。他们的建筑作品历经半个世纪依然屹立而光彩不减。

如果说杨廷宝、梁思成等留学归来的第一代建筑师是将现代建筑引进中国的先驱，那么在民国时建筑系学生学有所成的为数并不多，他们就是将老师的理念在中国传播开来的承上启下者。我的父母就是其中一员。

“国立中央大学”曾是我国规模最大的一所高等学府，其中建筑系很有名，门槛也高，要加考绘画。父亲从小喜欢绘画，在参观“国立中央大学”建筑系时，被建筑绘画所吸引，建筑采的学生又学美术又学工程技术，还能把画的变为现实，于是他选择了建筑系。他在建筑系里如鱼得水，成绩优异，每次参加设计竞赛都能赢得奖金。母亲张琦云也是那个年代能跨过高门槛的极少数优秀女生。爸妈班里只有十多名学生，女生仅四位。妈妈功课好，还“官”居班长。

1945 年，爸爸毕业后被杨廷宝老师留下做助教。同济大学建筑与城市规划学院名誉院长戴复东在文章中这样说：“助教巫敬桓先生曾是建筑系中异常拔尖的学生之一，从而留校任教”。

父亲在教书的同时，还参与学校的工程设计，也曾先后任职于民用航空局设计处、中央银行工程科。这期间参与设计的工程有“国立中央大学”学生宿舍楼、九江航空站、上海龙华航空站、民航局宿舍楼等。

据爸妈老同学清华大学的胡允敬教授回忆：建筑系同学交朋友恋爱最后成功的不多，巫敬桓、张琦云是携手到底难得的一对。

这一对也差点生离死别。1946 年秋季，父亲先随“国立中央大学”复员，从重庆到南京，12 月 25 日圣诞节这天，妈妈也飞往南京，却遭遇了“黑色圣诞节空难”。当天南京大雾，飞机转飞上海，仍大雾，降落时失事，妈妈坐

20 世纪 50 年代巫敬桓、张琦云工作照

在机尾，成为少有的幸存者。当天有三架飞机接连在上海坠毁。

胡伯伯说，当时机场联系到在上海的同学严星华，他赶去见到一名遇难女子觉得眼熟，像张同学，就给巫敬桓打电报，说张同学遇难。巫敬桓赶到上海，悲痛万分，与严星华等一起给张同学买花圈、办后事。这时又听说有一位受伤的小姐正在医院抢救，他们赶去一看，从头到脚绑满绷带的正是张琦云，于是大家都笑了。张同学还很委曲："我都这样了，你们还笑！"

据说是爸爸送的订婚戒指救了她：看尸的人看到戒指一摘，发现小姐还有一点点气息，马上送到医院抢救，因此也成全了一个家庭。这事后来在设计院里也广为人知，几十年后，老同事们还说："当年你爸爸白哭了！"

1951 秋天，老师杨廷宝在北京接了工程，特召巫敬桓夫妇进京加入兴业公司建筑设计部，得意门生变成了得力干将。在兴业设计部的三年里，爸妈参与设计的工程有和平宾馆（1951—1952 年）、全国工商联办公楼（1952 年）、与北京市设计院合作的新侨饭店（1953 年），爸爸主持设计的有一机部汽车局办公楼和礼堂及招待所（1952 年）、北京百货大楼（1953—1954 年）、王府井八面槽商场、石油学院教学楼（1954 年）等，

那几年兴业设计部新老交替，52 岁的杨廷宝身为南京工学院建筑系主任，已将主要精力放在教学上，北京这边的工程逐步让学生巫敬桓夫妇主持。当年的青年工程师程懋堃回忆说："廷宝先生决定回到南京，专心做南工建筑系系主任。……这样，他在兴业公司建筑工程设计部的工作，自然就交给巫敬桓了。只是当时巫还较年轻，没有一个总建筑师的名号。但实际上，像王府井百货大楼以及其他一些工程（如一机部汽车局办公楼等），都是由巫主持完成的。"

王府井百货大楼自 1953 年开始设计，是当年北京最大的商业建筑。杨廷宝教授虽不坐镇北京，但时时关注这边的设计，他勾勒出草图，嘱咐爸妈不要做大屋顶和斗拱的复杂构造及雕梁画栋。师生之间密切联系。我父母他们遵循当时"适用、经济、在可能条件下注意美观"的设计原则，反复做方案，整体上运用当年的时尚设计，又在局部的屋檐窗台下、大门上点缀中式装饰，不加彩饰，将民族风格的图案柔和地融进西式建筑。

1963 年 11 月 19 日，《北京晚报》的一篇专访《建筑师和绘画——访建筑工程师巫敬桓》中这样写道："他在设计王府井百货大楼时，曾画了五六个方案进行比较。最初画的是一个方方正正的房屋，满足了百货大楼的功能需要，但外形却不够美观，最后才改成现在的样式，使它更富有韵律和节奏，很大方。"

时隔 30 年，1993 年 11 月 29 日，《北京日报》又刊文推举王府井百货大楼参选具

有民族风格的新建筑，文中这样介绍：“百货大楼采用框架梁柱式结构，……顶屋之间做成空廊，采用了具有民族风格的雀替与额枋的形式。……二层以上外墙均贴棕黄色面砖，并间有装饰性的民族风格图案，这样的设计处理，使方正、庞大体量的百货大楼在细部处理上透出了民族建筑特色的韵味。北京市百货大楼由于处在古老的王府井商业街中心位置，在全国人民心中已成为王府井的象征。这座建筑是由北京市建筑设计研究院已故著名设计家巫敬桓夫妇为主主持设计的。”

2007 年 12 月 19 日，《北京优秀近现代建筑保护名录（第一批）》出台。和平宾馆和百货大楼都列入了名录，成了“现代文物”。

2009 年，在新中国成立 60 周年前夕，中国建筑学会进行建筑创作大奖评选，盘点 60 年来全国建筑设计，评选出 300 个获奖作品。在 1949—1959 年第一个 10 年，获奖的作品有 34 项，其中 25 项集中在北京。北京市百货大楼名列第二。

2010 年 10 月，为百货大楼的设计中国建筑学会向已故的巫敬桓和张琦云颁发了建筑创造大奖奖章、奖牌和证书。

1954 年，兴业公司设计部并入北京市设计院，爸妈来到了设计院，在这里完成了百货大楼、石油学院教学楼等设计。爸爸的老搭档、结构工程师孙有明回忆说：“1955—1957 年，巫工连续设计了王府井大街北端的全国文联办公楼和南端的人民日报楼群，这也是当时城内的高层办公楼。人民日报馆有办公楼、编辑楼、印刷厂的轮转车间和平版车间等……编辑楼要求设空调，巫工和我配合电气专业杨伟成工程师顺利建成。这是需要三个专业密切合作才能实现的，也是院内第一个空调楼工程。人民日报办公楼的混水墙面也一度被誉为在王府井大街上和百货大楼立面交相辉映的典范之作。”（孙有明回忆文章《回忆和巫敬桓同志工作的岁月》）

那几年，爸爸设计的工程还有建国门外中小型使馆、国务院宿舍、河南医学院、北京师范学院楼群、解放军俱乐部等。妈妈参加设计的工程有北京市委党校、苏联大使馆外装修设计等。他们也都参与了国家大剧院的方案设计（1958 年）。

20 世纪 60 年代初，西单百货大楼立项，这是规划占据西单十字路口东北角规模更大的一家商场，甲方点名希望做过王府井百货大楼设计的父亲主持设计。爸爸和老搭档孙有明又兴奋起来，精心设计，很快完成施工图，可惜遇困难时期，已开工的工程下了马。

一心只画“圣贤”图的建筑师也绕不过政治运动去。在做建国门外中小型使馆设计时，爸爸请教五室经验丰富的陈占祥总建筑师，二人挺说得来。后来陈工被打成“右派”，爸爸在后来也坐了“冷板凳”。

老朋友们说起父亲，都说巫工幽默风趣，是个活跃人物，他周边总洋溢着恢谐与活泼，并交口称赞他画设计图和渲染图又快又好，又有修图小绝招，常帮人赶图修图，对救急之事乐此不疲。但老同事们最感慨的还是他倾注了大量心血的中小学设计。

1961—1965 年，爸爸主持北京中小学新校舍设计，他做过大型建筑，已小有名气，但对小工程也极其认真，把无名无利、不起眼的中小学设计当一门学问来做，年复一年，下的功夫比做大工程还要大。

在他的遗物中，有一打发黄的稿纸，那是1964年9月在北京市“五好集体”和“五好职工”代表大会上的发言稿，从这里和老同事的回忆里都能看到他做中小学设计的细致与用功。他带领设计组全面调研了北京中小学，到40多个学校蹲点，到小学上课，与高中学生座谈，拜访老师、工友；到上海，天津取经，还与卫生部门一起做教室采暖、通风、照明的试验。比如他们测定了教室四季从早到晚的光线变化，仔细确定教室窗子的大小间距及与地面墙边的距离。为确定课桌椅与教室的关系，他们测量了7~19岁青少年的身高，与卫生部门、家具厂一起研究订出课桌椅的规格。为确定教室挂衣钩的高度，他到百货大楼量了各种小孩棉服的尺寸。为确定黑板的高度，他特地到小学一年级去听课，还动手在黑板上写字。他们还观察楼梯疏散情况，统计厕所使用人数，对学生的喝开水热饭问题，都作了细致的研究。

那几年，大批儿童入学，但又值困难时期，因此要降低造价，争取多建学校。为此，他们不断审核标准，一项项算，一件件核，一年年改进图纸，造价不断降低，质量却逐年提高。他带领设计组共完成设计图样32套，用这些图样建成了130多所学校，使北京中小学的设计上了一个大台阶。他亲手写下的一大摞调研资料是一笔丰富的遗产，许多设计标准沿用至今。

1963年，爸爸被评为北京市的“五好职工”，他的遗物里有一枚当年北京市人民委员会颁发的“五好职工”奖章，也许这就是对他那些平凡而艰辛的付出的表彰。

在爸爸苦心琢磨中小学时，妈妈张琦云正埋头于住宅的标准化设计中。她从1959年主持龙潭湖高层公寓设计起，二十多年，与住宅和小区的建设结下了不解之缘。

20世纪60年代初，北京开始试点装配式住宅建设，妈妈接到设计任务后，反复琢磨，在满足使用的同时，使墙板构件规格大为减少，并改进外装修，提高装备化程度。她的设计曾被评为优秀设计，她被评为设计院技术革新标兵。她主持了1960、1962通用住宅设计、1964装配式住宅设计，还有水碓子小区规划设计、独立式试验住宅(1963年)等。

1964—1965年，她主持的北京龙潭小区规划设计工程，在小区建设中作了先驱探索。龙潭小区采用了当年少见的“五统”建设方式，即统一规划设计、统一投资、统一施工、统一分配、统一管理。区内有住宅楼40栋，有配套的教育和商业服务设施。1964年7月一开工，设计小组就进驻现场。妈妈那时就像长在了工地，有时节假日也不回家。他们与施工方配合，有步骤地“先地下后地上”地进行建设，仅一年多就建成占地10多公顷、建筑面积10多万平方米的装配式住宅小区。

20世纪70年代，她除了主持设计向阳化工厂的工程和小型使馆、参加前三门大街规划外，又主持设计了张金庄小区规划（1972年）、西二环“全装配”高层住宅（1975—1976年）、北环西路小区规划和配套项目工程（1976—1977年）、北环西路小区的南区北区规划（1980年）等。

妈妈一直认为“建筑工作者必须具备严谨的工作态度和一丝不苟的精神”。工程不论大小，她都精心对待。例如1978年做龙潭湖公园大门设计，仅60多平方米的任务，她还身体力行到公园守门收票，体验生活，在功能需求和艺术处理上反复比较后，才确定了设计方案。妈妈虽然天分不低，是院里唯一的女高工，但她不像爸爸那么才华高。她更多的是靠勤奋，靠下笨功夫。她加倍付出，全力以赴。她经常早出晚归，加班加点。晚饭时，爸爸这只先到家的快鸟总要仔细地夹一盘子菜，留给她这只还在飞的慢鸟。

爸妈都勤勉敬业。从小就见他们忙，总有赶不完的图。晚间家中常见老爸横一张图板、老妈竖一张图板，二人一起赶图。“加班”是全家特别熟悉的词，这个词竟与爸妈相随终生。由于兢兢业业，二人连年受奖，被评为各种先进。他们学业职业相同，爱好也相同，都喜欢写生绘画。早年假日带全家郊游，他们一人一块画板、一盒水彩，坐下来写生，以独到的观察和取舍，捕捉自然色彩与光线的变幻，沉浸在建筑与环境的透视关系、明暗虚实的描绘中，其乐无穷。

1960 年 11 月，《北京晚报》的专访写道：“学习绘画，也锻炼了巫敬桓的观察能力和审美能力。由于他经常出去写生，对自然界的色彩、各种建筑物的造型，有了更多的了解和观察，对美的感受和辨别力也更加深刻和敏捷了。这些，都不知不觉地运用到他的设计图里。”

1962 年，爸爸的画参加了建筑工作者绘画展览会，还被重点介绍。当年 7 月 20 日的《北京晚报》是这样报道的：“……展览会上有一幅百货大楼的画，远远望去和照片一样，是北京市建筑设计院建筑师巫敬桓画的。画成这幅画的时候，百货大楼还连个影子也没有，但是大楼建成以后，却和这幅预先画好的画完全一样。……建筑师做画的目的是把设计思想画出来……”

但“文革”以后，带家人出游的闲情逸致没有了，生活越来越简单化，他们衣着朴素得与当年的西服革履、旗袍烫发有着天壤之别。

巫敬桓与张琦云

被全院上下称为“张大姐”的妈妈更忙了，她舍弃了过去的业余爱好，一心扑在工作上。

而爸爸还是放不下手中的画笔，20 世纪 70 年代初即使出差到天津，在“铁三院”支援坦赞铁路的车站设计，也不忘忙里偷闲到街头写生。当时因达累斯萨拉姆车站的多次设计方案未被坦赞方接受，北京方面去人支援。以父亲为首的三人小组经过调研，很快做出方案，连爸爸的建筑渲染图一起送出，被坦桑尼亚总统拍板留下。他的作品留在非洲，化成恢宏的建筑，他带回来的却是几张天津的街头小景，或繁华闹市，或跨河桥梁，或白日水彩，或夜景渲染，趣味盎然。

由于爸爸出众的绘画才能，“文革”前一直在院里的“北京市业余建筑学院”教授建筑绘画，白天画图，晚间授课，忙得不亦乐乎，院里不少年轻同事又是他的学生。去世前，他也还在筹备“业大”的绘画课程。

爸爸长年血压高，他一年四季坚持打太极拳，在做最后一个工程——毛主席纪念堂南大厅设计时，还坚持在复兴门到天安门之间步行上下班。1977 年 9 月 17 日的下午，爸爸在办公室画图时突发脑溢血，送医院已抢救不过来了，年仅 58 岁。9 月 21 日追悼会那天，多年不见的杨廷宝爷爷赶来了，白发人送黑发人，妈妈拉着老师的胳膊，小女孩似的哭了，杨爷爷父辈似的劝慰她。

爸爸走后，失去支撑的妈妈一下子就老了，虽坚持上班工作，并在 1980 年被评为国家级的高级建筑师，但身体一年不如一年。她曾因手术取掉几根肋条骨，特别瘦弱，终于在 1982 年因肺炎住院就再没出来，因肺心病于 7 月 6 日去逝，年仅 59 岁。

在爸妈离去的二三十年间，北京的变化翻天覆地，建院改名为“北京市建筑设计研究院”，原来就是国内一流的民用建筑设计单位，现在更加发达，不断承办国家重头的现代化工程设计。他们当年教过的学生，带过的小青年，都已成栋梁之材。

可惜二老没享受到现代化的成果，没赶上在建筑创作蓬勃的时代显身手。在政治运动不断的年代，他们被认为是“从旧社会过来的资产阶级知识分子”，思想改造了大半生。他们一辈子搞建筑设计，竟没来得及住上宽敞的房子。但他们的建筑作品留存在了大地上。他们设计的商场、宾馆屹立于繁华之中而几十年光彩不衰；宏伟的车站建筑在非洲大地上依然熠熠生辉；众多的新式住宅小区的规划设计、高层公寓的探索、中小学新校舍的实践，都成为北京城市现代化进程画卷上不可或缺的段落。

他们倾注心血的作品印证着新北京建设的历程。他们与许多老一辈建筑师一起，用平实的探索与实践为这座城市现代化进程的腾飞铺垫了坚实的基石。

如果说他们站在前辈老师的肩上，开拓了新中国的建筑设计，谁又能说以后一批批新秀不是站在他们的肩上，继往开来，创造出中国建筑设计新的辉煌呢？

他们并没有远去。

1945 年，大学毕业时，26 岁的爸爸为 22 岁的妈妈写生了一幅肖像；1971 年，52 岁的老爸又拿起画笔，对着黑白照片“为老伴琦云造像”一幅，并题诗云：

轻拂旧画牵旧忆，同窗故事浮眼前；
沙坪晚霞游松林，嘉陵朝雾听归船；
倭寇横行灾难重，豺狼当道怨难言；
但盼雄鸡早报晓，挨过黑暗见青天；
喜看神洲宏图展，快把大地新装添；
推敲同绘明日景，唱和共语今朝甜；
二十余年同欢笑，再弄丹青画容颜；
莫道容颜显苍老，敢乘东风学少年。

花样年华时遭遇战乱，年富力强时又遇“文革”，但爸妈形影相随三十载，总像阳光少年般地满怀憧憬，可惜太平初现时，二人又匆匆离去，留下一片遗憾。

整理着他们的绘画照片文字，处处感到鲜活的生命力。他们依然光彩照人，潜行在这些文字图像之中，显影于不能遗忘的记忆深处。

建筑是凝固的音乐，音乐是流动的建筑；当音乐沉默的时候，建筑依然在大地上歌唱。

我与《建筑创作》

吴竹涟

看到我院出版的内刊《建院和我》，非常兴奋和感动。兴奋的是那么多熟悉的名字和音容笑貌呈现在眼前；感动的是那么多鲜为人知的心语、劳作、成果以穿越时空的方式展示出来，将个人的成长融入国家和集体发展的汹涌大潮中。我也是在工作的旅途中，半路投靠到设计院，与《建筑创作》结下了不解之缘，1989—1998 年任主编，1999—2011 年任副主编，相伴相随 20 多年。蓦然回首，刊影叠叠，浓重的书香味仿佛散发着桃李的芬芳，在领导、作者、编者的呵护下，这棵小树才能在学术界、建筑界、出版界茁壮成长、扎下深根。

放弃设计编杂志

我于 1984 年调到设计院，报到时，吴观张院长对我说："你可以选择到室里搞设计，也可以先到《世界建筑》杂志社，那里很需要编辑。"生活中，我们时时面临着选择，有的选择往往会影响人的一生。

想到我 1966 年大学毕业，因"文革"停止分配，等到 1968 年才被分配到湖北、湖南的山区搞"三线建设"，现场设计、现场施工。1975 年，我被调到北京邮票厂，主要做工业厂房设计工作，很少看外文资料，在知识储备方面显得有些孤陋寡闻，所以选择先去杂志社"充电"，捡起遗忘十几年的外语。

那两年在《世界建筑》杂志社吕增标和曾昭奋老师的指导下，我如饥似渴地翻阅国外建筑期刊，从中选择又新又好的作品，请他人或自己翻译，写了十几篇译文，此外，还参与编辑五期杂志兼设计广告，学会了编排杂志的程序。

时光荏苒，1986 年秋，设计院将我调到研究所任副所长，在做管理工作的同时，也可以做些设计和科研工作。研究所里建筑、声学、结构、设备、情报等部门人才济济，各有所长，我学到了很多知识，积累了很多经验，与同事们相处融洽。1987 年年底，周炳章所长对我说："院里要调你去办杂志"，我没有表态。又过一段时间，分管人事的赵利民副院长找我谈话："设计院不缺搞设计的，但缺编杂志的人，你在《世界建筑》当过编辑，又是建筑专业，最适合了。"因那时有些工程尚未完工，一直拖到 1988 年年底，为了顾全大局，我只有放弃喜欢的设计工作，筹备创建杂志。放弃也是生活中时时面临的选择。

2010 年 2 月 5 日，《建筑创作》召开“绽放 2009 · 希望 2010”新春座谈会

杂志的命名

为迎接新中国成立40周年、建院40周年，1987 年院领导决心创办自己的刊物，开始筹措办刊事宜，在资金、房屋、设备等方面都做好了准备，并提出“越快越好”。1988 年年底我去了以后，先给杂志命名。

为了区分个人之间和团体之间的差异，名字只是一个符号、一个标志，但古今中外对命名都十分重视。报纸、期刊、影视、企事业单位甚至居住小区都有征名活动，目的就是将期望蕴含其中，带来好运。先检索国内外现有建筑类杂志的名字，不能与人家重复，在此基础上再起名。

起初，杂志被命名为《建筑天地》，意为从当代到古代、从艺术到技术、从建筑专业到其他专业，只要与建筑有关的知识都要展示，并印好了稿纸。此时分管杂志创刊事宜的赵景昭副院长急忙告诉我，院里召开各专业总工会议时，通报了杂志的名字叫《建筑天地》，总工们议论纷纷，觉得“天地”比较宽泛，专业性不强，提出叫《建筑创作》，也有人认为《建筑创作》太突出建筑专业，别的专业往哪儿放？最终“强硬派”坚持杂志的名字叫《建筑创作》，否则不投稿。为了杂志的命名，总工们这么针锋相对地争论，说明大家都很关心这个即将诞生的贵子，令人欣慰。

日后发现在设计院的工作中，使用频率最高的还是“建筑创作”这个词，设计院为创作建筑而立、而生、而贡献。近年，我国一再强调要从“中国制造”转型到“中国创造”，提倡创新和原创，建筑创作中的“创”字，也符合了现在的国情，不得不佩服总工们的远见卓识。

时任北京院总建筑师的吴观张特邀著名画家黄胄、范曾题写刊名。吴总十几年如一日地关心杂志的出版质量，不仅经常赐稿，还为杂志社出版的书籍做审校工作，甚至还为杂志联系广告，关怀备至。

院里最后确定《建筑创作》编辑委员会负责人是赵景昭副院长，质量推进部主任姚焕华兼管编辑部，主编为吴竹涟，编辑为索之娣。因建筑工程周期较长，当时还没有计算机打字排版，文字系照相排字，平、立、剖面图要将蓝图复印、缩小后重描，完全手工编排版式，这会花费很多时间，所以定为一年出版两期。

杂志的诞生

没有举行诞生的仪式，经过紧张的筹备、邀稿、编印之后，《建筑创作》杂志终于在1989年6月悄悄地诞生了。《建筑创作》的诞生，开创了设计院创办杂志的先河，在建筑界和出版界都是独一无二的，多年的梦想变成了现实。

王惠敏院长在创刊词中写道："……我院长久的传统——重视质量、重视人才、重视科技发展。为此目的又开辟这一新园地——《建筑创作》，她将成为我们技术交流的新空间、人才展示的新场所、学习研究的新天地"，并祝愿"独子"优生、出类拔萃。

时任建设部部长、原北京院院长叶如棠，针对当时舆论界批评北京乃至全国到处都是毫无特色的"方盒子""豆腐块"奋笔疾书："……纵然有千百项优秀设计，也抵不过亿万栋平淡之作对城市的影响，也难以扭转人们对建筑艺术的总体评价……"。20多年来，经过亚运会和奥运会的洗礼，放眼北京，城市面貌今非昔比，人们对建筑艺术的追求有过之而无不及。国家富有了，建筑创作才有广阔的天地。

时光流转，真情依旧。当时为创刊题词的三位老总都已仙逝，现将题词重录于后，题词虽短，仍能感受到老总们各自的性情和对建筑的理解。

热烈祝贺我院出版院刊，将对内容竭尽微薄之力。

——张镈

提高建筑理论水平，提高建筑师的文化素养。加强建筑的人民性，加强建筑师对社会的责任感。

——张开济

我院出版建筑刊物，是大家多年来的心愿。今天实现了，着实可喜可贺！希望这个刊物成为"百花齐放、百家争鸣"的园地，面向古今中外，为繁荣建筑事业，为提高人民生活和生产环境服务。

——赵冬日

院里有了自己的刊物，无论是院长、总工，还是工程技术人员，只要在工作中心有所得、言之有物，都可展现在这个平台上，也为评职称发表论文提供便利。1992年9月在新闻出版局注册登记有了刊号，成为可在国内外公开发行的正式刊物。

走过的印迹

《建筑创作》杂志创刊时起点较高，第1期是创刊号，从内容到形式都经过仔细推敲；第2期刊登建院40周年建筑创作历程和优秀作品；第3、4期合刊展示北京院为亚运会设计的多姿多彩的场馆，都是大16开本、铜版纸彩色印刷，与其他期刊相比较为突出，所以第2期荣获国家新闻出版署和国家印刷协会颁发的国家级期刊类最高奖——优胜奖，这也是对院领导、作者、编辑们辛勤工作的褒奖。

何玉如总建筑师从创刊时就经常撰稿，并于1993年为杂志题写刊名，特别是在1995年3月率北京院一些优秀青年建筑师访问法国和意大利后，写了一批介绍国外建筑的文章，拍了很多精美的图片，充分展现了异国建筑的

2009 年《建筑创作》大合影

《建筑创作精品集》2001 年 6 月出版

风采，从此杂志社更重视版面的设计和品味。一分耕耘，一分收获，1999 年，经北京市新闻出版局和北京市新闻工作者协会联合评选，《建筑创作》杂志获“北京市期刊优秀封面版式设计奖”。

杂志社除了编杂志外，还结合院经营管理及企业文化的需要，随时出版相关的图书、年鉴、院作品选、工程简介等，通过多种途径展示、交流、传播设计院的作品和形象，如《北京亚运建筑》《北京宾馆建筑》《恩济里——一个小区的理论与实践》《建筑实录》等。

当时情报所外文翻译的实力很强，照相组有多年从事建筑摄影的专业摄影师，设计院出版的图书大多是中、英文对照，图片精美，因而，在 1994 年北京市对外宣传办公室举办的北京市首届外宣品评选会上，我院的《北京宾馆建筑》获二等奖，另外两本获三等奖，还有一本获优秀奖。与北京出版社、外文出版社等大型专业出版社共同参选，能得到四项奖励，出乎意料。

为了宣传我院作品，杂志社经常设计制作赴国内及国外的展板，如亚洲建协、巴塞罗那及法国的建筑展等。为西单“科普画廊”设计制作展板最辛苦，因为白天有游人，必须晚上 9 点以后去安装，黑灯瞎火地带着工人，将制作好的画板、模型拼装完成。画廊像橱窗，十几个单位在那儿比着看，还不能马虎。功夫不负有心人，北京市科委对我院很满意，我院制作三次，一次获一等奖，两次获三等奖。

展望未来

回顾过去是为了展望未来。近年科技发展迅猛，有了电脑、网络、微信等，传播信息快捷。1999 年，金磊任杂志社主编，对杂志如何定位和发展下了很多功夫，杂志从半年刊改为双月刊，最后为月刊，并有副刊《建筑师茶座》，不仅面向北京院，还走向社会、走向世界，使《建筑创作》成为知名度很高、影响力很强、涉及范围很广的杂志。

编辑这么多年杂志，所收获的既有体现在版面上的文章，又有压在文字背后的一族热爱建筑创作、勤于书写的文友。自己也借助《建筑创作》这个平台，拓宽了视野，不断更新知识，主编了很多书籍，因而没有虚度年华，在设计院发展、进步的历程中，留下了一点印迹。

从图纸变迁看设计现代化

张建平

在“结绳计数”的远古时代，人渴望留下社会生活中的各种数据，以在其后的生产活动中举一反三，避免重复劳动，这样就促进了文化的传播。

1975 年当然已经不是“结绳计数”那个时代了，但是从新中国建立以来国家经历了种种政治运动后，建院当时的设计工具和图纸加工装备还是很落后的，设计人员使用绘图板、硫酸纸、“鸭嘴笔”、蘸水小钢笔（后来改用直线笔）、刀片、透明胶纸、橡皮等工具，手工绘制图纸。当时设计人员画一张 1 号图纸要用五天左右时间才能完成，工作强度可想而知。特别是当图纸出现错误时就麻烦了，如果是小错误还比较好办，设计人员用刀片把错的线条或文字刮掉，用橡皮把纸毛擦干净重新画上，如果错误较多刮不过来就只好重新画一张了。图纸破得小可以用透明胶纸粘一下，破得大了也只能重画，因而当时的技术人员简直把画好的图纸当成自己的命根子，真有“含在嘴里怕化了”的感觉。我很多次看到设计人员辛辛苦苦完成的图纸在晒图时不幸被晒图机撕破，技术人员气急败坏地与晒图工人争吵。设计人员当时的最大愿望就是图纸少出错误，晒图时图纸撕不破，以保证设计工作能顺利如期完成。

为了使设计人员从繁重的手工绘图劳动中解脱出来，建院负责出图的技术供应所决定

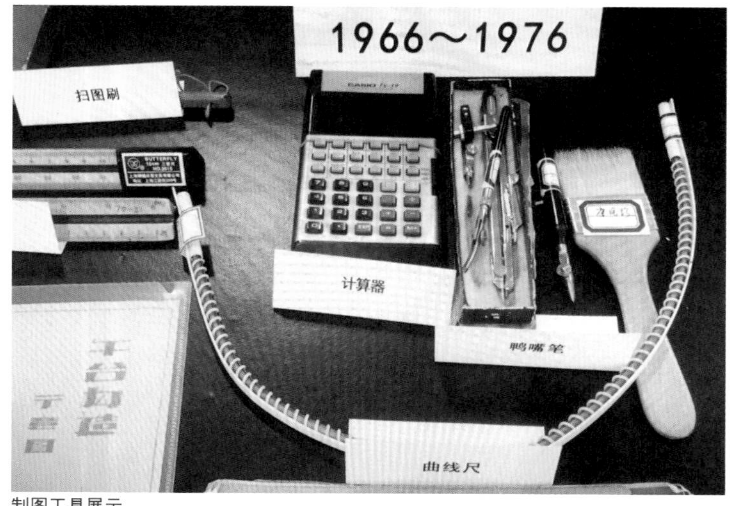

制图工具展示

制图用具使用卡片

4 室 一 组　　　　编号 II

年	月	日	品名	编号	单位	数量	规格	新旧程度	交回阶次
62 72	6 9	30 27	三角板	民713 72-96	块	2	12° 45°	旧	73.3.3已…
62	6	20	比例尺	855		1			
			直线尺	0532		1			
63	2	13	鸭咀笔			1			
			圆规			1			
			擦图片			1			
72	3	3	图布			1			
			自动铅笔			1			
			计算尺						
			算盘						
72	6	6	毛刷			1			
72	9	20	丁字尺	063		1		旧	
73	3	3	三角板	70-864	付	1	14寸	新	
74	4	8	英雄绘图笔		套	1	3支	新	

领物人

1962—1974 年的制图用具使用卡片

昔日工作照

自己动手制造复印机——能复印二底图的复印机。当时人们只是听说过或在国外、在北京举办的工业展览会上看到过计算机绘图和二底图的应用。建院没有复印机不能应用二底图。每每看到设计人员趴在图板上辛苦地描图，设计院的领导和负责出图工作的技术供应室的领导都感到心里沉甸甸的。为了解决这个问题，院、室领导决定自己开发制作二底图复印机，供应室领导刘伯诚同志带领许明龙、侯凯元、霍振桐、满横宽等同志开始了制作“自制复印机”的工作，没有样机、图纸、资料，就翻国外资料期刊、跑展览会、自己设计，没有材料就跑外协，没有加工能力就请求院研究室加工车间的师傅们帮忙加工。经过几个月的努力，终于设计出了第一代“自制复印机”的雏形。这台自制复印机的标准为 2 号图纸幅面，采用卧式结构、立式玻璃板原稿架、两组八只碘钨灯强光曝光灯泡、1∶1 轨道式焦距调整控制、封闭式暗室操作间、500X700 硒平板感光板、霓虹灯高压充电转印电极、手动式玻璃球“炭黑”墨粉显影、红外线电热丝固化定影。机器尺寸为长 8 米、宽 3 米、高 2 米。占地三间木板房的一个庞然大物经过安装调试，成功得以使用。

听说院里有了能复制二底图的复印机，设计人员奔走相告，纷纷赶来印制二底图，困扰了设计人员多年的手工描图，从此画上了句号。

改革开放初期，建院逐渐推进设计工作的现代化，引进了国内第一台能复印 2 号图纸的英国兰克施乐 1860 型工程复印机，设计人员可以不用手工描图，根据需要很方便地复印本专业的图纸。这在当时的情况下极大地提高了设计工作效率，受到了技术人员的热烈欢迎。尽管图纸加工有了很大进步，但还存在图纸幅面较小只能复印 2 号图纸、2 号以上图纸还不能解决的问题。

20 世纪 80 年代初期，建院引进了能复印零号幅面图纸的日本夏可 920 型工程复印机，彻底解决了所有幅面图纸的加工问题，但图纸比例缩放的问题还没有解决，这也是图纸加工技术进步中的瑕疵。

20 世纪 80 年代中期，建院引进了能任意比例缩放的 0 号幅面图纸的日本夏可 36 型工程复印机。此机能无级缩放任意图纸比例，彻底解决了在传统图纸加工中的所有问题。

20 世纪 90 年代初期，CAD 辅助建筑设计的发展，极大地推动了设计行业的技术进步，建院积极甩掉绘图板，大力推广 CAD 辅助建筑设计，为所有的设计人员配备了电子计算机，历史性地第一次摆脱了手工绘图的桎梏，掀起了设计行业的革命，使建筑设计数据化、信息化、重复利用成为可能，走在了设计行业的前列。

20 世纪 90 年代中后期，数码工程复印机的问世成为推广 CAD 辅助建筑设计的有力推手，建院引进了具有扫描存储、网络打印功能的美国施乐公司的施乐 8855 型数码工程复印机，使设计、图纸加工、档案存储实现网络一体化。

21 世纪以来，彩色二维平面效果图、3D 效果图、动画、虚拟现实、3D 立体打印技术的发展，促进了建筑设计方案多样化，把建筑设计推向了高端技术与建筑艺术相结合的高度。

完成了改企转制的建院正在大力加强 BIM 技术的推广应用，集成建筑设计、施工、节能、减排、环保、绿色等涉及国计民生的方方面面，大大超越了建筑设计原有的本源。

建院今天的年轻人都在享受着最新的设计理念、设计软件，创造性地为祖国建设贡献着自己的聪明才智。也许他们不知道“鸭嘴笔”为何物，但他们应该了解和传承了建院前辈们曾经为建设中国最具品牌价值的建筑设计企业而艰苦奋斗的精神。

回顾走过的路，设计图纸的变迁就是建院不断追梦、不断发展壮大的一个缩影。

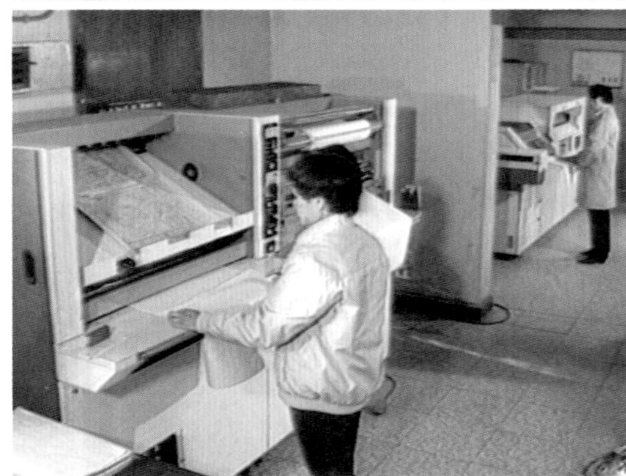

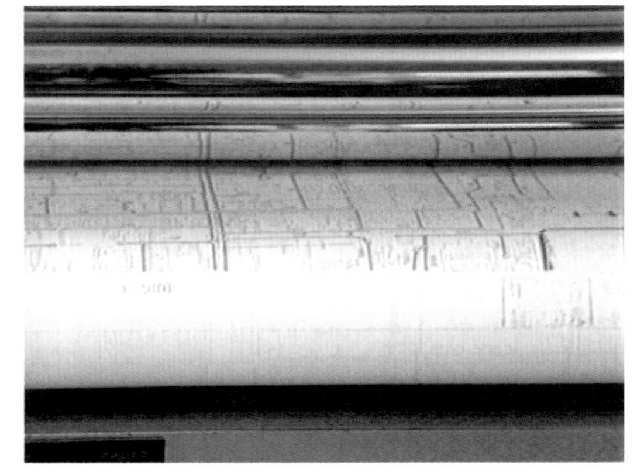

设计工具变迁组图

建院媒体三十年

魏嘉

1988 年 2 月 10 日，我院历史上的一个重要文化现象值得关注，那就是《金厦报》的诞生。办《金厦报》的目的就是改变过去建院《工作简报》的呆板形式和内容单调的习惯做法。

建院由办公室牵头，宣传部负责具体实施，试行编辑出版《金厦报》。创刊于 1988 年 2 月 10 日的《金厦报》是我院企业文化建设园地中的一朵奇葩。办报 16 年来，编辑人员始终坚持办报宗旨，围绕中心，服务大局，宣传先进，倡导文明，以与时俱进的精神、创新办报的思想，探索企业报发展方向，努力使《金厦报》成为党的方针政策的宣传园地、联系领导与职工的桥梁、反映职工心声的渠道、团结全体职工的纽带；精神文明建设的奇苑。《金厦报》从一棵稚嫩的幼苗成长为充满生机和活力的大树，它始终坚持每月按时与大家见面，成为深受全院职工关注和喜爱的知心朋友，这一切得益于院党政领导的关心和支持，得益于全院职工的厚爱，得益于所有办报人员的不懈努力。

《金厦报》由赵衫在刊头题字，由党委宣传部主编。这张小报为月刊，面为小八开四版，采用 70 克普通胶版纸，由院技术供应室胶印组自行印制。报纸虽小但内容丰富。前后共印制出版了 12 年 150 多期。

在新版《金厦报》出来前，信息部曾办过一份《设计 · 信息 · 网络》（1988 年 5 月 25 日创刊）。这份小报的办报宗旨有三条：第一，反映国内外建筑设计行业动态，介绍海外事务所及国内设计院特色；第二，利用因特网及最新建筑译丛资料为大家提供第一手设计科技动

金厦报

发刊词

光荣榜

生命不息，追求不止

《金厦报》书影

《BIAD 生活》书影

《北京建院》书影

态；第三，刊发有一定研究分析水准的有关城市、建筑、环境的短文。

2000 年 1 月 10 日，院领导经过研究，将《金厦报》《设计 · 信息 · 网络》的有关人员统一安排，创办了一份八开四版的新版《金厦报》。这份报纸有《北京晚报》那样大小，采用新闻纸，报纸味道较浓，各版均有黑白的图片配发的文字。四个版的设置为：一版是要闻版，二、三版是设计科研版，四版是载有诗歌、散文、书法、摄影作品的“文化广场”版。

2003 年 1 月 10 日，新闻纸样式的《金厦报》换成了铜版纸，可刊发彩色照片，面貌又为之变，鲜亮了许多。

2006 年 10 月，《金厦报》改名为《北京建院》。《北京建院》采用米黄色的较硬的胶板纸，共八版。

2008 年 10 月 15 日，《BIAD 生活》在 BIAD 成立 59 周年之际应运而生，正式从报纸改为杂志的形式。《BIAD 生活》传承了我院“建筑服务社会”的核心理念，在宣传 BIAD 品牌的同时，汲取现代元素开设了影像志、夕阳红、快乐生活、教你几招等多个新板块。杂志内容不仅贴近设计生产与改革变化的实际，更展现了职工多姿多彩的生活。

三十年来，我们建院媒体工作者始终对建院这个文化积淀厚重的集体怀有敬畏之心，始终对领导和全院的同志们怀有感恩之心，在建院媒体成长的道路上不忘初心，始终对建院媒体工作怀有赤诚之心，追求“清新、隽永、简约、大气”的八字方针，力求建院媒体文字精炼，内容翔实，主题突出，具有很强的可读性和群众参与性，使建院媒体传播真、善、美，传播正能量，紧密联系建院的工作、生活，宣传正能量的人和事，坚持积极健康的方向。

我们建院媒体工作者不断学习提高文化修养，关心与建筑行业相关的门类艺术，对于摄影、雕塑、书法、绘画、音乐、文学、哲学、养生美食、家庭伦理、医学、收藏等方面的知识，永远不断学习，努力使建院媒体充分体现建院企业文化特色，成读者朋友创新发展、文化交流、畅所欲言、喜闻乐见的平台，永远是读者朋友的良师益友。

从简单的胶印《金厦报》，到现如今的《BIAD 生活》，建院媒体走过了由小到大、由简到繁、由黑白到彩色的一步一步跨越的三十年历程，它们承载着展现建院历史、传播建院文化、反映职工生活的历史责任。

镜头下的“八大总”

左东明

还是20世纪60年代的事，偶然的一次从一个父亲是建筑师的同学处借来一本《建筑学报》杂志，那是1959年国庆十大工程专刊。从对万众仰慕的工程内部形式的好奇开始，我了解了建筑设计的一些基本内容，也知道了这些重大工程的主要设计人张镈、张开济、赵冬日等。从那以后，我喜欢上了这一包含技术与艺术、既充盈智慧又极贴近使用实际的专业……（这以后，国家民族经历了“文化大革命”，一切都被改变了。）

张镈、张开济、赵冬日三位老总

1980年，我来到建院工作，在得知那些重大的工程都是这个单位设计的，那些著名建筑师都近在眼前时是那么的兴奋。20世纪80年代，电视摄录像技术与设备已经普及到专业台站以外的企事业单位，院里也添置了设备，服务于设计主业。我开始从事摄像、录像与节目制作的具体工作，拍摄院内重要会议与活动、拍摄我院设计的工程留作资料等。由于工作的关系，我能经常进入院内技术会议与活动现场，见到并拍摄到这些技术专家。他们对待专业问题一丝不苟，讨论方案细致入微、言简意赅，让人心悦诚服；而会下则幽默诙谐、平易近人，喜欢相互开个玩笑。

记得有一次讨论人大办公楼的方案会议

上，一位人大的领导问张镈总人民大会堂某处的檐口高度，他脱口而出。张镈总对工程设计的许多要点与数据都熟记在心。他们平易近人，在会场见到我们总是热情地说些摄影方面的话题，仔细观察摄像机。张开济总非常懂摄影，说些技术问题我们都回答不上来。老专家们的言谈举止给我留下了深刻的印象。

有一年，时任市长为研究北京城市建设，到京城两个高点（中央电视塔和京广中心的顶层）俯瞰北京，规划设计单位的领导与专家陪同，张镈拄着拐由其他人搀扶，张开济、赵冬日都攀爬着屋顶上临时绑扎的踏板扶梯，来到最高处一起观察讨论，十分认真，他们都是八十以上的高龄了，如此的态度感动了在场的所有人。

1999 年，张镈总建筑师患病住在同仁医院，我们前往看望。镈老拖着病重的身体接待我们，还为我保存的他的著作《我的建筑创作道路》留下墨宝，非常珍贵，那一天是 1999 年 6 月 23 日。1999 年 7 月 1 日“世界建筑节”那天，一代建筑大师张镈告别他的同事同行，告别他终身从事的事业，默默地离去……

那些年，由于华揽洪总建筑师一直在国外，我一直没有机会在院内见到他。仅有一次是在 1999 年他回国时来院参观，我们得以留下他的音容资料，并保存下来。

顾鹏程总工程师百岁生日时来院，会见故人、参观设计所看电脑绘图。

与“八大总”中的其他三位老总杨锡镠、朱兆雪、杨宽麟未曾蒙面，就难有他们的影像资料。

五位老总的资料是弥足珍贵的，我想这是我们院的历史文化的瑰宝。

顾鹏程老总回院

华揽洪

市领导与老专家们

我院第一位总工程师顾鹏程老总 1998 年百岁生日，沈勃老院长及吴德绳院长前去祝贺

老绘图桌别再“颠沛流离”

刘锦标

一个陈旧的写满沧桑的老绘图桌，吸引了众多人的目光。

二十年前的 1999 年，正值北京建院成立五十周年大庆，为了筹办建院五十周年展览，时任建院《建筑创作》杂志社摄影师的刘锦标同志，找到建院文具库管理员姜宏德，借用了一套建院初期的老绘图桌用于展览。展览中，这张老绘图桌以它的古朴端庄和独特韵味向人们诉说着建院人为首都建设做出的贡献。老绘图桌成为这次展览中最耀眼的明星。

展览结束后，风光无限的老绘图桌去向何方？在二十年的岁月长河中，它又经历了什么？带着这些疑问和好奇，让我们一一道来。

当时，建院正处在快速发展和机构调整的时期，部门更迭，设备更新，大批现代化的办公设备进入建院，替换掉了建院成立以来的全部办公家具，原来的老绘图桌椅、办公家具堆满了 A 座办公楼地下室、篮球场等待处理，一辆一辆卡车，满载着绘图桌椅、办公家具驶向四面八方，短短数日一扫而空。

建院五十周年展览圆满结束后，由于建院老旧家具已经处理完毕，老绘图桌成了劫后余生的唯一，但是，还面临着无处可归的窘境。刘锦标及《建筑创作》的领导，本着尊重历史和对历史负责的态度，在办公室条件紧张的情况下，克服困难，挤出一块地方，妥善地保存了这张老绘图桌。

马国馨院士在老绘图桌上讲解设计构思

斗转星移，随着建院的深化改革，第九设计所进驻 C 座办公楼，九所领导杨州同志在室内布置时，曾经听刘锦标同志说起过这张珍贵的老绘图桌，他找到刘锦标，看到了这张梦寐以求的老绘图桌，激动地说：“我刚参加工作的时候，就是在这样的绘图桌上画图、成长。”随后，他决定将老绘图桌布置在第九设计所专门设置的展室，以此来更好地诠释建院精神，

老绘图桌在院史展览中

继承建院传统。随后建院机构调整，第九设计所搬迁至建邦大厦（原建工局办公楼），老绘图桌随之一起搬至建邦大厦，被扬州同志珍藏在自己的办公室。

2015 年院史组成立，之后，于 2016 年筹备了“与共和国一同走来老物件展”。在寻找“老物件”的过程中，经刘锦标同志提出，老绘图桌作为明星展品，展现在观众的面前，引起了社会各界以及媒体的强烈关注。

2018 年，这张老绘图桌作为新中国成立以来首都城市建设的见证，参加了在北京国家博物馆举办的“改革开放四十年成就展”，经历了开国大典、公私合营、社会主义改造、十大建筑建设高潮、三年困难时期、“文化大革命”、改革开放，饱经沧桑的老绘图桌向人们诉说着不平凡的经历，迎来了中华民族腾飞的盛世。

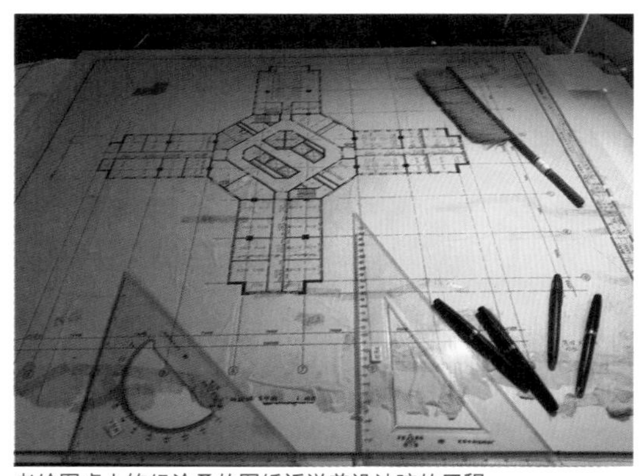
老绘图桌上饱经沧桑的图纸诉说着设计院的历程

静静安放一隅的老绘图桌与各种老物件描绘了设计院的历史

第一批“练习生”

王淑敏

北京院1951年第一次面向社会在北京、上海等地招收了30多名中学毕业生，这就是建院史上的第一批“练习生”。同年9月，我们这30名学员先后到公司所在地东厂胡同报到。我和同学们都是刚刚中学毕业的学生，一下子变成了国家干部，享受着国家的包干制待遇，穿上了发给我们的灰色的列宁装（每年发三套衣服，两套单衣，一套棉衣），佩戴着“永茂建筑公司”白底黑字的长方形证章，别提多神气了！每月我们还能得到相当于130斤小米（新中国成立初期货币不稳定，一般都以小米作为基准）的生活费。我们无比喜悦，一心想学好为人民服务的本领。

当时我们这些学员年仅十五六岁，还是一些不谙世事的孩子，根本不知道建筑设计是怎么回事。在入职初期接受了张若平监理、施玉洁人事科长等领导的思想政治教育，明确了方向，树立了正确的人生观和为人民服务的思想，这为我们今后从事建筑设计工作打下了良好的基础。为了使我们这些“练习生”来到公司后能够尽快地熟悉和跟上工作的节奏，公司做的第一件事就是培训。公司为我们安排了为期三个月的培训班，主要学习课程有：建筑设计专业知识、建筑绘图基础知识、北京城市规划、建筑施工监理等，并进行了大量的建筑绘图基本功训练。更有幸的是公司领导钟森总经理、

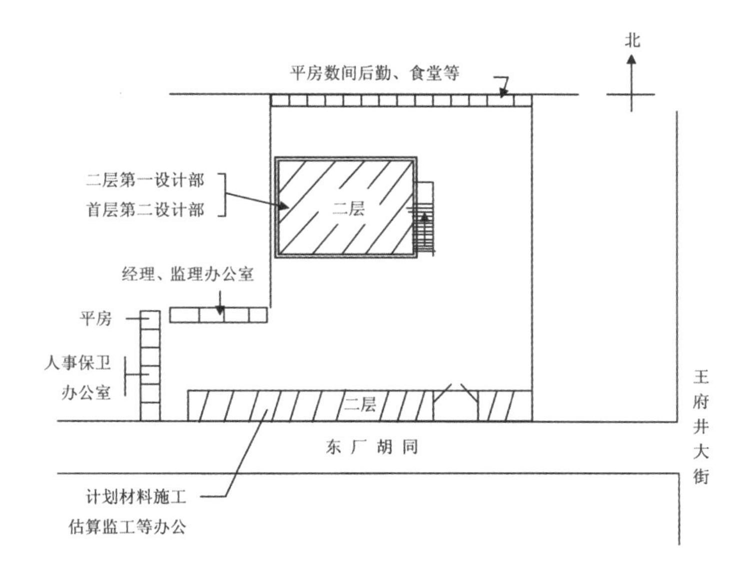

1951年永茂公司办公地示意图

张镈、张开济、刘宝禧、张国霞等老一辈专家传授给我们专业知识、设计工作的原理和要素，并亲自为我们授课答疑解惑，使我们对建筑设计理念的理解和认识逐渐加深，并由此打下了扎实的建筑绘图的基本功。也就是从这短短的三个月培训开始，我们从陌生到熟悉，从平庸到热爱，走上了建筑设计的道路，并与建院结下了不解之缘。

三个月学习期满，我们按专业被分配到各自的工作岗位，我被分配到张镈领导的第一设计部，有的同学被分配到张开济领导的第二设计部，还有的同学被分配到张国善领导的勘测室。学员的到来给公司原有专家工程技术人员队伍增添了新鲜血液，带来了活力。我在丁鸣岐的设备组开始学习设备专业绘图基本功。那时用的是铅笔、圆规、丁字尺、三角板，直接画在绘图纸上，画错了用橡皮擦。我在跟丁鸣岐老师画图的同时，得到了丁老耐心细致的教导。1952 年，随着几个公司合并后，我又跟着那景成老师工作学习，在那老指导下学习了设计专业理论、动力学、水力学、暖通知识等。那老不仅严格要求，也放手给我工程实践，使我受益匪浅。1953 年，建筑专科学校的学生进入公司，我和他们一起在潘文堪等老师的言传身教影响下，设计水平又有了很大程度的提高。老前辈们从教我们做人做事到做学问的传、帮、带，让我终身难忘。

后来永茂建筑公司调整，我们这批学员也随之调动，八人跟随设计部及部分行政部门组成“北京市建筑公司设计部”，原在勘测室工作的 13 人和张国霞一起组成后来的勘测处，还有的同学调到都委会、规划局、房管局等单位。我们随“北京市建筑公司设计部”一同从北京东城的东厂胡同迁到西城的复兴门外南礼

北京友谊宾馆

士路，迁入当时北京市土木工程专科学校的二层小楼，二层是设计部，设计一部、二部分列东西两个大屋；一层是职能管理、行政办公等部门。由于原来上级批给我院的建设用地是现在贸促会、海洋局大楼的位置，当时都已打好基础正在盖设计院的办公大楼，但不知为什么发生变化了。上级又为设计院另批了地，在建设计院新办公楼之前，建院在院内盖了数间平房，用于部分设计部门、行政后勤部门、职工食堂等。我们部分单身职工居住在建院安排在南礼士路与长安街十字路口的西南角（现在复兴商业城处）的邻里单位宿舍。

1954年，我院归属建工局，当时名称为“北京市建工局设计院”。由于场地不够用，部分设计人员搬到建工局院内礼士路三条办公，部分设计部门搬到儿童医院西侧二层小楼开展工作。在这期间，我们陆续参加了北京市建委举办的苏联专家培训班，学习了“热电站设计理论”等有关课程，建院业大学的建筑、结构、设备、电气、概预算专业的学习。学习的同时，我们参与了苏联红十字会医院（现友谊医院）、专家招待所（现友谊宾馆）、亚洲学生疗养院、广播事业局（办公楼、宿舍区、发射台）、中南海部分给排水改造等设计工作。我们没有辜负领导和同志们的期望，经过几年的系统学习和工作实践，思想和业务都取得了很大进步，有的加入了共青团，我们都在不同的工作岗位上发挥着积极作用。1954年，我还荣幸地被聘为“建院一百零八将（当年招聘的初中生）”的辅导老师，“一百零八将”的培训班上课地点设在玉泉路建工局构件厂内，占地很大，很荒凉。

1955年，建院又划归规划局，名称为“北京市规划局设计院”。这时，随着建院新办公大楼的建成，全院的工作环境得到了彻底的改变，全体设计人员都迁入新的办公地点，五层的新办公楼，一至四层为设计室，五层为会议室，照明全部为日光灯，晚上加班或开会时灯火通明，就是当时人们称颂的“水晶宫”。原来的二层小楼作夜大教室、研究室、试验室使用。精神饱满的建院职工全力投入首都的建设之中。我们这群稚嫩的“练习生”，随着设计院的发展，在工作中得到了领导和同志们的热情帮助，经历了实践的锻炼和考验，不断学习提高，逐渐地成长起来。20世纪50年代十大建筑、80年代十大建筑、90年代十大建筑，以及建院众多的设计作品中，都显现着我们的勤劳和睿智。我们为祖国和首都的建设贡献了自己的聪明才智。青春无悔。

1951年永茂公司的第一批“练习生”名单

建筑专业：张关福、张悌、徐国甫、徐正浩、丁贵鑫、马宝峰、陈家忠

结构专业：李国胜、徐交虎、李安生

设备专业：毛定鳌、王淑敏

电气专业：商文怡、周松祥、张淑贤

估算专业：辛志佩、孙跃东

勘测专业：张作民、赵华章、刘达志、陈开仁、蒋绥敏、汤贤溪、陈家豹、康锡麟、张侠、张家庆、王汉琪、刘晏明、张恒国

照相室

侯凯沅

1947 年，我在位于北海的“美丽照相馆”当学徒，接触照相专业，那时的照相主要是跟着师傅使用木制座机为游客拍外景，晚上回来冲洗照片。从业的七年中，我打下了比较扎实的照相和暗房技术的基本功。直到 1954 年我参加工作到城建部民用建筑设计院，仍然从事照相工作。陈肇宗同志 1951 年从部队转业到建筑设计院，从事照相工作。

建院照相室创建于 1951 年。1951—1957 年陈肇宗同志一人在建院照相室工作。我在 1957 年从城建部民用建筑设计院合并到建院，这时照相室只有我和陈肇宗二人，行政上属于资料组，主任为顾鹏程，以后资料组划归技术室（主任为纪民）。1957 年，民院、建院合并前，建院照相室的照相洗印设备以 120 标准为主，使用的主要照相设备有德国“柔莱”相机等；我所在的民院照相室也只有我一人从事照相工作，民院照相室的照相洗印设备以 135 标准为主，使用的主要照相设备有德国“徕卡”相机等；两院合并后，人员和设备相互补充，技术业务范围更加广泛，形成一定规模。当时院领导给照相工作三大项任务：工程摄影、科研摄影以及院内社会活动摄影。

那时的相片，以黑白片为主，经拍照、冲洗、放大，作展览片用。当时院领导比较重视照相工作，每年年底都要把当年完工的工程拍照整理，挑选出来做成几十本相册，向市领导汇报工作。新中国成立十周年十大建筑工程之一——人民大会堂，向全国各大设计单位征集设计方案，有数十个方案平立剖面、渲染图等都要翻拍，各放大照片数十套，几千张相片，连夜洗印出来分送上级领导审查。记得有一次沈勃院长向市领导彭真、刘仁等汇报十大建筑工程之一——人民大会堂的设计方案，立等在照相室，我们赶制幻灯片，做好后马上送到市委。当时各方面条件都比较差，即便是向市领导汇报方案的条件也如此。沈勃院长在汇报时，我们放幻灯片用的是一台老式插片式幻灯机，没有银幕就在会议室的墙上挂了个白床单当银幕。沈勃院长在台上作介绍，我和陈肇

侯凯源（右）

宗在台下放映，一个人放映，一个人换片，当时幻灯机没有自动控制，放映中，台上台下无法交流，我们不知道什么时候该换片。为此，沈勃院长特意和我们约好，用手中讲解用的小棍点桌子边作为信号，沈勃院长讲完一张点一下桌子我们就换一张。台上台下配合默契，完成了汇报任务。设备虽然简陋，但我们干劲儿十足，反映了那个时代不追求奢华、实事求是、朴素的工作作风。再如人民大会堂工程验收时试灯，所有灯具连开三天三夜，我们在里面工作三天三夜。有一天凌晨三点左右，毛主席由万里陪同视察人民大会堂，我有幸在人民大会堂里第一次见到毛主席，距离只有二三米，心情十分激动，虽然手中拿着照相机，但是不敢照，也不能照，因为规定照领袖像只能是新华社专派记者，我只好怀着崇敬的心情注视着毛主席，直到视察完毕。

十大工程完工后，白天去拍照，晚上回来加班冲洗出来看效果，大约两个多月时间，几乎是白天黑夜连轴转，困了在椅子上睡一会儿，醒了接着干。为了庆祝新中国成立十周年，市里要出版一本新中国成立十周年画册，临时把陈肇宗同志借调过去。建工部也要出一本新中国成立十周年画册，就向院里要照片资料，要出建筑专集，也来要照片。这些画册、期刊里都有我院的作品和照片。

搞建筑摄影，为了找一个好角度，背起相机只有多走多看，登高选角度，才能拍出好片。拍劲松小区时，在没有任何防护的情况下，我徒手从外铁爬梯爬上 40 米高的烟囱顶上去拍照。为照天文馆全貌，我爬到展览馆顶尖五星处去照。为配合科研建筑防雷，我到天安门、鼓楼等古建筑物屋脊兽头处拍照。要照暖通设备就要钻地道、地沟；要拍火葬场，就要进入“停尸房”，等等。过去，在我院搞摄影，大多数情况是由一个人独自去完成一项任务，因而，思想上要能吃苦，还要自找苦吃。20 世纪 70 年代初期来院的复原军人夏本明、70 年代后期来自建院北沙滩绘图培训班的金少波、京郊怀柔插队回京知识青年刘锦标，80 年代高中毕业来院的杨超英、大学毕业分配来院的傅兴等年轻同志调入照相组后，建院在对他们进行传统教育之余，更多的就是要求他们认识到照相这项工作的重要意义，就是要求他们做好吃苦的准备，在照好相的同时走好自己的人生路，平日里就要做好“拉练”几十里路的准备。为等光线角度，大家在烈日下能晒上几个小时，夏季六七月份，阳光早晚可照到北立面，正是拍照路南建筑物的好时机，就不能仅工作八小时，就要早上班晚下班。让我欣慰的是，年轻人没有辜负建院老一辈摄影人的期望，承担起了建院照相室承前启后的工作，他们通过自己的努力有效地传承建院的精神和文化。

几十年过去了，与建院共同成长、共同见证了共和国社会主义建设和发展的建院照相室，经历了岁月的风风雨雨，用真诚的心和客观公正的镜头记录了首都北京的建设和发展，记录了建院为首都北京做出的贡献。

附历年建院照相室人员表

1951—1957 年：陈肇宗
1957—1973 年：侯凯沅、陈肇宗
1973—1976 年：陈肇宗、夏本明
1976—1980 年：侯凯沅、陈肇宗、金少波、刘锦标、胡月慈
1980—1995 年：侯凯沅、金少波、刘锦标、胡月慈、杨超英
1995—2015 年：刘锦标、胡月慈、杨超英、傅兴

技术创新

1949 — 2019

/ 新中国 70 年北京建院的“家国情怀” /

我的建筑设计观

张德沛

农村城镇化，党的十八大指明了方向。现在我们真正要爱和平、建设祖国，我们的建筑设计规划，要理解热爱人类、热爱群众的概念。

我们这些年的设计，是在搞“纪念碑”，有时还要请外国人来搞“纪念碑”。比如，亚运会是我们中国人自己搞的，也是挺好的，却还是要有“鸟巢”这样的“纪念碑”。工人体育馆看台下面 4 米高的空间，可以容纳 10 个运动队在里面集训，而我一直不明白“鸟巢”看台下四处漏风，支离破碎的空间，能用来做什么，谁会去那里训练。

而且，这个“纪念碑”思想，是“建完就拆”的思想。我参与设计的某个建筑就经历了三次“建完就拆”：第一次我们设计的房间都很适用，但领导觉得灰面砖不好看，想要立面花样多一点，因而拆了建第二次；第二次设计虽然没有之前的好，我也还觉得勉强可以，就那样做吧，结果还不行；第三次说这个楼房要盖得高大，像凯旋门一样，于是拆了又建。浪费、浪费！至少第二次和第三次都是浪费，我们建设国家不能这么浪费。

即使因战争而破坏的建筑，我们都认为它是劳动人民创造的财产，我们都还要珍惜它；更何况那些并未因战争而损坏的建筑。我不排斥“新”，而是排斥“拆”。感觉这是对劳动人民的劳动创作累积起来的东西加以破坏；是在破坏而不是在建设。这些浪费实在是不必要的。

我们盖房子一定要节约水源、节约土地，不要忘记城镇化、城市化，第一就要节约水和土地。我们没有粮食，尤其是水，水这个资源是很宝贵的。

美国农业部部长，每到麦收的时候，都要坐在电台上发表演说，都要谈到水土问题。我看到他这几年的讲话都在报纸刊登了。他说非洲旱，亚洲也旱，欧洲也有部分在旱，旱就没有粮食，正好美国的粮食出口就有了保障。有人问，既然那些地方没有水，你（美国）为什么不出口水呢？他说，一千吨水能换一吨粮食，运粮食只要运一吨就够了，否则一千吨水，运

张德沛与外国专家研究方案

费太高而无法承受。他用笑话回答这个问题，但实际上证明了“水”对于一个国家的重要意义。这是一个政治问题，如果你爱你的祖国，你就要珍惜祖国的每一寸土地，就要珍惜珍贵的水源。

我们要节约水土，已经到了紧迫、被迫的程度。北京地下水的浪费也很厉害。我们总用地下水，其实地下水不能多用。华北地区地下漏斗群 60 多个，北京有 11 个，而且水的浪费是惊人的。例如我在报纸上看到，大概在前年，北京从山西调来 8 千万吨水到潮白河，因为我们没有好的运河，在路上漏了 3 千万吨，弄到密云水库时根本不够用。

北京来了个几千万吨水，大家就觉得水不少了。要建 100 多米长的 mellowed fountain，喷 8~10 米高的水，配着音乐，无限辉煌……我却觉得庸俗得很，把得来不易的水又浪费了。我写信给报社，说北京大旱怎么能做喷泉呢？报社也没有给我回信。有同志说，我给你看个小区，这个小区非常好，有水景；我说有水景的我都不要看，浪费，没有爱国爱水土之心。

我们讲水土不是过去的迷信。土地是结粮食的，我们先要吃饱饭。我们现在，许多人看不起农民，每个人都想在大城市里赚大钱。农村的干部，对水土保持的资金投入都很少，因为回馈很小；但是缺了粮食就会饿死人，问题就大了。水土水土，主要是用来解决粮食问题的，而不是用来在城市中浇花，搞浪漫情调。离开了这个概念，建筑设计就脱离了国家建设应该起到的功能。

地上地下水的应用，还有再利用的问题。从盖房子到绿化，从来没有人搞节约用水。没有一个国家不搞中水处理的，为什么中国就不搞呢？洗澡水洗脸水本都可以再利用。

张德沛（左 6）在施工现场

建筑设计要先考虑大局，一要节约用水，二要节约用地。小区 block 街坊建设不是给别人看的，而是为了便民，因此这个地方不仅要向高空发展，而且要向地下深处发展。日本银座的地下空间做了四层，而我们国家地下一层都并不普遍，其实以我们的地下结构，做两层完全没有问题。美国的城市高密度地区单位面积（容积率）都可以达到 16、17，市中心建筑组团一般都超过 10。新加坡也是垂直发展，因为他们土地少。土地是硬指标。土地是我们保住的最起码的能源，最大的能源。

画品与人品

马国馨

魏大中总1961年清华毕业留校任教时，我正要上大三。1974年他调来北京院后，我们又成了同事。他在学校时没有直接教过我，但他的水彩画作却是我们最早的老师。那时建筑系美术课主要学习素描和水彩，他背着画夹子在清华园里写生常招来别系同学羡慕或好奇的目光。记得张充仁先生挥洒飘逸的意大利风光水彩作品和关广志先生严谨准确的古建水粉作品都让我们佩服得五体投地。梁思成先生的意大利古建筑和杨廷宝先生的故宫钦安殿也让我们见识了大师笔下的扎实功力。但我们更关注挂在建筑系馆走廊中的优秀示范作业，因为作者都是我们身边的同学或学长，他们的作品就是我们学习的样板、努力的目标。他们的名字至今我还清楚地记得，魏大中就是其中的一位。后来有更多的机会欣赏到他的建筑表现图，尤其是有两次北京的建筑画展，其中一次获金奖的奖品是著名画家黄胄的亲笔画作，其后被魏总获得，让我们又钦佩又羡慕。我手头有三本魏总的画集，一本是1991年出版的《当代中国建筑画名家作品集》，收入了20幅作品；一本是1999年北京建院50周年时出版的《魏大中建筑画选》，收入作品113幅；再一本就是《丹青录》，收入作品66幅。西晋时陆机对绘画有一段评论：“丹青之兴，比《雅》《颂》之述作，美大业之馨香。宣物莫大于言，存形莫善于画。”认为绘画是表现“大业”的手段，是保存形象的重要方法。以表现建筑环境为目的的建筑画，更是反映大好江山和城市面貌的重要方面。魏总对此孜孜不倦地探索了近50年，有独到的心得。其早期作品在扎实的素描功底基础上，努力熟悉水彩的表现特性和技法，如颜色的渗化、水色的交融等。到了中期技法日益成熟。他除了在水彩、水粉原有表现上探索与蜡笔、彩铅、油画棒的结合，同时还在利用喷笔、钢笔、铅笔、马克笔的快速表现上进行了大胆的尝试；到晚期的作品则已达到随心所欲、挥洒自如的境界。清朝乾嘉年间的画家沈宗骞说：“要知从事笔墨者，初十年但得略识笔墨性情，又十年而规模粗备，又

魏大中（右）在1992年北京建筑画展颁奖仪式上

魏大中手绘北京图书馆，此画获 1992 年“美丽的北京”建筑画展佳作奖

魏大中手绘北京饭店

十年而神理少得。三十年后乃可几于变比，此其大概也。”虽然魏总自己说“对于一个建筑师来说，并不要求也不需要都成为画家”，且时下电脑作画的便利使很多人已不再追求手底下的功夫，但魏总确实是达到了很高的专业水准的，正如吴良镛先生所称赞的“出神入化，意味隽永”。

中国古代在评价绘画时曾有南宋谢赫的“六法”、唐末荆浩的“六艺”、宋刘道醇的“六要”“六长”等原则，除了涉及技法的问题外，更多着重议论画的品格。魏总曾谈及自己的经验：“我们对建筑美的感受都与不同情调的环境、气氛相关联，我们要表达的这种感受就是一种意境。”魏总同时强调：“若想画好一张画，景色必须动人，先要感动你自己，使你激动、赞叹，激发起你的创作欲望，带着这样的情绪才有可能画出动人的作品，才能使作品引起别人的共鸣。”也就是常说的“意在笔先”“画尽意在”。加上魏总长期从事建筑设计，出于职业的敏感，在绘画中对于比例、尺度、色影、光影以至形体及细部的准确十分看重，再加上他主观情感追求的抒发，自然而然形成了具有个人特色的、引人共鸣的动力中心。他的作品《迎春》(1980）、《风壑云泉》（1983）、《威尼斯水街》（1995）、《米兰大教堂》(1995）、《伊萨天主教堂》(1990）、《叠界》（2002）等都集中表现了他“外师造化，内得心源”的修养。欣赏魏总的作品不但怡悦情性，同时在提高美学素养、领略中外建筑的神韵等方面，皆是一次极好的享受。我以为这样的作品同样可以传世，就像音乐艺术中既有气势磅礴的交响乐大部头，也有清新隽永的器乐小品，而且后者可能更为人们耳熟能详，同样具有巨大的感染力。

对魏总的尊敬和怀念，除了他神逸的画品和才华外，更集中在他高尚的人品上。与他共事的 30 年，使我多了一个可以求教解惑的良师益友。沈宗骞还写过：“笔格之高下，亦如人品——夫求格之高，其道有四：一曰清心地以消俗虑，二曰善读书以明理境，三曰却早誉以几远到，四曰亲风雅以正体裁，具此四者，格不求高而自高矣。”魏总的画品也源于他的人品。

魏总的人格魅力首先表现在他认真负责的敬业精神上。他来北京院后在第五设计室工作，先后参加、主持和指导过数十项工程，其中多

北京建外长富宫（魏大中手绘《华灯初上》）

项为国家和市的重点工程。他的职务也从设计组组长、主任建筑师直到院总建筑师。像建国门外的长富宫饭店，这是20世纪70年代北京建院和日本竹中工务店合作设计的项目。长富宫的名字是由中国“长城”和日本“富士山”的第一字组成。这是一个由旅馆、公寓和办公等设施组成的综合体。当时魏总作为这个项目的中方负责人，无论是在方案设计方面，还是在技术设计、出施工图甚至施工等方面，都发挥了很大的作用。魏总亲口对我说过，在方案设计阶段，中国建筑师起着主导作用，最后双方合作顺利完成了这一工程。魏总的画作《华灯初上》即以此工程表现了当时北京建设的欣欣向荣，同时巧妙地表现了长富宫与古观象台在手法上的呼应，从而荣获1992年“美丽的北京”建筑画展金奖。作家刘心武在一篇评论长富宫的文章中写道：“长富宫无论从什么角度去看，都是很顺眼的。这说明设计者是在貌似平实的线条、体量的比例中，很精心地去体现‘简洁明快’而又‘雅在无言’的现代派装饰趣味。”“在设计的美学追求上体现了一种‘雅静’的沉稳风格。”作家特别指出：“现在的长安街上，大的建筑似乎都争先恐后地‘戴帽子’，要么戴个中国古典亭子，要么戴个西洋圆尖顶——长富宫却‘反潮流’，看来并非为了‘节俭’，而是为了另辟蹊径。”作家并不知道，有一时期在北京为体现“古部风貌”而在建筑上加大屋顶的风潮中，魏总告诉我，领导也要求给长富宫增加大屋顶。当时地处北京站附近的一栋建筑就因“不加大屋顶就不让开业”，建筑师被逼无奈而违心画出了图纸（当然在图纸上还专门写了一段文字表述了自己的看法）。当时我们对此都很不以为然。后来我问他是怎么解决的，魏总笑着说：“我们就说加顶子没钱，谁要加谁拿钱来，给拖了过去。”

魏总经手和指导过多种类型的项目，而以剧场类观演建筑造诣尤深。他主持了多项剧场的设计，如北京剧院、长安大戏院、中央实验话剧院、国家剧场方案等，还指导和评审过许多剧场项目，是国内剧场设计知名专家。他在考察国内外剧场的基础上，对新型的伸出式舞台进行深入研究，与其他同志合作写出了《伸出式舞台剧场设计》，这是国内第一部关于这种剧场设计的专著。长安大戏院是近年来新建的专门以京剧表演为目的的剧场，从舞台、灯光、音响到观众席的布置都要考虑京剧表演的特殊要求。长安大戏院现在已经成为振兴京剧艺术、推出名角新戏的重要场所。在这一工程的建设中，魏总功不可没。国家剧院是魏总作为院总建筑师长期跟踪和研究的项目。该工程历时几十年，数经周折，做过的平、立面研究方案不计其数。国家剧院设计在1996年有国内各设计单位参赛的国家剧院设计竞赛中获一等奖。当时还希望国家剧院能在国庆 50 周年前竣工献礼，但后来又重新举行了新的国际竞标，并在众所周知的见仁见智的议论中确定了外方的方案，并由以魏总为首的设计班子配合外方做施工图。由于合作方式和合同的规定，中方建筑师对方案设计没有什么发言权，因而，对最后确定方案中所存在的重大问题，魏总几次同我交谈，都流露出一个有事业心和责任感的中国建筑师的着急和无奈。当然由于业主和各方的努力，最后方案还是有了很大的改进，因有些先天上的不足也就只好如此了。以后就是限期开工、按时出图、技术难点的争论、旷日持久的加班，极大地耗费了魏总的精神和体力，以致在工程中期他就病倒了。

魏总深得大家敬重还由于他的宽厚热诚和淡泊名利。他的为人在院内外有口皆碑。来北京院以后，由于在表现图技巧上的造诣，魏总花费了许多时间为重点工程画透视表现图，如国家图书馆“五老”方案的透视图、毛主席纪念堂工程的炭笔表现图等。许多透视图由于被业主拿走，当时又未拍照，因而无法收入魏总的画册内，真是十分遗憾。画集中收入的《北京饭店》渲染图，就是魏总 1978 年为新建的北京饭店东楼建设所画的，在表现建筑体量光影、渲染气氛环境上都极具功力，可称得上是魏总建筑渲染图的代表作。他还在我院业余大学从事绘画教学，无私地把自己多年的心得传授给大家。他做了许多“为他人做嫁衣”的分外工作，如多次出任建设部优秀设计项目的评审，敢于秉公直言：作为视察组成员对高校的建筑学专业进行评估；兼任清华大学建筑学院教授，多次讲课指导研究生……以魏总的学识和成就，他理应获得比现在更高的荣誉和社会地位，但他从不去计较个人的得失，而是诚心诚意地扶持提携后学，甘为人梯，对许多事情真正做到了顾全大局、任劳任怨。由魏总的人品再联想到他的画品，正是“人品既已高矣，气韵不得不高；气韵既已高矣，生动不得不至”（宋·郭若虚）。无形的人品表现出有形的画品。

在我心目中，魏总始终是可敬可亲的师长，遇到问题和矛盾时，我愿意和他讨论，愿意听取他的意见和看法。尤其是知道他和我是原北京育英中学的校友后，更增加了几分亲近感，在院里碰到时一定要停下聊上几句，说说彼此的工作。他在繁忙的工作之余路过我的办公室也常来小叙几句，平时我还常拿魏总“智慧的前额”开个玩笑。1997 年 5 月 20 日是他的六十大寿，我在一个偶然的场合知道以后，打算给他开一个善意的玩笑，于是和老伴凑了四句打油诗，在生日那天送给他以表祝贺：

长安长富誉京苑，粉彩丹青名作传。

盛世富康逢甲子，华章再续锦绣篇。

前两句想概括魏总的成就，第三句除了祝寿之外，还暗指他那时刚刚买了一辆富康座驾。后来听说魏总买车以后，因为院内车位紧张，反倒要比以前坐班车上班更早半小时出来，这样路上车子少还能早占一个车位。第四句当然是希望他在工程上再取得新的成就。当年魏总看到打油诗后在电话里开怀大笑的声音犹在耳旁。他热爱的建筑设计还有那么多工程等待他去操持指点，还有许多城镇河山等待他擅长的丹青挥洒去描绘，我们还有许多事情要向他请教……可现在这一切都不再可能了！每念及此，怎不让人痛极憾极……

（注：本文原刊于《建筑学报》2004 年 5 期及《清华校友通讯》50 期。）

建筑师的想法

刘力

写在前头：几周前，建院历史编辑部张建平总编交给我一篇以我署名的文章，请我修改。当时就认真读过，才明白张建平总编的好心：为了减轻我的负担，将我多年来发表的文字进行编辑整理、编排、润色，顺成了一篇文字……我读过后，觉得文字都很熟悉，工程描述也都很到位，几乎都是我“说过”“写过”的，只是一经重新编排后稍显陌生了，甚至有的语言有些夹生。总之，这篇文字不好改，也无力再写。

今天是2017年元旦了，静下心来思索此事，细想为什么要改，逆向思维一下不可以吗？比如：

· 着衣有“混搭”，不同服装搭配，穿出水平和风格；

· 烹调有“海燉”“遮罗”，妙味横生；

· 现代实用美术有“拼贴”，拼出视觉冲击力和美感；

· 音乐有“串烧”，大受欢迎；

· 建筑亦有“综合体”，不同功能的建筑建在一起，功能互补形城市的客厅。

……

那么文字为什么不能“混搭”“串烧”“遮罗”或者“综合”呢？

这里似乎没有行与不行的问题，不同时期的拙文经编辑亦可更能还原历史场景，这正是院史所需要的。

刘力

2017年1月1日

十里长安街，是世界唯一、中国唯一、北京唯一的重要地段。这条横贯北京城东西的轴线，从建国门到复兴门全长6.7千米，大道两旁有50多座闻名全国乃至全世界的建筑，其中由我主持完成的建筑作品有五项：华南大厦、北京图书大厦、恒基中心、西单文化广场和全国人大常委机关办公楼。它们共同见证着北京历史的变迁和时代的辉煌。

北京图书大厦，中央首长贾庆林曾被称之为“标志性行业，标志性建筑”的大厦，坐落在繁华的西单商业区，紧临长安街，无论是外地来客还是长安街的老过客，都能一瞥在心。这座“拖”了30多年才动工的西单地标，是北京市的重点文化设施，也是周恩来总理生前关心和批准的建设项目，它于1958年选址，1985年立项，1993年动工，其间凝聚着几代人的希望。

1993年原四所设计的西单图书大厦举行奠基仪式。左五刘力

1989年，当我接到设计任务时，北京市建筑设计研究院已经做出了两个成型的方案。“两个方案都很复古，都是很具象的大屋顶，屋顶上头还有个小大屋顶。”我以为应综合考量周围环境，对于这幢建筑，既要考虑西单和西单文化广场的历史与未来，又要考虑其与长安街其他建筑的呼应，因此不宜在这里搞一个完全复古的建筑，于是在研究书店功能的前提下，采用中国牌楼的意象，尽量挖掘传统建筑基因，而不是搬用部件。同时，整体建筑体现了梁先生“新而中”的思想。“当时我们院几个领导的思想也挺一致，觉得要是真搞一个完全复古的建筑搁在那儿，也挺滑稽的。”我的方案最终被选用。当时觉得不是我的方案中选，而是我的理念中选了，因为它在建筑形态上重视了与西单文化广场的对话。

设计中遇到的最大的问题在于，它是一个营业大厅，整个房子特别厚（进深大）。而厚了的话，采光就有问题，中间会比较暗。同时带来的另一个问题就是“热岛效应”：夏天靠近外墙的室内空间会很热，需要送冷风，而内侧的空间可能就挺凉快，冬天则正相反。这样采暖送风的技术问题就不好解决，人在大楼里活动不太舒服。更难办的是，出于办公需要，图书大厦的下面五六层是营业大厅，再往上则必须为办公区，也就是在同一座大楼里需要出现“厚”“薄”两种建筑形态，这个矛盾怎么解决呢？我就在中间掏了两个洞，形成两个天井，相当于减去了建筑中心的厚度。针对低层卖场与高层办公区并存的矛盾，经过一番深思熟虑之后，我把营业大厅的楼层设计成通透的大空间，办公区的小房间则排列成“口”字形，分散采光。图书大厦的这种布局方案由此成为北京早期大型商场的固定模式，并衍生出多种变体，应用在一大批公共商业建筑中。

在营业大厅内部，我主张以“书”为主，以方便购书为主，反对过多的装修。书架全部采用弧形设计制作，呈放射状排列。

2000年，图书大厦获北京市第九届优秀工程设计一等奖和建筑部部级城乡建设优秀勘察设计二等奖。

恒基中心是20世纪90年代首都十大建筑之一。这个项目其创意设计堪称神来之笔。建筑设计也讲创意，即建筑的原创是谁？该项目由北京市建筑设计研究院与香港关善明建筑师事务所合作完成，但前期方案是由北京建院做的，然后再由港方做施工图设计，因此“恒基中心的创意是我们的”。其中包含三大创意。

首先，恒基中心是一个城市综合体或者说是建筑综合体。这种形式在当时的北京是第一次出现，贵在综合。一是建筑的多功能性，它具有三种以上的使用功能，包括旅馆、公寓、办公、商业、娱乐等。二是全时性，它提供24小时服务，土地的使用价值很高。三是功能互补性，这里是一个小的社会的缩影，各种需求都能在此得到满足。四是群体性，它不是个体建筑，而是一个建筑群体。

其次，适当突破限高。考虑到沿长安街立面形象要有一定的标志性，与路北高耸的国际饭店呼应和均衡，并考虑到长安街从东向西的对景形象，以及容积率的要求，因而恒基中心用地东北角建成一塔式高层，高度为80米，塔头高110米，突破了规划60米限高。建成后证明，恒基高层塔丰富了长安街从西向东的轮廓钱，这种处理是得体并相称的。

最后是建筑形态。在1992年10月首规

委批准的我院建筑方案基础上，由我院和香港关善明事务所合作进行了初步设计和施工图纸的设计工作。关于建筑形式的合作成果，我觉得如果要用风格流派来将恒基中心归类的话，那它可以说是一座“新古典”建筑，既有现代化建筑的功能、体型，又有丰富、细腻的细节和经过抽象概括的古典片段，既有西洋古典，又有中国古典，二者结合，“西多于中”。从中心的两个尖顶可以看到，沿长安街上的主塔尖顶，原来批准方案是重檐攒尖屋顶，在设计施工图过程中，北京建院和港方建筑师积极参与深化设计，当时有三种深化方案：一是全仿古；二是用简单几何形体，如半球、三角锥收顶；三是中西基因并用创新形式。最终我提供的比较中性的方案得到实施。我设计的屋顶既有西洋古典的痕迹（如四面钟），又有中式重檐攒尖的神态，建成后比例和形态是得体的。当时香港开发商要古典，北京市要“大屋顶”，我只是很好地把它们捏合在了一起。迄今为止，自己做的建筑设计上百项，且创作高峰期正好赶上北京“夺回古都风貌”时期，但是我的作品却一个“大屋顶”也没有。很多人主张将恒基中心做成“大屋顶”，我同样未予采纳，我算了一下，当时恒基中心周围有 23 座有大屋顶的建筑，实在是太频繁了。

全国人大机关办公楼，是天安门广场的收官建筑。当时甲方提出既要体现天安门广场建筑的风采，又要摆正机关办公的得体位置。而如何用建筑语言表达出领导的实事求是、施政为民、与时俱进、精简节约的建筑个性也是建筑的要点。在 2003 年方案遴选中，我院方案中标。用城的轮廓、庭院式的格局、内廊的营造以及生态化空间为设计理念和原则，贯彻始终。2009 年建成后，这一幢与人民大会堂和谐且低调的现代建筑，其得体的外形，恰当的材料选择，简洁舒展、恢宏大气的建筑比例，丰富的细节，紧凑的平面布局，毫不夸张的内部空间尺度，舒适的办公环境等，均得到肯定。

2004 年，我被评为全国勘察设计大师，并成立了以我的名字命名的工作室。自清华大学毕业后，54 年来，我一直奋战在工作第一线，参加了大量工程实践。由初试锋芒，到今日小有成功，我觉得汗水、智慧、勇气和毅力记录了我的创业足迹，而这其中真正让我到达彼岸的，则是我的建筑观。

建筑要有自己特有的风格。它们既不是纯粹的“传统”，也不是异形异色；既不是“现代主义”的实践者，也不是“复古派”的拥戴者……美丽的建筑不只局限于精确，它们是真正的有机体，是心灵的产物，是利用最好的技术完成的艺术品。

建筑设计是创造性的劳动，作为建筑师，我认为，创新意识必须坚定，要反对因循守旧，要努力创作有内涵、有哲理的建筑。因此，从每个建筑作品的设计开始，我都要提出研究的新课题和设计的新突破。于是，在昆仑饭店的公共空间设计中，我提出了采用室内街串联各公共使用空间的构思，改变了 20 世纪 80 年代前大部分饭店采用的“轴线构图”原则，使五星级酒店公共空间更加“以人为本”“更富人情味”。

在突尼斯青年之家工程中，我研究的是中国书法艺术在建筑布局中的运用。

在北京动物园大熊猫馆的设计中，我研究了“运用拓扑原理创造园林建筑个性”。熊猫馆是 1990 年作为第十一届亚运会“献礼工程”兴建的。不知道你对北京动物园原来那个老熊猫馆是否有印象？双坡顶，开小窗，里头搁俩熊猫，像个托儿所一样。我戴红领巾的时候就去看过，后来我儿子戴红领巾的时候我又带他去看，我觉得这不是熊猫的天地，是人的天地。所以后来设计新熊猫馆时，我就特别注意，这是给熊猫住的房子，是猫舍，人是来参观的。于是，我在设计新的大熊猫馆时，力求建筑与环境、形式与功能、意境与手法较完美地融汇在大熊猫的自然生活环境中。以中国古典园林“拓朴”原理为哲学依据，以“太极图”为形式构图。造型呈竹笋状，十一对拱圈就像竹节。建筑主体为钢筋混凝土结构，后部为铝合金玻璃幕墙以钢网架支撑，东部及中部为折形，西部为弧形，造型既有统一又有变化，并与木模板脱模的世墙衔接，一粗一细，一明一晴，相映成趣。三个室外运动场依地势自然起伏，并设有活动栖架供熊猫玩耍嬉戏。“熊猫的生活环境必须设计好，要让熊猫生活得很舒服，”游客的交通动线要流畅，人和动物要尽量亲近，但还得保证安全。熊猫馆里的玻璃做得很大，为此我还专门找过秦皇岛的一位研究军用歼击机的机舱玻璃的专家。这种玻璃用在熊猫馆里，经得住熊猫的使劲拍打。大熊猫馆以巧妙的构思、新颖的造型、合理的布局及完善的功能成为兽合建筑中的佼佼者，曾经入选当年度“北京十大建筑”和“北京市优质建筑”。

“现代生活，传统情调”，建筑大师熊明的这句话一直让我奉为圭臬。在创作中，我注意传统和现代的结合，反对模仿和复制，注意创造有文化深度且富有哲理的“中而新”建筑。如在炎黄艺术馆的设计中，就克服了简单模仿和复制建筑构件，注意挖掘传统建筑的基因，并融入现代建筑中去。

1986 年，著名画家黄胄先生开始筹建炎黄艺术馆。“我这个艺术馆本身也是展品。”他这样告诉负责设计艺术馆的建筑师的我。

当时北京建筑界提倡“古都风貌”，在这个时代背景下，保留传统元素固然是个趋势，但不像移植一些传统符号那么简单。建筑给人的感受，不完全是看到一个什么符号，就想到了中国人的老祖宗。想怎么能够把东方文化的那种‘基因’给挖掘出来。这里很重要的一个命题就是“空间组织”。恰好此时，我看到《华夏意匠》书里讲到故宫等古建筑喜欢运用“穿堂而过”等形式，体现出丰富多元的建筑精神，而不是简单搬用某些元件。我仿佛找到了解决问题的某种暗示。当从形式上难以突破时，思考如何组织空间，可能是更接近建筑本质的思路。1988 年 3 月，我拿出两个设计模型：一个是庭院式，小桥流水，典雅精致；一个是楼房式，现代感很强，有流畅的线条。第三个就是“大屋顶”等的建议下选用了现在的方案。而且在“首艺委”专家评论会上，不少建筑界老前辈对这一方案有“一见钟情”的评价，认为达到了较高的文化水准，兼顾了“现代生活、文化传统和地方特色三个方面。

其实它不是大屋顶，是墙。展示美术作品的艺术馆，希望内部光线是“主洗墙”的。所谓“洗墙”，是指光线沿着墙面倾泻下来，而不是从另外的角度照射到墙上。所以，要在一个多层建筑空间内实现“洗墙”效果，最合理利用自然光的方式，就是相对于下层楼板，上层楼板应该向内收缩，形成倾斜的缝隙，以便于光线由上至下的通透。这就自然形成了下大上小的倾斜外墙，“大屋顶”便由此而来。建筑的形式一定要是从功能延伸出来的，建筑形式是合理空间的自然流露。不能光做表面文章，失之肤浅。后来，《文汇报》建筑评论："没有雕梁画栋，没有飞檐斗拱，青色琉璃瓦覆盖的屋顶，质朴典雅，令人追忆起唐宗宋祖、秦皇汉武，刚竣工的炎黄艺术馆以凝重、简洁、古雅的风格，向人们展示了华厦建筑之美……"

"图纸是建筑师的语言"。也许是受清华建筑教育的影响，也许是吸取了苏联时代教育模式的甘露，任岁月轮回，世事更替，各种设计工具与电脑网络尽显神通，可是，我依然无法割舍对徒手草图的珍爱，长期坚持用草图与同人、业主、领导交流沟通。徒手草图以简约生动、浓淡相宜的笔触勾勒出所思所想，也传达着对建筑和生活的热爱，并带同观者体验这份简单、生动的艺术情怀。

在与甲方讨论方案时，我往往能迅速将业主的要求和自己的想法勾画出来，及时统一意见。如在做幸福商店时，我设计了两个方案：一个偏现代，比较摩登，是玻璃幕墙的；另一个偏古典。当时，我把草图画好后，与甲方交流，效果很好，方案很快就定下来了。在这类情况下，电脑其实是很难胜任的。只有在方案意图已定或正式出图时，电脑才能发挥威力。我觉得，在计算机技术日益普及的今天，徒手草图在建筑师设计构思中的独特作用仍无可替代，我们应更自觉地加强这项基本功的训练，因为毕竟数字的精密是以模糊思考为前提的。现代很多建筑师都不善于或不屑于徒手画图了，只依赖电脑画图，这是很要命的。电脑只能是辅助设计，建筑师脑子里还是应该有具体的画面，并且能够自如地表达出来。在国外的事务所里，电脑画的图不值钱，没人会挂在墙上，可你要是手绘一张透视图，就是无价之宝。

是呀，高技术的确给设计带来了许多帮助，但电脑不是"一切"，它目前还无法替代我们的大脑，无法替代设计的创造性思维。柯布西耶说过，只有"自由地画，通过线条来理解体积的概念，构造表面形态……首先要用眼睛看，仔细观察，你将有所发现……最终灵感降临"。

进入 21 世纪以来，北京的新建筑如雨后春笋般拔地而起，国家大剧院、T3 航站楼、"鸟巢"、央视大楼、"水立方"等相继落成，一时间褒贬不一，在建筑界、美学界引起广泛争议。

当年，我所在的北京建院与英国泰瑞.法雷尔合作，也参加了国家大剧院方案的设计，只不过后来入选的是安德鲁的方案。在全国政治文化中心，京城的心脏部位能否容下这个 200 米长的"大蛋"？我认为，这关系到如何看待"协调"。在北京确实有不少相邻建筑缺少必要的呼应和衬托，"只见树木，不见森林"，"看不出整体美的败笔"，实例甚多。协调当然是必要的，但是，协调并不一定是简单的重复。雷同是简而易行的、最最偷懒的"协调"。其后果呢？"夫和生万物，同则不继"。国内建筑趋同风气日益严重，千城一面，没有特色，正是值得重视的另一面。这就是趋同的、没有创造力的、平庸的建筑产生的原因之一。有人提出对比的协调，强调不同风格的建筑单体的配套，不是简单的雷同或重复。我认为，建筑师的基本功就是协调矛盾的个体，正如人脸上的各个器官既协调又不相同，即古人所说的"和而不同"。安德鲁的方案正是用外形的单纯取得对人民大会堂丰富形象的烘托。当别人都对大剧院的形态绞尽脑汁，难以解脱之时，安氏巧妙地来个急转弯，借助反向思维，一下子突出人民大会堂，而二者之间的轴线对位取得了城市秩序。垦绒的加大和距离保证了二者必要的空间，水面和绿地成为二者最好的过渡和联系。更重要的是安氏可以在单纯的外壳之内尽情地表现艺术殿堂的恢宏和典雅，而不破坏外部城市空间原有的内涵，这就是内秀。特别想说的是，我们许多建筑评论和鉴赏总是陷入“造型”的泥潭。殊不知，建筑是“环境”，因为人要“参与”，欣赏的角度也是多方位的。

同样，对于备受争议的央视大楼，我觉得在功能合理的情况下，做成“大裤衩”的形式，把北京东三环的建筑做了整理，提升了 CBD 地区的形象，是真正起到了标志性的作用。

因此，评价建筑的好坏，我认为最关键的主要有两点：贵在得体和环境协调。

贵在得体，即是现代不追风，传统不堆砌，绿色不忽略。现在很多甲方动不动就要求“几十年不落后”“标志性”“亮点”“地标建筑”等，虽然由此出现了不少扎扎实实的优秀创意，但也出现了一种设计倾向，即给设计编故事。设计师找到众多图片，找出地域特征，多是“某山某水”“青铜美玉”“飞龙走凤”一类，然后在其建筑作品之形态中就会出现对上述这些因素的“某物趋同”或“细部堆砌”，或“暗藏内含”，不哗众，不瞑目！而他们往往缺乏对环境、文化特征、功能作艰苦、认真的分析，只做形式化的表面文章。建筑师要清醒，不能完全跟着甲方的要求跑。建筑要适宜，要得体，要注意地点性，对所在城市片段有所贡献，这不是单纯追求标志性能够解决的。”而且得使建筑不需要“虚张声势”的造作，不需要“奇形怪状”的依赖，不需要“花枝招展”的贫乏，更不需要“夸夸其谈”的忽悠。

环境协调，这是近年来建筑界的一种新主张。其实多年以来，一直坚持建筑创作的基本理念是尊重国情，尊重历史，尊重环境，强调建筑物在总体环境中的把握，创造城市片段的优质整体环境。我认为，建筑师不是雕塑家。视觉效果对于建筑来说虽然重要，可不是最重要的。好的建筑首要的是它应合理地嵌入所在的城市环境。它的形态、形体，它的每一个细节、每一种手法，几乎都能找到城市要素在其身上的反射和折射，如此理性设计带来的建筑魅力将是无穷的，必将脱离平庸和媚俗的困扰。如我设计的中科院凝聚态物理综合楼，之所以采用圆形主体的形象，是基于整个园区的散乱无序和它所处的中心位置而确定的。张弛的中心地位和对周边环境的辐射控制作用，使周围现状建筑群有了中心控制点，使整个园区从此有了秩序感，可谓“园中受一点，全局成统一”。但它又不是一个整圆，整圆柱形建筑容易让人联想到筒仓，将失之于单调。它切了一刀，出现一个“月牙形平移了十几米。这个平移能找到“城市要素的反映和折射”吗？能。原来这个月牙形的弦的垂直等分线正好对准园区的西大门的东西向干道。这样一箭双雕，既解决了圆筒的单调，又解决了建筑和道路的对景关系。

建筑大师贝聿铭曾说：“建筑师是一种老年人的职业，只有到了四五十岁，才能取得成绩。”的确，建筑师是老人的职业，很多经验要靠岁月换来。年龄大点，既是缺点，也是优点。我 70 多岁了，现在的工作主要是为市场服务，带着团队飞来飞去，从专业的角度对建筑与城市、历史和文化、传统与现代进行分析研究，给各种工程提供合作的契机。我仍然在建筑行业里不断建筑着自己的人生。

梦想与追求

柴裴义

我一生就上了三所学校，小学、中学、大学各一。小学毕业时，我被保送进享有盛誉的市重点中学——天津二中。在这里，我有幸遇到了爱才惜才的美术老师。我从小喜欢绘画，在班里担任宣传委员，很受美术老师青睐，并得其悉心栽培与教导。在那物资匮乏的年代，老师甚至把自己珍爱的油画颜料、画笔等拿给我练习。同时，二中先进的办学理念，不懈的改革精神，富有特色的探索实践，让我受益终生。

建筑是时代的年鉴，是城市的脸谱。天津由于开埠较早，且有九国租界，古建筑、近代建筑和现代建筑并存，素有“万国建筑博物馆”之称。我从小就受到这种建筑文化艺术的熏陶，零距离体会其建筑的多样性、丰富性和复杂性。不过，真正让我产生投身建筑生涯的想法，还得追溯到 1959 年的那次机缘巧合。是年暑假，正念高二的我到北京游玩，当时恰逢新中国成立十周年，一批国庆献礼工程陆续建成。当我见到人民大会堂、革命历史博物馆等建筑时，深受震撼，看到这么多雄伟壮观的建筑，我特别振奋，觉得建筑师太伟大了，将来我也要学建筑。由此，我立下了学建筑的志向。高考时，因为有绘画功底，且数理化成绩不错，美术老师也建议我学习建筑，于是我报考了清华大学建筑系。

1961 年，我如愿以偿，考入清华大学建筑系，从此步入建筑艺术的殿堂。在这里，我亲耳聆听了建筑大师们的谆谆教诲，不论是学界泰斗梁思成先生，还是建筑学大家汪坦、关肇邺、王炜钰先生，抑或是建筑史教师陈志华、吴焕加先生，皆学养丰富，治学严谨。特别是梁先生的睿智和幽默给我留下了深刻印象。才华横溢的梁先生从不备课，擅用比喻，引人入胜。如作为清华大学古建筑代表的工字厅，梁先生在形容其空间景色时曾说，在晨雾、晚霞中，透过东西走廊看去，工字厅的美丽有如蒙着面纱的少女，看不透它到底有多深、多大、多美。

初入清华，正值国家三年困难时期，生活艰难，缺吃短穿，经常忍饥挨饿，甚至身上时有浮肿。虽则如此，我依然能乐观面对，对未来充满希望。自己不是才华最出众的，但绝对是最扎实刻苦的。为了画好素描，寒假时同学们都回家团聚，我依然驻留学校，在没有炉火，严寒刺骨的小屋里苦练，终于换来优异的素描作品成绩。清华六年，我接受了严格的基本功训练，为日后从事建筑创作夯实了基础。

在工程学界，清华人才辈出，各领风骚，被誉为“工程师的摇篮”。我一直憧憬着毕业后能成为一名真正的建筑师，实现自己的理想。

然而，时运多艰，大学毕业正赶上“文化大革命”时期，延迟分配。1968年，我被分到江苏泰州农场劳动锻炼，没有对口去搞设计的。从1968年8月报到，到1970年“再分配”，在近两年的时间里，经受了锻炼和考验。记得刚到农场时没有住的地方，只好自己动手砍来竹子盖简易房。冬天，冰天雪地彻骨冷，为了御寒，睡觉时必须全副武装，戴上棉帽和口罩，早上起床时，口罩上都结着冰碴。夏天，酷热难挡，可简易房的窗户小，室内极其闷热，为了避暑，中午休息时只好头顶大草帽，在水塘里待着。虽然环境恶劣，但我们这些城里长大的小伙子依然干劲十足，毫不懈怠。苏北农村，一季稻子一季麦，农忙时节，每天天刚蒙蒙亮就起来干活，一直忙到晚上七八点天黑才罢休，农场中有一些是农民子弟，特别能干，我们也不服输，你追我赶。一天下来，腰都直不起来。可即使在这种高强度的工作状态下，晚上依然要进行行军拉练，快步走在窄窄的田垄上，两边是稻田，不小心就会掉下去。由于书画俱佳，繁重的体力劳动之余，我经常会被抽调去做一些宣传工作，如写标语、布置会场等。没多久，正好赶上当地有两个项目的厂房设计——造纸厂与机修厂，我终于有了用武之地。从工艺到规划，再到建筑个体，所有的设计均由我一人承担。如此独立地去完成一个项目设计，对于刚出校门的我来说，心里多少有些忐忑。但是，当设计图纸被拿到当地专业设计院时，资深的老工程师赞不绝口。这都得益于清华大学的培养使我练就了扎实的基本功。

两年后，我被调往湖北十堰二汽的一家施工单位，在那里工作的五年间，我始终在生产一线，先是技术员，后被提拔为施工大队长，进行施工管理。我主持建设的六个工程项目分布在六个山沟里，因而，我每天蹬着破自行车，上午跑三个，下午跑三个，既要给人派活，也要跟班劳动。如给万吨水压机挖基础大坑时，我和工友们一道，穿个破棉袄，拿根草绳往腰上一系，干得热火朝天。大家都亲切地叫我“柴大学”。

当年的经历，数十年后再次忆起，似乎早已云淡风清，并成为了我人生中一笔宝贵的精神财富。它不仅让我对建筑设计以及施工有了深刻的体验，从而得到锻炼和提高，而且教我学会了吃苦与忍耐，学会了如何做人，积极直面人生而蓄势待发。

1974年，我调入北京市建筑设计研究院，被分配到援外室工作。这是我人生的重大转折点。从此，我的建筑知识有了更好的施展舞台。当时有几家单位可供选择，有北京院、轻工纺织院、市委基建；但我几乎没有犹豫就选择了北京院，因为它是与共和国同龄的实力雄厚的大院，有很多业内知名的专家。当时，我在刘开济、周治良、付义通、熊明等老一辈大师手下工作，时常得到他们的帮助和指导，他们水平很高，我从他们身上学到了很多，一是技术方面的，二是做人方面的。虽然作为老一辈知识分子他们都很有经验，但他们从不居功自傲，给什么任务就做什么，并尽量做好。大师们作风严谨，对我要求十分严格。记得有一次，设计任务特别急，我画的图有点潦草。刘开济先生看到后批评说：“这不是你应该犯的错误！”我至今牢记这句话。良师益友的鞭策，再加上

柴裴义制作模型

柴裴义（左 2）、马国馨（左 4）告别丹下建三先生（右 3）

自己的勤奋努力，我在业务上取得了长足的进步。我第一次全过程负责的项目是扎伊尔（现刚果）的八万人体育场。当时组织上派我去扎伊尔现场考察。在异国他乡，为了更好更快地完成任务，我白天考察、开会，晚上加班画图，40 多天后设计完成，得到了扎伊尔总统蒙博托的认可。机会总是垂青有准备的人，如果没有足够的吃苦精神和过硬的技术水平，组织上是不会委以重任的。该项目因对方政局原因搁置多年后由其他院重新设计，但这是我建筑生涯中第一个独立完成的大型设计。

在世界建筑发展大潮中，日本建筑无疑是令人瞩目的。作为经济、文化、科技三者结合的产物，日本当代建筑创造了建筑史上划时代的作品，如由丹下健三设计的代代木国立综合体育馆被称为 20 世纪世界最美的建筑之一，而他本人也赢得了“日本当代建筑界第一人”的赞誉。

1981 年，我东渡扶桑，被公派到日本东京国际建筑大师丹下健三都市建筑研究所进行为期两年的研修生活，从而得以较深入地了解外面的世界。这是我一生难得的充电机会，也是再上一个台阶的机遇。

当时正处改革开放初期，我国还没有走出计划经济模式，整个社会处在一个相对禁锢、封闭的状态，国内设计院“大锅饭”“磨洋工”现象普遍，工作效率低下。刚刚踏出国门的我在日本看到了一种全新的工作状态，大家每天的工作节奏非常紧凑，工作强度也很大，常常加班至晚上十一二点。有时甲方要得很急，我们三十六个小时都不回家不休息。实在太困了，就趴在桌上睡一会儿。大家都像打了鸡血似的拼命工作。当时正值丹下健三事业的鼎盛时期，中东以及东南亚的新兴国家都在进行大规模建设，我跟着研究所做了不少重要工程，如约旦大学中心区设计及新加坡、阿联酋等国大型商务酒店和写字楼项目。通过这些作品的实践，我耳濡目染了日本建筑设计界的风格，也了解了当时世界建筑界的潮流、顶级设计大师及其设计理念。无论是在眼界上，还是在对建筑的理解、认知水平上，都得到了极大的锻炼和提高，特别是对现代主义建筑有了深刻而具体的认识。这在当时国内的建筑环境里，具有相当的超前性和引领性。我和一同研修的马国馨一边工作，一边抓紧一切机会进行学习。事务所收藏甚丰，为了更好地翻阅各种建筑资料图书，每天我们都比别人早到一两个小时，利用这段时间，认真研究了日本现代著名建筑师丹下健三、黑川纪章等人的作品和理论，领会其中的精髓和涵意，并将其与中国传统建筑形式和理论进行横向比较，力图探索出适合中国的富有时代精神的最新的设计观念、理论和方法。两年日本研修的经历，不仅奠定了我现代主义设计风格的基础，还培养了我做精品建筑的思想，眼里揉不得沙子，要做就做最好的建筑。在后来的建筑设计中，我能较好地把现代主义风格运用到国内的建筑实践中来。

建筑是凝固的音乐，是城市景观的主旋律。从业近半个世纪来，我完成了大量建筑设计，其中中国国际展览中心、中国职工之家、建材经贸大厦、北京市检察院办公楼、吉林雾凇宾馆、山东电力科技大厦、中华全国总工会新楼等工程项目曾荣获全国及省市级的多种奖励。这些让世人眼前一亮的现代主义建筑精品，在极简风格背后是笔墨难以形容的精雕细琢。今天，它们已成为城市中一个个动人的音符，成为城市最具内涵和魅力的独特风景。

1983 年我回国，迎来了设计生涯的新挑战——中国国际展览中心，这件现代主义建筑的精品。该项目是为举办我国第一个大型国际展览会——亚太国际贸易博览会而承建的，一期工程包括 2~5 号馆及其附属设施，共约 2.6 万平方米，时间紧，任务重。我接到任务后，仅用一两个星期就完成了方案设计。也许正是时间的仓促避免了繁杂的审查程序和官员的干预。这个项目原汁原味地体现了建筑师的思想。该项目可以看作我自日本研修之后，充分吸收了在国外积累的关于现代主义建筑的认识和理解，并结合我国实际而完成的作品。它是我献

中国国际展览中心 2–5 号馆

给祖国的礼物。20 世纪 80 年代，北京因为“要夺回古都风貌”，建筑界大刮复古风，建筑一律要求“戴帽子”，即加上大屋顶。在这种大背景之下，国际展览中心的出现令人耳目一新。其总体设计极富魅力，中央大厅是向上翘起的圆弧顶，白色顶板曲线优美，四周配以棱角显露的几何体，圆弧与棱角曲直对比，相得益彰。2~5 号馆尺度巨大而体形偏长，处理不好很容易使人联想为厂房或仓库。如何使人一眼望去就感到它是大型公共建筑物？为此，我在设计中把近 300 米长的大长条一分为四，中心由四个 63 米 ×63 米的展馆及三个连接体组合成为一体，构成跌宕的气势，使庞大的体量化整为零，也增强了韵律和节奏感。展览中心外涂朴素的白色墙漆，使建筑更具有雕塑般的造型：四个展馆均为大面积实墙面局部开窗，多样化的开窗方式（如角窗、斜窗等）成为塑造形体虚实关系的重要元素：作为门厅的连接体采取了空间减法，使人口成为有阴影提示的灰空间。此外，对比、重复、穿插、对称等空间组合的手法使这座白色建筑在阳光下韵味十足。整个建筑造型设计，是现代建筑的表现形式，特别是将后现代建筑中有益的营养成分，充实到设计中来。如丹下健三先生的核心

体系设计思想、黑川纪章先生的第三空间理论等，在本设计中都作了一些尝试。那么，是否就不考虑“民族形式”和“传统风格”了呢？我认为，不要大屋顶、不贴琉璃瓦不等于不要民族形式和传统。在设计中采用的是意在神似的处理手法，整个建筑群完整、严谨的构图布局，入口门头和中央大厅都具有强烈中轴线的对称性，侧墙高处点缀以唐三彩壁灯饰，都能给人以中国传统建筑格调的联想。

1985 年，中国国际展览中心一期工程竣工，囊括了国家优秀设计金奖及建筑行业的所有大奖，并入选 20 世纪 80 年代“北京十大建筑”。

中国国际展览中心项目后，我又做了几个大型展览建筑，包括展览中心主馆方案设计及北京市建材交易中心等。

在首都众多的建材市场中，北京建材交易中心近些年成为镶嵌在二环路边上一颗璀璨的明珠。该项目是北京市建材供应总公司为解决建材市场开放搞活而设的集交易、展览、信息交流于一体的场所。由于地形为南北长东西短，在这种特殊环境下，我们设计团队经仔细研究，造型上采用大笔触的写意手法，利用狭长地段的特点将 144 米长 24 米高的落地弧拱展厅与

建材交易中心

87 米高的主楼一字排列构成一个整体，强调高耸与扁长的巨大落差、挺拔的垂直线与舒展的弧线强烈对比。为了使二者形成有机整体，在主楼基部做了一个反曲线的连府将两部分联系起来，并与展馆的南端以接待厅的小弧拱屋面做收头，形成动态的平衡。展馆东西立面随弧拱的落差采用层层跌落的凸出实墙体，以表现展厅层数。这种层层退台与弧线的组合在方案设计中多次重复出现，显示了独特的魅力。整组建筑通过虚与实、直线与弧线的对比，不同材料质感与色彩的对比，使建筑简洁明快、极富雕塑感和时代气息。它富有表现力的造型同样是很好地利用现代技术的必然结果，使展馆本身成为集我国 20 世纪 80 年代建筑艺术、建筑技术与新型建筑材料之大成的一件展品。

我在设计了若干大型或是超大型展馆及配套设施后，通过总结大型展览建筑的内在规律与共性，归纳出大型展览建筑设计的五大要点。一是大空间、大柱网、大尺度。现代展览建筑要求能适应各种规模、各种类型的展览灵活展出，所以大空间是时代的要求。在单层展厅中多采用钢网架结构创造大空间，如国际展览中心 2~5 号馆以 58.5 米跨度的大网架创造了四个 63 米 ×63 米正方形展厅，很好地满足了各种展览的展出。二是新结构、新技术、新材料。大型展馆有大空间、大尺度的特殊性，又是人流众多、社交广泛的交流窗口，充分利用新结构、新技术，如网架、网壳、悬索结构、预应力钢筋混凝土框架、模壳技术等是十分必要的。三是形体塑造与功能。展览建筑具有大空间、大尺度的特色，决定了它的立面造型也是大体量、大尺度的。外部造型反映了内部空间形态。如国际展览中心 2~5 号馆四个大方块是由四个

独立的展厅组成的。建材交易中心落地扁弧拱与内部逐层跌落的展台相吻合。建筑空间本身就决定了立面多采用大片实墙面，这是由于展馆照明基本以人工光为主、自然光为辅。以实为主的外墙面可便于布置展品，降低能耗，节约造价。四是疏散、运输与停车。大型展馆人车流很大，组织好交通与疏散是重要的课题，应注意车流、出入口与城市大交通的关系，尽可能做到人车分流。五是要完善大型展馆的消防条件。

环境是建筑创作过程中一个不可忽视的因素。能否处理好建筑与环境之间的关系是决定建筑方案好与坏的关键。我认为，不仅如此，建筑创作更离不开城市设计的宏观控制与制约。一个好的建筑作品，应抛弃以自我为中心、过分扭捏作态、过分张扬跋扈的陋习，而应找准自己的合理位置，自觉接受城市设计准则的制约，自觉追寻对所处城市空间、人文环境及历史文脉的把握，经过精心再创造回到现实。整个设计过程既要继承传统，又要有所创新，即不断修正自己与大环境的关系，使自己的作品融入城市设计的海洋。我设计的方圆大厦与职工之家二期就是建筑创作与城市设计的完美结合之作。

方圆大厦是多功能综合楼，位于北京动物园西南角，位置显赫。这决定了大厦形象要具有标志性的特点，给人以强烈印象。同时，由于其城市特定场所的因素，决定了大厦设计要遵循城市设计的原则，不能过分标新立异、自我炫耀，而应照顾与周围城市环境的关系。大厦的高度和体量，恰与南侧的西苑、新世纪饭店成鼎足之势，而其垂直上冲的体型则与首体庞大稳重的水平轮廓线形成对比。即使是富于独创性的建筑也不是建筑师头脑中主观臆造的产物，每幢特定场所的建筑有其内在的趋向。它是由社会、环境、功能、投资、业主和建筑师等诸多因素来共同制约确定的。方圆大厦外观语言的产生缘于两点：一是周围旧建筑（动物园畅观楼、大门群体）和新建筑（凯旋广场）的西方古典主义形象的延续性；二是业主对西洋古典建筑风格的偏爱。我认为作为设计者有义务对其作出呼应。今天，我们从体形上看，方圆大厦的三段式分割：单独的窗户、抹角平面、台阶状收分的顶部及富于装饰性的塔尖无疑具备了西方建筑旧摩天楼的特征。但设计师在对传统建筑词汇、语义的应用上，将其加以抽象、概括、提炼，简化烦琐细节，使之更具现代感。

方圆大厦的设计，力图尊重城市特定区域历史文脉和空间文脉的延续和关联，解决使用功能中存在的各种复杂矛盾，并精心组织成一个有机整体，为城市注入了新鲜活力。

职工之家二期位于中国职工之家（一期）北侧，为四星级涉外饭店。工程主旨是进一步扩建，提高标准，改善交通停车状况，完善配套设施，同时与现状配套互补。我认为，建筑创作总是植根于城市设计和继承历史的沃土之中的。中国职工之家（一期）建于 20 世纪 80 年代末，带有时代的烙印，具有一定的历史地位。而二期“扩建配套”本身作为一个命题自然宣布了其继承关系。因此，在该工程设计之初，将扩建配套定义于“配套”之上，原职工之家（一期）的设计是成功的，但它不可能永远跟上时代的进步，时隔十余年，国内旅馆业已有了质的飞跃，新建的部分不仅必须反映现实的需要，还必须解决现实的矛盾。于是，全

中国职工之家

总职工之家的扩建配套工程一开始，设计团队就与业主共同调查研究，最终将其设计标准定为“四星、国际、商务、会议”，此标准充分考虑了北京正迈向“国际化大都市”，中国工会与世界各国工会交往日益频繁的现实需要和发展趋势。

历史的存在和时代的进步是建筑创作永恒的命题。经过职工之家二期工程项目实践，我深切感觉到这样一种辩证关系，那就是对历史的继承，总是通过时代的进步和时代的需要来进行选择的。与城市的对话，与历史的对话，也总是通过时代的语言来进行交流的。历史的片段和要素，总是在不同时代被继承和表达，体现于各个时代的建筑中，也应具有不同的表现形式。因此，建筑创作更应关注时代，注重对当前问题的研究和把握，才能更好地继承传统和表达现实。

我认为，建筑师要正确认识社会，了解市场，明确自己的职责和任务。进入 21 世纪后，我国的城市建设及建筑创作的发展正以一种崭新的姿态展现在人们面前。随着市场经济的变化，外部条件对建筑师创作的影响会越来越大，建筑设计的难度也会越来越大。各种条件的制约使建筑师的创作受到约束。能够实现建筑师创作意图的环境相对复杂了许多。这也对建筑师提出了新的更高的要求。建筑师是很特殊的职业，既要考虑到社会与时代的发展，又要想到实际使用的具体要求；既要替政府出谋划策，又要为普通百姓指点迷津；既要满足业主的要求，又要很好地发出自己的声音。因此，建筑师必须是“全才”。同时，在市场经济中，建筑师的心态一定要调整平衡，千万不要急功近利，只认“钱途”，忘了“前程”，否则自己也将无法得到真正的提高和进步。

此外，建筑师要不断创新，精益求精。建筑师本身所从事的职业要求建筑师要自甘寂寞，埋头苦干，但是在创作中要精益求精，在满足业主要求的同时要有创新，在继承传统的同时要紧跟时代潮流。只有创做出满足社会要求、符合时代潮流的好作品，才能不被时代抛弃。建筑师要将每一次实践当作机遇和挑战来看待，创作不应随波逐流，要有自己的主见。只有认真对待每一次创作，才能够在竞争激烈的社会环境中得到发展。

曾创下十年“第一”

陆世昌

1985年4月，我被院领导正式任命为第一设计所所长。时至1995年5月我把所长职务交给李海南同志为止，经历了整整十年，第一设计所连续十年稳居建院综合考核之首。当时建院考核设计所的指标主要有两条：一是产值，二是产量。所谓产值就是一年设计费的总收入，产量就是一年内完成的设计面积（包括新设计完成的面积和利用成图完成的面积）。此外，还有一些其他的考核，如当年的优秀工程、科研成果、设计工程质量等。十年中，上述指标一所一直保持领先，当然这里面还不包括当年海南分院完成的指标，海南分院经常要从一所抽调骨干去分院工作，最多时要抽调近30人，不能避免对一所工作产生影响，即便是在这种情况下，一所还是连续十年保持领先，其缘由值得解析。

一、有一个坚强团结的领导班子

一所领导班子由所长1人、副所长2人、支部书记1人组成。领导班子成员，专业面越广越好，当时与设计相关的所有四大专业——建筑、结构、设备、电气，一所领导班子就占了三个专业，其中：建筑1人、结构2人、设备1人。这样非常有利于工作，特别是在处理设计任务中的问题时针对性强。领导班子所有成员不论职务高低，业务范围、职能，各负其责，齐抓共管，奖金分配比例一律平等。管理工作经验是从长期工作实践中提高升华得来的。当工作中遇到问题时，所长要敢于承担责任，绝不推诿拖拉。为了工作的承上启下，领导班子合理安排老、中、青的比例；其中尤为关键的是，管理人员都是从设计岗位提拔上来的，千万不能有名校毕业生就一定是好的管理人员的思想，用人一定要实事求是、任人唯贤。

二、有明确的前进发展方向

一所与其他设计所不同，是由原来的我院

1986年8月一所成员讨论设计方案（左2陆世昌）

的二室和三室合并而成的，二室原来是工业设计室，有建筑专业 21 人、结构专业 40 人，三室是民用设计室，建筑专业 40 人、结构专业 29 人，设备、电气人员差距不大。针对两个设计室不同设计方向的矛盾，一所的领导及时果断地作出决策，保持三室主要业务发展方向，逐步调整二室的业务现状，集中精力突出重点。大家都知道，北京市建筑设计院是以民用建筑设计而独步设计行业，所以一所未来的发展一定要保持与设计院的发展同步。于是一所新领导班子采取的措施是，保持原三室人员结构基本不变，逐步改变原二室的组织结构，以适应发展方向的需要。为此，我们大量吸收建筑专业的毕业生、其中有工民建专业的学生，建议他们从事建筑专业。积极引进其他各所建筑专业设计人员。结构专业人员只出不进。经过五年的努力才完成了原来体系的重组，这为一所的辉煌打下了坚实的基础。

三、有提高劳动生产率的动力

一所的成立，不仅带来了设计指标的增加，更是带来了队伍建设和管理的一系列深刻变革。过去实行的是粗放型管理，奖金发放基本上吃大锅饭，与投入人员多少、干多干少没有太大关系。现在考核指标完全与人员多少挂钩，新的生产管理模式将彻底改变传统管理方式。

全院在成立设计所的改革过程中，各设计所都在整顿设计人员队伍，但尤其以一所整顿的力度最大，通过整顿，全院有 15 名设计人员离开了设计所，其中 12 人是从一所离开的。过去设计所对脱产人员没有明确规定，职能人员过多。一所成立后就作出了明确规定：设所

1986 年 5 月协和医院设计组与甲方合影留念

长 1 人，副所长 2 人，支部书记 1 人，其他人都是生产人员。一所的总建筑师、主任建筑师、主任工程师都必须亲自抓项目。一所还优化了班组建设。原来设备专业分成四个组，每个组设组长 1 人，人员较多的还要设副组长。组长只负责图纸审查不承担设计工作，人浮于事生产效率很低。经过整顿优化后的设计室，由两个建筑组、两个结构组、一个设备组、一个电气组组成。每个组设正副组长各一名，并明确要求他们 80% 的时间做工程设计，20% 的时间用于班组管理，由于他们不脱离设计工作，因而对班组管理更有针对性，起到了事半功倍的效果。一所在成立之初就明确鼓励人才流动，为设计人员创造有利于发挥本人特长的环境，并做到了来者欢迎，流动欢送，一视同仁，绝不歧视。

四、有一套完整的管理制度

设计室整合为设计所是建院发展过程中的重大变化。方方面面都没有经验，院领导也仅仅提出了组成设计所架构的思路，提名所长的人选，至于如何运作，如何管理，如何考核，

一所与自控公司签订西客站弱电工程合同时合影留念（右 3 陆世昌）

1991 年 1 月北京西客站誓师大会

都还没有明确的具体措施。组成设计所后的早期管理，都需要依靠所级领导班子的集体智慧来进行。一所经过两年的实践，制定了整套设计生产管理制度、设计任务分配制度、设计计划管理制度、设计质量管理制度、奖金分配制度、考勤制度等，每年进行一次修订。一所从成立到我退休的十年，完善的制度建设是一所辉煌的保证。“质量和效益是企业的生命，制度和管理是生命的保证”。

五、有一个合理的激励机制

设计院在 20 世纪 50 年代到 80 年代之间，作为纯粹的事业单位，靠政府财政拨款，没有一分钱奖金，进入 80 年代改革开放初期，才有了每人每月平均 6 元奖金。但在那个“吃大锅饭”的年代，上级也知道平均分配制度干好干不好都一样，根本起不到激励作用，因此要求各单位领导把每人每月 6 元揉在一起分成三等，表现好一点的发 8 元，大部分人拿 6 元，差一点的拿 4 元。结果不光没起到激励作用，还制造了许多人为矛盾，所领导为解决矛盾费尽了心思。直到 1984 年我院改为事业单位企业化管理，经营市场化，按经营收入比例提取奖金，才实现了多劳多得，极大地调动了职工的工作积极性。1984 年第三季度每人每月奖金平均达到了 130~150 元的水平，这在当年已经是很大的一笔收入了。我们所领导坚持按劳分配的原则，坚持奖金与完成设计任务、完成设计费收入挂钩，坚持制定设计任务复杂程度不同的分配系数，做什么工作就拿什么系数的奖金。鼓励做吃亏的工作，奖金向愿意吃亏的人倾斜。尽管所领导的工作很辛苦，但在全所人员收入排名约在 79% 左右，并做到了奖金制度公开。

这就是北京建院一所在那个年代连续十年领先全院的管理“秘诀”，因此，我们才有源源不断的设计任务以及不断持续发展的动力。

培养建筑艺术家的摇篮

刘振秀

1957年，我从北京土木工程学校毕业分配来到建院。根据当时国家规定：学生毕业后先要在工地实习劳动一年。我来到了某工地，在工地劳动期间和工人师傅建立了非常好的关系，我教他们看懂施工图，他们教会我瓦工并使我成为技术能手。期间，我参加了工地的砌墙技术大比武，并取得了优异的成绩，被工友们誉为“砌墙能手”。

我参加工作后不久，就有幸参加了人民大会堂的设计工作。当时我到了大会堂总装修组，在张镈总建筑师的指导下画施工图。有一次，张老总问我：“小刘呀，你已经来了四个多月了，你能不能不看图将大会堂（办公楼除外）的柱网给我画出来？”我说：“工程这么大，柱网这么多，记不住画不出来。”张老总说：“参加任何一个工程，不论大小都要像在学校学习背数理化公式那样，将所有数据记住，才能不断进步。”他还告诉我要分析大会堂东、北两个主要入口的人流走向，有空多走几次自然就能记住各层的平面布局。后来彭真市长等党和国家领导人在大会堂施工期间了解情况、现场调研、参观过程中，都是由我领路。此时我深深地感到张老总培养我的一片苦心。

人民大会堂开始砌墙时，时任院领导沈勃院长知道我会砌墙，特地委派我为大会堂总装修组的设计代表。张老总特意对我讲：“小刘呀，大会堂的立面就交给你了，墙怎么砌我不管，但你必须确保立面线条不走样，千万不能出问题。”我说：“张总您放心，我有把握。”

刘振秀

人民大会堂施工工地人员来自祖国各地，个个都身怀绝技。但协同配合也出现了难题，如外墙施工图虽然只有五十分之一的局部，没有节点详图。南、北、西三个立面的外墙口头交底都没有问题，唯独东立面外墙的总厚度为1.25米，且构造非常复杂，口头交底无法让施工人员了解清楚。幸亏我会砌墙，我和施工人员边砌墙边交底，使问题得到圆满解决。当大家知道我是刚毕业的中专生每月仅挣37块钱时，给我起了个外号，都叫我是“三七工程师”。

大会堂外立面、屋顶和室外台阶等内部竣

工验收时，沈勃院长让我全权负责并代表设计院签字。我还以市群英会代表的身份代表设计院参加了国庆工程大会战庆功大会和国宴，我为我是建院人而骄傲和自豪。

人民大会堂建成不久，中央召开 7000 人大会。我和其他专业共五人参加工程安全检查。因问题较多向总理汇报时间超时，有幸和总理一起到干部小餐厅吃午饭，很难想象全国人民的总理和我们大家一样，一小碗米饭、一小盘醋溜白菜。总理吃完后将剩下的菜汤用开水冲成高汤喝完。总理的为人师表、总理的精神空前绝后，我敬佩周总理，永远怀念周总理！

我从人民大会堂现场回院不久，曾问过一位大学生，中专生如果刻苦学习、努力工作，能不能超越大学生。他说这是两个不同的层面，没有可比性。同样的问题我也问过刚从苏联留学回来的李采，他说："大学生只比中专生多一本字典，关键是后天的努力。"李采同志给了我努力学习和工作的勇气。在建院的工作实践中，我完成了攀登建筑艺术的"大学梦"。

我国第一座万人体育馆——工人体育馆，屋盖是柔性最大的悬索结构，刮风就颤动。屋面最大坡度为 28.5 度，最小坡度只有 2.8 度。按规范，大于 15 度不能用油毡防水，小于 15 度不能用金属材料防水。建院防水专家顾鹏程总工程师的意见是，只能采用麻布油毡防水。主持人熊明将我调到现场，研究采用金属材料防水的可能性。沈勃院长对金属材料防水研究提了三点意见：①允许局部漏水；②漏水后能查出漏水地点和原因；③能维修，堵漏方便。

我在研究中受民居瓦屋面的启示，搞了一个组装式铝合金大瓦方案，在两位黑白铁师傅的帮助下，做了三块下宽上窄、长度 12 米的铝合金大瓦组装成的实样，进行反复浇水实验，结果证明方案可靠。技委会组长朱兆雪总工程师拍板同意使用，但顾总还有不同意见。最后沈勃院长拍板说："这次要听年轻人的，年轻人若犯错由我来承担，年轻人如果成功，老同志要检讨自己，不能老子天下第一。"沈勃院长慧眼识才勇于担当培养年轻人的意识体现了老一辈建院人的高风亮节，令我永远难忘。

工人体育馆大跨度结构屋面金属材料防水设计获得成功后，我国北京、上海、沈阳的体育馆以及巴基斯坦体育馆、叙利亚大马士革人民宫等建筑屋面防水都采用了工人体育馆的技术。工人体育馆工程完工后，建院为继续培养我，又让我脱产一年，跟随熊明搞大型体育建筑的设计总结和研究。从中我受益匪浅，学到了很多知识，这促使我走上继续研究体育建筑设计的道路。

唐山大地震后，建院承接了很多工程设计项目，并将其中规模最大、时间最紧的唐山第二招待所项目交给我主持设计。该工程建成后改为唐山宾馆。新唐山基本建成后，建设部组织全国各省市 60 多人形成工程回访小组住进唐山宾馆，回访小组认为该工程设计得很好，并将其增补为北京市市级优秀工程，使之成为建院历史上第一项不是优秀设计的优秀工程。

1976 年后，院领导再次让我脱产搞科研。我成为《体育建筑设计》一书的主要作者之一；同时成为建设部《建筑设计资料集（第三集）》体育建筑部分的编辑之一。

1981 年，全国召开体育馆建筑设计交流会。院领导派我和同济大学、哈尔滨建工学院两位教授以及建设部、国家体委两位同志共五人，在北戴河审定全国各设计院呈上的论文。

交流会期间，我成为唯一两次在全体大会上宣讲论文的人，同时成为《体育馆设计论文集》一书的编委和作者之一。

1982 年，清华大学建筑系开办 4000 人体育馆课堂设计新课，需要 9 位教师，其中 1 位主讲教师，其他为辅导教师。清华大学来院请 3 位教师。当时的院长吴观张派三室技术领导张德沛、罗健敏和我 3 人赴任，并指定我为主讲教师。

我第一天上讲台，旁边放着一个大录音机，又在我上衣口袋插上一支录音棒。90 位学生后边，研究生、教师、系领导坐满了两排，其中还有吴良镛院士。这种我从来没经历过的场面，使我既兴奋又紧张。

第一节课讲的是“竞技体育的人流组织”。这是体育馆设计的核心问题。我介绍和分析了国内和国外两座体育馆实例之后，提出了我的主张和建议。下课铃声响起时，全体学生起立为我热烈鼓掌，后排的吴院士和老师也和学生一起站起来为我鼓掌。课间休息时，吴观张院长过来非常高兴地对我讲：“你小子今天总算给我露了脸，吴先生不同意你任主讲教师，不放心才来听你讲课”。

经过 168 个课时的授课，我顺利地完成了主讲老师应该承担的任务和责任，并与同学们建立了很深的感情。结业时，建院辅导的 01 班同学给我临别赠言：“刘振秀先生求实、求善、求美，前辈诲人不倦；入建、入门、入室，学生获益匪浅。”这使我深受感动。吴观张院长还两次派我到哈尔滨建工学院，任研究生论文答辩委员会委员。

叶如棠任院长不久，告诉我：“济南要建大型体育中心，派人来院请某建筑师任评委；我说服他让你去更合适，你是代表设计院去的要好好准备。”这次评选结束后，济南市市长告诉我，“下午发奖电视台要实况转播，一等奖由省技术组组长颁发，二等奖由你颁发。”我说，这可不行，当时在场的有上海工业院总工、尤其是东北院陈学坚总建筑师在国内威望很高，应该由他们颁发。市长说：“这是省领导定的我改不了。”恭敬不如从命，我只好代表建院颁发了奖项。事后，获奖单位得知他们的方案不是省委选中的方案，评标的过程非常曲折，我奉行的公平、公正、实事求是、选择最优秀作品的原则起到了主要作用。为此，中标单位的领导和设计者也专程到建院向院领导和我表示感谢。

赵冬日是我院“八大总”之一。他对贝聿铭设计的香山饭店有不同意见。他告诉我要写一篇文章在《建筑学报》上发表，用他的名字不方便，要用我的名字发表，要我陪他到园林局和现场了解情况。我陪他调研了两天，收集到了不少负面材料。后同事沈继仁告诉我，《建筑学报》不可能刊登批判贝聿铭的文章。我将沈继仁的意见转达给赵总，赵总听后不说话，结果就不了了之了。

改革开放使我在思想上和业务上取得了长足的进步，我光荣地加入了中国共产党。同时，我院迎来了 1990 年亚运会工程设计的艰巨任务。当时英东游泳馆的设计任务，使我感到压力很大，我担心做不好，不敢接，是即将卸任的吴观张院长的鼓励和支持，使我鼓足勇气接受了任务。

时任体委副主任何振梁向我院提出要设计出世界一流的游泳馆，知道建筑师出国考察机会不多，他为我院总图负责人马国馨、设备专业施绍南和我办理了出国考察，让我们有机会看到发达国家的建筑风格和现代化水平，这对我们更好地完成亚运会工程设计任务打下了良好基础。英东游泳馆的设计过程中还有很多小插曲，根据当时的水文地质资料，经过抗浮计算，钢筋混凝土底板厚度需要 3 米。我将收集到的加拿大盲沟降水资料提供给结构专业，若采用盲沟降水法，底板厚度可减少至 1 米。技委会讨论时，市政的一位老专家不同意，并说若采用就退出技委会。争论很激烈。最后张百发副市长拍板定案时对我讲：“别怕，出问题你坐牢我给你送饭。”我跟百发副市长开玩笑说：“您拍板应该是您坐牢我送饭。”

游泳馆设计，在竞技体育方面有一个特点，就是将看台下面的准备池和比赛大厅的比赛池之间用镀膜玻璃隔开，让准备池内的运动员看清大厅的比赛情况，而在比赛大厅的运动员看不见准备池的情况。这种设计新格局是游泳教练员、运动员非常欢迎的。在群众体育方面，要确保岸边有必要的群众休息面积，宽度定为 12 米（汉城亚运会为 15 米），结果方案的总面积为 3.6 万多平方米。而设计任务书规定只有 2.3 万平方米，且 1 平方米都不能超过。因而每次开会的重点都是压岸边尺寸，从 12 米、9.6 米、8.4 米压至 7.2 米时（为保证设计的新格局，设计视点已经从 12 米时的池外 4 米移至泳池内 1.25 米，即规范规定的边泳道中心线）。我告诉张百发副市长：“7.2 米不能再压了。”第二天王惠敏院长跟我讲：“老同学，今天我是先斩后奏了，我同意百发同志按 6 米设计。”我随即呈上辞职报告，请院长另请高明。后来院长对我讲：“百发同志说这次就听他一次吧。”结果才以 3.4 万平方米让我做下去。

预制看台安装完毕后我才感觉到，规范规定的视点位置在边泳道的中心线，比赛时 10 条泳道用 8 条虽不影响群众观看比赛，但意味着观众看不到一个完整的池子，这是个很大的缺陷，按规范设计谈不上错误，但其结果是这不可能成为一个完美的作品。

消除缺陷必须重新调整看台坡度，这意味着要浪费大量人力、物力，并承担较大的风险，但是为了创造出完美的设计作品，为了让观众满意，我征得院领导和有关单位的同意，精心调整了看台的坡度，结果不仅使比赛场面更加完整，包括花样游泳运动员入水前的优美造型也尽收眼底，大大改善了观众观赛的视觉效果。虽然最后争取到了一个完美的结局，但设计人选错视点造成大返工的传言甚嚣尘上，而事实是这样的一个过程。为此，我希望修改规范，应根据竞技体育的不同等级制定不同视点，更不能让观众看不到一个完整的比赛场地（泳池）。

国家奥林匹克体育中心基本建成后。邓小平同志在视察奥体中心、体育场、体育馆时都是只听汇报微笑点头，只是到达游泳馆比赛大厅观看顶棚时，得知是首创将桥梁斜拉索技术用在民用建筑后才有这种空间效果时，说了视察过程中唯一的一句话：“看来中国的月亮也是圆的，可能比外国的还要圆”。第二天，《人民日报》头版以《中国的月亮也是圆的》为题报道奥体中心的设计情况，其中还提到游泳馆设计师刘振秀是 1953 年从马来西亚回到祖国怀抱等内容。《北京文学》《马来西亚之声报》还特别撰写了归侨设计游泳馆的文章。《光明日报》在头版发表了题为《美的建筑美的人》的文章，详细报道了设计组成员的事迹，其中多次提到“刘振秀”这个名字。

亚运会开幕前夕，电视台在建院第三设计

室给游泳馆四个专业负责人刘振秀、王玉田、施绍南和尹士民拍了《同心曲》电视片。同期，电视台播放了《红》《黄》《绿》《蓝》四部电视短剧。每天播放一部。最后一部《蓝》剧表现的是一对老华侨夫妇回国探望设计英东游泳馆的侄子。编剧和导演告诉我，最后让我在世界上第一台液压跳台最低1米处，由两位少先队员给我戴上红领巾并献上鲜花，待液压跳台升至6.5米处，短剧结束，出现“剧终”字样。因排练时我在国外验收援外工程，没赶上。为此，电视台为马国馨和我另外录制了一组镜头，介绍马国馨是规划设计师，我是游泳馆设计师，作为给我缺席原剧的补充。据说后来这些镜头又在“新闻联播”和“体育新闻”中都播放过。英东游泳馆得到了奥运会主席的肯定。国际奥委会权威人士称“该馆是东方艺术与21世纪技术的完美结合”。国家体委还以“匠心独具”的大型横匾来表达对游泳馆设计人的感谢。

我退休前夕，我院程懋堃总工程师特地从市政协转给我200多张台湾高雄体育中心规划设计图让我提意见，为此，我写了3000多字的意见书。后来程总告诉我，台湾来消息了，他们说没有想到大陆建筑师水平那么高，希望我去高雄考察并按意见书做个方案给他们。程总说此事以市政协说办不成而告终。

我退休后，电视剧的导演介绍我到海南一家外企工作。期间得知建院要给我晋升教授级高级工程师，我觉得在职时没晋升退休后再晋升没什么意思，还要挤占别人的晋升名额，就婉言谢绝了。但是人事处的马世珍同志多次到我家说：“刘工在院期间做了那么多工程、获得了那么多奖，院领导说‘不给他评教授级过意不去’。”马世珍同志催我尽快交论文，于是我按院里要求递交了过去写的论文。在各级领导的关心和帮助下，我退休六年后成为了教授级高级工程师。

我17岁以前是只有小学文化程度的农民，17~24岁在国外给资本家打工，经历过无数的苦难。回到祖国后，我在党和国家的关怀下读了中专，毕业后，是建院把我培养成大学兼职教师、教授级高级工程师、建筑组组长、优秀共产党员、首都“五一”劳动奖章获得者。同时我还获得过多项荣誉。

这一切，归功于建院历届领导的信任、众多导师和同事的帮助，否则我不可能著书立说、发表十多篇学术论文（论文中有三篇为新华社约稿，并由程懋堃总工程师等同志翻译成英文，发表于香港《亚洲建筑》）；不可能创做出三项市级优秀工程（其中英东游泳馆同时获部级、国家级优秀工程奖）；不可能名列《中国人物年鉴》和《当代中国科学家和发明家大辞典》；更不可能使我退休后还能为中国成套设备进出口公司（现商务部援外司）的高级顾问并且十次被派往亚洲、非洲、南美洲检查和验收国家援外工程，且多次任国家验收组组长；更不可能创做出集美国迪士尼和好莱坞的主要项目为一体外加世界最长漂漂河（387米）、世界最高的室内人工海浪（1.5米）、世界上最长的室内观海小吃街（125米）的民族园兰海洋工程（该工程获1988年第五届建筑设计汇报展入围奖和十佳奖两项奖，同时还获得了首都建筑家协会等五个单位授予“我喜欢的具有民族风格新建筑”。该工程主体结构完工后，因招商投资方问题现在闲置，非常可惜）。

建院是我学习、成长、成熟、成功的地方，是我永远难以忘怀的故乡。

在联合国工作的日子

刘文占

在 1971 年 10 月 25 日第 26 届联合国大会上，对由阿尔巴尼亚等 23 个提案国提出的关于恢复中华人民共和国在联合国的合法席位问题的提案进行表决，以压倒多数态势通过了“恢复中华人民共和国在联合国的一切合法权利”的决议。中央政府在纽约买下了一幢饭店供中国代表团办公、生活和活动、接待。为适应外交活动和安全，急需对这幢房子进行改建。在外交部的主持下，很快组建了一个技术人员小组赴纽约完成对新购买的这栋房子进行改建的任务。

时任北京市建委副主任的万里同志（原为北京市副市长，后任全国人大常委会委员长）与外交部领导商量决定，由外交部负责同北京市政府城建部门共同组建由北京设计人员和施工人员共同组成的一个技术小组完成此项任务。我院派我参加改建代表团驻地住房工作，同时还要求我学习西方的先进技术和建设经验。我即刻投入出国前的准备工作，并参加了外交部为我们这个技术小组组织的学习班。

1972 年 6 月初，由时任外交部副部长的乔冠华作讲话，介绍美国的情况和我们要注意的各种问题。当时，像纽约这样的西方大都市对于我们国家来说，去的人毕竟是少数的，纽约是最发达的西方资本主义国家的心脏，高层建筑林立，当时北京还没有高层建筑，结构专业又是比较重要的一个专业。对我来说，任务艰巨，责任重大。且我是代表北京市建筑设计院去完成这项任务的。1972 年 7 月，我们这个由 10 人组成的技术小组从北京奔赴纽约。当时没有直飞的飞机，要先经缅甸到达巴黎，在那里我们等了 3 天，再换乘从巴黎飞往纽约的飞机。在巴黎等待飞机的时间，中国驻法国大使馆的领导安排我们参观卢浮宫艺术博物馆、巴黎公社所在地——巴黎公社墙，瞻仰了国际歌的作者——欧仁鲍狄埃的墓以及巴黎的著名游览地。

我们这个技术小组一行 10 人，于 1972 年 7 月初来到代表团驻地。这时代表团已从罗斯福饭店搬到新买的房子内，地点在纽约市百老汇马路与66街交汇的曼哈顿岛的林肯饭店，是一幢高层建筑，高十层，有二层地下室，毗邻肯尼迪文化广场、音乐学院等。买的这幢房子约有 270 多套客房，各种配套设施齐全，也有可容纳 260 多人的宴会厅。到达后，我们慢慢地与外交部人员熟悉起来。

纽约的大街是棋盘式的。来到了曼哈顿岛的 66 街中国常驻联合国代表团驻地，作为建

1972 年北京建院承接中国常驻联合国代表团办公大楼改建工程，此照片为第 27 届联大会议期间各部部长、联合国副秘书长等领导与工程技术人员合影。后排右 4 刘文占

筑师、工程师，我们虽然不是搞外交的，但由于我们做的是外事工程，就必须清楚地认识到是在完成中国驻联合国代表团的驻地设计，必须在各方面严格要求自己。

第一届联合国成立大会之后，美国的大富翁洛克菲勒在曼哈顿岛买了一块土地，位于纽约东河河畔，捐给了联合国，这样经过多年的建设就形成了现在的规模。秘书处是一座 38 层的大楼，占地约 5~6 万平方米，其他是单层、多层的各种会议大厅，供联合国大会和各委员会使用。1972 年第 27 届联合国大会有 131 个国家的代表参加。在开一般性辩论大会时，乔冠华团长发言的那天，代表团领导也安排我们这些工程技术人员去大会旁听，叫我们也见识见识。乔团长的发言引起大会上几次热烈鼓掌欢呼。大会堂能容纳约 3000 人开会，中央部分为代表坐席，主席台的台座是镶嵌大理石的台座，敞开式的。各国代表在大厅中央，一排排座位是按英文字母顺序排列的。每个国家代表团代表的座位在前面有台桌，助手在其后，紧随代表坐，不设台桌。在环三面后排的阶梯台阶上，还有旁听坐席。我们这些旁听者也是凭票入场才能坐在旁听席上的。联合国大会的辩论，各国代表谈自己政府的政治、政策、方针……往往是各谈各的，最后没有一个统一的东西，更不好形成决议。大会主席的工作就是宣布开会、散会以及敲锤子。会议一散了之，有的国家的代表不愿听这次大会的内容干脆就不出席了。当然社会在进步，联合国大会的威信在逐步提高，为解决世界人民的迫切问题起的作用日益增大。重要的小型的安理会可以形成决议。五个常任理事国有一票否决权。

我们来代表团之后，黄华副团长就特别找我谈话，由办公室主任邢松鹄参赞带我去找黄华副团长（人们习惯地称他为大使，是因为他曾任过多个国家的大使，来此之前是中国驻加拿大大使）。我接受了黄华大使的接见，他要求我们在美国纽约这个技术发达地区做建筑设计改建工作要特别注意向当地学习。后来我们改建工作就有序地进行了。建筑设计是由纽约廖子光建筑事务所负责的（廖子光是曾任国家副主席的廖承志的侄子），结构设计由我来配合，设备电气承包给当地的施工公司（当地按照“谁施工，谁负责设计”的原则）。廖子光于 1950 年由香港去美国哈佛大学学习建筑专业，毕业后在美国工作，后来办了一个建筑设计事务所。我与廖子光配合是比较多的。这个人随和，而且很负责，且有强烈的爱国心，凡是中国代表团的事他总是热心服务。他很平易近人，与我们同岁（当时还不到 40 岁）。他常表示力争多为祖国做点工作。代表团有活动请他参加一般是我陪同他。他说 1972 年，哈佛大学曾想聘任他为建筑系主任。

由于此次赴美，我还有学习美国建筑先进技术的任务，便通过廖先生帮忙购书并参观等。除了我在书店买了一些结构方面的书之外，廖先生又赠送了很多书籍和美国规范，共四箱，有上百册各专业美国规范与资料。当时是通过代表团领导，由时任联合国副秘书长的唐明照（唐闻生之父，是外交部的司长）给带回来的，交给院图书馆统一造册，可以外借。当时这在学习西方技术方面是起了一定作用的。我为了回赠廖先生，从当时供应室主任刘伯诚那里找到新中国成立以来十大建筑和当时的主要建筑照片，在 1973 年夏天由张一山院长批准，由我送外交部转赠给廖子光先生。廖子光先生曾在 1972 年 10—11 月来北京参观访问，曾来我院参观和技术交流。当时我仍在纽约，他回纽约后曾跟我说，是张镈总建筑师接待的他。

在改建代表团驻地工程中，对于比较重要的建筑材料，领导一般都让我和办公室买材料的人一同去，可能是因为我只是搞设计的工程技术人员吧。我们大多去纽约的唐人街和大的建材市场。我们去买东西遇到所有商人都比较友好，尤其是在唐人街，见我们是中国人，华人华侨特别热情，有的说：“咱们都是中国人，中国的事情我们会帮忙的。”给我们当向导的

1990 年刘文占、董康与甲方研究海尔集团办公楼设计方案

是一个美籍华人——罗伯特 . 李（我代表团雇员），50 多岁，人很老实。生活比较艰苦。但这个人很乐观，他说：“快大选了，我要去投票站，因为尼克松不错，我还要投他的票。”

我们完成改建代表团驻地的房屋后，代表团领导很满意，并表扬我们这些技术人员。

我圆满完成任务，乘机回国时，到达北京机场已是深夜，60 岁的老院长张一山同志亲自去飞机场迎接我，令我很感动。回国后，我尽力将有参考价值的资料、图片、图书整理好，并介绍给广大工程设计人员作参考。如：我将在美国收集到的有关飞机场的设计的有关资料和照片交给正在设计新机场航站楼工程第四设计室的同志们。同时我将在美国购买的图书、规范造册交图书馆，供全院广大职工应用参考。同时，我还举办了各种座谈会。1973 年年初，全院同志召开大会，院领导安排我给大家介绍情况，记得当时是在院三食堂举行的。之所以参加的人员踊跃，是因为 20 多年来，我们很少安排设计人员到美国进行交流。因而，这是一次对个人极其珍贵、对设计院历史的书写也很有价值的事件，应该予以讲述。

装配式大板住宅的兴与衰

金长起

新中国成立后，北京市一直把住宅建设放在重要位置，建造量逐年增加，从 1949 年至 1994 年共建造了 109011 万平方米（见附表），是旧北京市原有住宅面积的 7 倍。初期，建筑全部为砖混结构体系。为了加快住宅建设，北京市从 20 世纪 50 年代中期开始研究试建工业化住宅；1957 年在北郊朱房砖厂建立了机械化生产的砖砌块车间，曾在洪茂沟小区试建；1958 年曾用 8 天时间完成四层住宅基础以上全部工程量的施工。从 1955 年开始试建，至 1961 年，共建造了 5 万多平方米这种结构体系的住宅。但因该体系仍用黏土砖等传统材料，且现场湿作业多、墙体厚、自重大及吊装次数多、不能充分发挥大型机械设备的潜能等，该体系的发展受到了限制。20 世纪 60 年代中期，也曾试建过湿碾矿渣砌块及粉煤灰泡沫砌块，同样因为上述原因未能继续发展。

从 1958 年开始研究试验全装配式震动砖壁板体系（以下简称“震动砖壁板”）。该体系内墙砖壁板在施工现场塔下重叠生产，板厚 14 厘米，外墙为钢筋混凝土夹芯板，板厚 24 厘米，在构件厂预制，平模生产，内外墙均按住宅开间及进深尺寸每间一块。当时因每块墙板面积大且重，运输和堆放均需特殊的车辆和堆放架，并且要立着放，为此，还研制了一种专用车辆，将普通运输卡车的车厢改为 3 米多高的铁架子，运输时将墙板斜靠在铁架子两侧，因形似驴驮货物，故俗称“驴驮子”。

该体系试点工程是在 1959 年开工的。由我院当时的标准设计室设计的水碓子小区住宅（建筑负责人为温永光）、第二设计室设计的北蜂窝小区住宅（结构负责人为邱圣瑜）、第三设计室设计的北京大学学生宿舍（结构负责人为高爽）、第四设计室设计的北京市第 26 中学学生宿舍（结构负责人为叶平子）先后开工，并约在 1960 年先后竣工。墙板在制作过程中还有一段小插曲，如：水碓子住宅的外墙板在构件厂生产时用旧报纸做隔离层，起模后有部分报纸粘在外墙板上，现场组装完成后房屋四面都有报纸，被大家戏称为“大字报楼”。

在试点工程取得一定成效后，为了更好更快地发展震动砖壁板体系，在原北京市建筑工局属下成立了“住宅建筑综合装配公司”（以下简称“装配公司”）及所属第三混凝土构件厂（以下简称“第三构件厂”）。稍后又成立了由装配公司、北京市建筑设计院（苏立仁等同志参加）、北京市建工局施工技术研究所等单位组成的研究小组，为震动砖壁板住宅的发展提供了技术上的支持。

从 1962 年开始，先后在三里屯小区、龙潭小区、左家庄小区、新中街小区、天坛南小区成片建设。除左家庄小区是清华大学设计的以外，其余的小区均为我院设计。在龙潭小区设计时，由我院标准设计室组成了现场设计组（当时称“下楼出院”），组长是张绮云。在现场与工人实行三同，即同吃、同住、同劳动。当时龙潭小区是震动砖壁板住宅最大的小区，有住宅 30 余栋。除两栋为砖混体系外，其余均为震动砖壁板体系。小区还有锅炉房、配电室、幼儿园等配套建筑，共约 10 万平方米。

在以上几个小区的建设过程中，也在不断改进和完善震动砖壁板住宅体系。如：将外墙板生产时的隔离层由旧报纸改为石渣，既起到了隔离作用，又是外墙干粘石饰面，还减少了现场湿作业。又如在生产内墙震动砖壁板前，先在施工现场塔吊四周地面上做地模，在地模上重叠制作墙板。后改为先施工住宅基础并将住宅首层地面做好，用水泥地面做地模制作墙板，此作法被称为“房心生产”，节省了制作地模的时间和费用。

1965 年，有的已入住震动砖壁板住宅的居民反映，冬季室内出现了结露现象。研究小组经过跟踪访问、现场观察及对室内外温度反复测量，将结露部位归纳为：“一顶、两山、四大角”。“一顶”即屋顶，“两山”即房屋两侧尽端墙，“四大角”即建筑物的四个角。原因是保温材料性能差，于是在设计上作了改进，将外墙板夹心保温材料由水渣改为加气混凝土，并加大了尽端墙保温层厚度，墙体总厚度由原来的 24 厘米改为 28 厘米，屋面保温材料也由水渣改为加气混凝土，对外墙四大角空腔处也加强了保温措施，又进一步完善了震动砖壁板住宅体系。而后又在八角村、展览路、航空学院等处建造了一批此类住宅。

为了节省水泥和黏土砖，装配公司在研究小组的配合下，从 1965 年开始试验全粉煤灰工业废料壁板体系，并于 1966 年在第三构件厂内建造了立模工艺生产车间。全粉煤灰工业废料壁板体系的外墙板为 24 厘米厚粉煤灰膨胀矿渣混凝土，内墙及隔断墙分别为 14 厘米、10 厘米厚粉煤灰硬矿渣混凝土，在车间内立模生产、蒸汽养护，不受季节影响，大大提高了生产效率。同时，还研制了装配化更高的整间水渣夹芯大楼板及屋面板，代替了原来的预应力短向板。屋面防水层也改为刚性做法，构件厂在制作楼板及屋面板时，将水泥砂浆楼面及刚性防水层一次完成。至此，装配式大板住宅体系的构配件生产全部转为工厂化。该住宅体系的工程试点首先在天坛东侧的四块玉小区进行，随后又在十里堡、象来街及首钢等地建造了几栋，于 1970 年前后在天坛北侧金鱼池小区改造中大量建造，施工中明显地显示出现场湿作业减少、施工周期大大缩短的优势，并节省了大量的水泥和黏土砖。

整间水渣夹芯屋面板的保温层在板厚的中心。当夏季强烈的阳光透过薄薄的防水砂浆刚性防水层，钢筋混凝土屋面板的温度急剧上升，致使屋面板迅速膨胀。在四块玉小区试点工程中，曾出现过房屋顶层四角的前后檐墙被胀裂的情况。此后，将夹芯板改为实心板，保温层及防水层在现场施工。

从 20 世纪 70 年代中期开始，北京市的能源结构逐渐由煤炭改为燃油，粉煤灰的产量逐步减少。考虑到长期发展，全粉煤灰工业废料壁板也逐步向钢筋混凝土壁板过渡。1976年开始，由我院第八设计室设计的76板住1、77板住1、78BG通用住宅，垂直和水平构件已全部改为钢筋混凝土。与此同时，第三构件厂也陆续建造了平模车间和隧道窑。至此，全装配式大板住宅体系已完成了三个发展阶段，即震动砖壁板、全粉煤灰工业废料壁板、钢筋混凝土壁板。从1958年研究试验，先后共经历了20年。

1975年，在天坛东侧建造了两栋11层钢筋混凝土壁板住宅（结构负责人为陈燕明，建筑负责人为冯颖）。1976年唐山大地震后，经检查未发现该建筑有裂缝等受损现象，开创了建造高层装配式大板住宅的先例。团结湖小区是钢筋混凝土壁板建造量比较大的小区，该小区1978年开工，由我院第八设计室组成现场设计组在现场设计，于1980年前后陆续竣工。

全装配式大板住宅体系因工业化程度高，增加了机械使用费和运输费，全粉煤灰工业废料壁板及钢筋混凝土内墙板还增加了蒸汽养护费，造价都高于砖混住宅。为了降低造价，在成立研究小组的同时还成立了经济组，由装配公司、我院、北京市施工技术研究所、原建工部建筑科学研究院的专业人员组成，我是该小组成员之一，我们深入施工现场、构件厂的各个生产环节，对用工耗料等进行观测、记录，进行分析后提出降低费用的意见，使造价逐步下降。例如：震动砖壁板体系刚起步时造价比砖混体系高30%，到1967年建造新中街时降至仅高8%。再如全粉煤灰工业废料体系，试建时造价比震动砖壁板高23%，到1971年金鱼池小区改造工程的后期，降到了与同标准砖混住宅持平。造价的降低除了经济组的细致工作外，与施工现场和构件厂在各生产环节的改进至关重要。

全装配式大板住宅体系从研究试点开始，就受到北京市各级领导的重视。当时的北京市副市长万里同志曾亲临龙潭小区施工现场视察，并对在视察中发现的问题做了改进指示。当时的北京市建设委员会副主任董文兴同志亲率蹲点小组到龙潭小区和左家庄小区施工现场蹲点，董副主任对工作抓得很细致，如墙板每生产周期有多少块，每周期需要几天，现场塔式起重机每台班的吊次等，他都了解得很仔细，当已入住震动砖壁板住宅室内出现结露问题时，他亲自召开会议研究解决办法，对研究组人员频繁出入住户进行观测的行为，他带有歉意地说："我们这是扰民政策。"除了听取汇报、召开会议外，他很少在办公室，深入各个生产环节，发现问题就告知公司有关人员及时改进，即使是很小的问题，他看得也很仔细。如看到散落到地面上的水泥、落地灰等，因清理不及时而白白浪费掉，他就让蹲点小组人员转告施工管理人员，督促工人及时清理并回收利用。我院当时的党委书记马里克同志，亦亲自到龙潭小区现场设计小组听取汇报，并指导如何做好现场设计工作总结，鼓励大家要勇于创新。

1980年，当时的北京市房管局系统成立了"北京市住宅建筑勘察设计所"，我院第八设计室装配式大板住宅设计组全建制调至该所。1983年，又成立了"北京市住宅建设总公司"，在其下成立了"住宅设计所"，该部分人员又调至该所（后改称"北京住宅建筑设计研究院"）。至此，装配式大板住宅体系的设计、构件生产、现场施工形成了一条龙。

20 世纪 80 年代中期，是该体系住宅最兴盛的时期，建造量达到了历史最高峰(见附表)。改革开放后，住宅开发逐渐融入市场，小开间、小面积户型的装配式大板住宅已不能完全满足市场需求，从 20 世纪 80 年代后期开始，建造量逐年减少，到 90 年代初期，该体系在住宅开发市场被其他建筑工业化体系全面替代，第三构件厂也改为生产其他构件，不久即关闭。

随着改革开放的不断深入，住宅开发市场需求住宅多样化，于是，廉租房、公租房、两限房、经济适用房等被提到日程上来。北京市住房与城乡建设委员会还制定了相关的规定及奖励办法。在钢筋混凝土装配式大板体系消失 10 多年后，我院与有关单位合作，结合当前生产条件及新技术的政策的制定，设计了一种新型住宅体系，即产业化住宅体系。因本人已经退休，对该体系的的特点以及开发过程知之甚少，故不在本文忆述。

震动砖壁板住宅及钢筋混凝土大板住宅现分布在北京各处，全粉煤灰工业废料壁板住宅也有少量仍在，从这些建筑中我们可依稀地看到北京市住宅建筑工业化发展的脉络。它同时又是一种载体，记录并传递着北京市建筑设计研究院在北京市住宅建设中所做出的成绩和贡献。

作者注：因年代久远，对装配式大板住宅体系的每段发展过程中的细节、时间、参加人员等，回忆可能有误及漏记，敬请谅解。

	住宅竣工总面积	全装配式大板住宅面积	全装配式大板住宅面积所占比重 %
至 1978 年	26632	725	2.72
1979 年	2845	205	7.21
1980 年	3757	216	5.75
1981 年	4330	325	7.51
1982 年	4451	309	6.94
1983 年	4891	422	8.63
1984 年	4200	524	12.48
1985 年	4756	391	8.22
1986 年	5010	226	4.51
1987 年	5811	141	2.43
1988 年	5970	163	2.73
1989 年	5775	123	2.13
1990 年	5330	58	1.09
1991 年	5784	30	0.52
1992 年	6478	—	—
1993 年	6490	—	—
1994 年	6501	—	—
合计	109011	3858	—

往事难忘

徐家凤

如今北京市建筑设计研究院新建的高层办公楼已成为建筑界在北京的地标之一，但我每次路过它的时侯，总会在脑海里浮现出设计院的红砖老楼。建筑呈横向“工”字形，两翼为四层，分别布置了六个设计所、标准所和技术管理等八个部门，每个所都有两个可容纳四五十人的大房间，是设计人员操作弦线上的一字尺，专心绘制图纸的空间。而中间的第五层排列了几个乒乓球桌，是设计人员休闲时挥拍厮杀的场地。我如此地怀念它是因为它陪伴我度过了难忘的岁月。我曾和王惠敏老院长闲聊设计院的往事，戏说如果要编写我院的历史和故事，可能会编写出好几本章回体小说。因此，由于篇幅有限，只能略说一二。

第一件事要说的是北京市建筑设计研究院支撑了北京市女建筑师协会的成立。1985 年，我因公出差去香港，得到定居在港的设计院老职工盛声遐夫妇的热情款待。回院后，我与同事兼好友陈宗纹谈起他人过得逍遥休闲，而我们却为工作与家庭终日劳累，便萌发出建立一个俱乐部能让女建筑师们在生活上找些乐趣的想法。我们找到黄晶同志，三人一拍即合，并商定了三条原则：一是要依靠北京市建筑设计研究院，大树底下好乘凉；二是会员不局限于本院范围，可以扩大到北京其他院校；三是不仅开展娱乐活动还要有学术交流。经过我院的大力支持，北京市女建筑师协会于 1986 年 3 月 8 日正式成立。第一、二届会长是黄晶同志，第三届会长是赵景昭副院长。我们展开了丰富多彩的活动，如学术交流、参观访问、专题座谈、郊外旅游等，其间也发生了不少趣事。记得在一次由协会组织的节庆大会上，主持人让我上台去为大家抓阄摸彩，我竟然抓到了自己的号码，经公证人核实有效，台下一片惊讶声和鼓掌声，以至于之后每个来宾上台抓阄时，玩过麻将的人们齐呼“自摸”“自摸”，虽然会场上的气氛热烈沸腾，但奇迹再没重现。我得到的奖品是一个望远镜，我一直珍藏着它，因为我想让它守护着我对设计院和协会的怀念。我更想说的是，协会成员参加了 1995 年在京郊召开的第四届世界妇女大会，参加论坛的大部分人员是我院的女建筑师，有赵景昭、黄晶、陈宗纹、周文瑶、马利、吴亭莉、吴竹涟、高莺、黄汇、黄薇、章阳、卜一秋和我。论坛的主题是“住房、家庭、妇女”。院方还安排了刘开济总建筑师做我们的顾问，他调侃地说他是我们协会的“托儿”，实际上他流利的英语是我们对外交流的通畅桥梁，他热情的鼓励是我们建立自信的精神支柱。大会通知每个论坛有一天可以使用室外帐篷开展活动，而安排我们使用的是大会的最后一天，有些妇女代表已经回国。当天正值中秋，但天公不作美，细雨霏霏，凉风习习，我们只能在帐篷内高声齐唱外国民歌，响亮悦耳的歌声飘出了帐篷，不同肤色的代表走进了帐篷，片刻之间全场爆满，座无虚席。我们抓住时机，首先是刘总发言介绍我们协会的性质和表示热烈的欢迎，接着几个理事朗读了自己的英文讲稿，并放映了相关的幻灯片，之后回答代表们提出的问题，她们最感兴趣的是中国女建筑师们的获奖作品和如何处理好家庭及工作的矛盾。由于估计错误，我们准备的月饼不够，只能每块一分为八，才让每个代表人手一角，共度中秋佳节。最后，我们全体手拉手同唱《可爱的家》、*Home Sweet Home*，在彼此的眼神中感到了心灵上的沟通和情感上的互动，我认为应该将这件大事记载入我院和协会的史册里。

第二件事是我在退休前十多年内，竟然有机会连续参加三位院总建筑师主持的工程，这为我的设计生涯画上了一个美好的句号：一是熊明总建筑师主持的昆仑饭店；二是吴观张总建筑师主持的首都宾馆；三是何玉如总建筑师主持的大观园酒店。参加昆仑饭店工程是我获得这些机遇的第一步，但差点失之交臂。当时院党委书记张培志同志找我谈话，说昆仑饭店的方案已由我院出差去美国的建筑专业人员确定，但需要其他专业人员的配合，因此院领导决定再组织六人去美国，但需另有一人与他们同来回。院里要求这人符合三个条件：一是年龄在四十五岁以下；二是回国后能承担一部分建筑设计工作；三是有一定的英文基础，能保证大家路程上的安全。前两条容易确定，领导为选符合第三个条件的人，向一些人了解情况，他们都推荐了我，领导想问我个人的意见。我表示自己难以胜任，大家提我名可能是因为我的人缘好。他要求我考虑后再给他回答。当天晚上，几个好友力劝我不能坐失良机。第二天，我怀着忐忑不安的心情，去接受了这项任务。其实我英文就是在教会中学打下了一般基础，在大学里只有俄文课，但当我院举办以刘河同志为老师的业余英文班时，我每堂课都是匆忙地在食堂里买个馒头直奔教室。因为中学里教英语的都是西方老师，从不谈文法，好多方面我是一知半解，但刘老师耐心地讲解英语文法，特别是对句型的剖析使我对英语的理解有了一定程度的提高。当时朱祺莱同志和我在每次考试中，都是名列前茅，成了刘老师的“高足”。这件事使我懂得，只有平日积累，才能抓住时机，把偶然变为必然。最后，我总算完成了任务。在全体人员先后由美国回院后，领导在熊总下面安排了四个建筑设计负责人，有刘力、耿长孚、朱家相和我，四人分兵把守，各尽其责，我负责的是后勤部分的设计。在该工程施工图结束之际，张德沛主任建筑师到六楼我家中，告诉我首都宾馆工程因为错综复杂的后勤部分建筑设计未定，影响了工程初设的进展，希望我能参加此工程。他是我心中德高望重的前辈，我是盛情难却，立即走马上任，之后在大家共同的努力下，完成了初设。由此我感到任何工作只要你悉心研究琢磨，都是一个享受的过程，成果更会带给自己自信和愉悦。接着，我不仅参加了该工程设计的全过程，还与高婉莹、李志红、朱一林留在施工现场直至峻工，而且四人成为至今有机会就相聚叙旧的好友。当时我院已成立室内装修设计组，由于我在院研究所主持的两个科研项目都与装修设计有关，因此我被编入了该组。小组成员由建筑专业设计人员和毕业于中央工艺美术学院的设计人员组成，我是初期的负责人之一，实际上在技术方面的领军人物是刘振宏同志。不久，领导安排朱一林和我去大观园酒店担任室内装修设计负责人，从工程开始一直到施工结束。朱一林是中央工艺美术学院的高材生，为人谦虚好学，经过漫长时间的良好合作，我们成为了亲密的忘年之交。我更想说的是，在不少的接触中，我感到三位总建筑师都是学识渊博、经验丰富、勤于创新的建筑大师。至今我还记得昆仑饭店的中庭（Atrium）、观光电梯（Observation elevator）和屋顶层的旋转餐厅（Revolving restaurant），当时这三者很少应用在其他公共建筑中。熊总还把中庭内的几个垂直风道处理成一组高低错落的山石，阳光透过硕大的玻璃顶棚，人们在其下走动，步移景换，得到了良好的视觉效果。熊总即兴为各餐厅冠名，更使我领略到他深厚的文学底蕴；在首都宾馆工程中，吴总则运用了基本的几何图案为网络，在室内营造出无数变化的空间，并赋以建筑物具有特色的外型；何总在大观园酒店平面的主轴线上布置了主要厅堂，两侧则以两层楼为主体的四百间客房，围成具有各自个性的四个四合院。在细部处理上，既保留了中国建筑的固有元素，又溶入了现代简约浓缩的手法。与他们的合作，使我受益匪浅。这三个工程在当时都是规模较大、在功能和艺术两方面要求较高的项目，但全都多次获奖，我想这与一人挂帅、众人上阵的团队精神有极大关系，真希望这种释放正能量的精神能在我院今后的工程中得到发扬和传承。

记得有个韩剧里有这么一句话，把对别人的帮助写在沙滩上，把对别人的感恩刻在岩石上，意味着让前者随风而逝，让后者铭记在心。今天，我想借此机会向曾经培育过我的北京市建筑设计研究院和曾经帮助过我的同志们致以衷心的感谢。

昆仑饭店

昆仑饭店室内中庭

昆仑饭店顶层旋转餐厅

小型使馆设计经历

张令名

20 世纪 70 年代初，伴随着我国恢复在联合国的合法席位，世界上越来越多的国家争相与我国建立大使级外交关系。北京出现了外国驻华使馆奇缺、使馆设计和建设供不应求的局面。我国外交部及北京市外交人员服务局，全力以赴，抓紧落实此项工作，把它提升到贯彻落实毛主席革命外交路线的高度来对待。作为重点工程，这项设计任务被指派给了我们北京建筑设计院。院领导对此极为重视，很快安排一室和二室组成骨干班子奔赴工地现场，进行以工人为主体的三结合现场设计。一室分配在三里屯使馆区，二室分配在建国门外使馆区。建国门外使馆区包括美联处（后来的美国驻华大使馆）、日本、巴西、希腊、科威特、乍德、菲律宾、喀麦隆、布隆迪、加篷等共十二栋使馆，工程编号是 71—506 及 72—522，地点在秀水西街。二室的现场设计人员由熊明、段又中、曹学英、肖济元、翁如璧、胡明林、张令名、李兵、聂志高、许淦坤等人组成。还有一部分人员在“家”支援，作为强有力的后盾。此外，还请到了张鎛、张开济、巫敬桓、戴念慈（建设部设计院）、陈登鳌（建设部设计院）等人来现场进行指导。他们不仅发表了真知灼见，还亲自构思并亲手执笔进行修改和深化。张鎛

张令名在 70 年代二室班组活动中

还亲自徒手绘制了秀水西街南北方向十栋使馆的综合街景立面，这是一个中心大对称、轮廓线很丰富的很有特色的外观形象。老专家们的热心指导，中年骨干的承上启下，小字辈们的勤奋好学，加上全体人员的团结配合，构成了很有战斗力和亲和力的团队。由于身处施工工地，施工单位是北京最优最强的一建公司和五建公司，甲方亦是外交人员服务局的资深高端的领导和专业人员，并且常驻现场，这对我们密切联系实际、不断更新知识很有益处，同时也带来了设计、施工、验收、管理、服务一条龙，井井有序的好局面。

使馆工程不同于一般民用建筑，因为不同的国家有不同的特点。使馆区在首都北京也是一个比较特殊的地带。特别是当时正处于阶级

斗争年代，这里对外不开放，给人戒备森严、冷冷清清的感觉。北京的老百姓很少有人来这里走动。一天，设计组有人路过街东的捷克斯洛伐克大使馆，因为该馆是捷方自行设计建造的，外形风格略有特色，装修亦非同一般，于是停下脚步想走近细看，还评论着，更有一位指指点点，招致了警卫人员的拦截。警卫人员先是敬礼，然后盘问，态度十分严肃。经过设计组人员一阵耐心的解释和自我交代，气氛才略有缓解，人们算是躲过了一次“里通外国”的风险，这虽是一场虚惊，但引起了大家的注意，并增强了相关意识，不算是坏事。

一栋使馆一般由办公楼（含大使办公，参赞、武官、一秘等官员办公，随员办公及相关用房），电报（含机要），宴会（含接待），大使官邸，官员宿舍及室外工程（含大门、围墙、广场、停车、旗杆、庭苑、绿化、花房、小品、平台、游泳池等）等组成。社会主义国家和第三世界国家的使馆多以办公楼为核心，而资本主义国家多以大使官邸为核心，围绕核心，设计好适用、合理的功能流程和美丽舒适的空间环境，并使其各有特色，需要创优创新，精益求精，有一定的难度，不仅要多方案比较，还需要不断地深化完善。

使馆设计的工程造价是每建筑平方米 300 元，这在当时国情国力的前提下，已经是高标准了（2014 年北京望京新区的开盘价是每建筑平方米 9.5 万元）。设计工作遵循着实用、经济、在可能条件下注意美观的主导思想，处处深思熟虑，又精打细算，不浪费一分钱。为此，各栋使馆都没有设计中央空调，只在局部使用了窗式空调器。外墙装修多数选用的是马赛克和美术水刷石。乍德使馆采用了清水砖墙（窑底砖），外窗是空腹钢窗，单层玻璃。日本大使馆的坡屋顶，原本打算采用琉璃瓦，后来经过现场的多次实验，改用了水泥瓦喷两道绿色无光漆，虽然是以假乱真，但效果也很不错。美联处的办公楼大厅地面，没有采用磨光花岗岩及大理石，只选择了盖平红加地板红的现制水磨石地面，效果也不失庄重大方。有些使馆的室外平台、庭院小路，采用了碎拼大理石，这是因为有些设计人员，在去大理石厂参与加工定货时发现，有些各种颜色的大理石碎片，作为下脚料，堆积在车间外，准备当垃圾处理掉，于是想，可否利用这些材料加上白水泥浆碎拼成各种颜色、各种花纹的地面，做出效果，比如用黑、白、灰拼出来的平台地面酷似龟背龟纹，用橙、黄、绿拼出来的庭院小路又很像蛇皮蛇型，有点儿动感，而且这些材料，零成本，只花施工单位自己的运费，纯属是少花钱、多办事。另外，每栋使馆都设有旗杆，过去旗杆出了故障，都需搭脚手架修理，即费钱，又费力，这次我们设计了一种可以放倒的旗杆，解决了这一难题，而且，也没有多花钱。

现场设计组是一个团结温暖的大家庭。每天早晨，十多个人从四面八方来到专为我们搭建的工棚内。工棚内通长的桌面是用粗木板钉的，凳子是用脚手板固定的，图板用木龙骨斜架在桌面上，房顶上吊着 40 瓦的霓虹灯管儿。我们自带文具图纸和随行物品，就算是“全副武装”了。屋子中间还钉了一个比较大的桌面，可以作对图、开会、议事之用。每天人员一到齐，就先说说昨天和当天设计的事，谈谈每人手上的疑难问题，接下来大家集思广益，各抒己见，虽有不同看法，但气氛都很融洽，日常的问题有组长段又钟来归纳协调，大一点的问题可等老专家们来的时候再议。定下来的事，大家就全力以赴执行，不拖不等。设计组内形成了老、中、青三结合，尽量把每个人的特长都调动起来。当每栋使馆的方案性问题有了眉目以后，组里有意识地安排“小字辈儿”们分头分栋主持设计，大家都很努力认真，老专家们和中年骨干给予指导、传授、把关、辅导，很专注细致。这使我们少走了不少弯路，也使“小字辈儿”们有了更多的学习和实践的机会。

现场设计组有一名特殊的成员，她叫埃米拉，是阿尔巴尼亚驻华大使的女儿。她是学建筑设计的，经过与外交人员服务局联系，要求到设计组来工作。她二十来岁的年龄，说一口流利的俄语，正好组里有翁如璧俄语水平高，工作上生活上与埃米拉沟通起来，似如鱼得水。组里还有人具有初级俄语水平，也能与埃米拉进行一些简单的交流。当年中阿两国关系特别好，两国人民之间的友谊特别深，埃米拉性格内向，工作和学习都很踏实，一点儿都不张扬，给组里带来很温和的气氛，有时翁如璧陪着埃米拉到工地现场走走看看，跟建筑工人说说话，过了一段时间，从工地里传出来热情的赞扬声：“现场设计组里还有两位外国人呢，都是女的”。

使馆设计很受上级领导的关注，他们有时到现场来，看看问问，一般不大范围活动，也尽量避开和外国人接触。听到现场有个别人讲一些神经过敏的话，设计人员也很少过问，必竟当时处于特殊年代，免得招惹是非。值得庆幸的是，这年万里同志重新出来工作，他来到现场，深入第一线，运筹帷幄，起到了一位总指挥的作用，并且高瞻远瞩，调动一切积极因素，及时解决了许多疑难问题，给了这项外事工程以极大的推动力，使工程进展出现了大好的局面。万里还十分关注使馆工程的设计工作。我们设计组的人，经常跑回到院里晒图，争取能让万里同志多给看看，听听他的指示。使我们更为感动的是，我们敬爱的周总理，在他百般劳累又日理万机的时刻，也曾来过现场巡视。对此，我们感受到了极大的温暖和精神鼓励。

秀水西街北侧不远处，有一所肿瘤医院，规模不是很大，但名气不小，已经接诊多年了，为了照顾新建使馆区的环境，在这里设置了三十米宽的隔离带，里面种满了树苗，但是后来接诊和治疗的患者增多，给附近使馆的外国人造成了一点儿精神压力，为此，北京市政府决定把此医院搬迁出使馆区，并责成市规划局另选地址新建。从此以后，这里变成了全新的绿地，景观环境彻底改善，附近的使馆均得以受益。

建国门外使馆区的新建十二栋使馆，从设计出图到竣工验收，总共用了将近三年时间、每栋使馆都将以出租的方式，提供给各国使用，其间都有一个陪同外国使团选定和认同的过程。其中最大的一栋是日本大使馆，日本首任驻华大使小川先生亲自带领他的主要随员，由中方的官员和翻译陪同，前来认定。设计人员也出面参与，主要是作一些专业性的介绍、交流和答疑。日方官员们手上拿着缩图，带着相机，每一栋、每一层、每一间，乃至每个部位，从室内到室外，都看得非常仔细，而且边看、边议论、边拍照，外带指手划脚，用了足足有半天的时间，把翻译累得直冒汗珠。因为迁涉日方是准备租用本栋使馆，还是准备自行设计、自己建造的关键问题，中方人员很想听听小川大使的意向，他的随员们似乎也期待他的表态，小川大使说：“我看了以后比较满意，不过这事今天定不下来，明天还会有人再来看，他看过之后，如果点头了，这事才能定下来！”中方听了，有人盲然不解，有人非要追问：“明天来的人是谁？”此时翻译略显为难，但机敏的小川先生早已听明白了，他“指令”一位随员面带笑容地回答：“明天来的人是小川大使的夫人！”众人听了之后，心领神会，笑不做声。第二天，果然由小川夫人带队，又来巡视了一遍，随员依旧，内容依然，只是理节显得更多了，当听到小川夫人问话时，她的随员们回答更为响亮，弯腰鞠躬的深度和次数更为认真，当她走进大使官邸的宴会厅和接待厅，看到油漆彩画沥粉贴金的内装修时，一阵惊喜，情不自尽地用汉语喊道：“啊！漂亮！真是漂亮！”随员们紧跟着也“哈依！哈依！”地表示赞同。关于沥粉贴金，当年北京在世的能做设计和施工的专业人员只有两位，一位是我院研究室的郭汉图老师傅，另一位是五建公司的王老师傅，他们二人年势较高，年龄相近，师从同一位老师，这次二位在使馆工程相见，既是老友重逢，又是珠联璧合，郭师傅精心设计，出图细致，并亲自来到工地现场交底，王老师傅则带领一班又年轻又上进的徒弟，师传手艺，苦练真功，精心实践，在他们的密切配合之下，大出风彩，博得了各方面的好评，也获得了小川夫人的赞叹。小川夫人对室外平台和游泳池的设计也表示满意。接下来，她的表态使随员们和中方的官员们都转忧为喜，这事就算定下来了。

其他各栋小型使馆，也陆续开始了物色和选用的程序。按照中方的规定，每栋小型使馆的月租金是 3000 元，这在当年设计人员的头脑里几乎就是天文数字（题外话：当时建筑设计院住平房的员工，住房的月租金只需几毛钱，电费和水费才只有一两毛钱，真想不出花 3000 元租用的房子，是个什么水平）。各国使馆进驻以后，中方一般负责安排服务人员，包括：中文秘书、卧车司机、保洁、佣人、厨师、园丁（花工）等，他们的月工资都在百元以上，有的还更多，相比于设计人员每月四五十元的工资来说，差距不小。

建院二室除了承担小型使馆工程之外，还承担了建外高层外交公寓的设计任务。这也是当年颇具水准和十分显赫的重点工程项目。参加当年的这些“外事工程”设计，使大家受到了一次毛主席革命外交路线的洗礼，尽管有人带着阶级斗争、路线斗争为纲的意识对待周围的人和事，但大多数设计人员本着对事业、对国家忠贞不渝的精神，扎扎实实，努力认真，做好自己的工作。在他们头脑里，很少有个人的名和利，较多的是专心致志的投入和点点滴滴的奉献。二室乃至建院，由此也收获了一点点设计水平的提升和专业经验的积累，这在当时也是难能可贵的。

几十年过去了，当今的建国门外使馆区，尤其是秀水西街的南北两侧和它的周围，已是旧貌换新颜。多彩缤纷、型态俊美的小型使馆建筑，酷似镶嵌在绿色花园里的璀璨明珠，年久而不失修，成熟且更加俏丽，酷似珍品，极为珍贵。如果建筑环境之美与人们心灵之美能更加和谐地融为一体，将会给古老的京都一隅，带来新的思维和别具一格的景象。历史的一页，难忘的记忆，今天仍值得回味和珍藏。

建院的第一台微机

孔宪文

走出军校大门，我一生前进的方向就决定了，计算机工作是我一辈子的追求、事业和乐趣。

1977 年，当具备了十多年的计算机工作经验后，我被调入北京建院研究所计算机组。那时机组的十多个人天天围着国产中小型计算机 TQ-16 机转，无论是机组人员还是上机人员都是很辛苦的。举二例：一是数据输入，要用穿孔器手工一个个按压穿孔在长长的纸带上，通过外设光电输入机输入计算机里，一个孔穿不对就会导致计算机运转结果错误，检查修改非常不易，需要多次往返进行，费时费力、伤眼累人，工作效率远远比不上现在的键盘；二是极为重要的大量工程图纸也要用手工在绘图板上描制，更是费时费力、伤眼累人，效率极低。

就在同一年 4 月，清华大学、安徽无线电厂和电子部 6 所组成联合设计组，研制成功 DJS-050 微型计算机。这是国内最早研制生产的 8 位微型计算机，用的是 DOS 系统，虽然各项指标都不高，但引领了我国计算机发展的方向。

我院的第一台微机 C8001MU 就是在这样的背景下诞生的。

我院第一台微机的诞生是不算晚的，而且很幸运。1981 年的一天，我院接到国家科委的一个发文，记得大概意思是：香港梁绍裘建筑事务所要赠两台微机给国内的建筑部门用，经过商定，选择了我院和广东建院，两个单位共派六人到香港接机。我们接的微机型号是 C8001MU。我被领导定为带队人，和搞建筑应用的吴斗发同志、搞软件应用的牛兰田同志三人在 6 月末去了广州，与广东院计算中心的三位专业人员一起到广东省科委。广东省科委谭主任接见了我们，并交代以我为主与广东院的郑天键共同负责六人的接机任务。那时香港还未回归祖国，去香港就像出国一样郑重，待人处事要符合“国格”，一切要注意影响，我的心里挺有压力的，自觉担子很重！

带着一路的颠簸、波折和辛劳，晚上十点多才住进了招待所，第二天就到梁先生公司上班。我们三人有分有合接受培训。安排的内容很多，一时难以消化，但要抓住主要的，尽可能记全记准，以便回来后能独立工作。无论介绍和讲课，主要用粤语，一开始就给我来了个下马威，一天下来效果甚差，后来有一起学习计算机硬件的广东院的小古翻译，效果好多了，我很感谢他。我们三人中，吴斗发同志会说广东话，带来很大方便。生活上也会遇到不顺，一天上午我们顶着台风去听课，到地方才知刮台风不用上班，白跑了，只好回到宿舍看资料，下午台风停了又跑一趟去听了软件课；还有一天，晚上回到宿舍发现我的东西行李全都没有了，怎么也找不到，虽然着急，也没有和租房公司发生直接冲突，而是按规定找了有关方面得以妥善解决。

除了听讲，还安排了几次参观，一次是看了在当时还很稀罕的中文终端显示器，一次是破例参观了“谢绝参观”的磁头车间，我们接的微机C8001MU是用磁带作为活动存储器的。

时间飞逝，二十多天过去了，该检查验收机器了，我们准备的条文很多，但是一条都难以实现。比如：争取能有备件，结果没有；争取资料齐全，结果只有很少一点资料还是英文的；那么起码要保证机器运转正常，能为我院工作服务，可见到的是当样机的另一台机器，至于能否为我院服务，服务到什么程度，那不是当前在港的事。为什么呀？因为是人家赠送的，咱不能白吃枣嫌核大。至于软件和硬件的指标如何等其他一些要求，都近乎是妄想，也就不必再一一提出了。验机的条文几乎都变成接机回院之后的事了，更确切地说，以后很长一段时间是要靠我们三位接机人员共同去努力的。我深感责任的重大！

接机的三人，虽有着各自不同的工作经验，但都是初次接触微机，困难都不少。当然困难再多也远比不上收获多。在港期间，除了学习、工作，公司还为我们安排了几次休闲娱乐活动。十分感谢梁先生，感谢所有为我们服务过的在港同胞！

第一台微机安全押运而回。院里很快在临

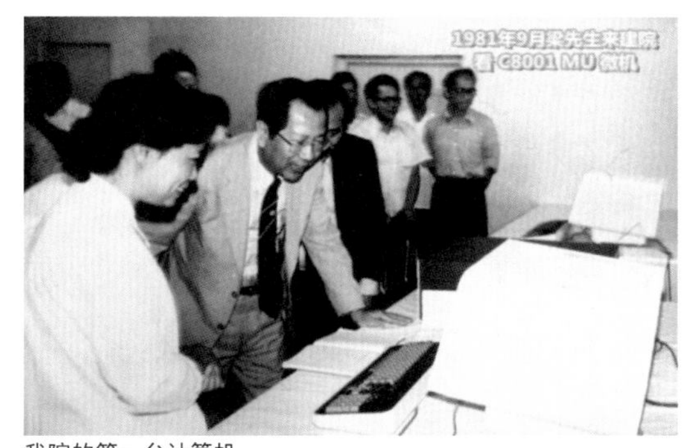

我院的第一台计算机

街的老办公楼四层找了一间屋作为机房兼办公室，慬慎拆箱安装。我们把第一台，也是建院唯一的这台微机视作婴儿一样呵护。每一步都很小心地检查正确后，加电自检正常。能运转了，大家非常高兴！不久后香港的梁先生到国内进行参观访问时，来我院看到赠给我院的微机能正常运转，更是高兴不已。

高兴归高兴，难事在后头。

先介绍一下这台微机的技术性能：主频4MHz；内存容量128kB，硬盘容量10MB或20MB，磁带容量12MB，别的不用说啦，以现在的眼光看是不是太可怜了！可当时，那是我院领先使用，在国内最早应用在建筑领域的第一台微机。C8001MU是美国UNYX系统公司于1980年正式推出的8位字长最新设计的多用户微型电脑。

麻雀虽小，五脏俱全。要学习的内容又多又新，工作量之大、时间之紧迫是难以描述的。当时我是建院计算站微机负责人，心想，过一段忙不过来提出增加人，可没想到，几天后接机的人反而被调走一位。本来一个萝卜一个坑，现在两个萝卜三个坑，两个人要完成三个人的任务。一台机器我们两人轮番使用。过去我是学俄语的，参考着不熟悉的英语资料，近百条系统命令的功能要诠释，要在机器上试通；急用的多用户 BASIC 语言的百多条语句和函数也要诠释，也要逐条逐个在机器上试用。不上机时就看资料，并查字典进行笔译，试编一些适合我院的实用程序等。

一边做着能上机的工作，一边翻译着仅有的两本英文资料。几个月的时间我们终于完成了两本便于查阅的汉语资料：《C8001MU 微型计算机用户手册》和《C8002MU 微型计算机用户手册》。C8002MU 是继 C8001MU 之后同一公司推出的最新设计的 16 位多用户微型机，院里曾有过购买该机的打算。记得当时买这样一台低配置微机需近 2 万元人民币，因款项未落实，后来要急用，花每天 100 元人民币租了一台国产机。这两本翻译资料共 6 万汉字，于 1982 年在院里出了书，供上机人员使用。与院里文具库配合编制了文具库应用程序，记得当时在文具库工作的李厚娟同志是我院微机应用的第一位尝试者，她觉得省时省力，比人工管理效率高多了，修改存档都很方便。也编制了计划科应用程序、设计剧院使用的视差计算程序等进行了使用，大大提高了工作效率。后来这台微机调拨给了行政科。我给院里的职能部门讲过微机课，进行过院办微机收发文管理课题研究，当过至少三年的微机技术档案管理课题组组长，编制了大量难以计数的应用程序。

微机个头小本事大，具有体积小、重量轻、耗电少、性能价格比最优、可靠性高、结构灵活、使用方便、维护方便等特点，它很适合在我们建筑单位使用。我的计算机工作经验告诉我：微机的发展前途一定是艳阳天！那时我就下定决心，在离退休还有 20 年的有限时间里，无论有多大困难，我都要和微机紧紧捆绑在一起！都要为建筑事业做出贡献。

我院的第一台微机也炼就了我，更坚定了自己工作的信心。在后来的几年里，我用 BASIC 语言，dBASE 数据库技术编制了其他许多实用程序，减轻了设计人员和管理人员的负担。

为了更好地让微机应用于建筑事业，我毅然决定到设计所去！1988 年 12 月 12 日，我迈进了首先看好微机发展的建院第一设计所（简称“一所”）的大门，我担当了一所计算机负责人。一所像个温暖的大家庭。和一线的设计人员在一起，我也像是一线的战士，迅速开展了微机知识的讲课和普及，同时进行着微机的推广应用，也参加了一些课题的研究。在一所领导的直接领导、关怀和支持下，我这个计算机专业人员与各建筑专业人员密切配合，充分发挥了各自的潜能，使微机应用的步伐大大加快。在我从一所退休前的 12 年里，我亲眼看到设计人员是怎样甩掉了落后的绘图工具——绘图板，用微机画图，用绘图机出图，极大地提高了绘图质量和出图效率，从而使经济效益也大幅增长。看着那一张张漂亮的图纸，我心里多么高兴！一所的微机发展非常快，像雨后春笋般茁壮成长，也进一步证明了微机的生命力是多么强盛！微机的数量从无到有，从 1 台到 400 多台（包括当时还未淘汰的），微机的应用从一个专业（结构）到多个专业（建筑、结构、设备、电气、管理等）得到全面广泛的应用。

从以上看来，难道不可以说 C8001MU 这个我院第一台微机在建院微机的发展史上起到了星星之火可以燎原的作用吗?

回想到我院近四十年前的这台“微机”的故事，再看看现在手中的笔记本电脑和 IPAD，我感到历史的珍贵，时代在前进!

我的成长

刘秉琛

我院为了适应首都北京的发展，1954 年从社会上招收了 108 名初中毕业生，我就是其中一员。同年 9 月至 12 月，建院对这批学生进行了各专业培训。12 月 1 日，我们进入设计院参加了工作。当时，北京是中华人民共和国的首都，是国家党、政、军重要机构所在地，又正值国家第一个五年计划期间大建设大发展之际。而设计单位作为各行业的先行，我院承担着超出常规的大量设计工作。为了满足工期的要求，我们一开始工作就赶上了天天加班的热火朝天的建设时期。当时我院的整个设计大楼整夜灯火通明，犹如长安街上的“水晶宫”（当年的形象用语）。我们这些年轻人一开始就赶上了这激情燃烧的年代应该说是幸运的。这个年代赋予了我们太多太多，我们就是在这极其繁重的工作中经受了磨练，在思想上和技术上得到了很大的提高而成长起来的。我到退休时在建院工作了 42 年，这 42 年短暂而漫长，我成长为一名成熟的设计工作者，为首都的建设事业做出了贡献。

我所在的建院第四设计室以设计综合医院建筑更为擅长，在 1955 年期间承接了大量不同规模、不同专科医院建筑的新建、改扩建任务，包括北京市第九综合医院（现朝阳医院）、第十综合医院（现宣武医院）、第二传染病医院、妇产医院、医学科学院高干医院（现阜外医院）等。我一参加工作就在四室参与医院设计工作，开始接触医院设计的现场调查研究工程回访，针对设计中的问题不断总结，逐渐积累经验。我工作的前两年是在老同志的帮助下制图，十年后，我开始独立设计医院工程，在工作和学习中积累了大量知识和经验。1963 年，我主持设计了人民医院实验楼扩建工程，随后又设计了人民医院妇产科楼。“文革”期间，我们四室设计组在门头沟为解放军设计了野战医院，其中我主持设计了传染科病房。1969 年，我进驻同仁医院现场设计，主持设计了北京同仁医院眼科和耳鼻喉科门诊楼。作为当时同仁医院的优势门诊科室，眼科和耳鼻喉科的老房子已不能满足使用需要，新建门诊楼的过程中，我们对全院进行了全面的发展规划。20 世纪 80 年代又对同仁医院全面扩建了整个门诊和医疗楼。

我们的工作和生活始终随着社会的发展而变化。1956 年整风反右活动开始，毛主席发表了《论正确处理人民内部矛盾》的文章，要求知识分子与工农群众相结合，参加集体劳动锻炼。1957 年，我院开始下放干部参加劳动，我是第一批下放到北京市第五建筑公司——苏联新建大使馆工地参加劳动的人员，当时的工地红旗招展，热火朝天，我们劳动的干劲也很大，推砖、挑灰，在工地上和工人师傅打成一片，真正是同吃同住同劳动。1957 年，我国经济建设发展的第一个五年计划胜利地完成了任务，整个社会爱国热情十分高涨。

中央为庆祝新中国成立十周年，计划在北京建设一批重大建筑工程项目，包括人民大会堂、革命博物馆、历史博物馆、国家剧院、军事博物馆、艺术展览馆、民族文化宫、农业展览馆等，并要求在新中国成立十周年前建成。我院作为承接这些工程设计工作的主要单位，设计人员十分紧张，院领导决定立即把下放人员全部调回建院开展设计工作。回到院里，我被分配到人民大会堂现场设计组，从此一直到 1958 年一年的时间（实为 10 个月），前期我负责大会堂 4 段的设计绘图工作（人大会堂工程分为 4 段。1 段、2 段为大会堂东侧，3 段为大会堂西侧，4 段为人大常委会），后期我又被调到常委会的 4 段负责设计绘图工作直到工程竣工。让我终生难忘的是，在施工即将完成的一天，我有幸见到了敬爱的周恩来总理来工地视察，周总理为我们建设者带来了中央和全国人民的关怀和问候。大会堂建成后、有一个苏联建筑师代表团来参观，他们对我们的设计

1993 年蔚根补书记（右 4）到国务院看望我院驻现场设计人员。刘文占、刘秉琛、于忠信参加

和施工速度给与了极高的评价。大会堂使用一年后，我又被派到人民大会堂现场做竣工图，有幸参观了大会堂的各个部分。作为参与的建设者，我感到十分自豪和光荣。

从大会堂工地回到院里后，我又开始了医院建筑的设计制图工作，如：阜外医院、305 医院等。这个阶段，我曾有幸和部分老领导、老专家一起工作，我与华揽洪老总一起设计了北京第二医学院工程，我们设计的第二医学院学生食堂，那好像足球场一样大的食堂，至今让我难以忘怀。

1970 年，我又被下放到工地，当时在北京电影制片厂现场摄影棚设计小组，我设计了特技摄影棚和服装道具库。在现场和工人师傅漫长的劳动中，我了解了在设计构造上的一些做法，包括对建筑门套、墙面装修木砖的预留，厅堂屋顶线角的做法，尤其是灰线的线角具体做法（原来都是现场制作，现在都可以预制）。回院后，我参加了北京长话大楼的现场设计组工作，同时又设计了北京建工局职工医院病房楼扩建、新建行政办公楼和同位素楼，对同位素的储存和分装、气体和污水的处理都有了深刻的认识，进一步丰富了自己的知识。

20 世纪 80 年代初期，设计室领导叶如棠把友谊医院33000平方米的设计任务交给了我，我经过现场调研做了 7 个设计方案供甲方挑选，经过北京市卫生局、北京市规划局、友谊医院党政领导研究决定，批准选用了我设计的方案。病房采用单走廊的紧凑型方案，面积利用系数较高，病房楼共十四层，一层东西分别为干部和外宾门诊，二至五层为干部病房，共计 104 间，均带卫生间，六至十四层为普通病房，共计 260 间。经过我们的努力，友谊医院如期建

成，有效地缓解了老百姓的看病就医难的状况，我作为设计参与者感到由衷的骄傲和自豪。

北京申办 1990 年亚洲运动会期间，为保证运动会期间的医疗保障工作，北医三院委托我院设计新病房楼，我接受了这项任务。自 1988 年开始设计，这幢病房楼建筑面积 1 万平方米，一层为制剂室、二至十层为病房。设计中，我经过细致的分析，采用了双过道的设计方案，这样可以缩短护士站到病房的距离，减轻了护士的工作强度，提高了工作效率，加强了病区的管理，受到了院方的好评。工程如期完成，保证了第十一届亚洲运动会在北京顺利举行。工作期间，为了国家的荣誉，同志们都加班加点努力拼搏，我也积极参与其中。由于过度劳累，我突发心脏病，经过住院抢救转危为安。

1988 年，我院应国家经贸委请求，委派我和经贸委方面的专家去巴基斯坦考察医院建筑，准备援建巴方一所医院。我们到达时正值伊斯兰斋月，所有机构白天都不办公，我们到了巴国东部城市拉舍尔参观访问，当时拉舍尔当地也有一家设计院正在设计医院，他们得知我们是中国来的建筑师，友好地请我们看他们的设计方案和图纸，并请我们提出意见建议，我看过图纸后了解了巴国建筑师的设计思路和技术水平，同时向设计单位友好地提出了两点意见：①儿科门诊与其他科门诊不应该用相同的设计，儿科病人有其独特的规律，例如：病孩易得麻疹、猩红热、水痘、腮腺炎等传染性较强的传染病，为了避免交叉传染，必须采取严格的隔离措施；②医院必须设立停尸间，病人去世后不可能马上离开医院，因此要有专门的存放地点。巴方设计人员虚心接受了我们的建议。我第二次出国考察是在 1990 年，应蒙古国卫生部邀请，我们商谈援助蒙古国建一座妇婴医院的有关事宜。我与设备专业的同事于忠信去蒙古国实地考察。考察中，我向蒙方介绍了国内医疗事业的发展和我院医疗建筑设计的发展状况和设计实例，同时也参观了蒙方现有医疗设施情况，准备新建的妇婴医院地址及周边的环境状况。但由于蒙古方面希望设计费的支付方式用化肥、铅矿、铜矿等资源来支付，受当时国内环境的限制，回国后我向有关部门作了汇报，这个项目未能进行。但是如果用今天的思维去考虑与蒙方的合作，那有可能就是锦上添花的成功案例了。

1993 年，我承接设计了广安门中医院新门诊和科研楼，建筑面积 2 万多平方米，总投资 4 千万元。广安门医院是我国传统医学的中医院，我在设计中充分考虑符合我国民族传统的建筑形式，为了使新建部分和原有病房楼协调一致，在外墙用白色面砖、孔雀蓝琉璃瓦露顶檐口，外阳台采用外吊挂垂花柱头等。内部使用功能方面做到了方便病人就医，也使医生有了一个较好的诊疗环境。医院的平面布局呈不规则的 U 形，可安排工作量大小不同的科室，U 形的中部安排主要交通组织的楼梯和电梯，使人员向两侧分流走动距离最短。医技科室如放射、化验安排在二三层，使患者尽量少走路。将病人较多的科室安排在较低的楼层以方便就医。五至十层为部分诊疗科室和科研科室及康复病房，半地下室设计为肝炎、肠道、病案、放射治疗、中药库等。医院工程设计是一个细致且复杂的工作。随后几年，我还设计了一些国家重点工程，参加了二级注册建筑师考试的阅卷工作。想想这一切，我很感恩培育我成长的北京市建筑设计研究院。

给领导们提意见

黄汇

常有人介绍我时冠以“著名建筑师”。其实，我有点名气，但并非因为我是很有成就的建筑师，只因为我胆子大，在公开场合下给大领导们提过一次意见，引起许多记者注意，就逐渐被人们注意了。那是我在设计院工作几十年里难以忘却的一件趣事。

事情发生在 1986 年 6 月 6 日，设计院举行第一届金厦奖颁奖大会上。那届金厦奖是将奖状颁发给在 1984 年和 1985 年获得市级、部级和国家级奖励的 39 个设计项目及科研项目和 84 名获得过 2 项次市级、部级、国家级二等奖以上的设计人员的颁奖大会。大会租借了礼堂，很隆重。会上，刘力和我男女二人代表获奖者发言。刘力先讲，把感谢的话说得很贴切，对获奖的心态也说得很动人。我站在侧台上却很为难，我该说什么呢？念一遍准备的稿子，走形式，大家一定嫌烦，怎么办？抬眼一看，台上坐着建设部部长、副部长，设计局局长，北京市市长、副市长、秘书长。急中生智，有了！

1986 年 6 月，首届金厦奖获奖者合影

我站到台前时，先表态：“作为获奖者，我想说的话，刘力全说了，我不占用大家的时间重复了。看到台上有这么多平时见不到的领导，我想提个意见。”当时我想，这些领导即使不爱听这意见也不好意思走吧？一咬牙，我就不客气地冒犯了。

我说，我在设计院不是最棒的，也不是最勤奋的，为什么我获奖了，而比我强得多而且很值得大家尊重和学习的建筑师们没有获奖？因为他们的作品有些明显的毛病。怎么会是这样？——原因是，我承担的是不起眼的职工住宅、中小学，我努力地遵循规矩设计，并有所改进，没有其他干扰，效果好就受到了夸奖。而有些本事比我大的建筑师承担的是重要的大工程，他们比我更勤奋，比我更有创意，但干扰很多，效果难以如愿。就好比餐饮业，我是在胡同里炸油饼的，精心尽力地做事，卫生、好吃，就受认可。而他们是做大宴席的主厨，他们有自己的章法和特色，但是因为受到主办的各级领导的关注，难以发挥。更常见的是各位领导都分别亲临灶台边，一位来了说太淡，应该加盐，大厨就当着领导的面加了盐；相继而来的领导口味不同，于是，加了醋；接着，又加了糖。结果，一桌席什么味道都有，都不好吃。有本事的大厨甚至可能受指责，这可多冤。同样，我们设计院有些有本事的建筑师也很冤。因此，提个意见：请各位领导在下达任务时就把要求说清楚，就像点菜一样，点明是要川菜还是鲁菜，不要分别亲临现场指挥画图人。如果设计不好，可以批评，可以改，甚至可以处分，但不要亲自来设计。

和往常一样，一散会，多家报社记者都到台上来围住了领导们。张百发副市长就大声地对我说：“黄汇，我看了一下，台下给你鼓掌的时间是给我讲话鼓掌时间的一倍还多。”我就对他说“那当然，因为我说的是实话，您说的是官话。”于是，大家哈哈哈地笑了起来。我就由此被记者们记住了，作品稍有新意，就被报道，成了“著名”建筑师。这吓得我不得不管住自己的言行，以免成为反面的“热炒新闻”。

所幸的是，领导们很有度量，日后不但没有难为我，而且仍旧对我的工作给予支持和帮助。

北京四中科技楼

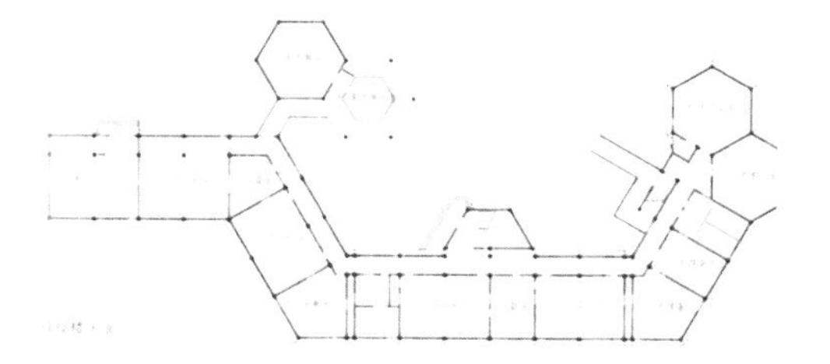

北京四中科技楼平面

黄汇（右 3）在中国文化遗产日活动上

小庙

周靖

1979 年 9 月新中国成立三十周年之时，首都机场国际航站楼（现在的 T1 航站楼）竣工了。在它正式启用之前，来参观的人群络绎不绝。人们看到的卫星登机厅、登机桥、自动步道、行李传输转盘、自动门、飞行动态显示牌等设施都是第一次在国内建筑设计中使用，是前所未见的东西，大家感到很是新鲜。而这些设施当时在发达国家都是很普通的了。由于国内这第一座航站楼面积有限，当时有的外国媒体称我们这座航站楼为“小庙”，但是我倒觉得这是对我们这座航站楼的赞美。为什么呢？那是因为它的外观造型不失中华民族的传统，虽然是现代建筑却不失民族风韵。室内多处采用藻井式天花涂以沥粉贴金的彩画，大型厅堂用巨幅壁画（森林之歌、巴山蜀水、哪吒闹海、泼水节等题材）作为整墙面的装修，既有传统又有新意。这些成功之作不失为中国传统庙宇的尊称，只不过规模稍小了一些，所以叫它“小庙”。此乃建筑设计之精品也。

这座小庙竣工时建筑面积为 58346 平方米，在我院的工程编号是 73 机 34，说明是 1973 年设计的工程，但是实际设计工作要早于 1973 年。从开始设计到竣工经历了漫长的不平凡的岁月，能够在国庆三十周年为祖国献上这份建筑厚礼是非常不容易的。正是：“忆往昔峥嵘岁月稠”。

首都国际机场 T1 航站楼

1971 年 9 月的一天，航站楼工程主持人刘国昭去首都机场谈工程事宜，一到首都机场基建处，见到机场周围戒备森严，民航的工作人员神色异常，他被熟人告知：“出事了，工程的事先回去等着吧”。刘国昭回到设计院后马上找到支部书记施玉洁，垂头丧气地说：“甲方说出大事了，是什么事不知道，只听说是绿裤子接管了蓝裤子。”那时候中国民航是空军的一部分，民航和空军都是穿蓝裤子。由于林彪事件飞机坠毁，一时间全国所有的机场都被管控起来了，依据当时的信息传播条件和保密程度，这些事件老百姓是不可能知道的！不久，全国开展了批林批孔评“水浒”的运动。政治运动严重地冲击了设计业务，致使国际航站楼的设计被几度拖延和搁置。

到了 1974 年，国际航站楼总算正式开始设计了，我院第四设计室组织了全室大部分人力，约四五十人到首都机场与甲方、施工单位搞“三结合”设计。没料想，不久又出了变故，施工方——北京第五建筑公司突然从首都机场工地撤出，不知道北京市和民航方面发生了什么事情，也没有人给个说法，于是设计工作再度被搁置。后来国家建委组织陕西建筑公司、四川建筑公司进京参与首都机场工程建设。设计工作才得以继续进行。我院人力回到院里接着加班加点趴图板画图。在那段时间里，我最佩服的是我们四室主任刘宝玺，他不管社会政治环境多么动荡，总是那么沉着冷静、恰到好处地应对各种不测风云。我珍藏着一张照片，画面上是四室领导施玉洁、刘宝玺与“文革”后复出的院领导马里克、张一山、张开济、阎萍等在观看国际航站楼的沙盘模型，多少建院人为了 T1 国际航站楼的建成付出了勤劳和心血。T1 国际航站楼是建院人智慧的结晶。

1975 年秋天，国际航站楼设计图纸全部完成了，陕西建筑公司接受工程交底准备入冬前开工挖槽。这时“屋漏偏逢连夜雨”，陕西建筑公司对我们的设计图纸理解不清楚，施工受到很大影响，施工单位人员水平太低，没办法！我们只好派人驻现场配合他们施工。叶平子、孙培尧这样的前辈老工程师每天不辞劳苦地挤 359 路公共汽车，往返于机场工地和建院之间。我在感动之中唯有更努力地工作为 T1 国际航站楼工程早日完工贡献我微薄的力量。

首都国际机场 T1 入口及塔台

1976 年，中国经历了周恩来、朱德、毛泽东几位伟人相继辞世，唐山大地震，“四人帮”垮台等社会的剧烈动荡，迎来了改革开放的春天。T1 国际航站楼工程进展虽然还是比较缓慢，但已经在慢中迎来了发展的曙光。1979 年，T1 国际航站楼全面建成完工。从此，中国与世界的交往“天堑变通途”。1979 年至 1999 年，中国二十多年的改革开放，这座“小庙”承担了如此重任，亦是历史的见证。这二十多年中，为了适应中国飞速发展的需要，“小庙”有过两次扩建，圆满地完成了它的历史使命。

1999 年年底，随着首都机场建筑面积 32 万平方米的 T2 国际航站楼工程竣工投产，“小庙”才如释重负地歇息下来。在 2003 年，“小庙”经重新装修后又上任称作 T1 国际航站楼，继续为北京的航空产业发展贡献力量。随后，首都机场又建设了世界一流水准的 T3 国际航站楼。T1、T2、T3 三个不同时期的航站楼，印证了我国改革开放的历程。它们是我院不同时期的杰出建筑设计作品，不分面积大小、设计独特、施工装修豪华，都反映了中国人民的智慧。改革开放三十多年，中国的发展日新月异，我院继首都机场三个航站楼之后又完成了昆明机场、深圳机场、南宁机场等航站楼设计项目。现在正以更新的设计理念和技术建设着北京新机场。

走进建院

张维德

1963 年我从重庆建筑工程学院（现重庆大学）建筑系毕业后，被分配到北京市城市规划管理局从事规划设计工作。1966 年“文革”开始后，每天基本上就是政治运动，业务工作很少。当时主要干的工作就是配合北京地铁一号线选线及拆迁工作。具体负责苹果园到复兴门区间地上被拆迁单位的普查工作。

1969 年 6 月左右，市里决定撤销规划局、建工局、市政局等，合并成立建设局。原规划局只保留 30%“根正苗红”的人员组成建设局规划处，其余的全部下放到位于昌平小汤山的建设局“五七”农场，农场按军队编制，住集体宿舍，每两周休息一天，有卡车接送回城与家人团聚。经过夏秋两季的农活锻炼，我基本适应了农场的生活。但好景不长，到了当年年底，据说一个中央文艺样板团也要搞一个农场，看中了小汤山这块宝地，市里就决定把我们这一批建设局下放干部分配到局下属的各个工地进行劳动改造。我被分配到五建公司二连，工地在顺义橡胶二厂，后来又转到密云化工厂、棉纺厂等工地，当瓦工班壮工。我爱人被分配到市政二公司房山东炼工地修马路。我俩一个在北京东北，一个在北京西南，两周休息一天，两人经常赶不上同一天休息，也就碰不上面。

1984 年张维德与同事研究方案

当时我们的女儿刚刚不到半岁，无暇照顾，只好送回四川老家托付给姥爷姥姥照管。1969 年底，我在国棉厂工地劳动改造时接到公司通知，让我到香山公园去搞美工。当时，原规划局的老干部张沪云同志的丈夫是一名长征老干部，住在香山公园脚下的干休所，在规划局撤销后，上级就把张沪云同志调到香山公园负责管理工作。她主管的香山公园宣传要求突出政治，不能只画花花草草，要画革命题材的宣传画、标语等，公园缺少美工人员，张老太太想起了我的美工特长，就点名把我调到香山公园搞美工，同时还调进了三个刚从工艺美院毕业的学生充实美工力量。同时还借调了北京建院的昌景和同志临时帮忙。我们五个人被安排在香山公园园艺班，专搞标语牌、宣传画。半年后，

海南分院部分员工合影。后排右 5 张维德（金卫钧提供）

我被正式调到香山公园，成为公园的正式员工，是公园干部编制。我当时特别开心，总算有了个安稳的落脚之地了，安定是我当时最大的夙愿，别无他求。

1971 年“九 · 一三”事件之后。公园里我们几个美工就没什么事可做了，原来的标语牌又让我们去拆除。我们除了参加运动、学习之外，就是打扫公园的环境卫生。因为我属于公园的干部，就安排我在公园办公室值班。值班时我看到报纸上刊登了万里同志恢复工作，出任北京市副市长并主管城建工作的消息。我对万里同志有一种莫名的崇敬感，相信他是为人正直、秉公办事的好领导。与此同时我萌生了给万里同志写一封信的想法，向他倾诉自己的未了心愿，希望能调我回我所学的规划设计专业对口的单位，详细的原文今天我已经记得不太准确了，内容大致如下：“万里同志您好！我是 1963 年毕业于重庆建筑工程学院建筑系的本科生，被分配到北京市城市规划管理局工作。1969 年规划局撤销，我被下放到建设局“五七”农场，而后又转至建设局各个工地去劳动。年底由于市里要加强红色宣传被调入香山公园做美工工作。当前处于无事可做的状况。我想申请回到规划设计队伍，学以致用，为国家的社会主义建设事业尽一份力量。请您在百忙之中帮我了却心愿。如有不当之处请批评指正。”言语不多，一张信纸。信封上写有“北京市人民政府万里同志收”的字样，贴了一张 4 分钱的邮票，投入了信箱。信投出后我心里一直忐忑不安，吉凶未卜。一种可能是石沉大海杳无音信，这个结果还算是好的，顶多办不成事。另一种可能是信根本到不了万里同志手里，由秘书转交下面处理，好则批评教育一番，不好则会下放到公园更基层的部门做个普通员工。我心里做了最坏的打算，只要能固定在公园当一辈子工人也就行了。万万没有想到，大约一周的时间，万里同志的秘书许守和同志、唐密玲同志给公园打电话：“万里同志说调张维德同志到建设局报到。”得到这个消息后，我惊喜万分，对万里同志处理事务的迅速果断而万分感动。是他的明示决定了我命运的转变。我到建设局报到时，人事处负责人告诉我：万里同志有指示，让我直接到北京市建筑设计院报到。我由衷地感谢万里同志，尤其钦佩他心系群众为人民办事。他是我人生中的恩人，更是我尊敬和学习的楷模！就这样，一封人民来信、万里同志一句话，让一个普通的年轻人走进了建院，成就了一生的梦想。

曾经的分院印象

杨银燕

20世纪90年代初期，院党委领导考察厦门、深圳、海南三个分院的工作，我随行前往。虽然日程紧张，每处停留的时间不长，但是分院的一些人和事却给我留下了深刻印象。

一、厦门分院

1. 走出困境

厦门分院已经搬到火车站附近一栋新建的楼房里，虽然和梧村街道办事处合用，但两家各占一半，互不干扰。这里是闹市区，周围有火车站、民航售票处、厦门最大的百货商场——华联商场、三星级的东南亚酒店，交通、购物十分方便，南方饭店的大楼又像一座屏障挡住了大街的喧闹，真是个闹中取静的好地方。厦门分院自从搬到这里，时来运转。前几年，由于当地设计费率太低等原因，厦门分院经营一直很困难。1992 年春天，邓小平同志的南方谈话使当地加快了改革开放的步伐，设计市场的行情变了。分院的同志抓住时机，振奋精神，终于走出了困境。1992 年完成设计费 85 万元，人均 7 万元，远远超过往年。

2. 年轻人在这里锻炼

成长在厦门，我们看了由分院设计的华鸿花园，这是一组 2 万平方米的高级公寓。它的外观是白墙、蓝顶，色彩明快，又颇具民族特色，加上它合理的平面布局、豪华的室内设施、优美的庭园环境，很受住户欢迎。这项工程的香港投资人——鸿润集团副董事长称赞它是厦门多层公寓的一个典范。华鸿花园的主持人是当时还是助理建筑师的刘晓钟。他不负众望，经过努力，出色地完成了任务，该工程被评为院优秀工程。在这里，我们还认识了年轻的女建筑师张婷，她待人热情，办事认真、麻利。她是分院院长助理，除了自己的设计任务，还兼会计、对外联系、接待等多项工作。分院的文体活动也由她组织，她以出色的才能把这些活动搞得有声有色。当年熊明院长到了厦门分院考察时，对这点大加赞赏。

1996 年在厦门分院

3."老板"和"管家"

分院院长的办公室很"气派"。分院常务副院长张关福坐在这里面对甲方，俨然是一位老板。他安守住几位前任留下的家业，参与当地市场的竞争，还要求得发展，因此他在设计质量、服务态度、劳动纪律方面的要求毫不含糊。他还是个"大管家"。不用别人介绍，我们从分院整洁的房间、可口的饭菜、完善的生活和娱乐设施就能想象到张工这个"管家"为此付出的心血。我对他的三把钥匙印象特别深，一把是院门的，一把是楼门的，一把是楼层门的，因为与别家合用一楼，张工对锁好门窗抓得很紧。也确实，出门在外，安全第一。为了安全，夏天小青年下海游泳，他也要跟着，一来给大家看衣服，二来看着他们别游得太远，以免出危险。

二、深圳分院

1.高速度、高效益

深圳分院是院里最早建立的分院，虽然相比其他分院，这里的办公和住宿条件是较差的，但他们却有着体现深圳特点的高速度、高效益。当年完成设计费收入 690 万元，人均 18.2 万元，高出总院水平，领先于其他分院，在当地众多的设计单位中名列前茅。

2."没有星期天，只有星期七"

深圳分院的工作很紧张，而且加班的人多且加班的时间长，一般没有人在夜里 12 点以前睡觉；加班到夜里 1、2 点的也大有人在。无论是石平这样的年轻人，还是闵华瑛这样的老同志，都在加班之列。大楼保安人员感动地说："这座楼里的单位那么多，没有像你们这么拼命的。"本来大楼的电梯晚 8 点关闭，为了分院加班，特意在晚 10 点和 11 点半再开两次（因为在 16 层办公）。有的加到夜里 2、3 点，大楼门关了，就在办公室打地铺休息一下。很多同志星期天也不休息，主任工程师常士伟对我们说："我们这里没有星期天，只有星期七。"

深圳分院

3.设立打卡机

深圳分院不愧是我院最早设立的分院，十几年在特区经营，使这里的制度比较健全，管理比较严格，对劳动纪律的要求比总院严格得多。这里设立了打卡机，每天上下午各打卡两次，第一次迟到或早退，要被领导找去谈话，再犯，就要被扣奖金，屡犯的人即被认为不适宜在分院工作。打卡机铁面无私，纪律面前人人平等。和我住一间宿舍的几位同志每天都加班到很晚，第二天早上照常按时上班。纪律的约束力使很多同志把遵守纪律变为了自觉行动。

4."专家门诊"

院里的几位副总不时地对分院大工程进行指导，分工负责。深圳分院的常务副总建筑师吴观张，他称自己既是主人又是客。年轻人有问题常常去请教他，他总是不厌其烦地悉心指导。他有严重的腰椎病，常常和大家一起挑灯夜战，做方案经常到深夜 1、2 点。他腿脚不灵便，每次去深圳，就在经理室临时支一张床。夜深人静，加班的同志都走了，他被反锁在大门里，直到第二天早上大家来上班，他才可以重新“获得自由”。副总经理董建中告诉我们，很多甲方都夸吴总工作不怕辛苦。在我们参加的分院工作总结大会上，总经理赵志勇对吴总提出表扬。

三、海南分院

1. 先进驻琼企业

由一所主办的海南分院是我们此行的最后一站。1988 年成立，短短四年，创造了不凡的业绩。由于分院在开发和建设海南中做出了突出成绩，曾被海南省政府评为先进驻琼企业。

2. 青年人大显身手

和厦门、深圳分院一样，海南分院也是青年人锻炼的好场所，一批后起之秀在这里经受磨炼后水平不断提高，有的开始大显身手。海南很多工程都是由他们设计的。我们看了海口市体育馆，它的外形很像一艘扬帆的大船，与海滨城市的风光非常协调，4 月份海南省迎来建省五周年，庆祝大会将在这里举行。它的主持人是 29 岁的建筑师金卫钧，他也是海南省第一栋高层建筑——CMEC 大厦的主持人。环岛大酒店高 22 层，面积为 3.6 万平方米，是一家四星级饭店，由刚刚晋升为建筑师的朱小地主持。高 52 层的信托大厦的主持人张宇也是一位刚满 29 岁的建筑师。海南大学体育馆的主持人是年轻的女建筑师贾更生。赵毅强是分院结构组的组长，刘庆文、汪猛则被分院任命为分院的设备和电气专业的副总工程师。

走过三个分院，我受到了教育，也得出了结论：分院是展示我北京建院设计水平的另一个窗口，是深化改革的试验田，是锻炼青年的好场所。

海南分院

1993 年在海南分院。左起张宇、金卫钧、朱小地

海南分院部分员工合影

左起：朱小地、杜松

设计科研六十载

肖正辉

我于 1950 年由北京大学工学院建筑工程系毕业，经国务院统一分配参加工作，迄今已六十多年了。现在回忆起走过的风雪历程，真是百感交集，感慨万分。

新中国成立初期，北京没有几家有暖气的建筑物。有卫生设备的，也只是有恭桶和洗手盆。大学里没有采暖通风系，我们学校只在建筑系开设了一门两个学分的“建筑设备”选修课。这门课有两部分内容，一部分是自来水课，是由自来水公司厂长教课。他讲课的内容给我印象最深的是：北京市的自来水厂是清朝光绪年间修建的，管道已经十分陈旧，弄不好便要破裂。另一部分是采暖通风，是一位俄罗斯老师教的，课本是美国的 *Heating & Air conditioning GUIDE*。巧得很，我的毕业论文题目就是《北京车站建筑设备设计》，真没想到，这门选修课竟与我结下了终生的不解之缘。

我到单位报到后第一个工程就是设计一个 500 平方米办公楼的建筑设备工程。半年后，我竟担当起一个具有 400 张床位医院的设备负责人。那时，我还是一个助理工程师。可是专业里却没有一个比我职称更高的人。这个医院有门诊、病房、理疗、制剂、锅炉房、洗衣房等部门，都让我一跟到底。最让我尴尬的是，在初步设计阶段，建筑专业要我提供锅炉房面积、贮水箱容积和安装位置、洗衣房的设备布置等资料。在学校做毕业论文时，是会做什么就做什么，不会做什么就不做，但是做工程设计，则是会不会都得做。医院的建筑设备可真是五花八门。由于我根本就不知道每张病床的耗水量，怎么能够提供水箱的尺寸。更由于我根本就不知道全医院的高压蒸汽设备配置情况和采暖热指标，如何能够提供锅炉房面积。那时我根本就没有任何捷径可走，唯一的办法就是利用业余时间苦苦钻研、找资料。那可真是大海捞针，找到一点资料就欣喜若狂。这个医院是拆了重建的，旧的给水系统有水箱和水塔以及加压设备。听工人师傅介绍了旧的采暖、给水系统概况和存在的问题，晚上再查看日本的相关资料，便逐渐有了眉目。那时日本技术人员留下的一些日文资料中，有一些有关给水排水和采暖通风方面的小册子，再加上美国那本 *GUIDE* 能查找到一点比较粗略的材料，如每张病床的耗水量、各种类型高压蒸汽设备的耗汽量等，这些数据有的差得很多，有时相差竟达一两倍，这就得经过一番去粗取精、去伪存真的考证了。此后我又捉摸出一套计算蒸汽设备耗汽量的理论和方法，有必要时还可以到现场对设备进行实测，有了这两种手段，对很多问题都可以很快得到答案。这些探索为给水、高压蒸汽等在医院设计中经常发现的诸多问题找到了途径，也为我日后的科研奠定了基础。

我当时在第四设计室，在院里分工是搞医院、饭店设计。我已经通过那家具有400个床位的医院设计了解到医院建筑功能复杂，设备种类繁多，集生活、医疗与休养为一体。体现一个医院的水平除了医生的医术以外，还要看设备是否完善。如为它服务的给水、排水、采暖、通风、空气调节以及高压蒸汽设备、吸引、供氧设备的设置情况等都很重要。1953年以前是国家经济恢复时期，也就是基本建设的准备时期，主要是修改和扩建旧医院。这时也正好是我个人技术准备时期。

1953—1957年，正值我国第一个五年计划期间，国家把医疗卫生事业的建设纳入国民经济和社会发展计划，开始有计划地重点新建一大批城市和工矿企业医院。那时搞民用建筑的只有北京市建筑设计院和北京工业建筑设计院，北京的医院建筑工程设计只有北京市建筑设计院承担。而在北京市建筑设计院里又只有我所在的第四室承担。例如同仁医院、儿童医院、友谊医院（原来叫苏联医院）等是较早的一批医院。继之而来的是宣武、朝阳、妇产、阜外等医院。这时期的医院设计特点一个是多，一个是急，时间十分紧迫。一个医院设备专业要出图80多张。建筑有四个专业组，每个建筑专业组要出两套图，设备专业就得出八套图。四个专业人员配备建筑、结构、设备、电气基本是4：3：2：1。设备专业计算和画图工作量都很大，其被动情况可想而知。建筑专业是龙头，每个月都是由建筑专业推着大家往前跑。设备组一般有7~8人，基本都是高初中毕业，少数是中专毕业的年轻人。年轻人就要娶妻生子，家务负担重，如果组内有人请病假、事假，那可就惨了，没有人顶替，只得由组长当替身，拖延计划是绝对不行的。

那时当组长，政治、业务、作风都得做表率，首先是政治挂帅。政治这字眼可是太复杂了，它的具体内容可以说是“上下四方、往古来今”无所不有。我当时的理解是：政治挂帅就是热爱党，对工作认真负责，忠于职守。如何忠于职守、认真负责呢？那范围就更广泛了。我的理解是起早贪黑、废寝忘食、干革命不讲价钱、不讲条件。当组长就好像部队里的小排长，得冲锋在前，既然要做表率，就得事事把自己当做样板，争当一个“完人”。好在那时人心齐，只要院党委一做决定，支部传达下来，便能人人冲锋陷阵，扯后腿的人不多。我现在回想起那时组内的女同志，她们当时都是20多岁，正当生儿育女的年龄，并且没有指标和定额，她们在办公室里跟我们一样摸、爬、滚、打，回到家里也得要抚育儿女，操持家务。她们的日子是怎样过的，今天我已无法想象了。

至于组长在技术方面，则更要高标准、严要求，走在组员的前面。首先，任务来了以后，得根据任务内容、技术繁简程度物色设计人员。这就首先得了解哪个同志在做什么，什么时候做完。在设计工作进行中，设计人员可能会有哪些困难，哪些问题，都必须提前发现，提前帮助，提前解决。设备专业可不能依靠最后的出图最后审查，如果在出图时发现了原则问题，那就根本没有办法了。如散热量出现了问题，因为它既决定散热器的数量、又决定全部管径的尺寸，更决定锅炉的选型，如果问题较大，那这份设计图纸可就彻底报废了。20 世纪 60 年代初期，有个室出了一个大笑话，有位同志计算散热量竟然少了一个“0”，把 30 万千卡算成 3 万千卡，其后果便可想而知了。

组长在技术上要有绝对权威，那就必须先知先觉，就必须在技术上要“全”、要“新”。那时我还在业大教暖气工程课程，现在我院设备专业已退或即将退休的工程师级同志，大部分是我的学生，我整整教了他们十几年，对他们的技术水平十分清楚。这些同志在“文化大革命”之前，为我院立下了汗马功劳。那时我们每周有两个晚上要组织政治学习，一个晚上上业务课。说不定还要在晚上加班，甚至星期日也不能休息。我们的办公大楼在礼士路南口，在冬天的晚上，办公大楼甚至到半夜都灯火辉煌。老百姓给我们的办公楼起了个外号，叫“水晶宫”。我加班的时候，差不多都是在夜晚 12 时左右回家，那时夜深人静，拖着疲倦的身子，骑在自行车上哼着不知是哪出京剧里的：“为国家，秉忠心，食君禄，报王恩，昼夜奔忙。”也就算为一天奔劳的最大安慰。

我院的设备专业包括采暖、通风、空调、冷冻、给排水、锅炉房。如果是搞医院设计还得有高压蒸汽、吸引、供氧、压缩空气和污水处理，哪个项目都够学一辈子的。作为组长都要学在前面，组员一问不能说不知道，最难的问题也得答应帮助查找，到晚上便又有新的钻研课题了。组长分配给每个人的任务要均衡，不能有的过于劳累，有的过于轻松，也不能有高有低。好在那时的工程没有什么“肥”“瘦”之说。大小工程很少有出国考察的，更没有什么油水可贪，所以只要稍加注意，便很容易分配下去。

那时，室里在月初和月中开两次室务会议，会议由室总工程师和室主任主持，主要是协调和确定工程计划，解决室里发生的大事。室务会由四个建筑组长、两个结构组长、设备和电气各一个组长参加，号称“八大金刚”。室务会上决定下来的事，每个组长便要坚决贯彻执行。那些决定基本是“军令状”，没有更改的可能。

组长还要关心组员的生活，例如家里发生了什么事，经济或生活上有什么困难等。那时每个月有次生活会，所谓生活会可不只是谈生活，主要是找差距、检讨作风、缓解矛看。从组长到组员都得思想见面，主任是必定要参加的。那时我们室的主任是一位心胸豁达、政治水平高的“三八式”老干部，她对任何人、任何事都秉公处理，人们既怕她又爱她。

设计了那么多工程，无论是设计问题，还是施工或设备质量问题，出了问题便来找设计院，有的医院院长早七点便带着师傅到家中来找我。我一听说工程有问题，比医院里的院长或师傅还着急，顾不得吃早饭便一起到现场。那时我国的设备不过关，还有的是客观原因造成了事故，也有的是因管理不善出现了问题。例如 20 世纪 60 年代初期，本来就因为片面学习苏联先进经验修改了散热计算法，减少了热损失，又赶上三年困难时间，国家将采暖燃料由烟煤改成无烟煤，又大大降低了燃煤量。由于无烟煤热质低、燃量少，锅炉出水温度一直在50摄氏度左右盘旋。室内温度南向只能保持在15摄氏度左右，新建的办公楼里人人叫苦。那时刚刚开始修建大面积住宅，和平里一期工程里室内15摄氏度不能满足居民要求，居民到处告状。为了加大燃煤量，带鼓风机的火焰式锅炉应运而生，但是“祸不单行”，运行不到两个月，各工程都不约而同地发生锅炉破裂事故。锅炉一破裂，首要的是检修，更别说提高供水温度。医院、饭店也有情况，有的是热水温度太低，有的是高压蒸汽压力不够，做不熟饭、不能消毒。更有的是管道腐蚀穿孔，跑气漏水，蒸汽都跑到管沟里去了，烫平机启动不起来。还有的是热水管根本就不出水，有一个接待外宾的大饭店，客人满身打好了肥皂，一开淋浴节门却没有一点热水。更严重的是，医院自来水突然压力下降，不能满足医院各部门的使用要求，也就是影响了医疗工作的正常进行。还有的是暖气散热器根本不热。

我似乎得了一种职业病，就是怕过冬天，因为一到冬天便要采暖，出问题的新旧工程用户便会找上门来。最典型的是那个建工医院地下室的针灸科，室内温度只有16摄氏度，病人没办法脱衣进行针灸治疗。两个采暖期医院总务科都来找我，我却认为不是设计的问题。我的理由是：

①当年9月份验收时，全部暖气均很热，而当时临时装的水泵流量、扬程都比设计的低。

②采暖主管分为两路，针灸室这一路管路最顺，不顺的那一路反倒热了，顺的那一路却不热，

我去过多次，但提不出好的处理办法，因为我认为那不是设计原因导致的。后来这个医院找到建筑工程局的技术处，提出由锅炉房直接接出一根干管供给门诊针灸室，总长约200米。我不同意这个意见，认为是浪费。一位副院长在来函上批示：“一个工程拖了两年，既提不出处理办法，又不采纳别人提出修改意见，这究竟是什么问题？”我仍然坚持不是设计原因导致的。第三年的三月份，我要求建工局职工医院在针灸室暖气供回水干管的尾端各装两块压力表。压力表装好以后，我惊喜地发现暖气供水管的压力表显示为0，而暖气回水管却显示有0.2千克/平方米的压力。我向大家宣布：“暖气供水管堵塞了！”我从建工局找到那位专家，请他支持我在当天夜里拆开暖气管道，为了不影响医疗工作，决定在夜里十点进行。医院里配了两个壮工。当把暖气干管卸开时，哗的一下流出了一股黑水，随后管内冲出一个直径约30毫米、长度约60毫米的焦砟和大量灰渣细末。啊！就是它给建工局职工医院造成了这么大的麻烦。第二天暖气完全正常后，医院行政负责人来电话向院领导致谢。

工程做得越多，出现问题的可能性越大。在我的笔记本上记录了许许多多的问题。

①全院的给水量为什么不够用？

②热水管为什么不出水？

③锅炉为什么会破裂？

④暖气为什么不热？暖气供水温度为什么达不到设计要求？

⑤管道为什么被腐蚀？为什么有的管道

被腐蚀得很快，有的则被腐蚀得很慢？

⑥管道为什么会结垢，什么情况下结垢最严重？有没有办法使水垢结得最少？

⑦高压蒸汽用气设备的用气量究竟是多少？如何选择锅炉的总蒸发量？

这些问题差不多在“文化大革命”前我都带领着组里的同志进行了研究。例如，为了确定医院的每张病床的耗水量，我们调查了北京 20 多家医院，还在宣武医院和结核病医院日夜 48 小时蹲在水表旁边测量每个小时的耗水量，求出了医院每张病床的每日综合耗水量和小时变化系数。更可贵的是求得：“耗水量增大了，小时变化系数必然要降低。”又求得：“医院的高峰负荷一般出现在每日的 8：00 左右。高峰负荷的水量约为日用水量的 1/10 到 1/7。这些都为国家修改《建筑给水排水设计规范》提供了十分有利的条件。

又如锅炉破裂和热水管道不出水的问题，我们都通过实地解剖和研究找出了原因，主要是结垢造成的。锅炉在辐射强度最高的部位结了很厚的水垢，而水垢的导热系数“入”值要比铸铁小得多，炉膛内温度一升高，锅炉里有水垢和无水垢的内壁产生不同的应力，必然要破裂了。

热水管不出水也是水垢造成的。我们解剖过几十个结垢严重的管道，并进行过多次试验，找出其结垢和阻垢的规律。例如通过试验发现，水的温度是碳酸钙和碳酸镁从水中析出来的重要因素，而其顶峰为 65 摄氏度。我们开发出“捕碱器”和提出生活热水温度要控制在 60 摄氏度以下，得到全国同行的认可，而“捕碱器”则在很多医院和饭店中被采用。

更重要的是我们通过大量的调查研究，以文献和样本为参考，以实测为依据，以计算为校核，提出医院洗衣房、厨房、制剂室十几种高压蒸汽用气设备的用气量，规范了高压蒸汽管道的计算数据，近几年以来，还提出了医院耗水量和耗汽量定额，给医院工程设计、医院管理提供了重要的数据。

在管道腐蚀方面，通过与医院师傅共同解剖，共同研究，总结出管道内外腐蚀的原因，并提出其防治办法。近年来，在与德国和日本专家的交流中，我们得到有关专家的赞赏，在腐蚀机理和防治办法方面达成了一致的意见，我们的研究成果被纳入到德国专家的技术论证之中。

近 20 年来，我又走进了医院污水处理和高层建筑给水升压的气压给水课题之中。在医院污水处理方面，1978 年国家建委将医院污水处理研究课题下达到北京市建筑设计院，本院随即以原医院污水处理研究小组为基础，组织我国三省三市城建设计、医疗卫生、大专院校、医学科研组成一个跨地区、跨行业的浩浩荡荡的“全国医院污水科研协作组”，副院长张浩同志兼任协作组组长。经过 100 多人两年多的努力，在医院污水处理的设计数据、工艺流程、消毒剂的选择和投配方法及污泥处理等方面，取得大量成果，为编制医院污水处理设计规范和设计标准奠定了基础，受到国家有关领导的表扬。我与我的同行们主持编写了《医院污水处理设计规范》《医院污水排放标准》《建筑中水设计规范》。还编制了《医院污水处理国家标准图集》《建筑中水通用图集》，并出版专著《医院建筑与设备设计》《医院污水处理》《医院污水处理技术》《建筑卫生技术》《医院污水处理论文选》五种，发表论文50多篇，在美国、德国、日本专家学者的帮助下，开发有关水处理产品八项。

改革开放以来，我被联合国开发署邀请到美国、日本考察各国环境保护和水处理工程，还多次被邀请到德国、瑞士帮助设计某项水处理工程和考察水处理设备。1998年第四次去德国考察自来水厂工程时，夜晚与友人和儿子坐在德国和瑞士交界的巴登湖畔，天朗气清，惠风和畅。月光下面对碧波万顷的湖水，心潮起伏，百感交集，但更多的是兴奋、激动和喜悦。虽年逾古稀，却仍然把这“一得”作为爱好，颇有晋王羲之那种“当其欣于所遇，暂得于己，快然自足，不知老之将至”的心情。

我十分重视国内外的考察，也十分重视与施工和管理师傅们研究、分析工程中出现的问题，有时还和师傅们共同提出解决办法。我不太喜欢“符合设计要求”这样一句话。好像设计是至高无上的法宝，任何人不得违反。但我想：设计是由人做出来的，有时甚至是一个人，甚至是没有经验的人做出来的，那么，这样的设计也必须遵守设计要求吗？如果是这样，那设计图纸便成了一尊呆板的偶像，没有任何生机了。我觉得工程运行是检验设计质量以及设计数据的重要手段，而设计人员通过下工地解决问题，一方面是贯彻设计意图，另一方面却又是自我接受考验的重要机会。开发新产品却又是完善设计、提高工程质量的重要课题。我的研究课题都是在工程运行中自己发掘出来的，要解决工程中出现的问题就得研究，研究深了就成了课题，出了成果就能开发新产品了。

协会、学会自成立以来，中央和北京市有关单位给予我们巨大的支持和鼓励。2003年4月—6月，“非典”在北京爆发流行，双环公司在市政府、市规委、市环保局、市卫生局及市建筑设计院的领导下，在公司经理肖齐的带领下，全体同志不畏艰险、深入虎穴、日以继夜，在短短的58天完成56个定点医院的污水处理任务，受到张茅和刘敬民副市长的表扬，并由有关单位送来感谢信和锦旗。30年来，北京市医院污水污物处理技术协会获北京市优秀科研二等奖两项，三等奖三项，北京市优秀设计二等奖和国家优秀设计银奖各一项，我个人荣获北京市规划系统、北京市环保系统、北京市民政局社会团体、统战系统“先进工作者”称号，享受国务院特殊津贴。2007年10月在两委会20周年成立大会上获“杰出荣誉奖”。更光荣的是，2012年北京市医院污水污物处理技术协会获“5A级社会组织”称号。

忆及我顶戴北京市建筑设计院璀璨光环60多年，它永远在我脑海里闪闪发光，在它的鼓舞和激励下，我一直是从胜利走向胜利。尤其是60年来接触的老领导、老朋友、老同志张镈、朱兆雪、赵冬日，施玉洁、那景成均已作古，但他们的音容笑貌依然刻印在我的脑海里。过去的多少事均已化成烟云，不禁使人感叹不已。

摸、爬、滚、打了六十多个春秋，我现在已是九旬的老人，人们都说该休息了，但不知为什么一些技术工作总是源源不断涌向我，看起来这种形势还要继续下去，直到死而后已。因为我认为不工作不是真正的幸福。

第一个援外工程

张云舫

中华人民共和国成立十周年华诞时，我院设计完成了首都十大建筑工程。其中的人民大会堂工程，其建筑面积之大、使用功能之全、建设速度之快、工程质量之完美，都可以称为时代建筑之典范，受到了全国人民和国际社会同行们的广泛好评。在此情况下，与中国建交较早的友好国家阿尔及利亚向我方提出援建要求。我国随即以最优惠的贷款方式提供了援建“阿尔及利亚博览馆”项目。这就是我院第一个援外的设计工程。

在我院成立十五周年之际，上级决定，由建工部总负责，我院承担建筑设计，北京市建工局负责施工该项目，具体指导和管理是建工部总工程师乔林同志。至今已经过去五十多年了。但当年的人和事仍然历历在目。

一、阿尔及利亚考察和建筑设计工作

北京市建工局指派第三建筑公司党委书记黄炳文同志担任考察组负责人，带领杨勤民总工程师和我院秦济民主任建筑师、郁彦（结构）、林开伍（建筑）、张云舫（电气）组成考察组。翻译是中国驻阿尔及利亚使馆工作人员刘道基。当时援外工程很少，技术人员出国机会更是少之又少，我被组织指派参加考察，一方面感到很荣幸，另一方面觉得自己设计实践经验不足，技术水平不高，且当时我院又没有援外工程设计的先例借鉴，只能虚心向周围的同志们学习，下定决心，努力完成设计考察任务。出发之前，我们先参加了学习班，由领导介绍受援国概况以及工程情况：阿尔及利亚原是法国殖民地，法国影响的痕迹充斥了该国的每一个角落，独立后首任总统是布迈丁，是较早与我国建立正式外交关系的非洲国家，与我国政府和人民关系友好，当时周恩来总理访问非洲多国，阿尔及利亚就是其中之一。

学习班上我们除了学习出国人员注意事项和援外人员应掌握的政治原则外，领导还着重提出了建筑设计规范等重要的问题，这是工程设计各专业工作的重要依据，每个国家的规范都不尽相同，内容很多，短期内掌握很困难，运用起来就更不容易，而且这项援外工程的工期也不允许。建工部乔总的意见是：设计规范原则上以中国规范为准，但在考察时也应了解对方在重点方面和我们有什么不同，在设计时可以参考研究应用，尤其是属于安全方面的问题应特别注意。再一个就是建筑材料的选用标准，当时我国的工业刚刚起步，与国际上一些发达国家相比还有不少差距，建筑材料国内自己使用还可以，若要在援外工程上选用是否适当？最后确定，应该尽量选用国内生产的品质上乘的材料、设备，也可以选用适量的当地生产的建材，或者外国企业在当地生产的建材产品，最好不要从第三国进口建材和设备，这样可以不用或少用外汇节约生产成本。关于工程建设和安装问题的分工，工程建造由受援方承担，中方派设计代表贯彻设计意图和质量要求。考察时也要注意参观当地施工情况，便于设计时参考，尽量达到双方关系融洽，减少矛盾。有问题随时向上级请示汇报。

学习班结束后大约一个月后，接上级通知办理护照、打防疫针后即刻启程。当时我国与法国尚未建交，所以去阿尔及利亚不能走北线，只能走南线，先通过巴基斯坦首都达卡再经突尼斯转道阿尔及利亚首都阿尔及尔。到达后，先去我国驻阿使馆经参处，参赞热烈欢迎我们并安排我们先住在大使馆，时任驻阿大使曾涛热情接见我们并介绍当地的各种情况。通过大使的介绍，我们进一步了解到这项援建工程的大体情况。

阿尔及尔博物馆工程项目，阿方负责筹建的单位属于商会。隔日，经参处陪我们前去拜会甲方，初步了解到这个建设项目主要是本国馆部分，其中包括：一个中心馆、一个工业馆、一个地方馆和附属办公用房。博览会的其他国家展馆只留用地，由他国自己设计和建设。博物馆的建设地点在阿尔及尔南部的白房子村。此外，没有其他任何资料，就连最基本的地形图都没有，由此可见考察组的任务十分艰巨。这项工程的设计方案部分、总图和个体方案设计工作都面临考验，如果在当地搞方案设计，由于工作不配套，工作量就会增加很多，项目设计时间也会大大延长；如果回国搞方案设计，设计工作条件会比较完善，方案完成后再返回阿方，交给甲方审核满意后再回国做施工图，这工作效率会比较高；最后和主管部门商定，建筑方案还是在当地设计，达到阿方满意后，再根据设计图和市政单位协商确定有效的资料后，回国进行施工图设计。

考察组在使馆住了几天，一面和甲方谈判，一面安排到阿尔及尔市区参观。同时为了设计工作方便，特地到距离建设地点附近的一个小旅店住下，自己开伙，每日留一个同志做饭，考察组其他人全部到现场目测足量设计地块，回到小旅店后讨论方案。工地所在地的白房子村，南面是一条大马路，路旁就是白房子村的村民住房，向北约有 30 多米的下坡路，再走 20 多米缓坡就是建设用地。南北长 500 米，东西宽 600 米。再往北 50 米就是地中海的边缘。我们在小旅店里讨论草拟总图，有的同志开玩笑地说要把地中海也一起规划进来，这时远离祖国和亲人的气氛顿时轻松了许多。有了一些初步印象，我们构思了该项目设计方案。由于这个临时的小旅店条件有限，限制绘图工作，我们就又搬到了使馆的一幢联体别墅暂住和工作。院内是个小花园，有许多果树，环境很不错。秦济民总主持先讨论初步设计方案，并会同使馆参赞、阿方商会交换意见，待双方意见接近时，再开展正式的方案设计图。

期间，正当小组积极讨论全力绘图时，使馆突然通知我们“最近阿国内有些动乱，有的动乱是瞄着中国人的，所以要求我们白天一般不要出门，晚上要有人值班，每一个小时要向使馆电话联系一次报平安。听到消息后，我们思想上有些紧张，但也不是特别害怕，在出国前就做好了思想准备。阿国多年在帝国主义的统治下，现在虽然独立了，但个别人对我们不了解闹事是可能的，我们提高了警惕，随时准备应对最恶劣的情况出现。随后一段时间情况逐渐好转，我们又开始了紧张的工作。

这段时间主要是建筑方案的设计，我们完成了四栋建筑的平、立面和一个圆拱形大门等二十多张设计图。以三段设计标准衡量，相当于技术设计标准。图纸如何编辑成册送审，又成为我们研究的新问题，为了祖国的荣誉，我们想把方案的包装做得更漂亮一些，但又受到当地条件限制。于是，大家集思广益自己动手，图纸不做成蓝图，用照相机把每张图拍成胶片，再放大到12寸的相纸上。背后裱上一张厚纸，相册代替了图册。这份“博览馆工程方案设计摄像图册”达到了很好的效果，使馆和阿方商会都非常满意。

阿方委托当地的一位建筑师审查我们的设计图，最终给我们的文件是法文的，翻译成中文后得知，审图结果很不理想，把我们的设计方案称之为“兵马军营”，实际上是否定了我们的设计。这是我们所不能接受的。当时新中国成立不久，国际影响力还不够，考虑到两国的友好关系，我们本着“有理、有利、有节”的原则从建筑理论、实用性、经济性方面予以回应。秦总的文笔功底最好，书写了几千字的设计方案说明文章，申明我们的设计方案特色，并翻译成法文交给使馆转阿方商会。过了约一个月时间，对方邀请我们参加会谈，会上我方的翻译听到商会主席拉·哈比对着阿方审图人说：“你不要再说什么‘兵马军营了’。”由此可见，秦总的文章收到了意想中效果。这次会谈气氛很好，对设计方案提了点小问题，请我们对施工图时加以改进，我们的设计方案顺利地通过了。对方也应我方要求，提供了一张工程用地范围的测量图纸作为我方施工图设计之用。双方开始了愉快的合作。

随后我们带着完成的设计图先后拜访了阿尔及尔建筑施工单位和市政方面的有关机构，搜集了解与设计有关的问题和技术资料，作为施工图设计的依据。这次出国考察不同于一般的考察，需要补充建筑方案设计部分，因此花费了将近一年的时间才完成了全部工作。我们将要踏上了回国的路。这时我国已经和法国建立了正式外交关系，回国可以走北线了。我们乘法国航班走巴黎途经莫斯科换乘火车，经西伯利亚、贝加尔湖、蒙古国，历时六天七夜顺利地回到祖国首都北京。

回到建院首先向院领导汇报了考察情况。领导对考察组的工作十分满意，对我院的第一个援外工程非常重视。当即决定由秦济民担任总主持人，全院各设计室选人参加施工图工作，建筑负责人林开武、结构负责人郁彦、电气负责人张云舫、设备负责人曹骥。因为阿尔及尔地处非洲，气候条件较好，冬季是雨季，温暖湿润，没有取暖设施，所以当时没派设备专业参加考察。此外，各设计室也有一部分技术人员参加了施工图设计工作。当时正是“文革”开始时期，政治运动占用很多工作时间，为了保证按计划完成这项重要的援外工程，领导特批凡参加该工程的人员一般运动可以少参加。每个参加该工程的同志都是在边运动、边生产的情况下，加班加点、积极努力为我院第一次援外工程贡献自己的一份力量。工程按计划完成了，全部施工图、文字说明书包括法文注释，通过了审核批准，到此为止我院第一项援外工程的设计工作就圆满结束了。

二、工程施工中的设计监督

设计工作完成以后，等了一年多时间阿方才要求开工。并让我方派设计代表到阿现场进行设计监督工作，施工管理由阿方自己负责。我方派出的设计代表由建院和建工局的技术人员组成。组长是建工局第一建筑公司杨主任负责带队，建院参加人员是：刘振宗、林开武、齐振亚、孙家驹、张云舫；建工局参加人员是：杨勤民、刘永生、刘润安、毛长荣、沈国强；建工部翻译小张。全组共十二人。由于我们是在“文革”期间出国的人员，一律穿深色中山装，上下飞机整齐地排队行进，抵达阿尔及尔后很受外国人注目。到达后我们就住在白房子村，这里离工地不太远，卧室是十二人一排的大通铺，会做饭的同志轮流给大家做饭。在这里住了一个多星期，我们又搬到离工地更近的一座小楼，这是一座二层楼，首层有厨房、餐厅和会议室；二层有四个小房间和一个大房间。工作、生活都没问题。但没想到是我们在这里一住就是将近三年！

阿方负责和我们联系的施工管理人是一位老年工程师，我们每一次问他什么时候开工？他总是让我们耐心等待，后来听说工程包给了法国公司，又多了一个第三方。我们估计麻烦来了。果然，工程不仅没有按时开工，阿方还向我方提出：设计图中结构的用钢量不够，要求我方增加用钢量，这可是一个影响我方设计质量的设计错误问题，很可能是法方的有意刁难。尽管我们是发展中国家，我们的建筑方针是“经济、实用，在可能的条件下注意美观”，和发达国家相比还有差距，但是在安全的掌控上还是非常严格的，都有较大的安全系数，绝不可能出现为了经济利益影响安全的问题。工程陷于长时间的等待中。

将近半年的时间，含钢量的问题迟迟没有得到解决，大家很焦躁，但也没办法，在技术层面如果法方坚持增加用钢量，阿方也毫无办法，因为这是涉及安全的技术性问题。后来经过请示国内领导，经研究考虑后，决定做出适当让步，提出了以“再提高建筑安全度”为由，同意增加用钢量 20%。不再修改底图，在蓝图上标明。得到了三方满意的结果，为早日开工创造了条件。

盼望多日的工程开工时刻终于来到了。其实也没有什么仪式，只是从现在起阿、中、法三方开始了正常的接触。第一次会议阿、中、法各一人参加，中方是杨勤民组长和设计专业人员、翻译参加，会议商定每周一上午 9 点开碰头会，讨论解决施工中发生的各种问题。我方是设计代表负责技术监督，工程在中阿双方的共同管理下，承包商施工还是比较认真的，每次会议提出的问题都得到了顺利地解决。例如：有一次法方带来了一根一米长的穿电线钢管，纵向锯成两半让大家看，管内有毛刺容易剐坏电线外皮造成漏电，应该用专用的穿电线钢管。我国当时没有这种管材，由于钢产量很少，有限的钢材还不可能用于穿电线的钢管保护，那时还没有塑料管。国内许多重要的建筑还都使用明线，因为明线都不受欢迎，国内也采用了很多代用方法，陶瓷管、竹管、油毡管、玻璃管等都不理想。因此，重要工程都用自来水管代用，法方拿来的就是这种管，已经是当时我国最高水平的材料了，会上对方勉强接受了这种材料。后来国内有了塑料管这些问题就迎刃而解了。另一次会议上法方对中国提供的10千伏不滴流油侵电缆的绝缘问题提出置疑，随后我们将电缆送交供电部门进行试验，我也前去观看，实验结果大大超出了他们要求的标准，法方伸出拇指表示非常满意。

这项援外工程项目涉及祖国的荣誉，工程从国内运输大量的材料、设备，没有指派专人担负订货、验收、运输、检查及分发管理。为了不影响祖国的荣誉，我们主动承担了检查、验收、调配、指导工人使用的工作。在检查中发现：部分白色外墙面砖由于包装问题污染变色，如果不加选择使用肯定影响工程质量。我们采用了挑选、擦洗等方法保证了工程质量。还有轴装电气低压电缆，国内的包装规格和长度标注不太明确，为了避免材料不必要的浪费和使用方便，我们先把每轴的电缆规格长度标注清楚，并在图纸上标注出使用具体哪一轴，这样既方便了工人施工，又保证了质量，同时也节约了大量材料。还有大量中国提供的各种材料、玻璃百叶窗、门窗及配件以及柴油发电机的维修等。大量复杂细致的管理工作承包方是不管的。实践中我体会到：在援外工程项目上，施工管理是非常重要的工作，当年我们在这方面是很薄弱的。这项工程以后，我院又承接了摩洛哥体育场馆等援外工程，学习和吸取以前经验，施工管理取得了长足的进步。

工程即将完工，我们对工程进行了全面检查，并连续两天进行全负荷用电试验。室内外灯光、广场前喷水池的五彩灯全部开启，使过去孤独、黑暗的小村庄，骤然生辉，为当地的老百姓带来了现代城镇的曙光。这时距博览会开幕还有两天时间，博览会由其他国家承建的展馆也基本完工，大家静等博览会开幕。但是阿方还要建一个供开馆时使用的标准游泳池，此时刚刚开始挖槽。我们都认为：要如期建成简直是天方夜谭！但是事实证明“各村都有各村的高招”。阿方挖好了泳池的槽，把从法国买来的一个和标准泳池规格相同的水蓝色大包，直接铺进泳池的大坑，整理好边边沿沿，把底面的空气直接抽出，一座漂亮的泳池仅用两天时间就展现在人们的面前。真是不可思议又大开眼界！

转眼间，我们来到阿尔及尔近三年了，工程按计划如期完工，为了保证博览会的顺利进行，我们采用了国内重要工程、重要场所标准的安全管理，特别强调的是用电安全，强调双路供电确保绝对可靠。并且在博览会期间每日巡检、记录负荷等措施，确保博览会顺利举行至完美谢幕。我们在工作中认真负责，处处为阿方考虑，特别是安全方面考虑得更周到，这是阿方在工程竣工验收后，坚持挽留中国工程技术人员至博览会闭幕后的一个重要原因。

博览会结束了。我们整理好行装准备离开征战了三年的施工阵地，离别的酸楚之情油然而生。我们和并肩战斗的阿方现场管理人员、法国承包商、现场施工的工人师傅依依惜别，同伴中除林开武、刘润安和我需要再为使馆做些善后工作，其余全体工程技术人员均回到了阔别三年的祖国。

三、后记

阿尔及尔博览馆工程开启了我院援外工程的序幕，随后的摩洛哥体育馆等援外项目风起云涌。建院为我国外交事业做出了很大贡献。

此后，从阿尔及尔也不断传回博览馆的消息，每逢国际博览会我们援建的工程就成了当地群众欢乐的海洋。特别是阿尔及利亚总统的阅兵式也在此举行。濒临地中海的景色美不胜收。每当这时我很自然地回忆起共同战斗的同事们，想起了秦济民同志在工程考察设计阶段做出的不懈努力，想起了杨勤民同志在工程考察和施工管理中所发挥的重要作用，想起了所有参加该工程的同志们为祖国做出的贡献。作为参与建院第一个援外工程的我们永远为之而自豪。

北京建院部分援外工程一览表

类别	序号	项目名称
公共建筑及其他	1.	塞内加尔医疗中心
	2.	科特迪瓦共和国剧场
	3.	多哥体育场
	4.	多哥共和国总统府
	5.	越南东方宾馆（河内）
	6.	中扎贸易中心
	7.	刚果（布）电台和电视台
	8.	卢旺达卫生学校
	9.	孟加拉国国际会议中心
	10.	援中非 100 套经济住房
	11.	西萨摩亚政府办公楼
	12.	越南教科文印刷厂（高校印刷厂）
	13.	扎伊尔人民宫
	14.	突尼斯青年之家
	15.	阿尔及尔博物馆
	16.	斯里兰卡班达拉奈克国际会议大厦
	17.	加蓬国民议会大厦
	18.	援柬埔寨政府办公楼
	19.	塞内加尔国家剧院
	20.	毛利坦尼亚友谊医院
体育建筑	21.	叙利亚体育馆
	22.	摩洛哥体育中心体育场
	23.	坦桑尼亚体育场
	24.	埃塞俄比亚体育馆
	25.	马达加斯加体育馆
	26.	赞比亚体育馆
	27.	尼日利亚体育馆
	28.	坦桑尼亚国家体育场

也说首都体育馆设计

浦克刚

北京首都体育馆（以下简称“首体”）是新中国建立的第一座大型滑冰馆。占地面积 9 公顷，40000 平方米可容观众 18000 人。首体工程的兴建，一开始就得到了党中央领导的关怀和重视。周恩来总理日理万机，还抽出时间来为其选址看地。1966 年 3 月下达任务，由我院承担设计工作，同年五月破土动工，由北京市第三建筑工程公司和机械安装公司负责施工。历时两年，于 1968 年 3 月全部竣工，设计和施工都获得好评。

首体工程的胜利建成来之不易。这项巨大而复杂的工程在国内是首创，在国际也不多见。它在功能之多，体量之大，结构之新，技术之难等方面都有所创新，有所突破，在建造过程中攻克了一系列的科技难题。

由于功能多，要求建筑体量大，这就必须出现大空间、大跨度。加上能容下近两万观众的看台，则出现了 99 米宽，112.2 米长，20.8 米高的比赛大厅。这么大的空间，中间不许有一根柱子，它的屋顶该如何建造？这给结构设计工程师出了一道大难题。建筑要求这个屋架最好做成长方形的子板结构，这样的屋架在国内没见过。在当时国际上只有美国在加利福尼亚大学体育馆刚做成一个平板型的屋架，其尺寸为 91 米 ×122 米，是用“空间双向网架”结构理论设计的，也是当时世界上最大的屋架，当然也就成了美国向世界炫耀的杰作。

解决大跨度屋架的问题当然也还有其他办法，但不是陈旧笨重，就是费工费料，不可取。在众多专家提出的九种方案中，经过论证和筛选，最后决定采用的就是这最新、最难的“平板空间双向网架结构”的方案。可在当时的情况下，没有关于这方面的技术资料，有的只是一个坚强的信念：“中国人民有志气，有能力，

首都体育馆屋盖施工中

首都体育馆

室内冰球场制冷设备安装过程中

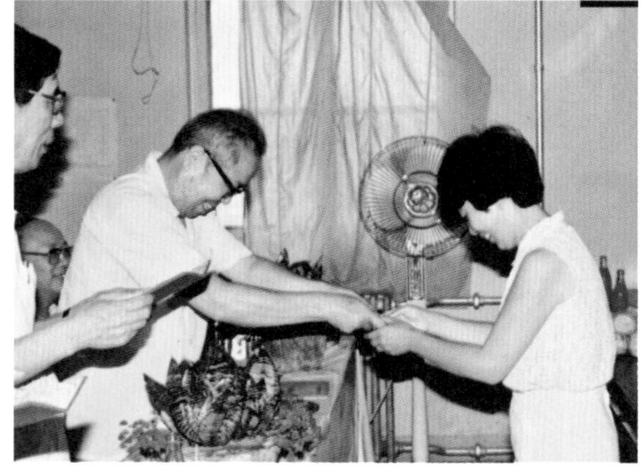

院领导赵利民、校长浦克刚给“业大”毕业同学颁发毕业证书

一定要在不远的将来，赶上和超过世界先进水平。”

方案决定了，结构工程师一马当先，上阵攻坚。经过日日夜夜的奋战，几次山重水复，几次柳暗花明。最终，有了突破性的进展，打开“计算大门的钥匙——物理方程建立起来了。后经协作单位的帮助，借助计算机解决了大量的计算工作。又经过紧张的设计画图阶段，一套崭新的“平板空间双向网架钢结构屋架”设计图纸出来了，大家欢庆首战告捷。世界上最新的空间网架结构设计方法，在当时已不是美国独家专有了。

在解决屋架这个难题的同时，暖通设计工程师们也在进行滑冰馆核心问题的研究——人造冰场怎么做？要求一年四季都可滑冰，这又是一个大难题。我们冰场的尺寸是 30 米 ×61 米，这么大面积的冰场，采用什么冷冻技术使它结冰呢？当时有个国家想把这项专利卖给我国以图暴利。设计人员和工人当然是不会接受的，表示不但要自己做，而且要采用当时的先进冷冻技术——氨液直接蒸发制冷法。但是一个非常关键的问题要解决，就是不许“漏氨”，这是个高难度的焊接技术问题。技术人员和工人经过苦心钻研，反复试验，找出了高质量焊接的具体措施和严格的检测手段，提供了“一丝不漏”的保证。三千多条焊缝，经过严格的试压检测，合格率竟是百分之百，确实达到了真正不漏气的要求。先进的人造冰场在我国实现了，这并不使人感到意外，但这也决不是“心想事成”，而是“有志者事竟成”！

冰场有了，要保证能很好地使用，还要解决一个“驱雾”的难题。暖通工程师在工人配合下，研究结雾的原因，找出了“驱雾”的方法。他们根据空场和满场采取不同措施，将侧面送风和从顶棚缝隙送风结合或交替使用，成功地达到了“驱雾”的效果。

首体是个多功能体育馆，当有滑冰或冰球比赛时，需要冰场；当进行其他球类比赛时，则又得要木地板场地，这就又为建筑师提出了一个“变换场地”的难题。“有志之人不怕难”，建筑师和工人不怕辛劳共同研究出了“机械拖动的活动地板”，完美地解决了首体工程的又一难题。

圆及圆弧的创意

谢秉漫

一、外方内圆——毛主席纪念堂北大厅顶棚设计

三十九年前我在建院第四设计室（当时是保密工程设计室）工作，当时我刚从叙利亚援外体育馆工地回国，方伯义主任找到我一起去前门饭店，参加全国八省市工人、干部、技术人员为建设毛主席纪念堂方案设计会议。我们住在前门饭店，每天开会研究方案，绘制各种方案图，最重要的是纪念堂的选址，天安门广场、端门、香山，以及纪念堂的造型。我用简洁透视法绘制出了一轮又一轮纪念堂的各种方案，向上级领导汇报。

由于时间紧迫，建院又从其他设计室抽调了部分设计人员，于当年十月中旬组成设计组，到现场与其他单位技术人员一道边设计、边施工，设计组徐荫培是总负责人，施工总指挥为李瑞环同志。当时纪念堂室内设计的人员很少，每个人的设计任务都很具体，南大厅的顶棚由巫敬桓负责设计，中央设大圆灯、四周配四盏小圆灯，大方别致；方伯义主任要我负责北大厅顶棚设计，刘力负责设计墙面，清华大学王炜钰负责设计地面。考虑到整体效果，地面采用杭灰大理石。北大厅设计要求很高，政治性强、专业种类多、技术复杂。当时是与工人师傅三方结合起来，共同讨论。在众多方案中最后汇总成两个方案：一是比较新颖地放光芒顶棚；二是民族传统形式的藻井顶棚。再次经过细致分析比较，集思广益，使各专业设备、通风、电气都比较合理，决定采用外方内圆藻井式圆形葵花灯顶棚，使之既有丰富的民族形式，又有鲜明的时代感，方与圆在中国自古以来都具有丰富的内涵，方表示刚直不阿的浩然正气，圆表示圆满和谐的民族大团结，这里的圆还有万物生长靠太阳“葵花向阳”之意。

北大厅顶棚横向采用奇数 11 盏葵花灯，竖向采用偶数 10 盏灯，总共 110 盏圆形葵花灯置于藻井中，浑然天成。两侧门的上方各用 6 个环形吸顶灯，有“六六大顺”之意。每盏灯的尺寸 2 米见方，起引导作用。由于公安部门设置监控探头的需要，我把两侧的顶棚适当

毛主席纪念堂设计方案讨论

毛主席纪念堂设计人员合影

下降，在高低处正好设置空调风口以及监控探头，为了检修灯器具的线路、风管等需要，在顶棚上部铺设了马道。藻井龙骨制作，经过实心与空心龙骨的讨论，最后空心龙骨还是优于实心龙骨，故而采用了空心龙骨。圆形葵花灯与四周素沥粉彩画组成方形灯板，可利用对角线自下而上安装。当时还做过一个一比一的外方内圆藻井实物模型立在墙边，让大家对细部凹凸、宽窄比例进行推敲，这就是顶棚的样板。灯板由张绮曼和工艺美院何镇强设计，优美的花叶图案用素沥粉绘出，建科院饶良修精选了各厅室的灯具。灯板制作与搭建龙骨工作齐头并进，110 块灯板在下面制作，毫不影响搭建龙骨的进度，只要龙骨施工完毕，有两天时间顶棚就安装完成。工人师傅们高兴地对我说："装配时节省时间，别看北大厅面积大，施工进度比其他面积小的厅进度还快！"这与各专业相互配合工人师傅的辛勤劳动是分不开的。

室内完工后，1977 年 3 月我又参加了广场灯具设计，因为加工订制瓷盆、网扣等与刘永梁一起到湖南、江西、杭州、青岛等地出差；4 月份参加寿振华负责编辑的纪念堂资料汇编工作；同年 9 月份徐荫培要我负责绘制纪念堂北大厅、南大厅、瞻仰厅、休息厅室内装修的全部竣工图（年轻的王如刚同志也参加了此项工作）；我于 10 月画的毛主席纪念堂柱廊式方案，登载于1977 年《建筑学报》上；西德（联邦德国）建筑杂志上也曾转载过。三十多年过去了，我把保留的小幅水彩样稿，放在《谢秉漫水彩画》上，顶棚上由 110 个外方内圆组成的葵花藻井熠熠生辉，见证了那个时代的光彩。

二、内方外圆——会泽公园设计

2002 年 5 月我的老朋友老何看了我的《公共设施与环境艺术小品》一书，特地从云南来到北京，点名要找在北京建院工作的我，为会泽设计休闲公园，当时我答应提想法给他。会泽历史上是生产铜钱的地区，我灵机一动，决定用内方外圆的大铜钱作为公园的主雕塑，立意在为人处世要讲究方圆，方为做人之本，圆为处世之道。设计时还有“以人为本”的设计理念。

会泽公园的平面路网也设计成内方外圆的形式，南北走向，一条溪流自西向东延长，流水正是代表金钱。在水中正对主体建筑，也是公园入口处，树立一个内方外圆、直径 22.6 米的大铜钱，并用桥梁贯穿，使游人能参与其中。我当即绘制出一座钢桥，从“线孔”中穿越，有“一线贯古今”的气势，周围还布置有喷泉、彩色照明。建成后有媒体评论“一座流光溢彩”的彩虹桥跨水而走，桥身轻盈通透，从“钱孔”中贯穿飞越，人走在上面仿佛置身于时空的隧道之上。它屹立于天地之间，俯视古今，贯穿未来，象征会泽辉煌的铜业历史，让人遥想当年“一山宝气种千古，四野炉烟绕万年”的盛世景象。

两年后在网上看到“内方外圆”的铜钱，被设计成高楼大厦，如沈阳方圆大厦，形式不到位，又忽略人们对美的欣赏水平以及使用功能的要求，评价欠佳，争议较大。其实这不是“内方外圆”形式的问题，而是要努力挖掘传承祖国的传统文化，不断提高建筑师的艺术修养。

圆弧的力度美——武警总部大门设计

1996 年 9 月，武警总部位于苏州桥畔三环路西侧，北京电视台北侧的总部大楼，主建筑为三角形大楼配上三角形大门，是一组比较协调的建筑群。但三角形大门的柱子有碍车辆通行，经研究决定拆除。先后请了天津大学建筑系的教授、又特邀了清华大学关肇邺教授、台湾大地设计事务所的彭培根教授等协助看地形搞规划。由于对我曾经设计的北京吉普汽车有限公司南大门、王致和腐乳厂大门印象不错，建院的梁永兴同志得到消息后，转告我去参与应征。

我认为，要呈现中华武警部队的威武之师和为世界和平做出的贡献，设计中一定要体现主题并且要实用，总部东南方向是三层的医务室小楼，已经挡住了三环路上的视线，同时总部的保密性要强。考虑到总部大门应当通透，首先我在设计中采用具有力度的大圆弧门洞设计，在狭窄的道路上很适合车辆进出，交通便利实用；其次，设计中讲平衡、讲协调。大门造型与南面建院李采设计的北京电视中心造型相呼应，电视中心带弧形，总部的大门也带弧形；电视中心的弧形在西侧下部，总部大门的弧形在上部，跨度 18 米；即对比又协调。圆弧门洞高 8.2 米，整个凸出三层小楼的墙面，下部四个直径 1.2 米大围拉支撑，又可联想到凯旋门，寓意天天胜利归来。大门西侧还要有小圆弧衬托，直径 6~7 米小圆弧自东到西，一个楼一个连贯重复装饰，起到了引导作用。看上去像波涛一样，好风好水给人以好心情，这些都符合总部领导的意愿，总部领导当即决定，在十多个方案中采用我用手工绘制的大圆弧门洞设计方案。武警总部大门的设计工作交给了我。

当时有评论，大门设计庄重严肃，强烈地表现了一种对称的均衡美，正负间的处理手法巧妙，直线与弧线错落有致的结合，刚柔相济，充满了一种含蓄的张力，充分肯定了圆弧的力度美。

体育人生

王惠德

1958 年我们 50 人从北京市第二地方工业局建筑工程处设计室合并到建院，一起进入了新成立的第八设计室，开始了设计工作。随后不到一年的时间，八室的技术人员分别分配到建院的各设计室。我有幸被分配到第三设计室工作，当时三室在院里的业务范围侧重体育建筑设计。20 世纪 50 年代的北京体育馆就是三室总建筑师杨锡镠先生设计的，虽然那个时代国家还比较困难，体育建筑不算多，但是只要是体育方面的工程设计，一定是由三室来承担。我自幼酷爱体育，我为自己被分配到一个专门设计体育建筑的部门暗自庆幸。我参加的第一个体育方面的设计项目是国家体委训练局的田径馆。本来爱体育的我搞体育建筑设计是个偶然的巧合，没想到和体育结缘，这一干就是三十多年。

一、建院的文体活动

建院的文化包含了方方面面。文体活动始终是最具活力的催化剂。当年的建院篮球在社会上的影响力绝对是建院的又一张名片。院

1965 年老三室合影

内老办公楼没有改造之前，现在食堂南侧就有两块灯光球场，能同时打篮球和排球，那时我院隶属规划局，规划局下属两院一处的篮球队以建院队员为主，是北京市的乙级队，经常参加每年的市级篮球联赛，在社会上小有名气。我院平时也经常邀请外单位的知名篮球队来院交流比赛。专业的八一体工队二队曾来我院比赛，当时沈勃院长亲切会见了八一队的全体队员，还自掏腰包拿出 15 元钱（相当于现在的 1500 元）买了一大堆新鲜水果，招待八一队全体队员，这足以见得院领导对建院篮球活动的重视。

北京电影制片厂的演员篮球队也曾来院比赛。参赛的有当时北影著名导演崔巍、谢添等，由于比赛之前崔巍在刚刚上映的电影《宋景诗》中扮演角色“大帅”，比赛中大家就都叫他“大帅”，都给他传球，“大帅”个高、块大，内投、外切还真进了不少球。还有很多看着眼熟叫不上来名字的演员也都在比赛中上场，让观众大呼过瘾、大饱眼福。我们还去过北京体育馆，与当时的国家女篮进行比赛，比赛虽然有男女之别，但比赛场上国家女篮的女队员根本就没把我们当作男队员，敢打敢拼，我们的男队员反而有些放不开，比赛精彩激烈，最终以

20 世纪 50 年代院篮球队合影

国家女篮胜利圆满结束。但能跟专业的国家女篮比赛的业余男篮，也足见我院篮球队的水平不低了。我们还曾与中南海中央警卫局“8341”部队篮球队比赛，进入中南海要经过两道戒备森严的门岗才能进入球场。我们建院篮球队还和很多单位进行过友谊比赛，结交了许多朋友，通过活动也使大家了解了我们建院。

国球乒乓球在我院也有过骄人的战绩。那一年我们邀请了中国乒乓球女队来我院比赛，国家女队主力郑敏芝与我院男选手周占鳌比赛，双方打得难解难分，小周是我院有名的“怪球手”，他使用的球拍胶皮是自己加工制作的，与众不同，采用的是防守型打法，怪异的球路使女国手很难适应，女国手最后惜败周占鳌，赛后年轻的女国手为此还哭了鼻子，这件事在几十年的建院史上被传为佳话。

羽毛球运动现在发展得很普及。年轻的朋友们相约下班后到体育馆租一块场地，打一两个小时是常事，由于是经常运动，大家水平都很高。但那时羽毛球运动号称是“贵族运动”，一是因为没有专业的场地，二是正规的“航空牌”羽毛球又很贵，打起来消耗很快。因此，打羽毛球的人很少，顶多是几个人找一块空地，也没有球网，用的是低档便宜的羽毛球，有的甚至是塑料羽毛球（便宜，可以多打些时间，但没有正规羽毛球的感觉），双方对打，活动几下就算不错了。后来羽毛球运动在我院的普及率提高，得益于我院有一些来自广东、福建和印尼华侨的技术人员，他们家乡的羽毛球运动都非常普及，水平也很高，其中的吴宝仙就是典型的代表。他们组织起了建院的第一支羽毛球队，在建院的老办公楼前的小广场架起一个球网，一头系在楼门的铜拉手上，另一头拴

在花坛里立起的柱子上，地面用白灰水画上标准的羽毛球场地线。虽然只能露天打球，但相对正规，队员们每天早上 6 点开始训练，7 点半结束去食堂吃早饭，8 点准时上班。训练、工作两不误，经过一段时间的训练，建院的羽毛球队达到了较高的水平，在多次比赛中取得了较好的成绩。

游泳活动在建院很普及。每到夏天，中午 12 点半院里的大轿车载着 50 多人到陶然亭游泳场游泳。每人交一毛钱（其中 5 分钱门票、5 分钱油钱）。后来八一湖游泳场（现玉渊潭公园）开放不收门票，大家就骑着自行车，带着孩子一起去八一湖游泳。当时为了纪念毛主席，畅游长江是重要的政治活动，在一次我院组织的纪念游泳活动中，我院组织了 300 多人参加游泳大军。从八一湖起点一直游到颐和园南大门外大桥下为终点。一路上，水中由陈静池带领 20 人的救护队伍，分乘五艘游艇，保护大家的安全。陆上医护人员乘院里的大轿车一路同行，备好了各项急救措施，食堂的师傅们也准备好了馒头、包子、咸鸭蛋、开水，为参加游泳的同志们补充营养，全程 3.75 千米，中途不能上岸，不能抱桥墩休息，必须坚持一直游到终点。最终 100 多人游到了终点，充分展现了建院人热爱游泳的气氛和良好的体魄。

划龙舟在地处我国北方的首都北京，是极为少见的水上项目。但我院也多次参加了颐和园龙舟大赛。虽然没有拿到最好的成绩，但参加比赛的十几个小伙子们非常努力，他们经过刻苦训练，从没有接触过划龙舟，到能够很好地掌握了控制龙舟的技巧，凭借着不服输的劲头和其他划龙舟的强队过招，敢打敢拼，很好地体现了建院精神，最后获得了第四名的好成绩，北方的“旱鸭子”划龙舟在业内传为佳话。

工间操是一项很普及的群众性的体育运动，也是最能体现建院职工特点的活动。每天上午 10 点、下午 3 点半，院里所有的部门都很自觉认真地开展这项活动，但从没有人想到工间操会发展成比赛。有一年西城区在官园体育场组织了一次工间操的大型比赛，我院克服了设计任务重的困难，派出了近 500 人的队伍积极参赛，声势很大，热情很高。期间还发生了一件趣事：比赛前，大家把外衣和挎包都放在场地旁的水泥台阶看台上，让一位小朋友坐在看台上帮助照看。大家把衣物都堆在小朋友的周围，你一件，我一件，越堆越高，最后就露出了这位小朋友的小脑袋瓜，孩子的小脑袋瓜在衣物堆中间转来转去，很认真地看守着大伙的东西，真是太可爱了！这个乖孩子是谁呢？原来是陈静池的大儿子，也就是现在建院的领导陈杰副总经理。

社会活动中历来文体不分家。建院的文化活动也有相当雄厚的群众基础，当时院里活跃着几十位京剧票友，老生、小生、武生、花旦、青衣、老旦、丑角，京胡乐队样样齐全，院内完全能上演专业的京剧全剧。拾玉镯、豆汁记、小放牛等经典折子戏都演得像模像样。每次演出都博得了观众的热烈欢迎。有一次在二炮礼堂演出，饰演赵王的跟前要有四个跑龙套的演员演太监，一时找不到合适的人选，只好临时找到篮球队的队员客串，我和三位篮球队的队友救场如救火，反正也没有台词，别站错位置就行，我们简单化了妆，穿着戏服就上场了，演出时我们就站在舞台的边上。下面看戏的观众中，前几排小孩子较多，他们平时老看我们在院里的篮球比赛，一眼就认出四个演太监的高个子演员都是篮球队的队员，于是就开始起哄，这一下子闹得饰演赵王的演员不知道发生了什么事情，精彩的唱段也听不清楚了，四个太监反倒成主角了！

二、体育建筑设计

体育是社会活动和发展的助推器。建院文体活动的蓬勃发展，极大地促进了设计科研工作。几十年来我为社会贡献了无数优秀的建筑设计作品。我由于年轻时就与体育结缘，练就了强健的体魄，对体育的热爱更使我在体育建筑设计工作中如鱼得水。多年来我设计过的体育项目有：国家体委训练局北京老山训练基地的击剑馆、秦皇岛训练基地的柔道馆、5000座位的室内体育馆、海边浴场、运动员宿舍、跳水馆、水球馆、跳水陆上训练馆、高尔夫发球场及会馆、国际网球中心网球馆、中国棋院、国家体委运动员旅馆、餐厅、体育科学研究所、北京东单体育中心、游泳馆、篮排球馆、长安俱乐部、华侨公寓游泳馆、青岛体育中心体育场。退休以后，我在国家体育总局华体集团合作设计方案和规划方案，参与了福建省南安市体育中心、CBA 集训基地、浙江宁波体育中心水上俱乐部、贵州省贵阳市老王山体育训练基地、辽宁省锦州市水上运动训练基地等项目的工作。

我一生热爱体育，尤其对篮球、网球、游泳等项目热爱有加。职业生涯又与体育建筑设计结下不解之缘。由于对体育项目的理解进而促进了我对体育建筑设计更深层次认知。我把体育比赛中的运动员心理、观众心理、我的心得融会贯通在体育建筑设计工作中，我知道体育运动的规律性，知道什么是重要的，怎样才是最合理的，设计时会考虑运动员的需要什么，观众的需要和使用要求。我感到这才是体育建筑设计的最高境界。

老牛自知夕阳晚，不用扬鞭自奋蹄。我今年已八十多岁，在回忆体育建筑设计经历的同时，向院同事们、向社会讲讲北京院曾有过的体育文娱活动，不仅活跃了历史，也在告诉人们，北京建院体育建筑设计的卓越水平是有根源的。

工程编号本

梁永兴

工程编号本有什么可说的？也许大家都认为就是给设计项目编个顺序号而已。说起来很简单的一件事，其实并非如此。由于我在建院从事业务工作多年，对记录工程信息的工程编号本感触颇深，凡是画过图的设计人员都知道，我院的每张设计图纸的下边或右下角都有明确的标识图签，小小的图签记录了工程名称、编号、专业、内容、负责人等重要信息，更为重要的是，这些信息覆盖了全院所有和本工程有关的管理环节，而这些重要信息均来源于——工程编号本。工程编号的重要性可见一斑。

多年来，我院的工程编号既有规范管理的属性，又有更重要的责任属性和服务属性。例如：在实际工作中如果出现了无工程号设计项目，则一定会有这样几种情况，包括未正式通过院里安排的设计工程、尚未获得国家批准文件的设计工程、不具备基本设计条件的设计工程等。通过工程编号，建院能准确地识别自己的设计作品，并进行有效的质量管理，保证了建院 70 年发展长盛不衰。

那么，如此重要的建院设计工程编号的种类、编排方式又是如何在实际工作中操作的呢？这还要从建院接受设计任务的规律说起。

如：具有建筑面积和方案到施工图的设计工程，均用：年份—顺序号，例：58—001。

在已安排的设计项目中，近期追加建筑面积或工程项目，则在已给工程号前面加上“原”字样，例：原 58—001。

零星设计工作，即达不到计算建筑面积的设计任务，包括修改和增加设备等，在年份后加“零”字样，例：58 零—001。

属于安全加固类型的设计工作，在年份后面加“固”字样，例：58 固—001。

设计前期性的设计工作，规划和可研方案等，在年份后面加“设前”字，例：58 设前—001。

在此后的工程编号工作中，也出现过拼音字头代替汉字的情况，如：原 58—001，就曾改为 C58—001。总之，我们所做的工程编号，不仅能表述某个具体工程，同时也能通过编号看出该工程的年代和设计任务的性质。工程编号就像设计任务的身份证，有了工程编号就意味着有了建院设计任务的委托单、国家批准该项目的文件、城市规划部门提供的规划设计文件及图纸、建设单位或其主管单位同意的设计任务书等。

说起建院传统的老工程编号登记册，新中国成立（建院与新中国同龄）初期，国家正处在全面恢复阶段，工程建设任务总体上不是太多，那时的工程编号本的确是比较简单的，工作人员也就是用类似小学生练习本大小的本子记录一下而已，有个年份及接受设计任务的工程名称，工程号并不分性质。后来由于设计任务越来越多，根据需要在工程编号上增加了设计任务的详细记录和时间。1953—1957年（国家第一个五年经济发展计划期间）从建院工程编号安排数量上、接受任务项数上，以及完成设计任务方面均不算多。见表1。

1979年改革开放后，我院设计任务成倍增加，性质也更加复杂，对工程编号细化管理就显得十分重要。在工程编号管理方面，按当时领导的主张，根据工作需要应该越细致越好，于是相继增加了四五项其他设计任务的工程编号，这里重点描述一下后来追加任务的“原”字号项目，其他项目暂时省略。见表2。

有工程编号就必然会有工程编号登记本。在计算机尚不发达的那些年里，管理工作都是纯手工操作，小小的工程编码本记录了建院从计划经济到市场经济整个发展过程的缩影。工程编码也从简单的工程基本信息记录，不断变化为记录和反映多方面工程信息的晴雨表，通过它不断调整建院的计划和管理工作。由于工程编码本在日常工作中如此的重要，我们就把它长期固定为14项重要内容的格式，可随时完善并且方便查询检索。为设计管理工作提供了充分的依据。详情见表3。

建院历史上的工程编号登记本中14项填写内容中，应对其中三项做更清楚地描述。

表1.1953—1957年（国家第一个五年经济发展计划期间）工程号编排和涉及工程情况

年份 项目	1953年	1954年	1955年	1956年	1957年	备注
工程号编排情况	53-001~53-096	54-001~54-153	55-001~55-223	56-001~56-245	57-001~57-176	只有此种编号
接受任务项数	96	153	223	245	176	各种设计任务
完成任务万/平方米	79.9	104.7	129.5	168.5	76.8	未统计接收情况

表2.1980—1984年工程号编排和涉及工程情况

年份 项目		1980年	1981年	1982年	1983年	1984年	备注
工程号编排情况		80-001~80-700	81-001~81-713	82-001~82-818	83-001~83-508	84-001~84-685	均为正规设计任务
接受任务项数	正式任务	700	713	818	508	685	
	“原”字号任务	276	299	349	348	372	老顾客继续委托的项目
完成任务万/平方米	接受	505	426	607	398	453	有些需跨年度才能完成
	完成	471.5	391.9	402.9	429.8	603.2	

表 3. 建院 1970 年以后的工程编号登记本

工号	工程名称	建筑面积		分配		任务性质			联系人	电话	撤销日期	地点	批文号
		委托	后补	室	日期	基础	翻建	技措					

一、设计任务分配给哪个设计室的问题

建院每年接受任务的量很大且种类繁多。与面积大小、繁简程度、重点与否、地点远近、在手任务量多少以及轻重缓急等均有关联，再加上设计部门多，设计任务不好平衡。诚然，如果任务分配得当，设计工作会顺利进行，反之，不仅任务难以顺利完成，还会造成设计室之间忙闲程度不等的矛盾，甚至影响到建设单位。那么面临种种矛盾，我们分配任务的依据是什么？一是充分了解设计室在手任务进展情况；二是要客观分析接受任务的设计室完成的能力；三是要协调平衡好各方面的利益关系；四是必要时院领导、设计室领导、计划管理部门进行协商。总之，目的就是使建院承担的设计任务优质高效地完成。

结合历史上曾经的建院分配设计任务几点原则，经院内讨论确定建院计划管理部门执行的实例。现将原稿抄录如下：

暂定任务分配如下。（当时设定地区分工，主要是有利于现场三结合设计工作，和对这一地区各种情况的熟悉、了解）

第一，分配设计任务应在综合考虑以下五条原则的基础上进行。这五条原则是：基本任务分工；地区分工；历史关系；大型公共建筑设计（与研究）侧重；在手任务的均衡。

第二，院级项目的分配。由院计划部门提出意见，经主管院领导批准后进行分配，其余的项目由院计划部门根据以上规定的原则处理。

附件：①各室基本任务分工；②地区分工；③大型公共建筑设计（与研究）侧重分工。

注：①零星设计任务如修改等，原则上是跟室不跟人，特殊情况由院里酌情决定；

②非我院设计工程，原则是按地区分；

③凡按以上原则分配有矛盾时，均由院里酌情决定。

二、设计任务的性质问题

这是对该项设计任务的属性及建设资金来源情况的了解。

1. 基建

基建属于经国家审核批准的，由国家投资的基本建设项目，在安排设计任务时，应放在第一位。

2. 翻建

翻建属于老旧房屋拆除重新建设，其原因可能是安全问题，也可能是为改善工作环境或工作条件等。但国家规定有四项政策，即应：原地点、原使用性质、原规模、原基本标准，建设资金自筹，但建设任务仍需审核批准。

3. 技措

技术措施任务，是由各建设单位上级主管部门经审核同意的，一些较小的、为改进生产或技术措施的建设项目，资金由主管部门拨款。

以上三种性质的设计任务，可为我们安排和制定计划提供参考依据。

三、设计任务的批文问题

这是我院多年来严把政策关的重要一环。目的是绝不能让那些违章违规的建筑工程，混进我院的设计工作之中。无国家批文号，也就是无国家批准该设计项目文件的工程，我院不能接受，不安排生产计划。自然也就没有工程编号。在建院每年大量各类设计任务中，严格把关，防止出现违章违规设计工程出现，是我院长期以来始终恪守的重要原则，亦是建院管理部门的重要职责。

我 1952 年到建院，开始做设计业务工作，最先接触到的就是工程编号本和工程编号的具体工作。当时设计工程的编号记录也没有固定的模式，只是一本简单的业务工作流水账，但工程编码和对应的工程顺序是完整的，每年一本，找一个本子记录而已。1962 年我们为了保存和查阅方便，把 1961 年前凌乱且陈旧的十本工程号记录本，重新整理并抄录到一个比较正规的黑皮本子上。这就是现存的建院最早的工程编码记录，即 1952—1961 年 10 年的工程编号本。在这个基础上，我们从设计工作管理需要出发，陆续增加了大量必要的内容，使工程信息更加丰富，极大地促进了设计管理各项工作。工程编码记录也不断地规范和改进，由原来的手抄本变成打字、油印并装订成册，使记录查询更加方便。这个版本一直延用到现在，而且还在发挥着重要作用。

建院成立以来设计无数工程，如果要想查询某项工程的信息，没有工程号码就是一件非常艰难的事情了。曾经有人查询 20 世纪 50 年代我院设计的“人民公社大楼”，由于不知道工程编号，费了九牛二虎之力也没找到，即便是到北京市城建档案馆查询，没有工程号也是枉然。由此可见工程编号的重要性，它就像人们自己的身份证号码一样，

现在我已退休多年，有时还有同志让我帮忙查找建院曾经设计的有关工程，我就是从这些老的工程编码本中去寻找答案。每当我翻开这些保存了长达半个多世纪的老编码本，总是充满了无限的幸福、快乐，更是感觉到了历史的厚重。我仿佛看见“水晶宫”中忙碌的身影、“国庆十大工程”建筑设计图纸中设计人员的辛勤汗水，这些老工程编号本中准确记录着我院几代人为首都、国家建设作出的贡献。

这些老工程编号本是建院的重要历史资料，也是寻觅建院文化和建院精神的重要标志，亦是建院人忠实服务于社会的历史见证。现在这批老工程编号记录，已经全部录入了计算机，这是对建院文物最好的保护、利用和发扬。老工程编号本过去、现在、将来永远向人们诉说着建院曾经的和永远的辉煌！

“京门”西站

朱嘉禄

2007 年末，《新京报》主办“北京新地标评选”活动，经社会公众投票后，北京西客站获得 51335 票，仅次于国家体育场，成为得票第二的“北京新地标”。

北京西客站，曾被誉为“亚洲第一大站”，主站区及广场占地 62 公顷，主站房综合楼 43 万平方米、配套工程 25 万平方米，规划总建筑面积达 180 万平方米，是北京站的 7 倍。如此规模的统一规划，统一设计，同期建成，是我国建设史上一次空前的壮举。从 1990 年 8 月开始征集方案到 1991 年总体规划方案由北京市政府、铁道部、国务院及中央领导审定，到 1993 年 1 月 19 日正式开工建设，1996 年 2 月 21 日建成通车，这里不仅有 3 万名建筑工人的辛勤汗水，也有我和我们北京建院及兄弟单位众多建筑师、工程师的智慧与心血。

其实，早在 1983 年到 1984 年间，就曾准备启动北京西客站的建设，北京建院做过方案，后因国家财力问题未能实施。1990 年，国家再次启动西客站的建设，北京建院和兄弟设计院一起做了四轮方案。最后，西客站南北站房和广场的设计任务落在了北京建院肩上。在北京西客站建设总指挥部的领导下，由北京建院、铁三院、北京市政院、北京城建院和铁道部通信信号设计院，组成联合设计组。我负责总图设计，并承担和各院的协调工作。

“这是一个三边工程，多家设计，七家施工，各方配合，每一环节都不得有误。”难度可想而知。根据西客站工程总指挥部的统一协调部署，要求一年准备、三年建成。各参建单位集中力量进入现场，全力投入工作。经两个月零七天的超负荷运转，设计单位完成了西客站总图及主站房综合楼 31 万平方米的初步设计。接着，各设计单位密切合作，全力以赴赶制施工图，在极短的时间里，完成了几千张施工图纸，同时完成十余项科研课题研究，“在没有计算机的年代，几乎全是借助三角板、丁字尺等工具，用针管笔一笔笔画出来的。总图超大，只能用滚筒卷着画。”回忆起当时热火朝天的工作场面，我依然心潮澎湃。

设计大型综合交通枢纽站，首要问题是交通组织要做到高速、高效、安全、便利。从交通组织方组来说，我还是满意的。交通组织成功与否，关键在换乘的效率，合理安排“捷径”，使旅客以最快的速度实现换乘。北京市西站总指挥部组织参观了国内天津站、上海站、沈阳站，国务院引智办又组织设计人员去欧洲学习考察了法国、英国、德国等三国的 14 个车站，

北京西站北立面

学到了很多先进的理念，特别是发达国家对交通建筑的高度重视给设计人员留下了深刻印象。正如一位德国工程师讲的“在建造和改建火车站时，为了乘客能在换乘中节约一分钟，我们宁可花费几亿马克。”确实，如果成千上万的旅客在换乘过程中少走一分钟，那会节约多少时间，会是多大的社会效益呀。回国后，我根据取得的经验，修改了总体设计中地铁与铁路的关系，将地铁的站厅层直接放在铁路站厅下，形成一个 2 万平方米的换乘大厅，出站旅客可以从站台直接下到地下大厅，进入地铁站厅层换乘地铁。这样的布置是学习了德国杜塞尔多夫车站的先进站型的结果，可以说，这种模式已达到最便捷的换乘，与公交换乘同样便捷，距出站口 60 米即可通过扶梯上到各公交车站台。在出站厅同层布置了出租车站点，旅客在地下出站后即可乘车离站。

建设综合楼。西客站把方便旅客等多方面的需求，如餐饮、娱乐、文化、购物商场、旅馆、邮电、寄存等一系列服务性业务，都纳入综合楼内，使旅客一下火车，吃、住都能就近解决。我现在仍认为综合楼有其优点，既节约用地，又方便旅客和铁路司乘人员。如商务谈判，在综合楼一谈完就走了，对城市的干扰也少。由于这部分人流的交通量与火车站的大量人流相比微乎其微，也不会对车站交通造成影响。

造型设计也是西客站的一大亮点。西客站位于原金中都城遗址地段——莲花池公园相畔。因此设计上尽量把现代建筑与民族风格结合起来。由于地铁从正中穿过，在其上面建高层有一定难度，中间留了一个大洞，形成了高 63 米，宽 45 米跨度的门洞，上面为三重檐亭楼，象征“首都的大门”。由于西站主入口在北面，西站东西长度有 200 米，使北立面和北

北京西站南立面

1996 年的北京西站北立面

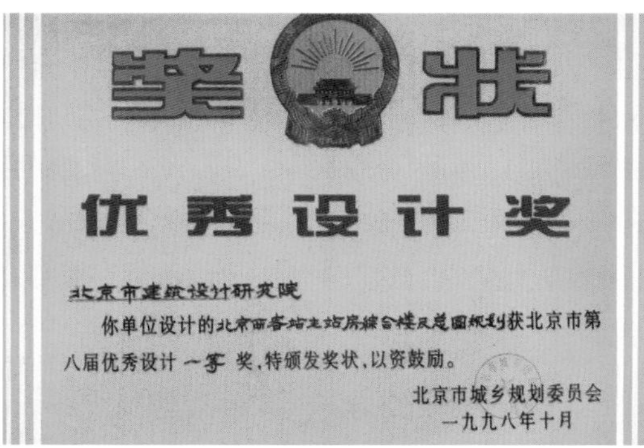
奖状

优秀设计奖

北京市建筑设计研究院

你单位设计的北京西客站主站房综合楼及总图规划获北京市第八届优秀设计一等奖，特颁发奖状，以资鼓励。

北京市城乡规划委员会
一九九八年十月

1998 年，西客站主站房综合楼及总图规划获北京市第八届优秀设计一等奖

广场都在阴影中。大门洞正好让阳光穿透过来，使北广场充满生机。门洞 45 米跨度的巨型结构与传统云亭结合起来，形成鲜明的对比，给人以强烈的印象。站前广场的两个钟塔向人们提示着时间的宝贵，与主楼相临的大跨钢结构，以其建构之美增加了车站的现代气氛。大厅入口处两根红色圆柱高高托起晶莹的巨大玻璃雨棚，又是一个传统与现代建筑的结合。经过六年努力，1996 年 2 月 21 日，北京西站正式通车。这一年，我到了退休年龄。

北京西站开通时，只是四个站台通车，随着国家改革开放的逐步深入，现代化建设迅猛发展，交通量也急剧增长，原来预计远期到达 90 对通行量的设计目标，20 世纪 90 年代末就已达到。21 世纪初，列车通行量猛增到 140 对以上，车站最高聚集人数超过设计能力 2 万人的一倍以上，给车站带来巨大的压力。西站在通车时由于种种原因甩项较多，规划设计要求未能全面实现，如相当长一段时间南站房未开通启用；预留的地铁迟迟未能开通；北广场下沉广场未实现；从地下步行进入车站的通道未打通；南广场未建成，形成大量地下停车位缺口。其他如过街天桥和部分管网均未按计划完成。这样，使原预计由地铁承担 40% 的客流量和南站房承担的 20% 的客流量全部压在北广场的公交、出租车和私家车身上。也就是说，只能承担客流量 40% 的北广场公交、出租车与小汽车承担了近 100% 的运客量，大大超过了北广场地面所能承受的能力，从而出现了交通拥堵、进出站难的问题。

为提高运力，北京西站领导和北京市西站地区管委会做了大量工作。近 20 年来完成西站增补任务十几项，如增加扶梯，北进站大厅由原来的 4 部增加至 8 部，在东出站口外和西出站厅内各增加扶梯 1 部；完善公交站台；完成大桁架和大亭子内装修等。市政部门也配合完成了原设计的两座北广场过街天桥，并重新规划了南广场路网，提高了主路的道路级别。前几年，北京发改委批准启动了南北广场未竟项目的修建和改造，我又投入到这些项目的设计中去。现在，南广场改造已经完成，北广场下沉广场的施工图也已完成，施工即将开始，预计今年 10 月份完工。地铁 9 号线、7 号线也相继完工通车，西站的规划设计即将全面实现，接受实践的考验。我相信西站一定会有一个全新的面貌。

两次出差

黄南翼

首都体育馆是我国为了举办第二届东亚新兴力量运动会而筹建的。1966 年 3 月我院接到设计任务，研了动员大会。会议由生产管理室周治良同志主持，党委书记马里克同志做动员报告。马里克说：“这是新中国成立后头一次举办国际性体育赛事。现在体育馆设计的任务交给了我们，这是国家对我们设计院的信任，因此我们的设计要充分反映出我国的经济发展情况，我们的设计要先进。在座的你们知道哪个国家有先进的体育馆提出来，上面批准后，我带你们出去考察。”

动员大会后，从各设计室抽调各专业人员成立了体育馆设计组，由周治良负责。设计方案阶段我们集中在太阳宫体育馆（现北京体育馆）。建筑专业十几人，首次采取了个人做设计方案的方式。周治良同志组织设计方案，将几种设计方案直接向市领导汇报，听取市有关领导对方案的意见，再把领导的意见带回设计组，开会传达并组织修改方案，这样反复多次（用了约一个多月时间）最后定下了方案。

到了五月份，工程开始破土动工。为了更好地配合施工，设计组搬到了现场，就是现在的首都体育馆所在地，各专业都进行了初步设计。我们的结构专业设计分两组：一组是汪熊祥工程师负责的屋盖设计组；另一组是高爽工程师负责的看台、基础等部分的结构设计组。我在汪工领导下的屋盖系统设计组。配合建筑方案的结构屋盖设计有两种方案：一是钢空间网架，另一种是比开口截面在受力性能和防锈等方面具有明显优点的钢管屋盖方案。当时钢管用于体育馆屋盖结构比网架的少，在广西南宁，由南宁民用建筑设计院设计的南宁体育馆采用了钢管屋盖。那时南宁体育馆正在进行建造阶段，所以院里决定派人去学习考察。

一、赴南宁考察正在建造中的南宁体育馆

汪工通知我赴广西南宁学习考察南宁体育馆的钢管屋盖。汪工要求我调查正在进行现场建造、组装的南宁体育馆工程全过程，越详细越好。当时汪工自己刚刚买了苏联生产的照相机（二手机），照相机在当时可是个金贵的奢侈品，为了工作，汪工主动把相机拿了出来，并教给我相机的使用和拍摄方法，让我到现场拍摄用。尽管我对照相机很陌生，从来没有使用过，但汪工反复耐心给我讲解，直到我能正确拍摄为止。我当时只是注意怎么拍好照片，

照相机的其他功能还是不懂，也没记住。出发前，我带着照相机到院照相组，领了胶卷装进相机，做好了一切准备。

这次出差是我单独一人。从北京到广西南宁乘火车需要48小时的路程。我随身携带的最贵重的物品就是这部照相机，在48小时的乘车时间里，吃饭、上洗手间都不离身，就是睡觉时我也把它放在枕头边上保证安全，更重要的是，它是我此行最重要的工作保证。经过48小时的颠簸，我顺利地到达了南宁，住进了南宁宾馆。

第二天我就开始了紧张的考察学习，每天往返于南宁民用设计院和南宁体育馆建造现场之间。当时南宁民用建筑设计院的李君如工程师介绍了设计情况，然后派人带我去现场考察。在现场我看到了：他们先是给钢管除锈、然后就是套着节点展开图在钢管上划线、切割，修正切口，进行焊接的全套工序。我在钢管屋架支座节点加工处，见到了建研院派去指导的董石麟同志，他给我介绍支座节点的设计和制造情况，除了正式安装外，我把看到的全套工序都记录下来了。

但到了南宁后，连续几天都是阴雨天，有的工作细节想拍摄也无从下手。在北京汪工介绍相机时，时间太紧，没有来得及讲阴雨天和现场大棚内环境的拍摄技巧。但是如果放弃拍摄，我就没有机会记录整个工作过程，这趟不就白来了吗！于是，我不管三七二十一，拿出相机把看到的通通拍了下来。现场考察学习结束后，我立即返回北京，记得那一天正好是“五一六通知”发表。一到北京，我先到设计院照相组，请他们把我拍摄的胶卷冲洗出来，印制成照片，拿到现场设计组交给了汪工。汪

1988年由我院组成的赴朝中国建筑艺术考察团在万寿台议事堂内，左4王谦甫，左5孙家驹、左6黄南翼、左7陈谋辛

1994年《世界建筑》编辑部赴韩考察。左2黄南翼

工说，工程时间太紧，等不到我调查回来，设计组已经确定了“平板型空间双向网架”。

这样，我的这趟考察学习结束了。为了留存调查材料，我把这次南宁之行所有的资料、拍摄的照片（我第一次照相，出乎意料地清晰，我想主要还是因为汪工的相机品质好），一并整理并加以说明，汇编成册归档。我的南宁之行作为首都体育馆工程设计过程中的一段花絮，成了永久的记忆。

二、赴唐山钢厂签订网架用16号锰钢合同

在首都体育馆设计中各专业始终贯彻“先进性”。结构的屋盖确定采用具有国际先进水平的“平板型空间双向网架”后，要体现先进，就不采用通常用的普通3号钢，转而采用优质

的16号锰钢。我国的民用建筑中应用16号锰钢的非常少，16号锰钢的强度设计值高于普通3号钢，与它配套的焊接用的焊条、螺栓连接的高强螺栓的传力不同于普通的3号钢。总之，不仅屋盖结构用的钢种比较新，而且采用它，使整个屋盖又有了减轻自重等优点。一般建筑钢材容易找到材料来源，而16号锰钢则需要与钢厂单独签订合同。为此，初步设计基本完成后，设计需要的各种规格的钢材数量基本确定了下来。于是设计组决定由我带着设计需要的钢材型号及数量与建材局的同志一起赴唐山钢厂签订合同。1966年晚秋的一个下午，设计组接到市建材局的通知，派人去市建材局一同赴唐山钢厂。我们到唐山时已经是晚上11点半了。唐山市内所有的旅店都已经关门了。我们只在城乡结合处找到一处亮灯的地方，那是一个“大车店”（运煤的马车、马和人住宿的地方）。问了一下还有地方住宿，我们两个就办了手续住了进去，可进屋一看，20多平方米的房间，中间用一根直径20厘米的横木一分为二，一边是走道，一边是地铺，地铺上铺了一些稻草，服务员让我们领了棉被，我看到棉被上有虱子在到处爬就没领，一起去的建材局的老李困得不行了，但也怕虱子，他就把全身衣服脱了个精光，用腰带把衣服捆好吊在房梁上避免招虱子，裸身钻进有虱子的棉被里呼呼入睡了。我没有他那么潇洒，只好穿着风衣半靠半躺在稻草上眯一会，迷糊中觉得全身奇痒，起来一看地面上的稻草里面也全是虱子、跳蚤，一宿难眠熬到了天亮，老李醒了，从被窝里出来连蹦带跳拍拍全身，笑着说“虱子跳蚤一个不剩。”穿好衣服我们俩“逃离”了大车店。

第二天上午去唐山钢厂，我们把带去的资料交给厂方，厂方看后说：要生产16号锰钢得停止一条流水线，改为生产16号锰钢专用线，才能满足你们的要求，经过协商最后厂方同意并在合同中规定，两个月生产周期，产品运到位于北京的华北金属结构厂。自此，我们顺利地完成了首都体育馆设计建设中急需专用钢材的采购工作。

首都体育馆1968年建成，距今已过去半个世纪。它在当时的历史条件下采用了多项先进技术，许多技术是首次在我国应用。它是当时我国唯一能举办球类、体操、冰上比赛和大型文体活动的综合大型体育建筑。曾经举办过世界冰球锦标赛C组决赛、亚非拉乒乓球友好邀请赛、亚运会的体操比赛，也是2008年北京奥运会排球比赛的主赛场，还举办过国内外顶级篮球赛事、大型文艺演出等。它是一个多功能的体育馆，是建院在过去的年代里为祖国和人民献上的宝贵礼物。

在我的记忆中，首都体育馆是4万平方米，总投资4750万元（即不到1200元/平方米），是设计概算与施工预算基本一致的工程，在同类建筑中是非常节省投资的项目。这一点反映了建院的设计工作者科学严谨、认真细致、技术过硬的工作作风。首都体育馆总体布局合理、与周围环境协调。同时也是很朴素的一个时代标志性的建筑。

天安门重建

孙任先

我于1962年从天津大学毕业后到北京市建筑设计研究院工作，并通过不断学习和努力追求，成为一名对传统古建有深入研究的建筑师。在几十年的工作中完成了众多大大小小的工程项目，其中有1/3是与传统建筑园林有关的项目，而给我留下印象最深的就是曾先后参加了1969年天安门城楼重建工程（时任建筑专业负责人），后又以主持人的身份参加了1979年天安门城楼大修工程。可以说，天安门工程给我留下了永远难忘的印象。

1969年12月中旬的一天，有关领导突然通知我，让我将手中的工作转交别人，从明天起到设在中山公园内的天安门工程指挥部去上班。于是我怀着既高兴又忐忑的心情投入到重建天安门城楼的工程之中。

天安门城楼重修时有三个方案：

第一方案，全部保留旧城台，城楼仍旧做木结构，并考虑个别木构件的加固；

第二方案，保留旧城台，城楼改为钢筋混凝土结构；

第三方案，整个城台和城楼全部拆除重建，均改为钢筋混凝土结构，且城台做成防空洞。

方案上报后，周恩来总理亲自过问审定。国家计委批准决定：按第一方案实施，即拆除城楼，保留城台，在原址按原有格局、原建筑形式重新修建天安门城楼。

这次重建距上一次重建相隔300多年，是天安门历史上的第三次重建。

此次重建，天安门建筑外观虽然不变，但城楼中增加了许多新的设施，如供电、热力暖气、照明、上下水、电梯、通信、防雷、消防、新闻摄影、电视广播以及国家领导人专用休息室等，这就大大增加了工程难度。时间紧、任务重，我与参加工程建设的所有工作人员一起度过了紧张、繁忙但却令人难忘的日子。

我对那一时期有着非常深刻的记忆。到工程指挥部设计组报到是1969年12月中旬，之后立即投入到紧张的绘图工作中去。当允许我登上城楼去看旧状时，已到年底了。此时的天安门城楼已基本拆完，只剩下一根立柱孤零

20世纪50年代重修前的天安门

天安门重建工程

零矗立着。为了对旧天安门的情况有全面地了解和掌握，我只能向老师傅们虚心求教。在绘制天安门城楼的立、剖面图时，为能更准确地得到天安门城楼的有关数据，我只好登上与天安门城楼构造完全一致的端门城楼，在古建老师傅的帮助下，对重要部件细心查看，逐一实测，为精心绘制出相关图纸打下牢固的基础。

重建天安门时，正值“文化大革命”，现在听来虽然是可笑的事情，但在当时却显得很正常。一些革命群众认为在重修天安门城楼脊上的9条吻兽不能再用螭吻，而檐头瓦猫头滴水上龙的图案也不能再用，因为那些都属于“四旧”和封建的东西。所以在重新烧制的琉璃构件中把9条吻兽烧成了革命五圣地，即延安、井冈山、古田会议以及遵义会议旧址等造型，把猫头滴子上的图案改成了葵花。我在1970年初，去门头沟琉璃窑看瓦件时看到了实物且烧制得极为精致。此事被周恩来总理知道后，周总理指示，吻兽要按原样恢复。而檐头瓦上的葵花图案则用在新城楼上了。城楼内外檐彩画上的装饰图案也由金龙合玺的图案被改成了西番莲图案。直到20世纪80年代后期维修时才又按清代时的原状改正过来。

为了满足使用功能，在天安门城台东西两端，将原20世纪50年代增建的各三间小屋，扩建成了八开间的仿古钢筋混凝土卷棚屋顶的附属房；为避免尺度过大影响城楼，使其位置尽量北移，并压低屋顶高度，建成后效果不错。这两栋附属房使城楼上的配电室，男、女卫生间，电梯机房等使用功能更加完善。在重建中，人们不分昼夜，全力以赴在现场工作。我回忆道，当时每天早晨是7点半上班，下班没有固定的时间，而且是经常干到晚上9点以后；为抢工期，元旦、春节均在加班之列，工地上日以继夜三班倒。

有一种说法，说天安门城楼重修后“长”高了。经过北京有关权威部门的测量，天安门城楼重建后比原来高了83厘米。但也应该说没有长高。为什么？因为中国传统建筑是木结构，整个天安门城楼屋顶的重量压在梁柱榫接的构架上，又经过几百年的风霜雪雨和几次大地震，使城楼本身在逐年累月的压迫下产生变形，从而使总高度向下压了一些。这就犹如我们人到了老年，骨关节老化疏松，身高要比年轻时矮2~3厘米一样。此次重修，考虑到木结构本身特有的规律，所以将高度恢复到300年前的高度，而在斗拱的斗口定位尺寸上加大了一些，同时将正吻的琉璃兽比旧有的加大一号，选用4样吻兽。所有这些改动都使人们感觉新建的天安门城楼比过去精神了许多。

重建天安门工程是国家重点工程，得到了全国支援，而北京各个参加建设的部门通力合作，积极配合，现场工作安排有序，组织严密，运作高效，可以说是举全国之力完成的工程项目。工程始于1969年12月15日城楼开始

天安门重建设计组合影 右 4 孙任先

拆除，12 月 31 日拆除完毕，1970 年“五一”前完工。

因大木含水率过高，不能用作古建油漆，所以城楼内柱子只做单皮灰，天花板也不能按传统做沥粉彩画，暂时以彩色印刷天花图案被糊在天花板上。

整个施工都是在冬季，所以我们在天安门城楼外搭了一个 37 米高的大暖棚，把整个城楼都罩住，在棚内供暖气，这个大棚是市第五建公司工人师傅们的杰作，直至今日我还在为此事感叹！工程完工后，周恩来总理亲自到工地视察，听取有关工程汇报，并接见了全体工程施工和设计人员。

我为完工后的天安门城楼在塑料薄膜上画了竣工图、立面图和剖面图，是按 1 ：60 画的，其他图是按 1 ：100 画的。原定准备为竣工图及立、剖面图拍照留下纪念，后因种种原因未能如愿，因此所有有关工程的照片都没有留下。

但是令人欣慰的是，参加天安门重建工程的所有人员，每人都得到了一份纪念品“重建纪念”的镜框，里面有一张重建后天安门城楼的彩色照片，下面是毛主席的烫金手书：精心设计，精心施工，在建设过程中，一定会有不少错误、失败，随时注意改正。毛泽东十月四日。1979 年时，天安门城楼在重建 10 年后大修，也是由我担任的工程主持人。

以下将 1969 年天安门重建、1979 年天安门大修有关人员名单列出，以作纪念。

附录 1

1969 年天安门重建

主管单位：天安门管理处屈、张二处长

使用单位：中央警卫局副局长毛维忠

北京市政府建委军管会主任：谷海若

工程指挥部主任：吕德隆

副主任：赵一恒、吴金铁、张海泉

施工主持：北京市第五建筑工程公司

技术处：杨建民、阎凰桐、殷国发、王方宇

参加单位：北京市房管局房修二公司古建处、北京市燃气热力公司、北京市供电局、北京市市政公司

加工单位：青年路木材厂、百子湾木材厂

古建大木师傅：孙永林、郭叔考、王正桁、王德臣

设计单位：北京市建筑设计院

主管副院长：张浩

设计组长：张承佑

参加设计人：孙任先、关慧英、郑思斌、周松祥、曹以敏

煤气热力：吴玉环

新影：张宗礼

彩画：赵金城

1979 年天安门大修

主管单位：天安门管理处屈、张二位处长

北京市政府建委：贾副主任、顾副主任

设计施工领导组组长：
正组长：北京市房管局副局长总工程师华克专
副组长：北京市建筑设计研究院副院长张浩
设计组：北京市建筑设计院
建筑主持人：孙任先
结构负责人：关慧英
设备负责人：郭连捷
电气负责人：曹以敏
施工单位：北京市房修二公司古建处二队梅秀玲、王永起、吴同新
科研单位：
市建研所：叶林标
房修一研究室：刘志
市林业科学研究院
铁科院木材防腐室

附录 2

天安门始建于明永乐十五年（公元 1417 年），最初称为承天门。后因失火及战争遭毁坏，分别于明成化元年（公元 1465 年）和清顺治八年（公元 1651 年）重建，并于公元 1651 年改称天安门。此后虽经多次整修和加固，但建筑主体结构破损变形严重，抗震性能极差，经党中央国务院批准于 1969 年 12 月 15 日开始了重建工作。1979 年和 1984 年又分别进行了两次维修。北京建院建筑师张承佑、孙任先、关慧英、郑思斌、曹以敏、周松祥等人参加了天安门重建的设计工作。

重建的天安门城楼加大了斗砚的斗口尺寸，增加了屋面坡度，提高了抗震强度。重建的天安门城楼比原状加高了 87 厘米，使城楼气势更加雄伟。除此之外，还完成了明间前后檐大额枋改做“工”字钢梁外包木料；主要木件连接部位增加钢板、螺栓及钢拉杆等以减少变形，增加稳定性。全部木构件均做防腐、防虫、防火的化学处理，铁件镀锌防锈。在使用功能上增加了电梯、休息室及卫生间，同时增加了供电、照明、上下水热力暖气、电话、电视广播、新闻摄影等现代化设施，以及与之配套的配电室电话总机房、电梯机房等建筑。悬挂在红墙上的毛主席像和标语牌均重新更换。

毛主席为重建天安门题字：精心设计，精心施工，在建设工程中，一定会有不少错误、失败，随时注意改正。

1970 年 4 月 7 日，天安门城楼重建工程胜利竣工，整个工期 112 天。

1979 年，天安门重建十年后，我院由我和关慧英、郭连捷、曹以敏等人又主持了对天安门较大型的维修设计工作。

让建筑世界“无障碍”

周文麟

无障碍环境是当今城市现代化的主流之一，是“以人为本”的人文与技术体现，更是社会进步的标志。北京市建筑设计研究院早在 1985 年便成立课题组，成为中国最早也是唯一从事无障碍设计研究的队伍。近 20 年来课题组不仅将其成果成功地应用于第十一届亚运会工程，参与联合国“亚太经社会”在北京方庄居住区开展的无障碍示范项目，及建设部开展的全国无障碍设施建设示范城（区）工作，还主编了建设部、北京市等一系列无障碍设计规范与图集，为中国 1.3 亿老年人，8000 万伤残人创造了平等参与北京生活与交流的无障碍空间，实践着“建筑服务社会”的建院核心理念。

自从有人类以来，人类社会就存在着不同的人口结构，个体存在生理上的差异，既有婴幼少儿又有老年人、既有健全人又有伤残病人，这种现象不仅在过去和现在而且在将来都不会改变。同时每一个人都不是孤立的个体，而是社会和家庭的一份子。不存在没有个人的社会，也不存在没有社会的个人。个人、家庭、社会必须相互补充、相互关注、相互依赖才能共同生存下去，从而结成一定的生产关系和社会关系。然而在人类历史的早期，由于落后的社会制度和愚昧的传统观念，许多男女老少被奴役，被奴隶主强制劳动而没有人身自由，常常还被奴隶主任意买卖或愚弄甚至杀害，以至于人们认为病残者（包括儿童和妇女）是对社会的威胁，是魔鬼的产物，导致了世界上许多地方抛弃甚至消灭病残者的野蛮行为。中华民族的古圣先贤提出“老有所终、壮有所用、幼有所长”和“寒者得衣劳者得息、饥者得食”及“鳏寡孤独残疾者皆有所养”的扶贫、尊老、助残思想，视劳动为天经地义，无偿占有劳动果实为不仁不义。但是，在封建社会统治下的时代，残疾人的社会地位仍十分低下，甚至是被嘲笑和愚弄的对象，常常被人们看成是“废人”，看成是社会和家庭的“累赘”。欧洲文艺复兴时期（14—16 世纪），一批人文主义者提倡以人为本位，反对以神为本位的宗教思想，用“人性”

奖状

北京市建筑设计研究院
北京市市政工程设计研究总院

你单位 **城市道路和建筑物无障碍设计规范**，获北京市规划委员会系统 2002 年度科学技术进步二等奖。

首都规划建设委员会办公室
北京市规划委员会
二〇〇二年十二月

证书号：GB200202092

城市道路和建筑物无障碍设计规范获北京市规委科技进步二等奖

来批判“神性”，用“人权”来替代“神权”。残疾人作为社会的特殊困难群众，他们也是人类，也应具有人的权利，直到这时才受到一批人道主义者的同情和支持。然而，这时期残疾人的社会地位仍十分低下，生活极度贫困，人们对残疾人的看法仅停留在同情和怜悯的层次上，多数人士仍没有脱离残疾人是社会的负担，是社会和家庭的“累赘”的旧观点，对残疾人采取了与社会隔绝的态度。

不仅如此，长期以来各地方的城市建设也忽视了特殊群体的需求。一方面与不同时代的社会制度、经济发展、传统意识等密切相关，设计者按照统治者的意愿和身心完好者的活动空间、活动模式进行规划和设计的，为他们服务已成为“天经地义”的观念。另一方面人们完全忽视了人类中有“行为能力不健全或丧失”的困难群体这一客观存在的事实，导致城市建设的理念及使用观念错位，形成顾此失彼的不和谐局面，产生了事倍功半的效果，违背了“一切为了大众”和“人道主义”的正确导向。

任何人都需要多彩的生活和自由的空间，不幸的是不合理的社会制度和人们的错误认知，使残疾人丧失了自由驰骋的天地，这对于一部分人来说就意味着失去了快乐、理想和幸福，失去了人生的价值。社会环境中一些有形和无形的障碍，束缚了残疾人的手脚，使众多残疾人不得不处于受国家和家庭圈养的、被限制的地位，给国家和家庭造成了沉重的负担。同时各种障碍阻挡了残疾人潜能的发挥，损害了他们的自尊，剥夺了他们平等参与社会生活的权利，造成众多残疾人几年甚至几十年都困在家中，在孤独和痛苦中过着与世隔绝的日子，这种残酷的现实对残疾人是多么的不公平。20世纪40年代中期，历史上规模最大的、最为残酷的、对人类影响最为深刻的第二次世界大战结束以后，各国政治、经济、文化及社会发生了巨大变革，科学技术取得长足进步，人们生存的价值观念发生了变化，残疾人的人权保障问题日益受到国际社会的普遍关注。在有关国际组织的努力下，为争取残疾人的合法权利，并保障他们正常参与社会生活，以“平等、参与、共享”和“回归社会”为最终目标的残疾人运动，已发展成为世界范围的运动。同时，社会对残疾人的认识，从同情怜悯的救济对象，提高到蕴藏着巨大的潜力、同样能为社会做出贡献的群体。对此，联合国等国际组织在半个多世纪以来进行着不懈的努力，通过了一系列有关残疾人的法律文件：

1）1948年的《世界人权宣言》第25条规定：“残疾人有接受社会保障的权利”；

2）1959年的《儿童权利宣言》第5条规定：“对于在身体上、精神上有残疾或生活困难的儿童，应给予特殊的治疗、特殊的教育和特殊的保护”；

3）1969年的《禁止一切无视残疾人的社会条件的决议》；

4）1971年的《智力落后者的一般和特殊权利宣言》；

5）1975年的《残疾人权利宣言》；

6）1981年的“国际残疾人年”（1981年联合国发起的支持和声援残疾人的一系列活动的总称）；

7）1982年的《关于残疾人的世界行动纲领》，宣布1983—1993年为联合国残疾人十年；

8）1983年的《残疾人职业康复和就业

UDC

中华人民共和国国家标准 GB

P GB 50763-2012

无障碍设计规范

Codes for accessibility design

2012-03-30 发布 2012-09-01 实施

中华人民共和国住房和城乡建设部
中华人民共和国国家质量监督检验检疫总局 联合发布

无障碍设计规范

北京建院为第 11 届亚运会场馆设计的这一组大台阶，采用轮椅坡道和台阶相结合的形式，便利了使用轮椅的伤残人士。这是国内最早推行这种类型的设计实例（马国馨摄）

公约》；

9）1993 年的《残疾人机会均等标准规则》；

10）2006 年的《残疾人权利国际公约》，被称为 21 世纪联合国最大的工程之一。

按照联合国及有关国际组织现行标准，全世界残疾人约占世界总人口的 10%，共有 6.5 亿余人。按照标准分类，我国现有视力残疾、听力残疾、言语残疾、肢体残疾、智力残疾、精神残疾、多种残疾共约 9000 万人，约占全国人口总数的 6.4%。我国老年人口已达 1.4 亿和近 2 亿的儿童，加上其他因素共有三分之一的人口需要无障碍公共设施。这是一个人数众多、类别突出、特别困难的社会群体。自改革开放以来，我国社会发生了深刻的变革，残疾人事业乘势而起，发展迅速，人道主义思想在新的更高层次上被深入认识，形成中国特色的现代文明社会的残疾人观。因为每个人的能力是以人的生理、心理等先天属性和后天的学习为基础，通过社会实践活动形成和发展起来的，能力是多方面的综合范畴，人类有多少种生产方式就有多少种不同的能力，这一点任何人都不例外，所以判断任何人的能力，应着眼于他能干什么，而不是不能干什么，这是对每个健全人和残疾人的能力应持有的公平、合理的基本态度与出发点，使人人以适合自己的方式和能力认知世界，参与社会生产和社会生活，共同创造社会财富与文明社会。

从 20 世纪 80 年代早期开始，我国就积极参与并履行国际残疾人各项事务，1990 年国家颁布了《中华人民共和国残疾人权益保障法》，1996 年颁布了《中华人民共和国老年人权益保障法》。特别是重头项目《残疾人权利国际公约》，中国是该项国际公约的最先倡导者和积极推动者，经过五年的不懈努力，《残疾人权利国际公约》于 2006 年终于诞生了，它揭开了世界残疾人事业的新篇章。2008 年北京奥运会和残奥会为推动各国履行这一国际公约提供了重要的实践机遇，是推进全世界树立现代文明社会的残疾人观，促进残疾人“平等、参与、共享”，构建和谐国际社会的一次重大活动，也是促进人类和平事业、推动世界文明进步的一次重要贡献。

“无障碍”是一个意涵非常丰富的词语，

需要从人所处的社会环境来分析和理解它，任何人都处在一个制度文化、形态文化、观念文化相互交汇、相互影响的环境中，因而产生了人文环境无障碍、物质环境无障碍、信息网络无障碍三大类别。其中人文环境无障碍是核心，物质环境无障碍可概况为“城市功能”的效应方面，由于城市经历了漫长时期的建设，并聚集了一定数量的人口，从最初的自然地貌，居住状况、生产方式到公共空间，在不同的范围内具有政治、经济、文化方面的职能，其中城市道路、城市交通、城市园林、房屋建筑、信息网络是构成城市形态与物质的五大要素。正如 1974 年联合国召开城镇无障碍环境设计专家会议的报告中提出：“我们所要建立的城市，就是正常人、病人、孩子、老年人、残疾人等，没有任何不方便和障碍，能够共同自由生活与行动的城市。”

“无障碍”要素含有不同的内涵和不同的无障碍设施。例如城市道路的人行道口和人行横道两端应设置缘石坡道，在重点地段的人行道设置盲道和语音提示；人行天桥和人行地道设置轮椅通行坡道或设置电梯或自动平板扶梯。再如各类房屋建筑，其入口、走道、电梯、观众席位、卫生间等服务设施，应方便乘轮椅者到达、进入和使用。因此城市环境功能不仅要满足人们的物质需求，而且还应满足精神上的需要及景观上的效果，结合行动困难者的行为方式和心理特征进行规划和设计，排除环境方面的种种障碍，适合所有人在行进和使用上的“通用设计”，最大范围地服务各种人士。因此设计者的宗旨应做到无障碍环境的“可达性、适用性、安全性、系统性”。

可达性——人对各种环境的感知是通过视觉、听觉、触觉、嗅觉等感觉器官反应后获得的。

可达性不仅是健全人士在通行时的基本要求，更是行动困难者参与社会生活的基本条件。在新的环境建设和旧有的环境改造中，实施无障碍的最终目的是使行动困难者可以方便地到达想要到达的地方，可以进入想要进入的场所，同时还可以方便地使用想使用的服务设施而不会感到是被怜悯的对象。

因此，在城市各区域和地段，应设置适宜的信息源，运用各种可视性标识和可触性感知、语音提示，明晰而适宜的通道，告知各种人士行走的方向和路线，及要到达的目的地。

适用性——建设和改造无障碍环境的宗旨，是为行动困难者的方便通行和使用设施提供便利，同时也方便了健全人的通行和使用，做到人人便利通行、人人便利使用。例如当今国际上已广泛采用在建筑入口内外地面的高差设计成最低倍的平缓地面无台阶的入口，或是设计台阶入口时同时配备坡道入口，不仅给视觉残疾和乘轮椅者带来通行方便，也给老年人、推婴幼儿车、携重物及伤病员及孕妇等在通行上带来通行便利。电梯是垂直交通的重要工具，始终受到广大公众的欢迎，其类别和规格较多，其中公共建筑客用电梯规格一般适用于作为无障碍型电梯，在客用电梯轿厢中本应有的配件，在客用电梯轿厢中本应有的配件，如选层按钮，扶手、镜子、报层音响、安全系统等均与无障碍型电梯基本一致，只需对选层按钮的位置和高低进行调整，再有选层按钮上要有触摸立体数字感觉就可以了。有观众出席位和听众席位的建筑中，如影剧院、音乐厅、体育场馆、报告厅、会堂、阶梯教室等座席中，根据规模大小设置相应的轮椅席位，除了接待伤残人士外，

赵景昭（左）、白德懋（右）在北京市无障碍试点项目研讨会

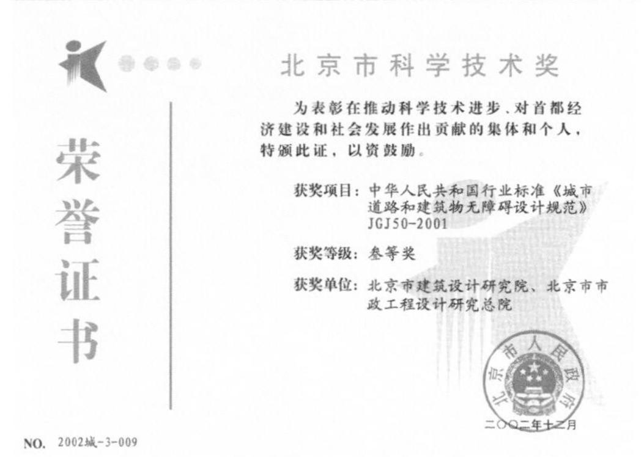

北京市科学技术奖

荣誉证书

为表彰在推动科学技术进步、对首都经济建设和社会发展作出贡献的集体和个人，特颁此证，以资鼓励。

获奖项目：中华人民共和国行业标准《城市道路和建筑物无障碍设计规范》JGJ50-2001

获奖等级：叁等奖

获奖单位：北京市建筑设计研究院、北京市市政工程设计研究总院

北京市人民政府

二〇〇二年十二月

NO. 2002城-3-009

《城市道路和建筑物无障碍设计规范》获北京市科学技术奖

平时可安置活动座椅接待一般观众，或作媒体录像等使用。无障碍卫生间（无性别厕所）和公共厕所中的男女无障碍厕位（小隔间），除方便行动困难和老年人外，婴幼儿、携行李者或其他人士需要者均可使用。根据不同建筑和园林规模等人员流动情况，可设定无障碍卫生间和无障碍厕位的位置和数量，形成优势互补。

安全性——安全是无障碍设计的重要原则。人的行为有正常状态、异常状态和非常状态三种表现。非常状态指火灾、天灾、地震等灾难发生时需紧急疏散和避难的非常行为，对环境的安全性要求很高。例如，许多建筑物的紧急疏散通道设在不易到达或狭小的地段，造成疏通缓慢，有的采用坡度大的防火疏散楼梯或室外爬梯，致使许多人很难到达和通过。事实说明，在异常和非常状况下设置安全等待的救援避难区和方便快速疏散的通道十分必要。指引方向和位置的标识，语音提示及应急照明等综合安全系统的设计必须到位。然而人性通道和建筑物以及园林系列的无障碍设施不安全因素较多，如高大又光滑又没有扶手的台阶、坡度过大及坡长超标的坡道、玻璃门扇和弹簧门扇、地面积水而不平整、卫生间抓杆不牢和没有求救信号、光照不足和坚硬墙角、人行天桥下没有护栏的三角地、人行地道出入口的护墙过低以及盲道上的种种障碍等。

系统性——城镇无障碍环境建设与改造是一项造福人类的庞大的系统工程，要建设成为全方位的无障碍环境让每个市民平等地共享社会发展和科技进步的丰硕成果。城镇无障碍不仅涉及范围广泛，需分门别类、相互协调、彼此既能相得益彰又可相辅相成，蕴含这每个人的“衣、食、住、行”，其设施建设内容实属无处不在和无可比拟，现就一部分房屋建筑无障碍设施建设范围和部位列举如下：鉴于国情和意识观念，我国城市无障碍环境建设与改造虽取得了长足的进步，但仍滞后于发达国家，遵循于国际接轨的理念指导下，无障碍环境建设与改造尚任重道远。目前在建设部与有关部委的领导下，城市无障碍环境建设与改造已向我国西部地区推进，在不同的地理条件与不同的民族风情中无障碍环境建设正在探索前行，必将走出一条具有中国特色的建设道路，对我国和谐社会的建立起到应有的促进作用。

公社大楼

黄南翼

别看这栋楼粉色的墙褪了色，墙皮哗哗往下掉，局促又颓圮，但在半个多世纪前，它一度是北京最高的摩天大楼，是样板的生活方式，是现代化的地标。一栋楼，就是一个时代。只是这个充满理想主义的安化楼离这个时代越来越远了。

20 世纪 50 年代末，三个被称为“公社大楼”的样板工程在北京破土动工。关于公社大楼，作家史铁生在散文《九层大楼》里这样回忆当年老师在课堂上的描绘：“总之，那楼里就是一个社会，一个理想社会的缩影或者样板，那儿的人们不分彼此，同是一个大家庭，可以说他们差不多已经进入了共产主义。”

如今在广渠门内大街边显得落寞的安化楼，正是三座公社大楼之一，它曾经承载过意气风发的“首都和全国人民”对于共产主义生活的期盼。半个世纪过去了，另外两座公社大楼——北官厅大楼与福绥境大楼，一个已拆迁，一个面临拆迁。安化楼也正在老去。它的墙皮已经斑驳剥落，老式的木框窗户上净是碎裂的玻璃，走廊天花板下拉满了电力电信明线。或许在不久的将来，它就将带着那个时代特有的印记，消失在人们的视线中。

安化楼现状

公社大楼的设想诞生于“共产主义是天堂，人民公社是桥梁”的特殊年代。那时候，我才 30 岁出头，带着家人从上海迁往北京。并不知道自己会成为公社大楼的设计者之一，本来的任务是和从上海、南京、广州等地赶来的建筑师们一起，支援建设包括人民大会堂在内的“国庆十大工程”。

1958 年 12 月 10 日，中共八届六中全会通过《关于人民公社若干问题的决议》，提出人民公社“在城市中应当继续试点”。共产主义不再是遥远的将来，课题摆在面前：什么样的城市建筑才能适应人民公社的生活？我记得，“国庆十大工程”之外的这一特殊建设任务由当时的北京市委第二书记刘仁亲自负责。在北京市建筑设计院一间狭小的办公室内，我和其他几位同事一起，捧着八届六中全会的文件，围绕着“共产主义需要什么样的建筑”，开起了一个又一个务虚会。“要把职工特别是妇女从烦琐的家庭劳动中解放出来，更好地投入生产，大食堂必不可少，各家各户就不用开火做饭了。”“职工们都上班去了，孩子谁管呢？最好把幼儿园也盖在大楼里。”“虽然一切有供应，针头线脑总需要的吧，最好每层有个服务部。”

起先设计人员对这种综合楼的模式，心里也没底，“开始我们建议，能不能先搞一个三四层的小综合楼做个试点，成功了再成批复制。”综合楼的方案上报到北京市委，一位领导看后非常赞赏，表态说：“要搞就搞个大的嘛！”方案随即改为在东城、西城、崇文、宣武四个城区各盖一座公社大楼作为试点，再向全市推广。最终，西城区的福绥境大楼、东城区的北官厅大楼以及崇文区（现东城区）的安化楼根据同一张标准图相继开工。由于“宣武区（现西城区）底子最薄”，计划中位于白纸坊的公社大楼则没有动工。在崇文区，安化楼成为当之无愧的“明星工程”。

为了盖这座大楼，区里专门成立了一个崇文区建筑公司，附近仅有的 23 路公交车站也特意将站名从“广渠门”改成了“安化楼”，甚至有人传说，“大楼是用人民大会堂的下脚料盖成的。”在最终建成的三座公社大楼里，安化楼的体量居中，建筑面积为 2.03 万平方米，共设有 288 个居住单元；布局为“U”形，主楼 9 层、附楼 8 层，每层的走廊内都装有五盏吊灯；入门的大厅则完全按照“公共建筑的标准”设计，门口三扇墨绿色木制大门，大厅有两根大红柱子，地上铺的是红花方砖。大楼的内部设计同样寄托着我们对于“共产主义生活”的期待，本着“大集体、小自由”的原则，主力户型是不设厨房的两居室，层高达 3.2 米。附楼的一二层是托儿所，三至八层为单身宿舍，也可以改为旅馆。主楼一层大厅是大食堂，大楼的最高层则被规划为俱乐部，“将来可以在这里跳舞、开会”。我还记得，每户的厕所都预备安上浴缸，在北京民宅中从未使用过的电梯也被专门从上海引入，但因为“怕把人养懒了”，特意设计为三层以下不停。

三座公社大楼相继建成时，建设人民公社的热潮已近尾声，三年困难时期接踵而至。我清楚地记得，一次去石景山区开会，市里的一位领导告诉我“气候要变了”。1960 年 11 月，第九次全国计划会议召开，会议报告批评了城

安化楼旧貌

福绥境大楼旧貌。在一片低矮的平房中显得非常高大

市建设中出现的“规模过大、占地过多、求新过急、标准过高”的问题。安化楼不得不在装潢上打了折扣。每户的浴缸并没有安装，原本计划的四部电梯也被减为两部。因为房租较贵，安化楼过了三五年才慢慢住满，而多数的两居室单元都是两家合住，共用一个厕所。直到今天，大楼里好几口人挤在一间房的情况仍屡见不鲜。事实上，大楼设计之初，我们的想法是“夫妻两人舒舒服服地住两居室，孩子长大了就送到单身宿舍去”。

三座公社大楼中，只有最先竣工的西城区福绥境大楼曾有过很短的集体大食堂生活。当年曾经遵循“大集体、小自由”标准所设计的作品。随着时间不断推移，按照“理想化的共产主义生活”设计的大楼却似乎离快步向前的时代越来越远。

三座公社大楼建成后，曾有几位同事住进了福绥境大楼，但后来就相继搬出了，主要的原因是“没有厨房”。而安化楼的居民从搬进来的第一天开始，便只能在门口支个煤炉子生火做饭。一到饭点，整个楼道便充斥着浓重的烟雾，楼道里的墙全都熏黑了。到了 1964 年，那时候北京已经有了煤气灶，房管所便在每层各辟出了三间房当作“公共厨房”，大家也就此过上了一起烧水做饭的生活。具有“集体主义”标志的是，每个公共厨房只有一个水表，水费要按照各家的人头均摊。而值日牌则挂在灶台上方，各家轮流做清洁。到周末还要每户出一人，进行大扫除。由于楼道狭长，做一次饭往往要来去好几趟。冬天时端着菜从厨房到房间，菜便凉了。但在那个物质匮乏同时纪律严明的时代，人们对大厨房生活，并无怨言。改革开放后，楼里住户日趋复杂，年轻一代宁愿在阳台摆个桌子放电磁炉也不愿走进大厨房。附近的房屋中介业务员说，要是安化楼住户房间里能有独立厨房，房租还能高很多。2008 年，房管所停用了公共水表，改为在厨房里的公共水池安装了一字排开的水表和水龙头，供各户自用。共住一个单元的两户人家也分了表，在墙上用红油漆刷上房间号加以区分。日子继续过下去，厨房像是放大镜，映着大楼里的历史变迁。

那么当年另外两座公社大楼，如今变成了什么样子？如今的福绥境大楼狭长阴暗的楼道里，很多房间已经被砌上了红砖，彻底封死。大楼旁的福绥境小学，如今也被并入官园小学。前几年，这座早已不在新闻中出现的老楼重新进入人们的视野。中央美院的一个学生以这栋大楼为蓝本完成了自己的毕业设计，主题是要将其改造为专为“蚁族”群体而设的青年旅社，希望为城市里的弱势群体做一点事情，让人印象深刻。而福绥境大楼随着金融街北扩的背景下，这个方案也许只是又一个“乌托邦”。

大楼老了。门前多了一个可供轮椅通过的无障碍通道，电梯不再是三层以下不停，外墙贴上了“大楼容易造成外墙灰皮脱落现象，敬请此楼及附近居民不要在此停留”的告示。

我们设计大楼的人也都老了，能一起聊天的老同事越来越少了。当年安化楼设计者之一的建筑师张念增，已经去世多年了。但那个已经远去的建造公社大楼的时代的精神和热情曾经让人们相信，美好的新生活就在眼前。

西苑饭店的设计“故事”

李国胜

西苑饭店工程是改革开放以后，我们院与境外合作设计的工程之一，1979 年底开始方案设计，1981 年 3 月开工，1984 年 7 月建成开业，结构专业由第一设计室承担，其他专业均由香港夏纳建筑师事务所负责，老板建筑师是美国籍埃及人，结构负责人程懋堃，设计人李国胜、曲莹石、何明等，院派胡庆昌、苏立仁参与指导。为此工程曾二次组团赴香港进行考察和合作设计，第一次是在 1980 年 7 月 13 日至 9 月 10 日，以“北京市第一服务局赴港配合设计代表团”名义，团长胡庆昌，副团长陈书栋（市建委）、姜贤民（西苑饭店）、李国胜，团员程懋堃、苏立仁、曲莹石、付焕臣（二建公司）、王继勋（二建公司）、孟昭东（房修二公司）共十人组成。接待单位是香港侨美旅游事业有限公司（办公地点在九龙凯悦酒店 16 层），合作设计单位夏纳建筑师事务所，办公地点在香港爱群道 32 号 1306 室，该事务所有两位美国人和大陆去的潘琴华（原在我们院）、董工（从上海过去），其他雇员均为香港人。代表团人员住在香港北角英皇道 421 号侨辉大厦 5 层中国银行招待所。我们设计院人员主要任务是与香港的设计人员一起办公和配合设计。在香港期间，我们参观了许多在施工的工程、己投入使用的酒店、机电和幕墙、钢结构构件防火材料等，还参观了一些景点，因为接待单位的老板是香港马会和游艇俱乐部会员，陪我们到赛马场观看赛马，乘游艇去海上小岛游览和游泳，跑遍了香港当地人都没有去过的地方（接待单位派汽车并有人陪同）。休息日到我们院移居香港的同事家串门，到各商店、商场了解各类商品的价格，还看了几场电影。当时国内市场落后，商品匮乏，国外各类日用品尚未在国内大量流通，香港市场的商品让我们大开眼界，尤其是收录机、彩色电视机等家用电器，自动伞、计算尺等价格折成人民币均比在北京购买的价格低得多。

西苑饭店 25 层旋转餐厅的旋转机械采用的是日本产品，当时我们在香港参观采用同类产品的富丽华酒店，看了实际运行的现场，还到工程管理部门看了图纸。本想借走图纸拿回

建设中的西苑饭店

去细看，但管理人员要请示经理而当时经理不在，让我们过两天来取，后来再去电话联系时，对方说日本专利产品图纸不能外借，把我们气得无话可说（我1983年赴日本考察时了解到旋转机械资料，回来后将资料交给建工局机械公司汽车修理厂试制成功，从此国内所有旋转餐厅均采用了国内产品）。

在1981年4月14日至7月13日我们以“北京市第一服务局赴港配合设计小组”的身份第二次到香港，由李国胜任组长，李潮会（民族饭店）、郑大维（二建副总工程师）任副组长，成员有程懋堃、刘绍敏（民族饭店扩建项目结构负责人）、何明（二电水电队）、隋振义（二建水电队）、彭桐（安装公司）、宋振春（西苑饭店）、高德明（六建副总工程师、侨美公司聘请驻工地代表）共10人，接待单位为侨美旅游事业有限公司，住在香港湾仔兰杜街丽都大厦10层A座。我们设计院的结构专业人员主要到夏纳建筑师事务所与其他专业人员配合设计，也与其他人员一起参观正在施工的工程、酒店、新建成的住宅区、香港理工大学等，游览风景点，接待单位给我们派专车和司机，出行非常方便，吃饭我们自己选餐馆，餐费如数报销，因此，在港期间吃遍了各大菜系，品尝了法国、美国、印度、印度尼西亚、越南等国的美味。

该工程位于西直门外三里河路北端，占地11700平方米，建筑面积64000平方米，主楼平面呈L形，地下3层，地上23层（其中低部为公共用房，客房20层），塔楼共5层，其中最上层为旋转餐厅，23层顶高度为71.65米，塔楼顶高层为92.35米，宴会厅地上2层，门厅部分地上3层。除客房外设有中、西餐厅，旋转餐厅，多功能会议室，健身房，游泳池，商店以及地下汽车库、冷冻机房、空调机房、洗衣机房等配套设施。

（一）客房数量

共有房间710个，其中套房有两套，详情如表1所示。

表1. 两苑饭店客房数量详表

（单位：间或套）

名称	第4层	第5~21层	第22层	第23层	合计
单间	27	548	24	8	607
双套房	3	81	3		87
跃层套房			2	2	4
总统跃层套房			4	4	2
总统套房				4	1

（二）餐厅

大宴会厅1个（1层），对外餐厅1个（1层），西式、中式餐厅各1个（2层），清真餐厅1个（1层），咖啡厅1个（1层），酒吧3个（1、2、25层各1个），旋转餐厅1个（26层）。

（三）公用设施

3层：健身房4间，按摩室2间，蒸汽浴室2套，游泳池1个。

4层：美容室2间，理发室2间。

（四）楼、电梯

楼梯：1~2层1个主楼梯，1~3层2个楼梯，地下室3层至26层1个楼梯，地下室3层至23层2个楼梯，24层去屋顶花园2个楼梯，23~26层去旋转餐厅1个楼梯。

电梯：1~25层3部，1~23层3部，地下室2~23层2部，地下室3~3层1部，地下室2~3层1部，23层、26层1部，食梯（对外餐厅厨房）1、2层3部。合计客梯、货梯11部，食梯3部。该工程结构设计有多项创新，例如，整个建筑不设防震缝和沉降缝，基础底板采用后浇带（全国首例），门厅下地下汽车库顶板采用无柱帽无梁楼盖，框支剪力墙结构利用楼层剪力墙作转换梁，预制薄板现浇叠合楼板，门厅屋顶28米跨度采用钢井字梁，塔楼旋转餐厅屋顶采用钢悬挑梁悬挂两层，预制保温外墙板等，获得1995年第一届全国结构优秀设计一等奖。

该工程地基土质较好，地表层10米以内为黏性土和粉细砂层，以下为砂卵石层，为此，我们与北京市勘察设计研究院、中国建筑科学研究院地基所等单位研究确定主楼与裙房之间基础不设沉降缝，施工期间首次采用了沉降后浇带，这是国内首创，主楼采用箱形基础，裙房采用交叉地基梁，有效地调剂基础不均匀沉降。高层主楼共有5层框支层，美国建筑师要求在标准客房层与底部公用层之间不设设备层，所以没有设置框支大梁的空间，我们利用4、5两层客房横墙作为框支大梁，厚0.3米高度6.4米承托4层至23层的墙及楼板的重量。当时高层建筑楼板用现浇的很少，而采用预制楼板对于20多层体形复杂的建筑又不适宜，因而采用了预制薄板现浇叠合楼板，此种楼板既有预制板不需要支模、施工快捷的优点，又有现浇板整体性好、抗震性能强的优点，当时国内尚无采用这种板的先例，我们参考法国资料并与有关单位合作通过系统试验才应用，后在其他工程中推广应用，还编入到华北地区预制薄板现浇叠合板通用图集。门厅跨度28米×28米，屋顶为露天花园，其地面标高要求接近主楼4层楼面，限制了屋盖结构的高度，根据跨度大、荷载重、结构高度小的条件，并为了节省模板、减少现场工量、缩短工期，经综合比较，采用了28米跨度双向正交高强度螺栓拼接成的实腹钢板井字梁，这种形式的结构在国内民用建筑中属首次采用。主楼顶部塔楼，中间核心部分呈八角形为钢筋混凝土结构，使用功能为厨房、机电用房电梯井、楼梯间、水箱间等，屋顶中心钢环采用高强度螺栓与10根外挑实腹钢板梁连接，其中两根钢梁外挑长度10.4米，悬挑钢梁外端设钢挂柱吊25层和26层楼层钢梁，25层、26层楼板和屋顶板为了减轻重量均采用了陶粒混凝土。门厅下方1、2层地下汽车库层高仅2.7米，柱网8米×8米，采用了非预应力无柱帽无梁楼盖，板厚25厘米，当时我国规范尚无此类结构计算方法，因此参照美国ACI计算，并进行了构件模型试验，验证了计算方法的可靠性。客房层外墙形状呈锯齿形，为了方便施工和保温，采用了陶粒混凝土面层内夹加气混凝土预制复合外墙板，板侧与现浇钢筋混凝土剪力墙板顶与楼板现浇层连接成整体。

为了西苑饭店工程结构设计有所创新，有关人员做出了努力，许多单位也积极配合，因此取得了不少成果并为后来的许多工程提供了借鉴。我在该工程中经手设计了门厅屋顶钢井字梁和塔楼钢结构，过程中得到钢铁设计院李云同志和北京市建工局机械公司刘育毅总工的热情帮助，我也参与了其他结构设计内容的研究讨论，从中学习到不少东西。我在《建筑结构学报》（1984年第3期）上发表了《北京西苑饭店的旋转餐厅》，在《建筑技术》（1985年第7期）上发表了《北京西苑饭店工程设计》，在1997年5月中国建筑工业出版社出版的《建筑结构优秀设计图集·1》第一篇《北京西苑饭店》也是我执笔的。2016年出版的《建院和我·5》中我写的《结构设计与技术创新》也是有关西苑饭店结构设计内容。

北京四中设计经历

黄汇

《新建筑》杂志的编辑出了三个题目：北京四中设计的新设想是怎样提出来的？遇到些什么困难？如何解决这些矛盾使新设想得以实现？——这也是最近常遇到的提问。现借《新建筑》一角简叙几句。

首先要说明的是：北京四中的设计虽与北京现有的中小学设计略有不同，但就其各个局部来说，都并非独创，只是力争有一点进步。至于效果如何，房子尚未建成，现在就着手总结或评价为时过早。这里只能就该设计过程谈谈我对“创新”的理解。

我深信，没有几个建筑师会满足于千百次地重复那些被大家用腻了、看烦了的手法。每个建筑师都希望自己的作品不落俗套，有所前进，有所创新。但建筑不能纸上谈兵，真要实现“创新”的愿望，需要具备主客观两方面的条件，并且坚持不懈地去“创”，去“闯”。

什么叫作“新”？什么叫作“高质量”？有一种流行的概念：“新”，意味着外观的变化。“高质量”，意味着大量使用高档设备和贵重的建筑材料。——这不够全面。我想，“新”意味着某些方面的改进，外形的变化只是诸多变化中的一个方面。“新”可以是指老问题找到了新的解决办法；也可以是解决了新出现的问题。中小学的噪声干扰问题是个老问题，利用下悬窗减弱噪声干扰则是我们找到的“新”方法；设计中如何安排生物课用房以适应教改发展的前景，突破现在的教学大纲去安排一些较先进的实验室及准备室，增加些新内容，也是“创新”的一个方面。至于“高质量”的含义就更广了。在北京四中的设计中，我们追求的“高质量”是把钱花在刀刃上。应该尽财力所及去满足教学需要，把较多的钱用于提高采光、照明效果；用于采用现代化教学手段；并用于建设体育设施；……。但是，当选择与教学质量关系不大的一般教室、走廊的楼地面时，我们在这所高标准的学校中破例采用了普通水泥楼地面，与水磨石楼地面相比较，既省钱，其蓄热系数也较高。诸如此类的例子很多。这就是我对“高质量”的理解。

为了开发智力，北京市政府要拨款数百万元改建一所中学，改建对象是八十年来培养了许多优秀人才的北京第四中学。原有校舍破旧不堪，多数为地震危房，因而决定全部拆除改建。这笔投资将使四中建成走向现代化的先行中学。这是自新中国成立以来市政府向一所学校提供的最大的一笔基建投资。作为设计者，不能图省事，照常规办事。为培养新时代的创造者，要用新的姿态设计，力争创造一个先进的、美好的教学环境。为此，各专业的设计人员全力合作，从以下几方面着手开展了工作。

（1）学习每一门课程的教学大纲，向每一教研组的老师请教，了解各科授课方式的共同点和特殊要求，了解各种实验装置、实验过程与建筑的关系。每一种教学用房的设计都经过任课老师和实验员反复讨论、修改两次以上。因此，约 20 种专用教室各不相同。不同功能的房间按科分层组合，就构成了较丰富的体形。

（2）通过调查、实测、试验，寻找对学生健康成长最有利的建筑设计方案。即加大教室面积、改变教室形状及桌椅排列，改善学生看和写的环境，避免学生出现脊椎弯曲变形、视线偏斜等弊病。采用现浇无梁框架结构并加大开窗面积，改变灯型、数量及布置，提高黑板及桌面照度，防止学生患近视眼。调整总平面布局，使教室设置于环境噪声值最低的地方。改革窗的开启方式，改变装修做法，以减弱噪声干扰。将操场纵轴改为南北向，改进铺装质量，完善体育设施，以求提高学生身体素质。一系列环境质量方面的改进措施带来了教室等基本单元的形变，产生了六边形教室。“新”的外观孕育于合理的功能需要之中。

（3）中小学是培养未来的建设人才的地方，设计人必须向前看，重视发展，面向未来，使校舍适应教育发展的需要。就目前来说，应该考虑采用现代化教学手段作为面授的重要辅助手段，并着意培养学生应用电子计算机的能力，以适应未来信息社会的需要。四中在房间设置、设备条件、电气容量及布线等各有关方面都设法为实现这些新的需要提供可能性。然而，新的产业革命向学校建筑提出的新课题将

北京四中

使我们应接不暇，在这方面我们的认识远远跟不上形势的发展。因此，很可能在四中设计中仍留下了弱点、缺点。

（4）学点心理学，使学校建筑适应学生的心理要求，并使学校环境对学生身心成长起好作用。青年学生有其独特的心理特征，他们有时喜欢嬉笑打闹，有时又非常喜欢躲在安静而隐蔽的角落里复习功课。将总平面布置得曲折多变就可以满足学生的这种心理上的需要。由于建设量大，投资较少，学校建筑的形式美长期处于很次要的地位。今天，首都建设进入了一个新的里程，学校建设日益受重视，标准显著提高，“美”的呼声也越来越高。美化校园是城市建设的需要，也是教育的需要。美育，美的熏陶，是教育的一个重要内容。美育不仅限于品德教育及音乐、美术教育，校园及建筑的美也是一个很重要的因素。学生对校舍的要求不仅是美，而且要有特点。千篇一律会使学生感到乏味。北京四中校园占地大，建筑面积也大，有其他学校无法与之相比的优越条件。我们利用这一条件使建筑体形变化大一些，布局分散一些，创造一个丰富多变的空间，使之不同于其他学校。这样做的结果使学生会对自己的学校有新鲜感、自豪感，就会爱校，受教

育的主动性也会加强。我想，每所学校条件各异，应各有其独自的特点，使学校对学生具备很强的吸引力。

为了创作一个“新”方案，我们针对以土四个方面做了一系列调查和试验，抱着即使审批时通不过也情愿“白费力气”的心情干了好几个月。尽管建筑、结构、设备、电气、预算五个专业的设计者创作热情都很高，但是，算一算这项设计从提出到审批通过要经过本设计院的技术委员会、市规划局、市建工局及其所属的施工单位、市建委、市计委、建设银行、北京四中、区教育局、市教育局、市文教办、市政府等等许多单位，就感到独具特色的新方案通过“审批关”的希望很渺茫。如果各有关部门，包括实施设计有关的市物资局、公用局及所属市政、热力、煤气等有关公司、供电局、交通部门等都齐心合力拧成一股力干，新设计就能得以实现，如若相反，其中的每一个单位及每一位主管领导都像联合国的安理会成员国一样，均具有有效的否决权，事情就难办了。在设计方案提出后，我们开始走上了整个设计过程中最艰苦的一段路，也是我们所最不熟悉的那一段路。院内各级技术委员会的支持给设计人壮了胆。于是，向各方介绍设计方案、设计意图的大量宣传工作、一次又一次地磋商并修改设计，学校终于按照新设计破土了。关于这段颇不平坦的路，有几点可以介绍一下。

（1）反对意见也有一定的道理，只不过是些老道理。要说服别人改变老道理，转而相信你那尚无实例的新道理，要有根有据。就说总平面布局吧，北京现有的中小学几乎都是一片广场加一幢体形比较简单的大楼，大家看惯了，依样再建几十幢也不会引起非议。而四中，改为庭园式布局，使用者会想这种一眼看不透的布局将给管理带来不便，投资者会想这可能使外线投资加大过多。还有人就是看不惯。再说六边形教室，使用者会怀疑其实际效果，投资者怕突破指标，施工者怕影响工程进度及劳动效率。总之，对于新设计的整个施工过程及使用过程谁都摸不着，看不见，没有十足的把握和信任。为了使自己心中有底，也为了鉴别新设想的可靠性，只好做模型，做试验，做多种情况的核算、比较，用论据说明问题，用实验数据、详细的方案图及模型说明问题。

同时参加各种似乎与该工程关系不大的会议，使大家对目前尚无实物的设计有相当具体的感性认识。支持的人越来越多了，以致最终大家都归到一个结论上来了。本来嘛，世界原不是从远古时期就万事俱备的，人类花了相当大的精力才一步步走到今天这个地方，其中还

北京四中科技楼平面图

北京四中校园模型

奖状

优秀設計奖

北京市建筑設計院

你单位所设计的 北京四中教学楼 在第 三 次优秀设计评比中，荣获优秀设计 一 等奖，特颁发奖状，以资鼓励。

首都规划建设委员会办公室 一九八七年四月廿五日

1987 年北京四中教学楼获优秀设计一等奖

走了许多弯路。建筑这个古老的行业在前进中的风险远比许多新兴专业小得多，我们建筑师有责任做大量的宣传工作说服有关单位一同促成进步。特别当我们设计学校——这一人类用于开拓未来的建筑时，更应该当创新派，为创造未来的人设计新的学习环境。

（2）北京四中得以采用新设计不是偶然的，而是天时、地利、人和的有利条件的必然结果。

天时，指国家重视智力开发、智力投资。改建四中之时恰逢北京市为实现总体规划大兴土木，并要求建筑多样化之际。

地利，指该校位于市中心的重要位置，有市内数一数二的大校园，且没有多少值得保留的旧房，旧的限制较少，基本可以按需要进行规划设计。

人和，指各有关单位的人都有前进一步的愿望。当明确了此举并非瞎干、蛮干之后，都甘愿付出一定的代价来探索这种改进。特别是市建委一直给我们撑腰，一直在为新设计开道。最终起决定性作用的是两位市长。北京市副市长白介夫同志负责这项审批，他看了图和模型，听取了各有关方面的意见后断然拍板，指出三点：

（1）我们支持创新，提倡创新，决定采用有新意的这个方案。

（2）新东西就未必完善，我们不苛求一切都成功。按新设计建造就带有试验性，允许有些失败。

（3）设计人要精心设计，听取各种意见，认真修改，尽全力把设计做好。

接着，市领导又召集各方在现场开扩大办公会，决定将这一工程列为市重点工程，路就豁然通达了。不久后，市长亲自到我们北京市建筑设计院的设计室高声疾呼“设计人员都来创新，把首都建设得更好、更美！”设计人员激动地说，“北京市的春天来了！等到新局面打开时，应该给市长发奖。”

四中破土动工了。此时此刻，作为设计人，感到忐忑不安。总会有什么被忽略的地方吧？也许还有搞错的地方吧！？然而，回顾已经开始走的路，我相信事在人为。只要朝正确的方向奋斗，就一定能争取有一点进步。

《新建筑》1984 年 2 月刊载

忆往·思今·瞻前

欧阳骖　欧阳蓓

忆往——在新中国成立前“毕业就是失业”的情况下找一个与所学专业对口的工作是很不容易的，即使找到一个能从事一点有关设计的工作，也是完成一些微不足道的修修补补小任务。但在新中国成立后，为迎接新中国成立十周年，国家把“国庆十大工程”之一的北京工人体育场设计任务交给我，使我感到万分光荣又责任重大，我是如何对待这项任务的呢？

现在我结合我作为工程主持人和主要设计人设计的北京工人体育场为案例，阐述分析两个不同方案的功能与造价，以及最后如何选择了现在实施的最优方案。

北京工人体育场是北京市总工会于1957年委托我院设计的。设计任务：一是可以容纳50000人的体育场；二是包括四个游泳池的游泳场（其中一个在室内）；三是容纳4000人的体育馆；四是总面积为20000平方米的体训楼（运动员宿舍）；五是其他附属建筑。总用地面积约为36.432公顷。

我们按甲方设想做了方案甲，按我的设想做了方案乙。

在当时的体制与工作方法下，设计人员只是单纯按甲方要求做具体设计，不参与决策、可行性研究、立项等有关设计的前期工作。但由于我是一名“人民建筑师”（当时的一种称呼），我要对国家重点任务高度负责，不但在技术上要多考虑问题，而且也要在政治上多考虑问题，要高举爱国主义旗帜。

所以首先我认为在“国庆十大工程”建筑中要弘扬民族志气。我认为容纳50000人太少。当时日本正要举办亚运会，正在建设一座能容纳70000人的运动场。我们在庆祝新中国成立十周年时所建体育场只容纳50000人是不合适的。我就向当时北京市市委书记刘仁同志反映我的想法，建议改成能容纳75000人的场馆，他很赞同我的想法。后来在画图过程中又改为80000人，连同场地内容纳的20000人在内，共可容纳10万人。而从50000到80000人虽然人数上增加了60%，但造价上最多增加30%。（因手头无此资料，故具体数字不能详述）。而其在政治影响，实际使用价值，扩大使用功能，延缓另建大体育场的必要性方面起了很大作用。工人体育场供几届全运会、军运会使用，还成功地举行了亚运会开闭幕式。这样节约了大量土地和资金。这是通过重大评估决策的结果，影响深远。

然后又从总平面布置方案甲与方案乙比较。方案甲单建体训楼20000平方米的建筑在

欧阳骖在建华办公室

当时按300元／平方米计，总造价需600万元。以50%造价作为基础框架结构，以50%造价做室内外装修及门窗设备等计算，尚可节约300万元。在当时是一项不小的数字。因此作为不同方案的功能与造价分析是至关重要的，只有精心设计、仔细分析才能选择出最优方案。

现在设计人员职称与工作单位与往日有很大不同，不再称之为国家干部、技术干部、人民建筑师（当然不完全是如此），而称之为建筑师、高级建筑师、设计大师、注册建筑师、学术带头人等，工作单位也不是行政单位的设计院，而是独立的经济核算单位、公营企业、民营企业、合资公司以及个人创办的设计事务所。但是无论旅居海外的华人建筑师还是外籍华人建筑师，我们都是中华儿女，所有中华儿女都为中华民族的昌盛、中国的富强而欢欣鼓舞，作为国内的一位建筑师，我们的责任就更大，这正与党中央提出的要加强精神文明建设，其中包括提高职业道德与加强爱国主义教育相符合，我愿与大家共同努力，不辜负中华民族的期望。

思今——当今科技进步非常快，回顾过去的半个世纪，设计绘图工作从手工绘图到使用CAD绘图，画效果图，结构计算从查表拉计算尺到利用电子计算机计算，设计工作效率真是不知提高了多少倍，解放了多少劳动力。但是每件事的发展都不是完全完美的，有利或许也带来一弊端。就在今年四月一日九三学社接待国际著名的工程结构专家、美籍华人杨裕球先生的（林同炎先生的合作伙伴）座谈会上，杨先生谈在美国土木工程师地位不断下降，原因是现在工程技术人员不喜欢动脑筋，不去做创造性的设计，这样下去，人到老了很容易“脑软化”，只有多动脑筋，人才能避免变成“白痴”。这当然是对年老的人说的，但他也讲年轻人在做设计时有了设计手册、设计规范、电脑就不动脑筋了。这种现象在中国同样也存在。一位在座的国内知名结构专家感慨地说：“现在的建筑师会画房子，但不会盖房子。结构工程师会（用电脑）计算，但不知对不对。”我想他指的当然不是所有人，但他说的现象确实是存在的。另一位清华大学教授也有同感：“现在学生在学钢筋混凝土，可是混凝土没有学会、脑子却变成了混凝土。”我体会他所说的话是指一部分学生学“死”了，不会创造性地发现问题、研究问题、探索问题。结合杨先生的论点和二位专家教授所谈，我认为有些老办法还是可以解决以上部分问题的。一刚从学校毕业的学生，参加设计单位工作，一定要先在工地实习一段（至少一年），对各工种的材料加工有一定的认识，对实际施工有一定了解，这样才不致于纸上谈兵——只会画不会建。他们在以后的工作中也要常下工地。负责结构计算的人，也要深入现场了解设计在实际操作中出现的问题，也不妨学学手算增加基础知识，这样自己算出来的东西才能知道是对是错。我常听一位老工程师谈，在审查用电脑计算出的结果时认为有问题，设计人却说：“输入电脑的数据无误，计算结果就是如此。”而不能根据实际经验、实际情况判断对错。这不是很可怕的事吗？学习基本功是很重要的。今年四月六日《北京晚报》报道《建行上海分行‘特别关照’高学历硕士博士学习业务始于站柜台》，其内容也是说人才要成“器”不可不学习基本业务，这也出于相同的思想吧！不是认为有了高学历就是设计大师、国际建筑师。

瞻前——当前北京乃至全国各地基本建设热火朝天，国外人士说到了中国就像到了一个大工地，处处在建设，改革开放十几年所兴建的建筑远远超过过去几十年所建。今后的任务还会更多、更大、更复杂，中国的设计人员不是太多，而是远远不够，因此如何在所有设计工作上都能做到精心设计、有所创新就值得我们深思了。以目前的成果看完成数量是不少，每年也评出不少优秀工程、优秀设计，但很遗憾的是，有几项工程能够代表国家尊严、是有政治意义的建筑呢？又有几项是不需要多次重复建设的工程呢？答案是不能令人满意的。这就需要建筑师好好总结，如何对一个重要工程，从策划、立项、选址、确定规模、规划，以及建筑艺术有所创造。目前设计任务重、设计人员少，为了及早完成任务或追求效益，许多设计只是简单重复而少有推敲。当然这只是一方面。或许还有些学术观点的问题，如受各种流派的影响，像偏重立面形式（有的工程单从形式来谈也都很糟）。也许我仍然是个老脑筋，我认为一个建筑首先是实用经济，立面造型的新颖并不是为变而变，传统的设计原理、尺度比例等运用仍很重要。由功能的需要，新技术、新材料、新工艺的出现而产生的“新”，才是真正的“新”。现在设计人员做设计的条件比以前好多了，面积没有严格的限制、大空间大跨度也不难实现、新材料新技术的引进等，为我们做出优秀设计提供了很多便利，只要我们很好地利用各种有利条件，我相信一定会在祖国的大地上建起一座座优秀的大厦，迎接新世纪的到来。

前面谈论到中国设计人员的数量并不多，反而很少，许多大工程设计的细节很差，详图的数量不够，偌大工程只出一个轮廓就算完成。美国、日本的建筑设计图中细节做得很详尽，而不是把细节交给施工公司或加工厂看着办。这当然不是所有工程的情况，但毕竟还有不少这样的情况。所以在市场经济条件下要提高勘察设计质量、一定要严把“优胜劣汰”关。这“胜”当然指技术质量的“胜”，而不是其他竞争手段的“胜”。在目前情况下，往往能力强的个人和单位没有设计任务，而能力差的却任务做不完，有许多众所周知的原因，这里就不再赘述。所以加强勘察设计管理，也是提高勘察设计质量的关键。中国设计人才少，更要发挥所有老中青的力量。其中老工程技术人员中也不乏有能胜任一定工作的人。但从一级注册建筑师注册登记一事来看，70 岁以上的人员就不能登记。在 1995 年发布的《中华人民共和国注册建筑师条例》及侯捷部长签署的《中华人民共和国注册建筑师条例实施细则》中均无年龄限制。甚至在通知已参加过考核认定集训的建筑师办理注册手续时也没有提出此规定，以后突然下文件说 70 岁以上就不能登记了，这是与国际接轨吗？（美籍华人建筑师贝聿铭 80 岁、美国著名建筑师波特曼 72 岁时，他们二人还在中国做设计。）还是中国国情的需要？我们不了解，但我认为：在中国设计人才少的情况下这种做法无助于提高勘察设计质量。以上认识不一定正确，请有关部门指正。

我倡议建筑界修建一座“1999 华夏纪念大厦”（当然也可以是堂、厅、塔）。其意义有以下三点：

（1）1999 年在澳门回归祖国之后，我国被帝国主义列强所割据的领土全部收回，雪洗了一百余年的国耻，是值得纪念的；

（2）1999 年是新中国成立 50 周年，在过去半个世纪里，中国由一个贫穷落后受凌辱的国家，一跃成为一个富强昌盛的强国，是值得纪念的；

（3）1999 年是 20 世纪结束的一年，2000 年就将进入 21 世纪，是值得纪念的。

故我倡议建筑一座纪念大厦，它具有新技术、新材料、新设备、新的施工方法、新的设计理论，在建筑艺术上又给人留下深刻印象，以这座大厦的完成送走 20 世纪，迎接 21 世纪的到来，也祝愿全国设计人员、工程技术人员在新的世纪开始时，给中国的勘察设计工作带来新的面貌新的水平。

我的父亲母亲

欧阳蓓

我的父亲欧阳骖（1922 年 8 月 25 日—2003 年 4 月 7 日），生于河北省怀来县（今北京延庆）八达岭青龙桥火车站（那时我的爷爷在青龙桥火车站担任站长），祖籍广东省中山县。

父亲 1946 年毕业于北洋大学建筑工学系毕业。毕业后先后在沈阳东北交通部、北平龙虎建筑师事务所、浙江大学总务处工程部工作，任技术员、职员等。

1949 年新中国成立后，父亲在北京永茂建筑设计公司、北京市建筑设计院工作，先后任工程师、高级工程师、教授级高级工程师、北京工业大学建筑系客座教授。1985 年在北京建华建筑设计合资公司任总建筑师、顾问总建筑师。中华人民共和国一级注册建筑师。原中国建筑家协会会员、北京市古建协会会员。

我曾听父亲讲过，1949 年初，毛主席、党中央进驻北京城前，住在香山双清别墅办公。我父亲说当时需要技术人员设计中央需要的图纸，所以他们也在香山办公。从他的绘图办公室窗户向外看，常常可以看到毛主席在外散步的身影。父亲每讲到这时，脸上总是有种自豪的喜悦感。由于香山几次修整，现在已看不到原来父亲画图设计的房子了。

父亲工作 40 余年来，主持设计了多项大型民用建筑设计，主要作品有：北京市六一幼儿园、北京市积水潭医院、中国人民革命军事博物馆、北京工人体育场、中央电视台（广播大厦东侧）、北京三里屯使馆区 1# 至 10# 使馆、北京昆仑饭店（方案）、北京市西山八大处佛牙舍利塔、北京鲁迅博物馆接待楼、山东蓬莱阁宾馆、中央广播电台、北京广播剧场、电视台洗印车间、咸阳发射塔、通州区八号发射台、乐器厂消音室、郑州肉类联合加工厂、玉器厂、慕田峪长城缆车站房、东郊火葬场殡仪馆以及现在天安门广场的隔离栏等。

听父亲讲当时三里屯使馆区建成后，父亲作为设计者被邀请出席了在三里屯使馆区分开的酒会。父亲兴奋地端着酒杯走着、看着自己设计建成的每个房间。当他推开一间房门时，看见敬爱的周恩来总理在里面，总理看到父亲进来，热情地与父亲碰杯祝酒，并询问父亲是做什么工作的，多大岁数。当父亲告诉总理他是建筑师，并是设计使馆区的设计师之一时，总理笑着称赞并鼓励父亲继续努力设计出更多的好建筑。父亲每次讲到这段经历时都很激动，总理的平易近人让他永生难忘。

20 世纪 80 年代末 90 年代初，父亲受聘于北京工业大学建筑系客座教授，负责教授毕业班设计，那时父亲已是近七十岁高龄的老人了。每次到他授课那天，父亲会穿戴得非常整齐，骑着自行车从南礼士路到东三环外的北京工业大学给同学们上课，从没因个人身体原因及天气原因停过课。其实那时的父亲除了高血压病之外，还患有冠心病和哮喘，严重时晚上只能坐着睡觉。

1997 年以后，父亲受聘于北京市市政工程设计研究总院，任顾问总建筑师。先后指导完成了多项市重点工程设计：其中平安大街建设工程获市优秀设计一等奖，为设计好平安大街，老人家近 80 高龄常常骑车前往东四十条实地考察；有国内外 26 家设计单位参加的国际展览中心竞赛方案获第三名；京密引水渠沿岸天然游泳场工程是市政府为市民办的 60 件实事之一，深受老百姓欢迎。他生前完成的最后一件设计是天安门广场栏杆制作工程，为此倾注了全部心血，亲手绘制了几十张不同风格的栏杆花饰大样，最终采用了莲花图案设计。为达到满意效果，父亲经常连夜修改图纸并多次带病到现场修改样品。亲自到撞车测试中心检验护栏防撞效果。他的敬业精神深深感动了和他一起工作的每一个人。

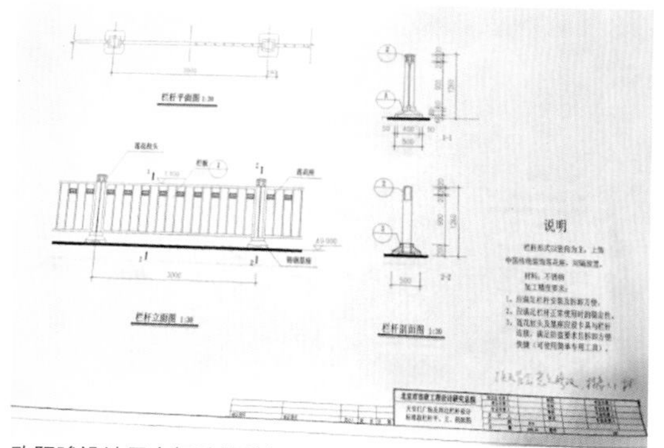

欧阳骖设计天安门防撞护栏手稿

1982 年父亲加入九三学社，历任第六、七届市委委员、工程技术委员会副主委，1992 年 8 月任九三学社北京市第八届委员会联络部副部长。

父亲因专业技术精湛，建筑设计功底深厚，敬业、谦和。后期虽年事已高，但事事身体力行，尤其是他性格开朗、平易近人，一生中结交了很多不同年龄段的人，并都成为他的忘年之交。

父亲真正做到了活到老学到老。时代在不断地进步，科学在不断地发展。晚年他不断地自学研究电脑的使用，他使用电脑、传真、扫描仪、电脑绘制的水平不亚于我们年轻人。

父亲在北京崇德中学毕业后，他与他最要好的同班同学邓稼先先生一同报考了辅仁大学物理系，并被录取。但由于辅仁大学是教会私立学校，学费很高。当时他的父亲失业，家中生活本就困难，他无力交付高昂的学费。最终只好放弃了学习物理，改报北洋大学建筑系，从此与建筑结缘，一生热爱建筑事业。

父亲是外公的学生，当时外公是北洋大学建筑系的教授。外公和我讲：“你爸爸是我所有学生当中最喜欢的一个。”我问外公：“是不是因为您最喜欢我爸爸，所以才把女儿嫁给他？”外公说：“不是，他们是自由恋爱的。虽说我喜欢你爸爸，是因为他学习非常刻苦又聪明。但对择婿来说你爸爸不符合我的要求，因为你爸爸是汉族人，我原是希望你妈妈能嫁一个满族人。”外公嘴上这么说，心里还是非常满意的。

父亲因家庭生活困难所以没有住校，每天走读。后因为他的小弟弟（我的六叔）生病，他不得不休学到外地工作挣钱补贴家用，同时为自己积攒上学所需费用。一年后他返回学校继续将大学读完，并以优异的成绩毕业。用现在的话说父亲是边打工边读书读完的大学。

父亲曾在北京市建筑设计院任夜大老师，教授建筑学。现在院里一些邻居我叫叔叔或称大哥，他们说以前是我父亲的学生，告诉我，我父亲讲课从不保留，将他的所学知识无私传授给每位同学。现在父亲已经不在了，这些叔叔、阿姨、大哥们还时常关照我。还有，1977年我姐姐去世后，父亲带着我和我母亲一同回广东中山老家。在从广州到中山石岐的江轮上，同船的一位客人突然问我父亲“您是钟森先生的女婿吗？”我们大家一惊。问他是谁？他说他20世纪50年代在北京建院夜大学习，是我父亲的学生。他已回到南方工作了。当时，与我们同回老家的还有我表哥的孩子，我们都说很神奇，居然能在回乡下的船上碰到20多年前父亲教过的学生。（当时我们回老家还需要办理边防通行证。）

由于父亲设计水平出色，他承接了许多重大、重要工程设计。特别是国庆十周年贺礼的十大建筑中由他设计、主持的就有两项——北京工人体育场和中国人民革命军事博物馆，这也是他毕生的骄傲。那年父亲才36岁，没日没夜加班赶图，累出了高血压病。1959年9月在新建的北京工人体育场举办了第一届全国运动。毛主席、朱老总、刘少奇主席及其他党和国家领导人主持了开幕式。1990年9月中国第一次成功举办了第十一届亚洲运动会，虽说当时北京也建了新的奥运会场，但第十一届亚洲运动会的主会场仍然是父亲设计的北京工人体育场。如今它是咱北京球迷最喜欢的国安足球队的主会场。北京工人体育场几十年来举办过各种大型运动会及演唱会，它已与北京人分不开了。

另外，还有件让父亲引以为自豪的是，军事博物馆的设计，当初设计图纸出来有人提出塔尖（96米）矮了一点，建议加高到100米会显得更漂亮。但父亲固执没有听，坚持了原设计，所以给军博照相从斜面照好看，正面就显得有些矬。父亲也看到了这一点。为什么说

站在正在施工的军博“八一“军徽塔尖上的欧阳骖

他自豪呢？1976 年唐山大地震，北京的一些建筑也不同程度受到很大影响及损坏。北京展览馆的两吨塔尖掉到后湖里；北海公园的白塔塔尖也掉了下来。但军事博物馆的“八一”军徽塔尖却完好无损地屹立在那里。

在我小的时候我很少了解大人，只知道父母经常加班。我最高兴的就是父母加班时跟着他们到办公室看他们画图，摆弄各种绘图工具，坐在绘图椅上转圈圈，或下雨天为他们送雨伞。

父亲对建筑的热爱非同常人，我和姐姐小的时候，父亲总会带我们参观各种新建建筑、博物馆等。就连后来我有了小孩，我们一同去香港（香港回归前），只带小孩去了一趟海洋公园，其余时间父亲全是拉着我们在街上看各种建筑。当时我还有些不高兴，因为我的小孩很小，他根本看不懂。最后我们还是陪着老人家去看建筑。

因为父亲上学时家庭生活比较困难，所以父亲没有什么奢饰的业余爱好（如乐器），父亲喜欢滑冰、游泳，旅游。因此，在我很小的时候父亲就教我和姐姐滑冰、游泳。有条件时也会带我们到郊区郊游，领略大自然的风光。也会带我们到北京附近的矿区旁让我们了解矿区小朋友的生活，看到比我们大不了多少的矿区小朋友在背着背篓帮家里干活。

父亲非常慈祥，因为是父亲设计并主持修建了北京六一幼儿园（原延安保育院），我得以在此幼儿园学习生活了四年。在幼儿园期间正赶上三年困难时期，幼儿园因是以前的延安保育院，里面又有众多中央首长的子女，所以幼儿园的供应很全。我们小朋友并没感到吃得不好或吃不饱。但外面的情形就大不同了。市场物资匮乏至极，有时有点钱还要到黑市上买东西。听父亲讲那年他在宫门口路边上看到一个人手里托着一个柿子，要价两元钱，当时一个人一个月的最低生活费是 7 元，物资匮乏的程度可想而知了。因为外公当时的级别属于高干，所以，每月有特供票，可以买些食物，外公会分给我们一些。加之奶奶是华侨家庭，奶奶的哥哥也会不定期从香港寄些食物及生活用品。父母亲总是舍不得吃，留给我们孩子们。因我住幼儿园两周才能回家一天，所以父亲会在我不回来的那个周日，骑车往返几十公里去看我，给我带上一个煮鸡蛋，并看着我把它吃进肚里。到我回家那天也会将最好的吃的留给我吃。听父亲讲由于物资的匮乏，很少能吃到肉。所以，我那时管豆腐叫“小肉肉”，现在我依然非常爱吃豆腐、豆制品，大概就是那时养成的吧。

1966 年以前，我的生活无忧无虑。1966 年“文化大革命”开始后我家的生活就变了。父亲在大学期间全班同学一致要求抗日，集体加入了国民党，为了抗日父亲和同学一起穿过日军封锁线去重庆，在过封锁线时被日军用刺刀指着胸口盘查是否是抗日分子。就因为这段历史，父亲被定为历史反革命，停止了他钟爱的建筑设计工作。

2003 年父亲去世后，我在整理他的遗物时发现了一份当时他写的东西。里面写的他承受着无法承受屈辱，他一度想过要了去生命。但他又想到两个女儿尚小，他说为了我们姐妹要咬牙活下来，不管多委屈多累也要把笑容带给女儿们。他真的做到了。当时我看完这篇东西后坐在地上嚎啕大哭（这也是我有生以来的第一次这么大哭）。父亲在我的记忆中永远是乐观、开朗、豁达的。平时他会给我们做各种好吃的。我初中毕业在家他会辅导我高中的物理、数学功课，并教我建筑绘图专业知识。为我日后的学习与工作奠定了很好的基础。虽说他没有条件学习乐器，但他非常喜欢听古典音乐，时常会给我们哼上一段，如《欢乐颂》《田园交响曲》《轻骑兵进行曲》等。可我从没想到父亲在这欢笑背后承受如此大的冤屈。父亲您太委屈了，您是最伟大的父亲。

2003 年 4 月 7 日父亲因心衰，呼吸道衰竭去世。临去世前医生在抢救他，他还在对医生及家人叙述他做过的工程，他热爱建筑事业，他不舍得离开他热爱的职业。他说过："我不写回忆录，我不愿刻意地让人们记住我。如后人还记得我就记得，不记得也没关系。反正我知道我为国家建筑事业做了贡献，我就心满意足了。"

看了父亲的遗物，我好像理解了父亲为什么不愿写回忆录。因为，写回忆录就必然绕不开这段痛苦的历史经历，从而会再次使父亲心灵受到伤痛。

父亲是一位顶天立地的男子汉。虽说他在兄弟中排行老二，但家里大事小事他都扛得起。

我前面说过爸爸为补贴家用曾休学一年，他到杭州大学工作，每到发薪时（当时的政府发行的是金圆券）一发就一大包，但非常不值钱。每每父亲领了工资就骑上自行车飞奔到金行，换点碎金，然后用小锤砸的和纸一样薄，夹在信中寄给我母亲，再由我母亲转送到我爷爷奶奶家中。那时妈妈就是爸爸的信使。

他最小的弟弟最后患骨结核，伤口溃烂很臭，屋子很难进人。父亲说我不怕，只父亲坚持每天进到小弟弟的房间为他换药。小姑姑会在外面给我六叔唱歌。直到 1951 年六叔去世。

父亲非常热爱自己的国家，没有因为"文革"期间受到不公而然恨国家。虽说他曾拿到美国绿卡。他说也只是为了真正了解一下资本主义国家是什么样子。我们家很多亲戚都移民去了美国，但他不主张我到美国去。他说："你公派去过日本啦，也就了解了资本主义国家。了解了就行啦。咱们中国人还是应为自己的国家服务。"父亲在美国的建筑事务所工作过，也在一家中餐馆体验过几天刷盘子。后来他租了一套很好的老人公寓，每月有美国政府给的养老金，全额医疗保险。每天在公寓后面的公园湖边散步，看看报纸电视，要不然就去中国驻美领事馆看看电影，找朋友聊天。在美国生活得很安逸。可父亲把他在美国的生活风趣地比喻成"自我流放"。他说虽然生活得很安逸，但一天无所事事，荒废时光，不如回到祖国做些实事。为此，他放弃了美国绿卡，回国继续为祖国服务，直到生命终止。

父亲心地非常善良，20 世纪 90 年代中我的一位同事在带团中受伤。当父亲知道这位同事无父无母孑身一人时，父亲对我说："我要与你一起去看她，我再给她带上 500 元钱，给她带些安慰去。"

父亲一生坦荡，光明磊落，从不阿谀奉承，不计较个人得失。百善孝为先，父亲尽心照顾了奶奶 20 年，直到奶奶去世，从没半点牢骚。这些都给我们做出了做人、做儿女的表率。

还有当初要设计毛主席纪念堂。院里找来好几位建筑师参加竞标，父亲也在其中。后来听父亲高兴地讲，每个设计师的方案都不错，但唯独一样与父亲设计不同。父亲根据时代的发展设计了遗体升降机，在群众去瞻仰时，升降机将主席的遗体升上来，到晚上降到下面方便遗体的保存维护。其他设计师有的是仿列宁遗体的瞻仰模式，有的是仿南京中山陵的设计。领导看了父亲的这个方案大加赞赏，最后的整体设计中采纳了这部分的设计方案。

再说说北京市西山八大处佛牙舍利塔，它是中国古代建筑形式。听父亲讲，中国当时现存的古塔距今已 200 年，这 200 年里中国因为各种原因没有建过新古塔。他非常有幸接到这项设计任务，能在 200 年后由他来主持设计建造这具有历史意义的佛牙舍利塔，为后人又留下了一座可永久保存的建筑遗产。

父亲生前有三个心愿没有实现：一是去埃及看看著名的古建筑；二是坐一次海上邮轮；三是回广东中山老家再看看。

我的母亲钟贻（1928 年 2 月 29 日—2003 年 4 月 13 日），出生于北京，满族。

我记得小时候问过妈妈，外公外婆他们的祖先入关前的祖籍在哪里？妈妈告我：外公的老家在黑龙江的北边，清朝政府和俄国签订不平等条约后割让给了俄国；外婆家在长白山脚下。

母亲可以说是位满族格格、大家闺秀，是从小衣食无忧的大小姐。外婆生育了三个孩子，

1958 年欧阳骖夫妇一家

妈妈的妹妹从出生就一直患病，20 岁时病故。设计院一些老人还见过我二姨，听说二姨长得很漂亮。妈妈的弟弟也刚一出生便不幸夭折了。

妈妈小学是孙敬修爷爷的学生，她和孙爷爷的女儿孙恩来阿姨是极要好的朋友和同学。妈妈从慕贞女中毕业后，考入北京师范大学音乐系主修钢琴，师从著名钢琴教授老志诚先生。

妈妈是学钢琴的，并且以优异成绩毕业，被分到了文工团，但妈妈没有去报到。听妈妈讲“当时北京只有一家文工团。成绩优异的毕业生才能分到文工团，学习平平的则分到中小学校当音乐老师。”妈妈说文工团生活不规律，白天睡觉，晚上演出。所以，她来了一个大跨界，搞了建筑设计，当了一名建筑工程师。我说：“妈妈您真了不起，人家都是学建筑改文艺，像朱逢博。您可好，文艺改建筑，您不觉难吗？”妈妈笑着说：“不是有你姥爷和你爸爸两位老师嘛。”妈妈嘴上这么说，但其实妈妈早就偷着学了，加之生在建筑世家从小耳濡目染及自己的勤奋努力，很快就独当一面了。

妈妈与爸爸认识后，被爸爸的才华与担当所吸引，妈妈没有被世俗所困，摆脱了家庭悬殊、门当户对的观念嫁给了爸爸。

我刚记事时，记得妈妈在设计院原来是和父亲在一个室工作，但不是一个组。后来妈妈调到七室（标准室），主要搞标准图设计及中小学设计。妈妈没有做过知名大工程，但她支撑着家庭，支持父亲的工作。在新中国成立十周年大庆的十大工程中爸爸没日没夜加班，根本就没有时间照顾家了。妈妈白天要上班，晚上回来要照顾我们姐妹俩，姐姐当时五岁，我才一岁，妈妈说那时她真的很累很累。

妈妈搞了建筑设计以后就放弃了音乐。若

干年后我上了中学，我中学的音乐老师居然就是妈妈的师姐。妈妈自我嘲讽地说：“你看你们杨老师，人家教了一辈子音乐，专业没丢，可我丢了，把专业全还给老师了。”但她不后悔，因为她也为教育事业做了贡献。妈妈的老师老志诚先生也是父亲的好朋友。

妈妈在单位是个文艺骨干，常常参加院里组织的各种文艺活动。妈妈喜欢唱昆曲，还到杂技团学习魔术表演。妈妈手很巧，为了演好魔术还自己亲手制作魔术道具，用车床车木头鸡蛋等。她也会自己动手为我做些玩具，为我剪裁漂亮的衣裙。

妈妈在设计院工作期间，曾去过院里在南口的农场劳动养鸡；“文革”期间到东方红炼油厂下放劳动；在院幼儿园下放当过一阵保育院老师。

妈妈从小生活优越，可以说琴棋书画女红样样都会。但有时妈妈的性格像个男生，学生时代喜欢穿工装裤、列宁装，有点男孩子打扮。她从不娇惯自己，干起活来有点拼命三郎精神。还有我在国外工作时，妈妈要照顾年迈的外婆，照顾我的父亲，还要照顾我刚上小学一年级的孩子，非常非常辛苦。而且妈妈还非常乐于助人，谁要有困难她都会主动去帮助。妈妈活的很单纯，做任何事情首先想到的永远是他人，而不是自己。庆幸的是妈妈在“文革”期间没有受到冲击。

记得 1976 年唐山大地震后的不久，妈妈就和院里几位工程师赶到震区查看房屋塌落情况，总结大地震对房屋破坏的问题，为日后的设计提供借鉴依据。

“文革”后期外公年岁大了，身体不好，妈妈就搬回外公家住，照顾外公。妈妈非常孝顺，外公病重期间妈妈为照顾好外公，减轻外婆负担，她每天只能睡两个小时觉。外公高血压、糖尿病综合征瘫在床上，人又胖没人能翻得动他，妈妈就为外公设计了特殊吊床及病椅，找工厂加工制作。她为外公换药，比医护人员还专业。

可能妈妈出身满族家庭，人都说满族人礼节多。从小妈妈就以身教的方式教我待人的礼节。特别是对长辈，尤其是对外人，当与长辈话别时一定要鞠躬道别；外人要请你代问家里人好时，也要鞠躬代为道谢。

2003 年 4 月当妈妈得知父亲得的是心衰、呼吸道衰竭症，有一定医学知识的妈妈接受不了这个打击，因高血压症引起了蛛网膜下腔出血，于 4 月 12 日，也就是父亲去世的第五天，妈妈再次脑出血后无法抢救，于次日追随父亲去了天堂。

我至亲至爱的先辈们为建筑而来，伴随着建筑的一木一石而成长，享受建筑无限的快乐而去，他们就是那普普通通的一石一木。我相信建筑是有情感的，建筑的“生命”就是它的美，建筑无时无刻都在向人们传达着美和情感。这就是我每一次走过我的亲人们设计的建筑时的真实感受。

“三线”建设

林晨

前言

在20世纪60年代前期，中央为防止帝国主义、修正主义对我国的军事侵略，要保存我国的实力，将全国划分为一、二、三线。一线是沿海及东南、东北地区，同时也是经济发达地区。而三线实际是内地，从微观讲也是交通不便、生产落后的山沟。当时国家提出：“三线”建设要抓紧，要和帝国主义争时间，和修正主义争时间。在具体建设方针上提出：靠山、分散、隐蔽。以上两条是我们早上“天天读”，一天开始时必念的最高指示。我院作为全国有名的大型设计单位之一，不能不接这样的任务。因此从1965年起，我院有四十多人投入该项工作。前后长达八年，这是我院历史中的重要一页，不可忘却。

记得我院前后一共四十二人参加，另有建筑工程部中央设计院来一位工业项目总平面设计人员（当时我院无这样专业）。现能记得人员姓名如下：宋继文、张宪虞、沈一平、曹学文、陈蔚、康兆泰、李井泉、闫文魁、孙振环、陆振寰、吴国谡、宋元林、吴久恩、王德利、秦中和、王为信、黄乔星、候麟阁、向忠伟、林晨、徐家凤、荆树英、闫秀莉、洪福罪、李芳、郑超……

几个大的工作阶段（仅表示工程地点，并非全部时间在这现场）：1965年5月—12月山西临汾；1966年3月—8月四川大竹；1967年初—9月山西灵丘；1968初—1969年中湖北郧阳；1969年9月—1970年9月部院大部下放江西修武“五七干校”，少量去鄂西参加“二汽”现场设计；1970年9月设计院正式撤销，人员分别下放湖南、湖北、河南、山西；1974年7月左右经北京市委批准，这批三线人员大部返京。

往事迄今已过去半个多世纪，本人愿追索记忆，但难免有不全面之处。盼当年参加“三线”建设人员共同回忆完善。

考虑到当年的社会环境与现在有很大不同，故在文中个尽量将一些细节写出，以使当今一代及后代能对往昔有所理解。

1965年4月中，我们第六设计室几人得到通知，手中工程必须在当月完成，因“五一”节后要出差外地接一工程。但未讲地点和项目内容，因属国家一级机密。因外出不住旅馆，时间又长，要各自带行李。

节后我们约九人按计划出差，院派大卡车先将我们及行李运往火车站。由案结构技术主

林晨（前排左二）参加北京建院技术管理交流活动

任张宪虞带队。北京站有二位甲方人员与我们相见，领我们上车后再发车票，是去山西太原。同时有建筑工程部设计院总平面专业的一位女同志参加。按当时规定除我们主任进卧铺（不知硬卧还是软卧）外，我们一律硬座。次日晨到太原，下车集合，甲方人员要我们自己解决早餐，与我们约定几小时后在车站某点集合转其他车，但仍未讲去何处，我们感到十分神秘。

大家都是初来太原，所以集体行动，先找早餐店。见到有一售油条和豆浆的铺面，我们讲要油条若干条。对方答无此物，我们感到十分奇怪，便指着炸油条的锅说明，店员答这叫“麻叶儿”（不知文字对否？）。我们也算长了点地方知识。不知半世纪后仍有这称呼否?

再上车后被告知去山西临汾。傍晚到达，甲方用卡车连人带行李装走，我们各自坐在行李上。我们主任坐吉普车，当时已是高级车了。到临汾市郊有几座三层的办公楼建筑，边上有几座空的车间厂房。我们被分别安置住宿，四人一间。据说是当年大炼钢铁时的厂房。

次日开会交代工作：这是参加三线国防军土建设，现阶段是选点（即选厂址）。要求一切保密，与家中通信地点为：太原市XXXX信箱，甲方为某机械部某局。

休一天后早餐用毕，上卡车到甲方初步选定地点供我们从建筑的技术上考虑。同行者有建筑工程部勘测院的技术人员。每天出发前甲方先行告知当日有几个点、几个厂，每个厂的规模、职工人数。以便我们研究此山沟是否能放下，同时我们要计算厂前区（是生产车间之外的行政办公规模、职工食堂、单身宿舍等）及生活区（带家职工比例住宅、托、幼机构，小学规模，多种类型的服务商店及小合作店等）规模。这些计算均以北京指标为依据。当时实际推行的是企业办社会一套办法。在北京设计工厂时均有厂前及生活区指标。还要和工程地质勘察人员研究山体有无滑坡、雨水流域面积、如何排洪等。并抽时间到当地水文站了解该地区有记录以来的最大雨量等。而海拔高度依我们与测量队商定假设的某公路某点为正负零计，待查到该点的正式海拔再调整。我们几人商定每人自带三角板，以便现场简单目测三边山坡陡度，同时控制好自己步距，以便当场草算面积。每天回来整理记录，过几天汇报一次，供甲方领导小组研究是否作为厂址。大约共进行了三个多月。也到过洪洞县苏三起解的窑洞。

在继续选点的同时，决定先在闻喜县东镇建一库区，以便工厂生产设备陆续运来有存放之处。其中一个库房要求存放恒温二十度、正负二度的器材。此项目安排我承担设计。该县之名为闻喜，据说源自朱元璋起兵到此时听说前方打了胜仗，因之当地定名为“闻喜”。

完成施工图后立即开工，时约九月初。我们设计人每周坐长途汽车去工地一次。基础开槽后发现建筑一角落在一个古墓上，墓四壁用当年青砖砌筑，还有雕刻图案，墓中一具完整的白骨。我们和施工方商定请考古人员前来鉴定。来后认为是明代中等官员墓，无保存价值，于是一丢了之。

考虑到工程陆续开工，人员不够，领导交代我回京向市院领导要人，并列出了专业人数。约十月中第二批人员到现场，其中有我爱人徐家凤。当时我们的四岁女儿原在沪由她外公、外婆抚养，本拟年末来京，但当时是服从工作第一，只能推迟。

当时三线建设要求“靠山、分散、隐蔽”。原为“进洞”，后考虑进山洞的跨度有限，不可能全部车间进洞，改为隐蔽，以防空袭。但某些核心车间仍要进山洞。但我院对于挖洞建房实无经验，了解到铁路穿洞不少，铁道部有个“黄土隧道工程指挥部”，在三门峡西某镇，领导安排我和规划、结构专业共三人去调研。时约1965年12月初了。

我们三人早从临汾火车站出发，中午到风陵渡镇，再赶乘汽车到黄河渡口。下车后从黄土陡坡步行到离黄河水面一米左右高的黄土小路，路宽不到三米。一边是滔滔黄河水，一边是陡峭的黄土高原。步行约三刻钟，到了一片较开阔的黄土小广场。在此排队等候人工摆渡的木船。此处位于山西、河南、陕西三省交界处。我们目标是去对岸潼关再转往三门峡西。潼关在高处，自古就传说在山西仰望潼关要落帽子，且有“一夫当关、万夫莫敌”之语。当时就想起少年时阅《封神榜》中殷纣王部下闻太师与西周姜子牙战于此的情景。

等候约一小时后登舟。此舟深约一米半，所有人均站立舟中，船帮约达我们颈部。主要由人工摇橹，中间顺风时张起船帆。约五十分钟到对面渡口，再换小船才能靠岸边登陆，上一陡坡到开往潼关镇的汽车站。了解到车次间隔时间长，我们三人估计距离后决定步行去镇中，一路是上坡。靠镇中时发现车刚开出。我们找小客栈吃晚餐，并找床位住下。之所以称“找床位”是因为全是旧式小平房，多用木板隔成大小不一的房间，掌柜领我们去看床位，自己选定床位。相邻房间的说话声、打呼噜声此起彼伏。

次日我们去潼关火车站，但当时只有货车停靠，无客车。我们拿出要去三门峡铁道系统的单位介绍信后，车站工作人员安排我们上某辆货车的最后一节，并与列车人员交代清楚。下午到站，去该处时才知已迁往洛阳，仅有处理未了事项的留守处，技术资料亦已搬走。我们立即转另列货车于当日傍晚抵洛阳。次日调研成功抄了相关资料（当时没有现在的复印机）即返临汾，时约十二月下旬。突接甲方通知称：中央领导认为，晋南地区不符合三线要求，另选他省，立即返京。大家匆匆收拾行李以备“打道回府”过新年。甲方联系两节专用车厢供我们使用，但是到了太原仍要每人在拥挤的车站广场上排队约一个多小时才能上车，次日我们到达北京。

元旦后，我们集中到甲方在原南郊的工作地点（已忘其名）上班且居住，周末才能回家。后来我们被告知我们这批三线建设的四十二人被抽划到归建筑工程部领导，忽然间就告别已经工作十年左右的北京市建筑设计院，我们不必自己去办任何手续，直接到那边报到。

1966 年春节后不久，部里抽调各专业约八人，去四川省东部达县的工程指挥部报到，本人也在其中。从北京经成都至重庆，一共四十七小时左右的硬座。再换长途汽车至达县，次日乘指挥部的卡车去大竹县。我们将行李放卡车两边，人坐在行李上，但很不稳当。由于川东一带山地多，公路大都绕山转，路面大都为沙石铺成。因此非常颠簸。在长途行车中，险象还生。其中最为惊险的是：我听到车有异响连忙告知司机，司机减慢速度，仔细辩别异响来源，随后停车检查，发现是轮毂的螺丝松动。我们当时正处在公路悬崖边，如没有及时发现，后果不堪设想。

此后两个多月，我们几乎每天以大竹县为中心到甲方初步选定的建厂点进行调查观察，工作内容与在山西时相同。

但两处也有不同的地方，首先是地质条件，晋南是黄土高原，种小麦和玉米为主；川东是泥石黑土，以种植水稻为主。虽然山沟中均是梯田，但川东田梗湿滑，一不小心一足踏入水田将狼狈不堪。当地农民大都穿草鞋或光脚，我们都穿球鞋，防滑效果比现在球鞋差。有人折了树枝当拐杖，组成“三条腿”有利保持平衡。因此同样一天下来在川东更累。这阶段我们这支三线建设队伍也陆续到达大竹，北京只留一人做后勤工作。因我五岁的女儿于该年初从沪到京，故我爱人徐家凤就留京在部设计院三室工作。

我们在大竹县选点三个月左右，“文化大革命”的风声日紧，大城市来这个小县城进行“革命大串连”的学生不少。这个县城只有一条约五米左右的主干道，也经常有外地学生来游行。在县政府门口的小广场上也开始有学生去打倒“走资派”。一切业务工作均被追停顿。我们队伍中也有些针对领导的大字报，但与社

姚莹（左）同林晨在交流

会相比则不太激烈。大家更关心的是业务停止我们该如何办？支部书记宋继文与技术主任张宪虞征求大家意见后，决定安排我返京找建筑工程部设计局及我们院的领导汇报。院及部、局领导均是批、斗对象。好不容易在批斗的空隙中找到他们时，只听他们感叹：现在只有你们还来汇报工作，但实在无法决定，由你们自己安排吧。我写信将此情况告知现场，不久只留下几人做留守人员，余均返京。

因我们转到部设计院时人在三线现场，在院部没有办公室。这次突然回来，只能由当时着“靠边站”的副院长临时安排几间房使用。约到 1967 年 9 月我们才接到任务，是地方军工从七成市转到山区，被称为小三线建设。目的地是山西灵丘某镇山沟中。院里先安排总图、建筑、结构三专业人员乘甲方军用卡车出京城往河北的西北方向进山西去看地。当时车的时速约三十公里，中间住宿地方为军分区招待所。午餐在经过的小镇上的小餐馆解决。只见服务员将桌上刚才客人用过的筷子再用手中擦桌子的抹布擦一下，就又给我们用。我们几人首次见到这种场景，十分反感，但只能自己到供水处再次冲洗。此后几次我们均自带碗筷来此出差。

我们到了灵丘一个很宽的山沟现场，地面均布满大小石块。靠山坡下有一比山沟高出约三米的台阶，大小约 500 米 ×600 米。高台上种有玉米等农作物。经与老乡调查，此大沟为洪水冲积之排洪道，高台亦为山上泥石冲下积成的，同时几代人在周围用石块垒砌围挡，使水土不流失而又能种植植物。见到此土台山坡上大小石块不少，勘察人员认为大雨时有可能将石块冲下，这些石块被称之为危石。如在此台上建房，将处于危险之中。同时对外交通也十分不便。因此我们和勘察人员均提出不宜建厂的意见给甲方，提出放弃此点的观点。后来工程亦无消息了。

1968 年初我又接到武汉某军工厂要迁往鄂西北之郧县山区中的任务。其工作过程与以往相同，但比较顺利，去两次现场就定点了。这次室领导要我从建筑专业转为总图专业，因为山区的总平面比北京复杂多，尤其在土方平衡与厂区内部道路设计方面。同时有一部院的总图人员指导我。施工图阶段均要求到现场设计。此时近 1969 年中。我们夫妻二人全去现场，上小学的女儿只能托邻居张宪虞主任家照顾。

设计现场办公室占用了山沟中土墙稻草盖的小学教室，而居住则在施工单位用竹杆、芦席搭的工棚中。山沟中有小溪流过，附近也有老乡居住。步行到山沟外的公路也只需几分钟。听老乡讲这里是《铡美案》中陈世美的故乡。当地人称：陈世美也是“癞子”（指头皮发藓疥类炎症而头发脱落、头皮脓肿等）。当地很多人患此类病。同时患红眼病人也很多。我们几人到老乡家发现以树杆为主要燃料的炉灶均无烟囱，所有炊烟均从茅草屋顶中慢慢排出。这恐怕是人们患红眼病的主要原因。

现场设计进行了两个多月，即全体返京。不久接到通知，建筑工程部系统大部分人员要去“五七”干校劳动。（因最高领袖在某年的五月七日有指示，知识分子参加劳动接受改造。称“五七”指示，组织的劳动班子就叫“五七”干校）地点在河南新乡修武。我爱人属劳动队伍，约八月去修武。北京只留下少量的留守人员，另约一百多人去鄂西北十堰市一带的第二汽车厂进行现场设计。我便是其中之一。

海南分院

陆世昌

北京市建筑设计研究院海南分院于1988年4月正式成立，至今已有三十个春秋。三十多年来，海南分院经历了从无到有，从小到大，逐步发展壮大的全过程。建院初期没有资金、没有办公用房和住房、没有画图工具、没有交通工具、没有后勤保障，全凭自己白手起家，自力更生，艰苦奋斗。经过五年的努力，建起了1500平方米的五层办公楼、两套三居室住宅，创建了房地产公司，购置了46亩开发用地。1993年全年设计费收入超过八百多万元。在海南岛的100多个设计单位中名列前茅，不仅创造了价值，还为设计总院、一所培养了大批建筑设计人才。

海南分院的成立背景

1978年党的十一届三中全会开启了全国人民解放思想、改革开放，大搞经济建设的新时代，中国经济从此走上了一条高速发展的道路。在农村分田到户，实行了个人承包责任制，充分激发了广大农民的积极性。在城市首次提出了四个对外开放城市，海南就是其中一个。

海南分院成立20周年活动合影

国家经济体制，从单一向多元化发展，计划经济逐步向市场经济发展，当时全国一片大好形势，必然造成对设计行业的巨大冲击。

1980 年，建院举行了唯一一次由建院职工民主选举院长的大事。同时各设计室也由全体职工民主选举，产生设计室领导。一系列改革措施，大大激发了设计部门的活力，提高了设计部门的生产力。1985 年，院领导决定设计机构调整，把两个设计室合并为一个大的设计所，这样使设计竞争力进一步增强，如何充分调动和利用好员工的积极性，是各级领导认真严肃考虑的问题。

分院地点的选择

最初中央发布对外开放的四个城市，均是在广东省沿海的深圳、珠海、汕头和海南岛。这个改革开放的政策得到了全国人民的广泛支持。一时间，大量的资金投入到了深圳，因为深圳与香港仅一桥之隔，深圳开发区很快取得了成功，在这个基础上，中央对沿海城市的开放政策提升到了十四个。我对烟台、青岛、宁波、泉州、厦门、汕头、深圳、珠海、海南岛都进行了详细的考察。我们院已在深圳建了分院，其他十二个城市开发范围比较小，唯有海南岛是地区整体开发，所以，我们就决定在海南岛建立分院。

海南岛建分院的理由

（1）中央对海南岛开发定位比较高，把号称“四小龙”之一的台湾视为赶超的目标，当年海南岛就像是一张白纸，我们要在这张白纸上画出最美的图画。

海南分院最初成立时的场景

（2）海南岛地域广阔，开发空间大，其他十三个都是一个城市，而海南岛原是一个地区，1988 年 9 月海南岛是国内唯一对外的省，广阔的南海地区也属于海南岛管辖区。

（3）我所与海南岛有密切的人脉关系。我所的主任建筑师张光凯同志 1984 年带领各专业的设计人员在河南搞过现场设计，1984 年年底，海南岛出生的吴斗发同志特邀二室领导同志去海南岛考察，帮他为家乡做贡献。他在海口接待我们。二室一行五人，包括李清云、朱嘉禄、张晓星和我等从北京乘飞机出发，先在湛江市留下两个设计方案，再乘汽车约三个多小时到轮船渡口，乘轮船到海口新港码头，吴斗发同志在码头接我们。乘车一路进入市区，发现只要有空地的地方全都停满了汽车，这就是“汽车事件”的缩影。吴斗发同志安排我们认识了海口市有关领导、海南岛地区的领导，和当地两个设计院签订了合作协议书。海口市院派出面包车，带我们走中线参观，我们一路走一路设计方案，走到三亚再走东线返回来。前后用了七天，一共做了九个方案，每个方案还配有模型。我们到海口的费用都是海口市院垫付的，所以我们做的方案不收一分钱。这次考察找到了在海南岛建分院的可靠合作伙伴，也给我们在海南岛建立分院坚定了信心，发挥了巨大的设计能量。从改革开放以来，1981年至1995年，我们一所每年的产值和产量都是设计院的第一名，但是还有20%~30%的设计人员没有充分发挥作用，也就是说还有过剩的设计产能。为了解决这个矛盾必须拓展设计空间，开创新的设计平台，建立设计分院是解决问题的最好途径。实践证明，最多抽调三十多名技术人员去分院工作，不仅能确保北京院一所年年任务取得第一名，还能通过分院培养人才。一所是由二室与三室合并而成，二室原是工业设计室，三室原来是民用设计室。二室设计师二十一人，三室建筑师四十多人，两个设计室人员组成上差距太大。恢复高考后，建筑专业学生也很少，就是刚毕业的本科大学生也必须经过四五年专业培养后，才能逐渐成为一名优秀建筑师。人才培养必须要有老师，有合适的环境，有工程实践，所以建立海南分院是培养人才最好的平台。海南分院大胆启用新的毕业生，以老代新充分发挥年轻人的创作精神。经过两至三年的培养就能成为一名优秀的建筑师，如：金卫钧、田心、朱小地等同志。

海南分院创建过程

1985年初，海南岛因为汽车事件，党中央、国务院、军委专门派去三个工作小组处理海南岛汽车事件，在海南岛所有建设工程叫停后，当时一所已经有两支设计队伍。一支是以张光凯为首的海南博物馆设计队伍；另一支是以张令名为首的三亚国际大酒店设计队伍。得知项目暂停后，我们立即把两支设计队伍撤回北京，大约经过两年的时间才把事情处理完。1988年重新启动海南岛的开发建设，3月份北京市规委办组织规范属下的五个设计院去海南岛考察，建立各单位的海南分院。由市规委办设计管理处主任带队，建院派出副院长张学信和我前往，参加人还有市政院、规划院、勘察院、测绘院的领导。各单位领导一起开会协商，因为对海南岛当时的情况不熟悉，共同决定先飞广州，找广州市院了解情况，然后再飞海口，由海口市设计院接待。当时海口市办公室人山人海，到处都是全国各地来海口办理相关事项的人。我们拜访了地区建设处（后改为建设厅），他们表示热烈欢迎。

我们一行走海南东线，参观访问各地建设项目的情况，后决定立刻回北京按当地的要求准备材料，经过十多天的准备，1988年4月3日，我与郭成铭、曹洪直飞海口，住在工人招待所，我们的任务就是办理设计执照以及营业执照。法人代表资料在准备时以北京市建筑设计院院长王慧敏为法人代表的，但审查人说不符合海口当地规定。经与北京联系，决定放弃法人代表由所长担任这一规定并且一直延续到现在。注册资金方面，北京建筑设计院的资金全在北京建行西四分行的账上，但是北京规定北京的资

海南分院办公楼

金不得转向外地。没有办法。只能向深圳分院借钱，因为他们的资金不受这个制度的限制。我们向他们借了四十万注册资金，用三十万买了两套三居室楼房，为今后来海南岛工作的同志提供住房。另十万元，作为今后分院工作的生活费用。过了四个月，深圳分院提出要求我们还钱。海南分院当时没有资金，建院总院帮我们垫了二十万。我们分两年偿还了深圳分院的四十万资金。

分院的第一桶金

我们为了充分发挥设计人员多方面的积极性。按规定分院应聘请一名会计师，工作量不大，还要增加一定的开支，我就把设计所结构高级工程师赵毅强同志请到海南分院，让他主做工程设计，兼职当会计师。他上山下乡时在农村当过会计师，这样就解决了问题。每年设计院财务处派人到分院检查，基本上所有的账目、表格都达到了标准，出纳人员也由设计人员承担。

我们来到海南岛，每人带了一块图板、一根丁字尺、一套三角板、一支比例尺及一套画图笔。我带了一个计算器，因为我的主要工作是办理两个执照，为下一步开展工作做准备。我到设计处办执照时，有人听说我们是从北京来的设计单位，就来找我帮助做一项设计，是为海南省委办公楼门口设计一座二层小楼。郭成铭和曹洪画建筑图，我画结构图。没有工作台，我们就在床上画图，一个星期完成任务，甲方给了我们 1000 元现金做为设计费，这就是设计分院的第一桶金。

没过多久，海口市组织了一场住宅开发区方案竞赛，共有六平方千米。我们协助当地规划设计单位共同完成一整套规划设计方案，画了大量图纸，还做了模型。经过评比得了第二名，给了我们两万元成本费，我们两院对半平分，这就是我们的第二桶金。

海南分院部分员工合影

建院声学话前辈

陈金京 王铮

北京市建筑设计研究院(BIAD)研究所声学工作室是由中国著名建筑声学专家向斌南和项端祈两位前辈创办的，迄今已成立了数十年。声学工作室主要承担声学科研、设计、实验、检测及咨询等业务。科研成果先后获得过国家科委建设部和北京市的科技进步奖，并出版过十余部声学专著，主持参加了包括人民大会堂、亚运会和奥运会体育场馆等几百项工程的声学设计工作，设计的工程包括音乐厅、大剧院、多功能厅堂、录音播音建筑、体育场馆、声学实验室等所有与声学有关的建筑类型进行的工作，包括音质设计、建筑声学装修设计、扩声设计、空调通风系统的消声隔振设计、隔声设计、噪声控制设计、材料声学性能的测试、建筑物声学性能的测试等与建筑声学有关的所有领域。

建国之初，我国在科学技术领域还处于相对落后的状态，在建筑声学设计和研究方面更是一片空白，但随着社会主义建设的发展，人民生活水平的提高，尤其是人民大会堂、民族文化宫等“国庆十大工程”的建设，建筑声学的重要性也日益凸显出来。此时身为建筑师的向斌南(1920—1991年)和项端祈(1933—2005年)两位先生开始在建筑声学这块未开垦的处女地上辛勤耕耘，进行了大量开拓性的工作。

向斌南先生

项端祈先生

建筑声学领域的开拓者之向斌南

向斌南先生早年毕业于中央大学建筑系，从20世纪50年代开始涉足建筑声学的理论研究和实际工程设计，由于建筑声学属于建筑物理的范畴，是建筑学与物理学的交叉学科，所以从事建筑声学工作，除了要具备丰富的建筑学知识和技能外，还必须具有比较深厚的数学和物理的理论基础，作为建筑学出身的向斌南先生敏而好学，在工作的同时自修了大量的数学、物理课程，奠定了坚实的数理基础。

向斌南先生学识渊博，其工作范围涉及建筑声学领域中的建筑隔声、厅堂音质设计和评价、噪声控制、声学测量和声学标准的制定等诸多方面。20 世纪 50 年代至 60 年代，参与了人民大会堂、民族文化宫剧场等“国庆十大工程”建筑的声学设计和研究工作，并在住宅建筑隔声的研究和设计方面做了大量的测定和调查工作，为改善住宅声环境提出了很多切实有效的措施，也为制定我国的住宅隔声标准奠定了基础。20 世纪 70 年代至 80 年代，他潜心于厅堂音质的研究，在反射声计算机模拟厅堂音质参数和声学模拟试验方面成绩斐然。其论文《早期反射声图谱的本质及瞬态扩散系数》一文曾在第 12 届国际声学会议上宣读。

向斌南先生一生对新知识孜孜以求，学而不厌。20 世纪 90 年代，向斌南先生以 70 岁高龄，自修了当时属于最先进前沿的计算机使用和编程的知识，开始从事开发厅堂反射声的计算软件设计并不断取得新进展。

向斌南先生一生在建筑声学领域勤恳工作，成果丰硕，早期论著有《人民大会堂的噪声隔绝问题》《人民大会堂的音质设计介绍》《人民大会堂建筑声学设计初步介绍》等，中期论著有《各国居住建筑隔声标准的评述》《住宅隔声性能的单值评价法》《根据反射声电算厅堂音质参数的实践》《反射声与厅堂音质参数》等，晚年的论著有《论厅堂音质的评价与设计》《早期反射声图谱的本质及瞬态扩散系数》《厅堂内声场强度的计算》为我国建筑声学事业的发展作出了巨大贡献。

中国建筑声学界的领军人物项端祈

项端祈先生 1956 年毕业于东北工学院建筑学系，毕业后又师从我国声学泰斗马大猷教授学习声学，并在北京大学物理系进修数学、物理、振动理论引论、无线电基础、声学基础等课程，还在中科院声学所进行了大量的声学测量和试验工作，使其既具有良好建筑学基础，又具有扎实的物理声学理论，同时还有很强的解决实际问题的能力。

项端祈先生在中国建筑声学领域中进行了许多开拓性的工作，如舞台音乐罩的设计、可调混响装置的设计、梯回山谷式音乐厅的声学设计以及厅堂声学缩尺模型试验技术的应用等。

早在 1974 年，美国费城交响乐团来华演出交响乐，项端祈先生在民族文化宫剧场设计了中国第一个封闭式舞台音乐罩，使费城交响乐团在民族宫剧院这样一个普通的剧场中演出获得了成功。

项端祈先生在可调混响方面的研究和设计在中国首屈一指，早期曾在一些录音棚中设计了翻版式可调混响构造。随后，又在多功能剧场中进一步发展和完善可调混响构造，构造形式从单一的翻版式逐渐发展出了转筒式、百叶式、升降式和可调帘幕式等多种形式。控制方式也从浮动控制逐步发展，先后经历了机械传动控制、电动控制和目前最先进的计算机程序控制。项端祈先生还负责了中国第一个梯田山谷式的音乐厅——广州星海音乐厅的声学设计。该音乐厅经过国内外许多一流音乐演出团体的演出和使用，证明具有良好的音质效果。

项端祈先生在厅堂缩尺模型的制作与测量方面也贡献卓著，早在 1957 年，马大猷教授主持开展（大连经济开发区大剧院，天津友谊俱乐部礼堂）实体缩尺（1 ： 40）声学模拟试验，作为主要参加人，项端祈先生作出了巨大的贡献，这是中国进行的第一个声学缩尺模型试验，

王峥（左 1）、陈金京（右）与外国专家交流

此后在项端祈教授的带领下 BIAD 声学工作室在声学缩尺模型的制作和测量方面进行了大量的工作，不断的改进和完善，无论从模型制作技术还是模型测试技术，目前都在中国处于领先地位，并大量应用于工程设计实践中，对保证大型观演建筑的声学设计质量起到了极其重要的作用。

项端祈教授在进行大量的工程设计实践的同时，非常重视理论的提高、资料的积累和经验的总结，而且勤于著述，哪怕是在生命的最后时刻，依然笔耕不缀。勤奋的工作取得了丰硕的成果。项端祈教授先后正式出版了十余部声学专著，主要著作有《演艺建筑声学装修设计》(机械工业出版社)、《剧场建筑声学设计实践》(北京大学出版社)、《空调制冷设备消声与隔振实用设计手册》(科学出版社)、《录音播音建筑声学设计》(北京大学出版社)、《近代音乐厅建筑》(科学出版社)、《实用建筑声学》(中国建筑工业出版社)、《音乐建筑——音乐 · 声学 · 建筑》(中国建筑工业出版社)、《传统与现代——歌剧院建筑》(中国建筑工业出版社)、《演艺建筑——音质设计集成》(中国建筑工业出版社)等，其著述之丰、影响之大，在我国建筑声学界堪称首屈一指，无人望其项背。得到国内外同行的一致认同，他曾担任中国声学学会常务理事，北京声学学会理事长等职务，为中国建筑声学事业的开拓和发展做出了巨大的贡献。

国内领先的声学工作室

目前研究所声学工作室经过几十年的发展，已具有扎实的理论基础和丰富的实践经验广泛的工作领域和优异的工程业绩，成为国内一流水平的声学科研和设计单位。

声学工作室具有国内先进、满足 ISO 国际标准的声学实验室，包括混响室 (可以测量各种声学材料的吸声系数、隔声实验室 (可以测量各种墙体和构造的隔声性能)、模型实验室 (可以进行各种厅堂的 1 ： 10 声学缩尺模型试验），并具有国际先进的声学测试仪器包括丹麦 B&K 公司的声学仪器、计算机控制的数字测试仪器（ASAW61 声学工作站）以及声学缩尺模型的专用测试仪器等，能满足各种声学测试、检测、调试及科研的要求。

声学工作室可以采取多种灵活的方式为各类工程设计提供优质的服务。如专项设计工作、声学咨询工作和声学测量工作等。其中专项设计工作是在建筑设计提供了有关基本图纸的基础上，进行专项设计，按要求提供全部施工图纸，并负责施工图交底和施工指导，可进行的专项设计的内容包括建筑声学装修设计、扩声系统和公共广播系统设计、空调通风系统的消音隔振设计等。声学咨询工作是对工程设计提供声学咨询服务，包括协助制定设计方案，进行声学计算，用计算机模拟和实体缩尺模型测试等先进的技术手段验证设计方案的可靠性，提供与声学有关的各种构造草图、审查有关图纸、进行声学测试等，可开展的工作内容包括空调通风系统中的减噪问题、建筑物隔声隔振问题、音质问题等。声学测试工作可以为声学建筑和声学材料提供各种声学参数的测量，内容包括厅堂建筑声学指标的测量、厅堂电声指标的测量、现场及实验室条件下辅体材料的隔声性能的测量、吸声材料的吸声系数测量、城市区域环境噪声测量。声学工作室除了具有扎实的理论基础和丰富的实践经验外，还具有多种先进的技术手段，以确保声学设计的质量，如计算机声学模拟技术，缩尺模型测试技术等。另外还与多家国外声学设计单位进行过合作，如法国的 CSTB 公司、德国的 BBM 公司澳大利亚的马歇尔戴公司等。

近年来，声学工作室在工程设计，科学研究和理论建设方面都取得了突出的成绩，在工程设计方面，完成了一大批大型公共建筑的声学设计和咨询工作，其中包括 2008 年北京奥运会的国家体育馆、五棵松篮球馆等多座体育场馆、国家大剧院等大型国家级建筑以及北京保利剧院、深圳保利文化广场剧院、上海东方艺术中心、西安大唐不夜城贞观文化广场、大连经济开发区文化中心、东莞王兰大剧院等全国各地的标志性文化建筑共计数百个项目。此外还完成了原特迪瓦国家剧院、突尼斯青年之家、斯里兰卡国家大剧院等一大批援外项目的文化体育设施的声学设计。其中北京保利剧院的建筑声学设计更是使保利剧院从此闻名国内外，最好的交响乐团都希望在此演出。英国皇家交响乐团 100 周年纪念演出在全世界找场地，最后选择了保利剧院。

在科学研究方面演艺建筑声学装饰设计的研究、建筑声学材料与结构设计和应用的研究，建筑隔声评价标准的制定及计算机模拟技术在音质设计中的应用等科研课题均获得了 BIAD 院科研一等奖，在理论建设方面出版了《建筑声学材料与结构设计和应用》《建筑声学与音响工程——现代建筑中的声学设计》等专著，并有《厅堂音质缩尺模型在声学设计中的应用》《特大型体育馆——奥运体育馆声学设计实践》《大型观演建筑声学设计质量保障的探讨》等多篇论文在杂志上发表。

随着社会的不断进步和发展，人们对生活品质要求的不断提高，声学品质也越来越受到社会的广泛关注和重视，声学工作室将传承和发扬老一辈声学专家的优秀品质和敬业精神，为社会提供更高品质的设计服务。

第一个获得国际建筑设计竞赛奖的年轻人
——李傥

北京建院历史组

李傥，1957 年出生，男，汉族，北京市建筑设计院设计师。1983 年毕业于清华大学建筑系。在大学期间曾与人合作获阿卡斯国际建筑竞赛一等奖、石家庄住宅设计竞赛二等奖。1984 年 11 月 16 日，他的住宅设计《现代的方舟——“功宅”》荣获在日本举办的第十一届日新工业国际建筑设计竞赛第一名。

1984 年 2 月，由日新工业株式会社主办、日本《新建筑》杂志协办了第十一届日新工业建筑设计竞赛，李傥以中国气功为主题设计了“功宅”方案，获得了本届竞赛的一等奖。

这次竞赛的主题是“现代方舟”，希望在现代住宅中恢复传统的“民俗性”“仪式性”，以增进家族内、家族之间以及人与人之间的联系。由于现代建筑倾向于强调使用功能，将一些能沟通人们精神的有价值的习俗作为不合理的东西抛弃了，造成家族内、家族之间人与人的关系逐渐冷漠。题目要求设计者用最简练的构思和手法创造出能够解决这个问题的住宅。内容、规模、表现手法不限。

李傥的“功宅”方案，是利用气功这一古老技艺在中国宗教、哲学和医学史上的特殊地位，它在现代中国社会上的普遍性，以及它作广泛沟通人与人的精神世界的媒介进行设计的。

为了采用最简单的建筑语汇表达这一构思，李傥选取的都是最简单的手法，以突出主题。这个建筑物是极简单而抽象的几何体——矩形。立面避免一切与主题无关的联想元素，这也是与气功劝导入静、摒弃杂念的原理相符。唯一的联想元素（装饰）是入口上方的“六妙法门”符，它既揭示了建筑物主题、又是重点的建筑装饰，符号上的“数随止观还静”六个字是隋代高僧智颛所传，总结了气功劝导入静

设计竞赛

我的“功宅”方案介绍

李　　傥

1984年2月，由日新工业株式会社主办、日本《新建筑》杂志协助，举办了第十一届日新工业建筑设计竞赛，我以中国气功为主题设计了“功宅”方案，获得了本届竞赛的一等奖。

这次竞赛的主题是“现代方舟”，希望在现代住宅中恢复传统的“民俗性”、“仪式性”，以增进家族内、家族之间以及人与人之间的联系。由于现代建筑倾向于强调使用功能，将一些能沟通人们精神的有价值的习俗作为不合理的东西抛弃了，造成家族内、家族之间人与人的关系逐渐冷漠。题目要求设计者用最简炼的构思和手法创造出能够解决这个问题的住宅。内容、规模、表现手法不限。

我的“功宅”方案，是利用气功这一古老技艺在中国宗教、哲学和医学史上的特殊地位，以及它在现代中国社会上的普遍性，以其为媒介广泛地沟通人与人的精神世界，使人与人通过气功的心灵交换，彼此成为知己。

为了采用最简单的建筑语汇表达这一构思，我选取的都是最简单的手法，以突出主题。整个建筑物是极简单而抽象的几何体——矩形。立面避免一切与主题无关的联想元素，这也是与气功劝导入静、摒弃杂念的原理相符。唯一的联想元素（装饰）是入口上方的“六妙法门”符，它既揭示了建筑物主题，又是重点的建筑装饰。符号上的“数随止观还净”六个字是隋代著名高僧智颛所传，总结了气功劝导入静的方法。六法对入此门来练功者有奇效。功宅分上下二层，除必备的生活空间如起居室、家庭用室、厨房、餐室、厕所、卧室外，还布置有“功室”，主要为习功者切磋功技而设，在这个较封闭的空间内彼此以气功为题而论，是一个交融心灵的空间。“功室”和其外的“功院”各设一缝与外部相通。“功院”上方覆有一圆环，地面铺有子午流注图，标明人体各部位相应的最佳练功时辰。整个功院肃静而又抽象，在这里天圆地方，超脱尘世，使练功者逐步进入定界。根据气功的“意守外景”入静法，习功者静坐或立于功院中央，从缝隙内凝视远方以白墙为衬托

李傥《我的“功宅”方案介绍》（刊于《建筑学报》1985 年 5 期）

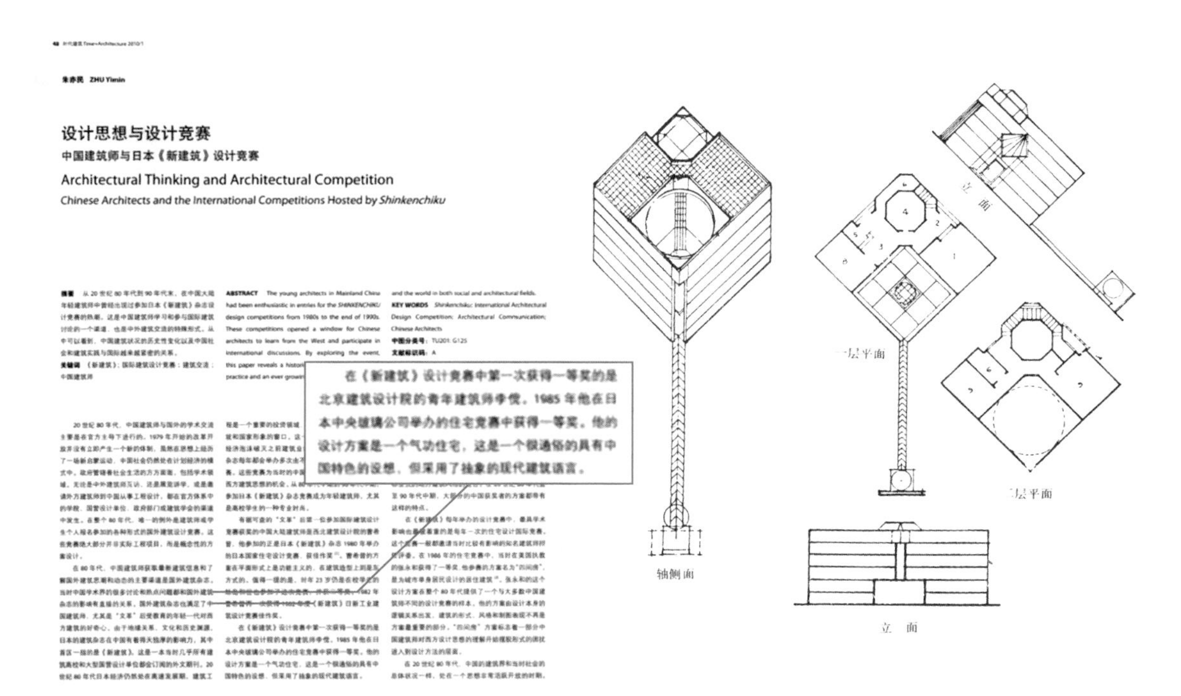

42 时代建筑 Time+Architecture 2010/1

朱亦民 ZHU Yimin

设计思想与设计竞赛

中国建筑师与日本《新建筑》设计竞赛

Architectural Thinking and Architectural Competition

Chinese Architects and the International Competitions Hosted by Shinkenchiku

ABSTRACT The young architects in Mainland China had been enthusiastic in entries for the *SHINKENCHIKU* design competitions from 1980s to the end of 1990s. These competitions opened a window for Chinese architects to learn from the West and participate in international discussions. By exploring the event, this paper reveals a histori… practice and an ever growin… and the world in both social and architectural fields.

KEY WORDS *Shinkenchiku*; International Architectural Design Competition; Architectural Communication; Chinese Architects

中图分类号：TU201; G125

文献标识码：A

在《新建筑》设计竞赛中第一次获得一等奖的是北京建筑设计院的青年建筑师李傥。1985 年他在日本中央玻璃公司举办的住宅竞赛中获得一等奖。他的设计方案是一个气功住宅，这是一个很通俗的具有中国特色的设想，但采用了抽象的现代建筑语言。

《时代建筑》刊载中国建筑师与日本《新建筑》设计竞赛文章。文中划红线部分文字为“在《新建筑》设计竞赛中第一次获得一等奖的是北京建筑设计院的青年建筑师李傥。”

现代的“方舟”功宅

的方法。六法对入此门来练功者有奇效。“功宅”分上下二层，除必备的生活空间如起居室、家庭用室、厨房、餐室、厕所、卧室外，还布置有“功室”，主要为习功者切磋功夫而设，在这个较封闭的空间内彼此以气功为题而论，与外部相通。“功院”上方覆有一圆环，地面铺有子午流注图，注明人体各部位相应的最佳练功时辰。整个功院肃静而又抽象，在这里天圆地方，超脱尘世，使练功者逐步进入定界。根据气功的“意守外景”入静法，习功者静坐或立于功院中央，从缝隙内凝视远方以白墙为衬托的小树，直至熟视无睹、视而不见，随之杂念不断排除逐步入静。然后通过“地尺”（砖台）上斜向的铺块将其导入眼底，此时练功者运气内守丹田，达入定界，空间也就由实化虚、不复存在了。

“功宅”方案是李傥根据气功原理，将其化为建筑符号、语言而产生的，李傥没有走建筑—建筑、形式—形式的路子。李傥认为所有的文化艺术都是相互影响交融形成的，建筑艺术作为一种艺术也不例外，只有综合其他艺术才能有新的生命。其综合的方法不限，但不应简单地搬用。语言学的发展，信息化社会里人们对各种信息、符号的兴趣与理解，为我们提供了广阔的设计领域。我们应该更新思维方式，把更广泛的文化、艺术、历史传统，综合到建筑艺术中来，创造新的建筑文化。

回忆中的片片黄叶

柴建民

回忆过去的时光，就像打开一本厚厚的书，看到里面夹着一片片泛黄的树叶，它们曾经长在茂密的枝干上，飘落到地面又被我检起，小心翼翼地夹藏在书中，十几年过去，当我再次翻开时，看到绿叶已经变黄，但它的轮廓和脉络依然清晰，似乎在诉说着什么……回忆是缅怀过去的岁月，如饮一口陈年香醇的美酒，回忆更能激励人们为了美好的明天，而努力追求。一段段回忆就是书中夹藏的那一片片黄叶，一段段回忆就是一杯杯不醉的陈年美酒。穿越时空，让我们回到曾经的岁月吧！

1962 年院举办为期三个月训练班，原标准室参加同志合影。前排中朱祺莱、中排左二柴建民、右一王少安、后排左一章仕忠、左二付义通、右一王宝琪

一、多变的工作和角色

1961 年来院时我如一棵幼苗，经过阳光和雨露的滋润，逐渐地在成长，在组织的培养和大家的帮助下，自己也付出了许多努力，像一棵不太粗壮的树一样，终于慢慢地成长起来。

从 1961 年来院到 2001 年退休整整 40 年，期间工作和角色多次变换，1961 年在标准室从事住宅标准设计工作，1964 年 3 月至 1967 年 3 月被派往昌平、通州参加农村四清工作整整三年，1967 年回院后才全力投入设计工作。先后在原七连和三室工作。1982 年

1990 年原五所主任工程师及所领导一起讨论方案。左起杨维迅、朱宗彦、柴建民、张承启、周维华、傅治楸。鲍挂良、肖济元缺席

10 月调入零建设计部，1985 年 5 月以后先后担任原五所支部书记、所长、科技处处长、四所所长（兼深圳分院院长）、经济部主任等工作直到退休（退休后在院属金田公司担任副总

1987年春节，原四所领导与院总工在青年宫（原五所设计）。前排左起姚焕华、王惠敏、曹越、李颐龄、付治楸、王昌宁。后排左起邵韦平、董建中、马国馨、魏大中、程懋堃、何玉如、柴建民

经理两年）。工作和角色的多次变换也不断考验着自己，锻炼着自己，成长着自己。就像一首歌里唱的那样：打起背包就出发，哪里需要哪安家。现在每次回到设计院大院都感到十分亲切，每栋楼、每个方位都有我的足迹，临街老办公楼有我成长的记忆，中间六层办公楼依然是那样熟悉，我曾两次驻进科研楼，在那里工作了近七年，已拆的东南角二层研究室小楼，在那里曾经与学员们共同参与设计临街建威大厦及南侧设计楼等，在那里度过了许多美好的时光，它将永远定格在我的脑海里。

二、参加琉璃厂改建设计

琉璃厂是北京一条著名的文化街，有二百多年的历史，分东西琉璃厂，全长约500多米。从1978年左右提出改建琉璃厂，到1980年规划完成，历时三年多时间。原三室承担设计，张光凯担任规划和主持人。规划要求建成一至三层仿古建筑（坡屋顶、预制钢筋混凝土结构，有的带地下室、外立面明清装饰）。1981年我在三室，正在设计安康里小区，组里要求我也参加到琉璃厂改建设计中来（因为施工单位急需图纸），在设计中我发现原有预制构件图构件不全，且个别构件尺寸有误。在征得主持人同意后，我重新修改并补充了一些预制构件图，满足了设计的要求。因为预制构件尺寸较小，为了焊接需要，端头还要预埋铁件，施工交底时我们耐心说明做法，取得了施工单位的谅解和支持。琉璃厂原址是明清烧琉璃的废窑坑，地下多是残缺的琉璃和建筑垃圾，土质杂乱无章，承载力很不均匀，我们和勘察处一起确定基础方案，有的做条形基础，有的做满堂红基础，三方认真验槽并进行处理，保证了工程质量和进度。为了服从建筑造型上的需要，构件变化较多，上下层柱头除主筋焊接外，还采用高强混凝土及环氧砂浆等方法进行处理。一年多时间，我参加了琉璃厂东街：东2、4、6、8、10、32、34、36、38等栋号的结构设计。1982年10月调到零建设计部时，三室还希望我继续负责我所设计项目的工地。有趣的是我离开三室后、柴亚民调入三室结构组、继续参

加琉璃厂的设计，完成了几个栋号和仿古过街天桥等设计项目，这也是一个巧合和缘分吧。另一点遗憾是，施工验槽时没有留下一两块残缺的琉璃瓦，留作参加工程建设的纪念。

三、唐山地震后的那些日子

1976 年发生的唐山大地震，给唐山人民造成了生命及财产的重大损失，同时也影响到天津及北京等地区。震后 1977 年至 1979 年我参加了新唐山的建设（两个住宅小区、渤海剧场等沿街公共建筑）及北京油毡厂制毡车间等设计。在《岁月如歌曲无声》及《年华如画今回首》两文中曾有过描述，本文不再赘述。

那时许多同志家都住平房，震后三室曾组织结构人员，到这些同志家中检查，发现问题予以帮助解决。如预算组赵惠铭家在西城区厂桥附近，屋顶小灰瓦松动，担心漏雨。我们便买了青灰和麻刀和成麻刀灰，几个人从当地房管所借来梯子，便上房帮助修理。吴乃红家平房是空斗墙不抗震，我和张桂杰等几个同志研究决定南北外墙用钢筋拉杆连接加固。我们在研究所做好几个钢筋拉杆，套好丝扣和垫板，运到他家进行了安装加固。真是画图容易做起来难，因为没有经验和得心应手的工具，安装时四五个人举着 12 毫米的钢筋，两个人分别在外墙安装垫板、拧螺母，费好大的劲才安装好一根。同组刘元和家住宣外狮子店，我曾蹬着平板三轮车帮他送去建材。当时室里年轻同志较多，这些工作大家都积极踊跃参加，体现了非常时期的互助友爱精神。

地震后根据室里的安排，还与组内同志一起到唐山、天津等地实地考察，如唐山新华旅馆、矿冶学院图书馆、丰润机车车辆厂、天津小白楼住宅、天津拖拉机厂车间、北京建工学院西南角学生宿舍楼等。我们还爬上三里河财政部及天安门西南中国银行屋顶等进行检查。通过震后实地考察，提高了对地震灾害的认识和了解震害产生的原因，进一步加强了工作的责任感，后来还参与了小组编写砖混结构抗震设计要点工作。

1976 年地震前，我正在参加朱祺来负责的罗马尼亚驻华大使馆新馆设计，主楼是框架结构，2、4 号楼是多层砖混结构，方案由罗方提供。他们的方案在转角及一些内外墙交接处均设有组合柱，我们那时砖混结构还很少采用。地震后比值给施工图时，我们认真进行了计算和设计，满足了罗方的要求。对砖混结构加组合柱（震后规范改称构造柱），有了更进一步了解，这也是我第一次在工程中采用组合柱。

四、浅谈设计质量管理

在五所担任所长的几年时间里，抓效益的同时，特别注意抓设计质量。一是消防安全；二是结构安全。设计质量始终萦绕在我的脑海里。1986 年一所获得院流动质量金杯后，有一次结构主任工张承启和我开玩笑说：“老柴，你想不想咱们也拿一次金杯？”我反问道：“你说哪？”他说：“我们几个主任工有决心，就看你了！”后来在主任工会议上大家纷纷献技献策：一是加强全员的质量教育；二是制定可行的管理办法；三是强调措施要到位决不能只停留在纸面上。上游抓方案创作，下游抓施工图，管理层拧成了一股绳，下决心一定要捧一次金杯。以后我们每年都根据情况修订设计所管理办法，在几个层面上要求质量与奖金挂钩，做到管理层清楚，组长清楚，设计人清楚，计划员清楚。

（1）工程奖引进质量系数，根据审定结果：合格 1.0 ~ 1.05，良 1.1 ~ 1.2，优 1.3，不合格必须修改系数≤ 1。

（2）院科技处抽查后根据评定等级增减质量奖。

（3）评定优秀小组与全组质量挂钩。

（4）被院、市、部评优后另加质量奖。

（5）后来还与贯标工作挂钩。

有一次科技处抽查某个工程，因一个专业出现问题被降级，我们不是扣奖金了事，而是认真找原因，查漏洞，避免类似事情再次发生。从 1989 年至 1991 年原五所在大家的共同努力下，三年蝉联院流动质量金杯并永久保存（现保存在四院），实现了当初大家的共同愿望（1991 年个人也获得金厦奖最佳管理奖），借此机会也对当年一起工作、合作、支持的人们表示衷心感谢！这是一片美好的黄叶，愿能留在原五所每个人的心中。

五、李颐龄主编《创作与实践》

最近看到一院（原一所）出版了一本《第一记忆》的书，记录了一所自 1985 年成立后的历程，感慨多多，我回忆起四所也曾出版过一本书——《“创作与实践”：四所建筑设计作品选》，主编是李颐龄。

1993 年初我从科技处调回四所时，李颐龄担任支部书记，他平易近人，擅长做思想工作，他常说：你们前边抓生产，我负责后勤保障。下面谈谈他负责主编四所设计作品选的往事。

大约是 1995 年前后，为了扩大四所的影响力和知名度，更好地承接设计任务，老李提议所里出版一本设计作品选时，我们的想法不谋而合。他主动承担了主编的工作，参加的还有奚品红等同志，翻译李春蕊，摄影杨超英、侯凯元等。汇集作品时间从 1985 年到 1995 年。四所是由原四所（六室）和原五所（九室）合并而成。时间长、项目多、人员变化大，作品搜集起来难度很大。经过筛选最后入选的项目近 50 个，大部分工程在北京，一部分在外地（包括深圳分院的项目），如奥林匹克体育中心、五洲大酒店、突尼斯青年之家、发展大厦、舞蹈学院、北京五中、天伦饭店等。许多都是获奖项目，要请主持人写工程简介，提供照片或请摄影师到现场补照，简介还要翻译成英文，最后还要联系制版、印刷等。由于四所设计过炎黄艺术馆，扉页还请了画家黄胄题词。当一捆捆作品选运到所里时，大家感慨万分，这里面凝聚着四所众多人的智慧和汗水，同时也包含着李颐龄等同志付出的心血。他们的付出也为院和所增添了光彩。

1998 年前后深圳分院在张中增、周天成等策划下，也出版了一本深圳分院建筑设计作品选，进一步扩大了深圳分院在特区的影响。

1994 年吴德绳院长等视察深圳分院时与分院负责人合影（左一薛凤、左二朱宝新副院长、左三吴德绳院长、左四赵志勇、右一周天成、右二柴建民、右三马士珍

六、回忆傅治楸同志

傅治楸同志离开我们已四五年了，他是九三学社成员，曾在原三所担任建筑组长很长时间。1993 年我从科技处调回四所就在一起共事，整整六年时间。老傅担任副所长，负责四所楼上两层（原九室）的各项工作，同时负责全所的技术管理，我抓四所总的工作，同时也负责一些重点项目。老傅工作认真、井井有条、稳而不拖、快而不乱、平易近人。在大家眼里他是一位有全局观念并埋头实干的人。

我与老傅在工作中，既有分工又有合作，大事、难事彼此多商议，小事、易事各自照章办理。1993 年四所承接了北京站附近某合资工程，在洽谈合同阶段，我们根据有关规定和工程的难易及工作量，初步计算出设计费，老傅以主管所长身份与外方进行商谈，他在会谈中多次列出工作量，拿出有关收费规定，坚持我们内部商议的收费数额，前后共谈了三次。后来外方半开玩笑地提出：不和你“副”（傅）所长谈了，要和你们“正”所长谈。后来由我出面，在深圳双方经过五个多小时的马拉松式谈判，双方都表示出诚意，各自有所退让，最终达成共识，设计费在我们理想和可接受范围之内，并得到了主管院长的好评。老傅开玩笑地和我说：“我当了恶人，你当了好人。”我说：“你在谈判中立了功，没有你的坚持，就没有我的退让，也就没有现在的成果。”老傅就是这样的一个人：一个敢于受累、敢于迎着困难上的人。

每项设计合同签定后，甲方关心的重点就是什么时侯给图，在确保质量的前提下，如何按时交付图纸就是所长抓的要事。计划会每月一次，特殊项目还专门开专业会进行研究。每次会前老傅不是等计划员送来现成的安排，而是提前下到组里了解情况，做到心中有数。1994 年我所承担了信达大厦工程设计，是七万多平米的综合办公楼，我们是设计总包并承担初设及施工图，主持人王鸿禧。年初现场已经开工，外方还在修改方案，甲方要求 2 月底完成初设，时间只有一个多月，老傅、主持人王鸿禧与各专业一起，制订了详细可行性计划，各专业负责人白天有时与各单位协调，晚上与年轻人在现场一起加班，傅所长也很晚才回家。在大家的努力下，终于在 2 月底完成了阶段任务。甲方还专门写了简报进行表扬，大家用辛勤的劳动和汗水取得了甲方的信任，阶段设计费也及时交付给我们。老傅就是这样勤勤恳恳，踏踏实实，从不显山露水。

以上记述了我在设计院工作、学习、成长的片段和感受。下面用一首小诗作为结束语：

每一片黄叶都是一个春秋冬夏，每一节回忆都是一段无悔年华。每一杯美酒都映照着人们的笑脸，每一个脚印都是攀登向前的步伐。回忆是幸福因为你曾经有过辛勤付出，回忆是甜蜜因为你收获了丰硕的果蔬。回忆是仰望雨后的天空彩虹向你微笑，回忆是俯瞰身后走过了多少崎岖的路。回忆是串联昨天、今天、明天的纽带，回忆是送给未来美好的祝福。

1994 年原四所与香港恒基公司签订“恒基中心”设计合同。左 6 赵景昭副院长、左 7 刘力总工、左 8 何玉如总工、右 1 宋振林、右 4 傅治楸、签字者右为柴建民

建威大厦创作思绪

耿长孚

北京市建筑设计研究院与香港广俊有限公司合作成立建威房地产开发有限公司，拟将设计院南面的汽车库拆除，建筑新的设计业务智能大楼，楼高36米，共10层，建筑面积1.38万平方米，同时还将拆除设计院临街的西楼，建一座底层为商业、上面为出租办公楼的建威大厦，大厦高60米，共16层，建筑面积4.21万平方米。大厦的建成，将向南礼士路形成商业街的规划迈出可喜的一步，是我院环境改造的良好机遇。

在我院建院45周年之际，新大厦即将动工，全院职工和建筑师们都很关切，都希望了解未来的办公楼到底是什么样子，在初步设计前，将方案的产生及审批过程简介如下，希望得到全院老、中、青建筑师的支持和理解，并希望指正。

建筑总体规划按照远、近期结合，留有余地的方针，适当维护并改善原有的功能分区、道路骨架及绿化体系，争取在使用、经济、社会诸方面都有较高的效益。总平面布局经过多次讨论，已经上级批准通过。

建威大厦的立面设计在18个方案中，经所、院级磋商，选出两个方案，主送规划局，已经通过；报送首规委审议后，要求体型再变

左起耿长孚、张镈、何玉如

化，又重做了8个立面，从中精选3个送去审定，最终将定案。

建威大厦的设计，除了追求全新的建筑功能及先进的技术外，还尊重、协调城市环境，尊重历史和现状，在此基础上突出建筑的个性。

建威大厦位于南礼士路十字路口北侧，南侧紧临面向复兴门外大街的海洋局大楼。海洋局建筑建成时间虽然晚，但仍是南礼士路的“起点”，在这个路口段，海洋局是主角而建威大厦是配角。从南礼士路的建筑风格分析，儿童医院到建工局大楼的建筑形式，西洋建筑三段式手法历历在目，这个形式影响并延伸到设计院的西楼，是整条大街办公建筑固有的性格和文化传统，这正是寻觅建筑创作思路的源泉。

建威大厦的立面体形设计中，除考虑以复兴门外大街为主视点、主视角以及不破坏海洋局的景观外，还研究了海洋局建筑立面的特点、两者的关系，以及建威大厦立面服从于海洋局大楼的必然性。

从以上的思绪出发，建威大厦的主送方案采用端庄、简洁、方正的体型。面宽、道深、檐口高度受到用地及功能的制约，立面长、宽比例限制较严。采用上、中、下三段式手法，比例严谨。楼基座稳重而结实；立面用柱、梁、板组成格构部件，用方形、半圆形壁柱、凹凸墙面和横向梁线脚编织成有韵律的窗洞，楼身窗、墙排列均衡、整齐又有变化；楼顶檐头装饰细巧。首、二、三层入口处用拱券重点处理；并用六层高玻璃幕墙衬托。建筑外饰面全部采用花岗石、铝合金及反射玻璃加工制作。整个设计源于节能、融于环境，形象雄伟气魄，既有强烈的传统学院派风格，又有现代办公建筑的进步与风采。

这个建筑的构思还有更深层的含义，即吸收北京新的高层建筑作品的精华，以我院前辈建筑大师们设计的长安街上的北京饭店、民族饭店等建筑为样板，追求良好的比例、真实的尺度、纯朴的色彩、细腻的处理及耐人寻味的风格，既有潜在的建筑文化上的连续性，又有创新的、高科技的信息，一脉相承。

陪送方案的平面与主送方案相同。由于新楼建在老楼的旧址上，设计方案以毫不隐晦的方式，直观而明确地将老楼形象附于大楼基座部位，用石头、玻璃等不同光亮质感的材料，强调老楼仍存在，并有所更新。大楼中段因功能要求，以玻璃、铝合金作横线格呼应，以此衬托稳重的基座，更显示出 20 世纪 50 年代与 90 年代建筑的时代差。顶部用简洁的卷檐接坡形悬山插脊作屋顶，形象新，似建院标志。

建威大厦

这一方案采用夸张尺度，对比手法，上、中、下三段三个不同形象加以有机组合，在大反差、多变化、不均衡中求得建筑整体美的协调统一。

目前主送方案又经过修改，再陪送两个方案，请首规委复议。最后两个陪送方案皆在原主送方案基础上，顶部簷口和入口大门部分进行了细部调整。有山墙尖方案强调院符号，有两柱廊方案强调同海洋局楼顶的呼应。

上述方案的建筑图纸是建筑师的语言，建筑形象是建筑师心灵的窗口，它由衷地表达和反馈了某种心理活动和心声。建筑形象可能会使建院前辈建筑师们回首往日，同时也会给建院晚辈建筑师们以明天的理想。我们呼唤、期盼、探索大家满意的建筑作为的诞生。

创作过程中得到张镈大师、何玉如总建筑师、广俊董事陈永辉先生及二所建筑师等的帮助，在此表示感谢！

为了明天的记录（编后记）

金磊

2019 年 10 月 25 日，在城奥大厦召开的“高质量发展的建筑与城市——北京建院成立 70 周年主旨论坛”上，隆重首发了“北京市建筑设计研究院有限公司成立七十周年（1949—2019）院庆系列丛书”，它既是北京建院 70 周年学术庆典的高潮，也向社会与业界表述一个一脉相承并向心凝聚的北京建院，不仅有传统的过去，更有面向“百年征程”可引领中国建筑设计的样貌与塑形，这里有品质设计对北京建院价值观的忠实记录与践行。

在公司领导信任与支持下，我参加编制院 70 周年纪念集是有很多动力的：首先我是有 36 载院龄的建院人，为新中国建筑设计“第一院”做纪事与述往的事我情有所至。回望过去，感悟良多，1999 年、2009 年，我和《建筑创作》杂志社同人曾全力投入院纪念集编撰，那些感动与奉献的“故事”历历在目。其次，自 2009 年院庆 60 周年后，我与院市场经营部梁永兴就一直保持联系，他对院 60 多年前计划、经营、项目的资料统计之全面，堪称设计院机构史的“文献遗产”，令人感动，尤其是自 2009 年至今的与他的交流学习丰富了我的认知。第三，我十分敬佩的是以张建平为首的院史组一行，他们五年来的持续努力与执着成就了十卷本《建院和我》系列，尽管该书非正式出版，也几乎没有精致的版式设计，但它的厚重性与可读性，将北京建院凝固的历史翻动起来。早在几年前张建平就向我约稿，但我确因它事，未主动提交，有幸的是在他精编的北京建院 70 年的第十卷《建院和我》中，将我写于 2009 年的“院八大总”一文收录。第四，2018 年 10 月 22 日，北京建院“都・城展”开幕后，标志着北京建院自成立 69 周年时便开启了总结历程与贡献之行，无论是国博展“北京建筑大模型”，还是生动的电子展览影像，都表现着北京建院 70 年为这座城市贡献一个个地标的文化盛宴，让每一位观者涵泳其中，流连忘返。

在写这篇编辑后记时，我脑海中除了“都・城”国博展的场景，还有在北京建院 G 座 205 房间的院史组，在梁永兴、张建平、魏嘉、刘锦标、左东明等的共同努力下，一个虽简陋，但内涵丰富且深刻的“院史馆”或称“北京建院老物件馆”诞生了。当我驻足在这设计院“老物件”的展柜旁，望着他们捡拾并布置的一切，真的感到，置身于北京建院这间历史博物馆中，凝望者一定会学有所获的。“老物件”见证的是北京建院人的筚路蓝缕、如歌岁月，更彰显了一代代北京建院人的精神。我忆起，60年院庆时，我向老院长周治良先生仔细了解，北京建院尚存的唯一堪称“遗产”级的建筑D座（曾经的单宿）的设计经过，如今它是南礼士路南口唯一的“最文物”的建筑了。2019年10月，北京建院的“礼士书房”在D座面世了，如果说，实体书店是城市文化的毛细血管，那它正调节着我们的文化气息，尽管北京城不缺城市书店，但“礼士书房”的营造及完善讲述了这个“都·城”的设计故事与文化气质，它与马国馨院士的《南礼士路62号》书一样可以共同发力，烘托了北京建院的人文热度，塑造起一个有建筑遗产价值的文化地标。南礼士路是一个可被阅读的城市文化地图的重要“节点”，因为正是在这里绘制出了新中国建筑的一个个最美蓝图，这里充满着我们的荣耀。

2017年12月2日，在安徽池州，中国文物学会、中国建筑学会联合召开“第二批中国20世纪建筑遗产发布会”，时任总经理徐全胜在发言中说：“创造了这些著名的中国20世纪建筑遗产，才使我们这些后辈建筑师有了设计师先贤的对标榜样和建筑作品的学术遵循，他们将照亮并指引着我们在建筑设计创作上的方向。”会后我很感慨地在《BIAD生活》2017年12月发表《BIAD的另一张名片》，我想表达的意思是，在北京院的优秀作品中，被“两学会”认可的20世纪建筑遗产项目以及北京建院一贯的为经典项目的设计创作是最可珍贵的“名片”。2019年11月5日习主席在第二届上海进博会上强调：“城市历史文化遗存是前人智慧的积淀，是城市内涵、品质、特色的重要标志。要妥善处理好保护和发展的关系，注重延续城市历史文脉，像对待‘老人’一样尊重和善待城市中的老建筑，保留城市历史文化记忆，让人们记得住历史、记得住乡愁……”

我以为虽然人无法了解全部历史，但通过研读及努力我们可以不断地去接近真理。对于有悠久历史的北京建院而言，设计院文化是贯穿始终的精神文脉，是建院人在漫长时光中积淀的地域色彩和文化个性，服务其中的每个建院人都有义务保护并收藏设计院的文脉，它是北京建院承前启后的资源和动力。我还以为，对于每位建院人说来，一方面应继续探索设计院文脉的价值内涵、伦理特征，另一方面也要将这些理念如现在呈现的“院史馆”的老物件那样多层次、立体式的展现。“北京建院博物馆”的建立将是启迪我们创新发展，用设计创造更大价值的动力。事实上，如同“家藏”成为一个人的人生珍宝一般，设计机构的“家藏”更显着它不凡的机构史。

本纪念集以“七十年纪事与述往”命名，“纪事”篇，不仅有设计院的机构组织脉络，更体现设计院整体的技术发展脚步，让读者能读到北京建院人何以把握住自主创造的辩证法，更深地理解北京建院是如何用作品诠释北京乃至国家，用建筑满足经济命题、社会命题、民生命题的。这里包括丰富的“集体史”，不仅还原历史，更观照当下与未来，既写出不少技术发展层面的理论，但它又不是某个专业的学术文集；“述往”篇，不仅是用写作留住渐趋消逝的时代，还要讴歌北京建院人创造城市的感情，建筑与城市发展需要更新与重构，它离不开建院人抒发对建筑师伟大职业、创造伟大价值的再认知。“过往”是“个人史”，从中可读到伟大出自平凡，平凡造就伟大的“故事”。徜徉在过往记忆与今日成就间，彪炳建筑设计的成就，北京建院英才辈出的激情岁月，凝聚着太多共识者的奉献，读这些文字可以见自己、见天地、也见众生。本篇的“述往”文字，除某些在设计院成长的“小传记”外，主要是以个人见地去写设计院发展、名人感悟乃至内心记忆，让本纪念集有视野、有个性、有智慧且有感动的人和事，组成了一个鲜活生动的北京建院“人文史”。需要说明的，是图像记忆帮助我们追寻绵延至今的形象，并为历史提供线索，成为记忆中最重要的形式。无论是纪事与述往，都离不开70年来一直伴随成长的图片之力，所以，我们应该在致敬每位作者的同时，也致敬默默奉献的各个不同年代的摄影师们。

北京建院的创新故事，每天都在上演，在我们“设计创造价值”的核心理念升华的今天，我们面对“先贤”开创者，惜忆旧日物事时，更要从中品读到前辈开创事业的思想与内涵之美。恰如意大利历史学家克罗齐（1866—1952年）所言“一切历史都是当代史”，所以自我建构与理念的心灵升华对塑造一批批北京建院人极为重要。现在正值《北京市建筑设计研究院有限公司　纪念集——七十年纪事与述往》定稿之时，我想每一位北京建院人的期许会很多，希望它们化为“百年北京建院”的憧憬，更渴望大家在纸上、在心中写出我们对北京建院百年（1949—2049）祝福般的“未来书信”。

感恩所有为本书编撰贡献心智的人们，感谢大家诚挚的奉献。

金磊

2019年10月末

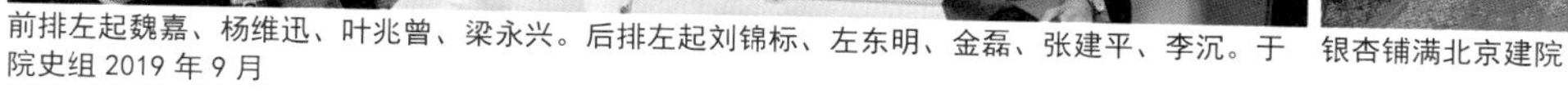

前排左起魏嘉、杨维迅、叶兆曾、梁永兴。后排左起刘锦标、左东明、金磊、张建平、李沉。于院史组2019年9月

银杏铺满北京建院

图书在版编目（CIP）数据

北京市建筑设计研究院有限公司纪念集：七十年纪事与述往 / 北京市建筑设计研究院有限公司编. — 天津：天津大学出版社，2019.12

（北京市建筑设计研究院有限公司成立七十周年（1949—2019）院庆系列丛书）

ISBN 978-7-5618-6586-6

Ⅰ. ①北… Ⅱ. ①北… Ⅲ. ①北京市建筑设计研究院—1949-2019—纪念文集 Ⅳ. ① TU2-53

中国版本图书馆 CIP 数据核字（2019）第 277154 号

Beijing Shi Jianzhu Sheji Yanjiuyuan Youxian Gongsi Jinianji：Qishi Nian Jishi Yu Shuwang

策划编辑 金 磊 韩振平
责任编辑 郭 颖
装帧设计 董晨曦

出版发行 天津大学出版社
地 址 天津市卫津路 92 号天津大学内（邮编：300072）
网 址 publish.tju.edu.cn
电 话 发行部：022-27403647
印 刷 北京雅昌艺术印刷有限公司
经 销 全国各地新华书店
开 本 210mm × 265mm
印 张 26.5
字 数 594 千
版 次 2019 年 12 月第 1 版
印 次 2019 年 12 月第 1 次
定 价 286.00 元